英特尔FPGA中国创新中心系列丛书

# FPGA 进阶开发与实践

田 亮 张 瑞 蔡 伟 张家龙 万 毅 王超亚◎编著

電子工業出版社
Publishing House of Electronics Industry
北京·BEIJING

## 内 容 简 介

本书内容共6章，主要介绍FPGA设计与优化方法，以及使用FPGA解决实际问题的具体过程。其中，硬件设计方法包括FPGA高阶设计方法，以及基于FPGA的SOPC和SoC设计方法；软件设计方法包括基于FPGA的HLS、OpenCL、OpenVINO高阶设计方法。

本书可作为相关开发人员进行FPGA设计、应用与优化的参考用书。

未经许可，不得以任何方式复制或抄袭本书之部分或全部内容。
版权所有，侵权必究。

图书在版编目（CIP）数据

FPGA进阶开发与实践/田亮等编著．—北京：电子工业出版社，2020.12
（英特尔FPGA中国创新中心系列丛书）
ISBN 978-7-121-40234-0

Ⅰ.①F… Ⅱ.①田… Ⅲ.①可编程序逻辑器件—系统设计 Ⅳ.①TP332.1

中国版本图书馆CIP数据核字（2020）第255990号

责任编辑：刘志红（lzhmails@phei.com.cn）　　　特约编辑：王　纲
印　　刷：北京虎彩文化传播有限公司
装　　订：北京虎彩文化传播有限公司
出版发行：电子工业出版社
　　　　　北京市海淀区万寿路173信箱　邮编　100036
开　　本：787×980　1/16　印张：32.75　字数：613千字
版　　次：2020年12月第1版
印　　次：2024年3月第2次印刷
定　　价：108.00元

凡所购买电子工业出版社图书有缺损问题，请向购买书店调换。若书店售缺，请与本社发行部联系，联系及邮购电话：（010）88254888，88258888。

质量投诉请发邮件至zlts@phei.com.cn，盗版侵权举报请发邮件至dbqq@phei.com.cn。
本书咨询联系方式：（010）88254479，lzhmails@phei.com.cn。

# 序

众所周知，我们正在进入一个全面科技创新的时代。科技创新驱动并引领着人类社会的发展，从人工智能、自动驾驶、5G，到精准医疗、机器人等，所有这些领域的突破都离不开科技的创新，也离不开计算的创新。从 CPU、GPU，到 FPGA、ASIC，再到未来的神经拟态计算、量子计算等，英特尔正在全面布局未来的端到端计算创新，以充分释放数据的价值。中国拥有巨大的市场和引领全球创新的需求，其产业生态的全面性及企业创新的实力、活力和速度都令人瞩目。英特尔始终放眼长远，以丰富的生态经验和广阔的全球视野，持续推动与中国产业生态的合作共赢。以此为前提，英特尔在 2018 年建立了英特尔 FPGA 中国创新中心，与戴尔、海云捷迅等合作伙伴携手共建 AI 和 FPGA 生态，并通过组织智能创新大赛、产学研对接及高新人才培训等方式，发掘优秀团队，培养专业人才，孵化应用创新，加速智能产业在中国的发展。

该系列丛书是英特尔 FPGA 中国创新中心专为 AI 和 FPGA 领域的人才培养和认证而设计编撰的系列丛书，非常高兴作为英特尔 FPGA 中国创新中心总经理为丛书写序。同时也希望该系列丛书能为中国 AI 和 FPGA 相关产业的生态建设和人才培养添砖加瓦！

张 瑞

英特尔 FPGA 中国创新中心　总经理

2020 年秋

# 前言

随着人工智能、自动驾驶、5G、云计算等高新技术的不断发展,大数据时代已经到来,企业需要出色的解决方案帮助整合和处理不断激增的数据流量,从而支持新兴的数据驱动型行业的各种变革性应用。

FPGA 是满足上述需求的理想器件,它具备出色的灵活性和敏捷性,能够有效应对数据激增。FPGA 是已实现量产的标准产品,可现场配置,从而提高数据算法运行速度。它不仅能提供相当高的吞吐量、执行速度和能效以支持算法的计算密集型部分,还能快速适应算法、数据模式或性能需求的变化。

以英特尔 Agilex FPGA 为例,它完美地结合了基于英特尔 10nm 制程技术构建的 FPGA 结构和创新型异构 3D SiP 技术,将模拟、内存、自定义计算、自定义 I/O、英特尔 eASIC 和 FPGA 逻辑结构集成到一个芯片中。利用这款 FPGA,开发人员可以灵活、快速地对产品进行优化迭代,从而满足特定的市场需求。

本书作为英特尔 FPGA 中国创新中心系列丛书之一,面向广大开发人员,以夯实 FPGA 理论基础和提升 FPGA 设计能力为目标,从硬件设计和软件设计两方面着手,结合大量实际案例,详细阐述了 FPGA 设计与优化流程,旨在帮助广大开发人员利用 FPGA 快速解决实际问题。本书内容分为两部分,具体如下。

第一部分包含第 1~3 章,主要介绍硬件设计方法。其中,第 1 章介绍 FPGA 高阶设计方法,包含可编程逻辑设计原则、常用设计思想和技巧、英特尔 FPGA 器件的高级特性与应用、区域约束、时序约束与时序分析方法等内容。第 2 章介绍基于 FPGA 的 SOPC 设计,包含 Qsys 和 Nios Ⅱ 的相关内容。第 3 章介绍基于 FPGA 的 SoC 设计,包含相关开发工具、SoC 接口机制等内容。

第二部分包含第 4~6 章,主要介绍软件设计方法。其中,第 4 章介绍 HLS 的核心知识与优化方法,包括循环优化、代码优化、指令优化、内存优化、接口优化、数据类型优化和浮点运算优化等。第 5 章介绍基于 FPGA 的 OpenCL 技术与应用。第 6 章介绍基于 FPGA 的 OpenVINO 人工智能应用,包括深度学习加速套件、模型优化器和推理引擎等。

读者可以访问 www.intel.cn 和 www.fpga-china.com 获取相关的学习和开发资源。

由于编者学识有限,书中不足之处在所难免,恳请广大读者指正。

张 瑞
2020 年夏

# 目 录

## 第1章 FPGA 高阶设计方法·······001

### 1.1 可编程逻辑设计原则·······001
- 1.1.1 面积与速度互换原则·······001
- 1.1.2 数字电路硬件原则·······005
- 1.1.3 系统设计原则·······006
- 1.1.4 同步设计原则·······008

### 1.2 可编程逻辑常用设计思想和技巧·······009
- 1.2.1 乒乓操作·······009
- 1.2.2 串并转换·······009
- 1.2.3 流水操作·······009
- 1.2.4 异步时钟域的数据同步·······010
- 1.2.5 英特尔推荐的 Coding Style·······011

### 1.3 英特尔 FPGA 器件的高级特性与应用·······015
- 1.3.1 时钟管理·······015
- 1.3.2 片内存储器·······021
- 1.3.3 数字信号处理·······024
- 1.3.4 片外存储器·······028
- 1.3.5 高速差分接口·······031
- 1.3.6 高速串行收发器·······031

### 1.4 时序约束与时序分析·······032
- 1.4.1 时序约束和分析基础·······032
- 1.4.2 高级时序分析·······037

### 1.5 区域约束·······041
- 1.5.1 Logic Lock 设计方法简介·······041
- 1.5.2 Logic Lock 区域·······042

### 1.6 命令行与 Tcl 脚本·······047
- 1.6.1 命令行·······047
- 1.6.2 Tcl 基础知识·······049

　　　　1.6.3　创建和执行 Tcl 脚本 052
　　　　1.6.4　Tcl 脚本实验 053
　1.7　FPGA 系统设计技术 059
　　　　1.7.1　信号完整性设计 059
　　　　1.7.2　电源完整性设计 066
　　　　1.7.3　高速 I/O 设计 068
　　　　1.7.4　高速 I/O 的 PCB 设计 071

# 第 2 章　基于 FPGA 的 SOPC 设计 074

　2.1　SOPC 开发流程 075
　　　　2.1.1　硬件开发流程 076
　　　　2.1.2　软件开发流程 076
　2.2　系统集成工具 Qsys 076
　　　　2.2.1　Qsys 简介 076
　　　　2.2.2　Qsys 系统设计流程 079
　　　　2.2.3　Qsys 用户界面 079
　　　　2.2.4　用户自定义元件 085
　2.3　Nios 嵌入式处理器 087
　　　　2.3.1　第一代 Nios 嵌入式处理器 087
　　　　2.3.2　第二代 Nios 嵌入式处理器 087
　　　　2.3.3　可配置的软核嵌入式处理器的优势 088
　　　　2.3.4　软件设计实例 091
　　　　2.3.5　HAL 系统库 106
　2.4　基于 FPGA 的 SOPC 设计实验 112
　　　　2.4.1　实验一：流水灯实验 112
　　　　2.4.2　实验二：中断控制实验 145
　　　　2.4.3　实验三：定时器实验 149

# 第 3 章　基于 FPGA 的 SoC 设计 154

　3.1　SoC FPGA 简介 154
　3.2　英特尔 SoC FPGA 的特点 156
　3.3　Cyclone V SoC FPGA 资源组成 161
　3.4　开发 SoC FPGA 所需的工具 168
　　　　3.4.1　Quartus Prime 168

        3.4.2   SoC EDS ·································································· 175
   3.5   SoC FPGA 中 HPS 与 FPGA 的接口 ·········································· 182
        3.5.1   H2F_AXI_Master ······················································ 183
        3.5.2   F2H_AXI_Slave ······················································· 183
        3.5.3   H2F_LW_AXI_Master ·············································· 183
        3.5.4   连接 AXI 总线与 Avalon-MM 总线 ······························ 183
        3.5.5   MPU 外设地址映射 ···················································· 184
   3.6   SoC FPGA 开发 ··································································· 185
        3.6.1   SoC FPGA 开发流程 ··················································· 185
        3.6.2   SoC FPGA 启动过程 ··················································· 186
        3.6.3   使用 GHRD ······························································ 187
        3.6.4   生成 Preloader Image ················································· 196
        3.6.5   编译生成 u-boot 文件 ················································· 202
        3.6.6   生成 Root Filesystem ·················································· 204
        3.6.7   配置和编译 Linux 内核 ·············································· 215
        3.6.8   系统镜像制作及刻录方法 ·········································· 221
        3.6.9   DS-5 程序的编写、调试及运行 ··································· 230
   3.7   Linux 相关知识 ·································································· 237
        3.7.1   安装 Ubuntu 虚拟机 ·················································· 237
        3.7.2   下载 Linux 系统源码 ················································ 242
   3.8   常见问题 ··········································································· 245
   3.9   基于 FPGA 的 SoC 设计实验 ················································ 246
        3.9.1   实验一：生成 Preloader 源码 ····································· 246
        3.9.2   实验二：编译 Preloader 源码 ····································· 249
        3.9.3   实验三：编译生成 u-boot 文件 ··································· 252
        3.9.4   实验四：配置和编译 Linux 内核 ································ 255

第 4 章  基于 FPGA 的 HLS 技术与应用 ················································ 260
   4.1   HLS 简介 ··········································································· 260
   4.2   优化的依据 ······································································· 260
   4.3   循环优化 ··········································································· 263
        4.3.1   并行与管道 ····························································· 263
        4.3.2   性能度量 ································································ 265
        4.3.3   循环依赖 ································································ 268

IX

### 4.3.4 明确循环的退出条件 ········ 272
### 4.3.5 线性操作 ········ 272
### 4.3.6 循环展开 ········ 273
### 4.3.7 嵌套循环 ········ 276
## 4.4 代码优化 ········ 277
### 4.4.1 避免指针别名 ········ 277
### 4.4.2 最小化内存依赖 ········ 277
### 4.4.3 将嵌套循环改为单层循环 ········ 278
## 4.5 指令优化 ········ 278
### 4.5.1 ivdep 指令 ········ 279
### 4.5.2 loop_coalesce 指令 ········ 280
### 4.5.3 ii 和 max_concurrency 指令 ········ 281
## 4.6 内存优化 ········ 281
### 4.6.1 本地内存 ········ 281
### 4.6.2 内存架构 ········ 282
### 4.6.3 本地内存的属性 ········ 289
### 4.6.4 静态变量 ········ 294
### 4.6.5 寄存器的使用 ········ 295
## 4.7 接口优化 ········ 295
### 4.7.1 标准接口 ········ 295
### 4.7.2 Avalon MM Master 接口 ········ 297
### 4.7.3 Avalon MM Slave 接口 ········ 298
### 4.7.4 流式接口 ········ 300
### 4.7.5 不使用指针的标准接口 ········ 302
## 4.8 数据类型优化 ········ 303
### 4.8.1 任意精度的整数 ········ 304
### 4.8.2 任意精度的定点数 ········ 304
### 4.8.3 特殊数据类型与普通数据类型之间的转换 ········ 306
## 4.9 浮点运算优化 ········ 306
## 4.10 其他优化建议 ········ 308
## 4.11 基于 FPGA 的 HLS 实验 ········ 308
### 4.11.1 实验一：简单的乘法器 ········ 309
### 4.11.2 实验二：接口 ········ 318
### 4.11.3 实验三：循环优化 ········ 330

# 目 录

## 第 5 章 基于 FPGA 的 OpenCL 技术与应用 336
### 5.1 OpenCL 简介 336
### 5.2 OpenCL 环境搭建 337
### 5.3 OpenCL 基本架构 339
- 5.3.1 平台模型 340
- 5.3.2 执行模型 340
- 5.3.3 存储模型 342
- 5.3.4 执行流程 342
### 5.4 OpenCL 主机端程序设计 343
- 5.4.1 OpenCL 平台 343
- 5.4.2 OpenCL 设备 344
- 5.4.3 OpenCL 上下文 347
- 5.4.4 OpenCL 命令队列 349
- 5.4.5 OpenCL 程序对象 351
- 5.4.6 OpenCL 内核对象 355
- 5.4.7 OpenCL 对象回收与错误处理 359
### 5.5 OpenCL 设备端程序设计 362
- 5.5.1 基本语法和关键字 362
- 5.5.2 数据类型 364
- 5.5.3 维度和工作项 367
- 5.5.4 其他注意事项 369
### 5.6 OpenCL 常用优化方法 369
- 5.6.1 单工作项优化 369
- 5.6.2 循环优化 374
- 5.6.3 任务并行优化 380
- 5.6.4 NDRange 类型内核的优化 391
- 5.6.5 内存访问优化 398
### 5.7 OpenCL 编程原则 414
- 5.7.1 避免"昂贵"的函数和方法 414
- 5.7.2 使用"廉价"的数据类型 415
### 5.8 基于 FPGA 的 OpenCL 实验 415
- 5.8.1 准备工作 415
- 5.8.2 实验一：hello 417
- 5.8.3 实验二：platform 420

5.8.4　实验三：device ········································································· 424
5.8.5　实验四：ctxt_and_queue ······················································ 437
5.8.6　实验五：program_and_kernel ·············································· 442
5.8.7　实验六：sample ······································································ 450
5.8.8　实验七：first ············································································ 453

# 第6章　基于FPGA的OpenVINO人工智能应用 ································ 456

## 6.1　OpenVINO简介 ···························································································· 456
### 6.1.1　OpenVINO工具套件堆栈 ································································· 457
### 6.1.2　OpenVINO的优势 ············································································· 458
### 6.1.3　应用前景 ···························································································· 458
## 6.2　OpenVINO的安装与验证 ············································································ 458
### 6.2.1　安装步骤 ···························································································· 459
### 6.2.2　验证安装结果 ···················································································· 461
## 6.3　OpenVINO中的模型优化器 ········································································ 463
### 6.3.1　模型优化器的作用 ············································································ 464
### 6.3.2　优化模型 ···························································································· 464
### 6.3.3　模型优化器高级应用 ········································································ 473
### 6.3.4　模型优化器定制层 ············································································ 486
## 6.4　OpenVINO深度学习推理引擎 ···································································· 487
### 6.4.1　推理引擎简介 ···················································································· 487
### 6.4.2　推理引擎的组成 ················································································ 488
### 6.4.3　推理引擎的使用方法 ········································································ 489
### 6.4.4　扩展推理引擎内核 ············································································ 489
### 6.4.5　集成推理引擎 ···················································································· 498
### 6.4.6　神经网络构建器 ················································································ 502
### 6.4.7　动态批处理 ························································································ 505
### 6.4.8　形状推理 ···························································································· 507
### 6.4.9　低精度8位整数推理 ········································································· 509
### 6.4.10　模型转换验证 ·················································································· 511

# 第 1 章

# FPGA 高阶设计方法

## 1.1 可编程逻辑设计原则

FPGA 是可编程的硬件设备,可编程逻辑设计有以下 4 个原则。
(1)面积与速度互换原则。
(2)数字电路硬件原则。
(3)系统设计原则。
(4)同步设计原则。

### 1.1.1 面积与速度互换原则

这里的面积是指 FPGA 逻辑器件中的逻辑资源。在逻辑资源有限,且设计规模庞大的情况下,必须采取牺牲速度以节约面积的做法。例如,减少实例化模块的数量,特别是标准 IP 生成的模块,可分时复用这些模块,前提是这些模块不存在数据依存或者并行处理的要求。

例如,可用一个查找表 ROM 模块将一组十六进制数据转换为十进制数据来显示,如果设计时有多组十六进制数据需要转换为十进制数据来显示,则可以分时复用一个查找表 ROM 模块来节约资源,程序代码如下。

```
//分时输入的8位十六进制数
reg      [7:0]    hex0;
reg      [7:0]    hex1;
reg      [7:0]    hex2;
reg      [7:0]    hex3;
//分时输出的12位十进制数,每4位表示一个0~9的十进制数
```

```verilog
    reg     [11:0]  dec0;
    reg     [11:0]  dec1;
    reg     [11:0]  dec2;
    reg     [11:0]  dec3;
    //实例化模块的输入/输出接口
    wire    [7:0]   hex =   (cnt == 3'h0) ? hex0 :
    (cnt == 3'h1) ? hex1 :
    (cnt == 3'h2) ? hex2 : hex3 ;
    wire    [11:0]  dec;
    //计数器
    reg     [2:0]   cnt;
    //十六进制数转十进制数的查找表ROM模块实例
    hex2dec   hex2dec_ins0
    (
        .clk    (clk),
        .hex    (hex),
        .dec    (dec)
    );
    //计数器操作
    always @(posedge clk)
    begin
        cnt <= cnt + 1'b1;
        if(cnt >= 3'h6)
        begin
            cnt <= 3'h0;
        end
    end
    //分别寄存模块输出数据
    //因为从输入数据开始计算,在第三个周期输出十进制数据,所以在第三个周期依次寄存输出
    //数据
    always @(posedge clk)
    begin
        if(cnt == 3'h2)
        begin
            dec0 <= dec;
        end
    end
    //分别寄存模块输出数据
    always @(posedge clk)
    begin
        if(cnt == 3'h3)
```

```verilog
        begin
            dec1 <= dec;
        end
    end
//分别寄存模块输出数据
always @(posedge clk)
begin
    if(cnt == 3'h4)
        begin
            dec2 <= dec;
        end
    end
//分别寄存模块输出数据
always @(posedge clk)
begin
    if(cnt == 3'h5)
        begin
            dec3<= dec;
        end
    end
```

以上是用一个查找表 ROM 模块在 7 个周期内实现 4 组十六进制数转换为十进制数的程序，下面是在 4 个周期内实现 4 组十六进制数转换为十进制数的程序。

```verilog
//同时输入的8位十六进制数
reg     [7:0]   hex0;
reg     [7:0]   hex1;
reg     [7:0]   hex2;
reg     [7:0]   hex3;
//同时输出寄存的12位十进制数,每4位表示一个0~9的十进制数
reg     [11:0]  dec0;
reg     [11:0]  dec1;
reg     [11:0]  dec2;
reg     [11:0]  dec3;
//实例化模块的输出接口
wire    [7:0]   dec_0;
wire    [7:0]   dec_1;
wire    [7:0]   dec_2;
wire    [7:0]   dec_3;
//计数器
reg     [1:0]   cnt;
//十六进制数转十进制数的查找表ROM模块实例
```

```verilog
hex2dec    hex2dec_ins0
(
    .clk(clk),
    .hex(hex0),
    .dec(dec_0)
);
hex2dec    hex2dec_ins1
(
    .clk(clk),
    .hex(hex1),
    .dec(dec_1)
);
hex2dec    hex2dec_ins2
(
    .clk(clk),
    .hex(hex2),
    .dec(dec_2)
);
hex2dec    hex2dec_ins3
(
    .clk(clk),
    .hex(hex3),
    .dec(dec_3)
);
//计数器操作
always @(posedge clk)
begin
    cnt <= cnt + 1'b1;
    if(cnt >= 2'h2)
    begin
        cnt <= 2'h0;
    end
end
//分别寄存模块输出数据
//因为从输入数据开始计算,在第三个周期输出十进制数据,
//所以在第三个周期依次寄存输出数据
always @(posedge clk)
begin
    if(cnt == 3'h2)
    begin
        dec0 <= dec_0;
```

```verilog
            end
        end
    //分别寄存模块输出数据
    always @(posedge clk)
    begin
        if(cnt == 3'h2)
        begin
            dec1 <= dec_1;
        end
    end
    //分别寄存模块输出数据
    always @(posedge clk)
    begin
        if(cnt == 3'h2)
        begin
            dec2 <= dec_2;
        end
    end
    //分别寄存模块输出数据
    always @(posedge clk)
    begin
        if(cnt == 3'h2)
        begin
            dec3<= dec_3;
        end
    end
```

对比上面两个程序可以看出，分时复用一个查找表 ROM 模块，需要 7 个周期来完成 4 组数据转换，而同时实例化 4 个查找表 ROM 模块来并行转换，只需要 4 个周期来完成 4 组数据转换，相当于速度提高了约 40%，但是逻辑资源多耗费了 3 倍。在资源充足的情况下，可采用并行实例化的设计；如果资源紧张，就只能采取降低速度来换取面积的做法。

## 1.1.2 数字电路硬件原则

可编程逻辑设计与软件的高级语言开发有着本质的区别。软件工程师进行高级语言开发时不必关心硬件的具体细节，只关心一段程序实现的结果，而且不在乎也不好把握每条语句执行的时间周期。数字电路硬件原则是指开发人员进行可编程逻辑设计时要保持硬件思维。首先，开发人员必须对数字电路有深刻的认识，特别是组合逻辑电路和时序逻辑电路。其次，开发人员必须了解数字电路的工作过程，如组合逻辑电路按电流速度工作，时序逻辑电路按时钟周期工作。下面以 Verilog HDL 编程与 C 语言编程为例说明两者的区别。

### 1. 语句执行顺序的区别

在 Verilog HDL 编程中，对于时序逻辑要注意语句的执行顺序。例如：

```
always @ (posedge clk)
begin
    c <= 1'h0;
    c <= c+ 1'h1;
    a <= c;
    b <= a;
end
```

如果 c 在上一周期的值是 1，那么它在当前周期的值是 2，而不是 1，因为寄存器在同一周期内，Verilog HDL 以 always 赋值语句的最后一条作为该周期的赋值语句，这条语句之前的语句都无效；而 C 语言程序是顺序执行的，先把 0 赋予 c，再把 c+1 赋予 c，最终结果就是 1。

### 2. 语句执行周期的区别

对于上述程序中的变量 a 和 b，在经过当前这个周期之后，它们的值等于上一周期的 c 和 a 的值，而不是 c 和 a 实时的值，这就是可编程逻辑的时序特性。开发人员从事可编程逻辑设计时，必须谨记时序的概念。

### 3. 变量类型的区别

可编程逻辑中主要有两种类型的变量：寄存器 reg 和信号线 wire。其中，寄存器变量是按照时钟周期工作的，所以只能用非阻塞赋值方式赋值，即<=，而且寄存器变量只能在连续赋值语句中赋值，即 always@()；信号线变量只能用阻塞赋值方式赋值，即=，而且不能同时用多个阻塞赋值语句赋值。

## ▶ 1.1.3 系统设计原则

系统设计原则是指在充分了解器件资源之后，对模块功能进行正确划分。特别是在设计规模较大、器件资源复杂的情况下，如集成 CPU 的 SoC FPGA 芯片，要正确分配在 FPGA 和 CPU 中实现的算法。对于 FPGA 中资源的使用要注意以下几点。

### 1. 存储器资源的使用

存储器资源的使用原则是根据设计中用到的 RAM 的宽度和深度，确定所选器件的嵌入式 RAM 的容量。嵌入式 RAM 的具体配置由 Quartus 软件自动分配，用户只需要确保片上 RAM 资源大于设计中的 RAM 需求。

### 2. 软核的使用

软核是指用 FPGA 的逻辑资源生成的一个软 IP 核，它可以定制功能，同时要消耗大量的逻辑资源。使用软核的好处是不需要外部 CPU 就能在 FPGA 中实现大量复杂的计算功能，而且能与 FPGA 内部逻辑无缝连接，传输速率和运行效率高。缺点是在资源有限的器件中，软核会占用其他逻辑功能模块的资源。所以在设计之前，必须确定计算量大的功能模块是使用软核、硬核还是外部协处理器。

### 3．串行收发器的使用

由于目前高速通信的需要，高端 FPGA 器件都集成了高速串行收发器 SERDES。其中，发送串口用于把数据和时钟调制到模拟差分信号线上，接收串口用于恢复数据和时钟。目前最快的 SERDES 可以达到几 Gbit/s 到几十 Gbit/s 的传输速率。SERDES 可用来实现千兆网传输，也可用来实现 PCIe 和 SPI4.2 等高速接口。采用串行收发器可以节约板级布线资源。

### 4．其他结构的使用

其他结构主要是指可编程 PLL 或者 DLL 时钟资源，通常采用片上自带的 PLL 来做时钟驱动，分频或者倍频有利于增强系统的稳定性和改善最高工作频率。

系统设计流程如图 1-1 所示。

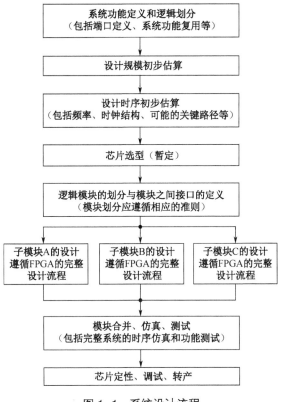

图 1-1　系统设计流程

### 1.1.4 同步设计原则

时序电路通常分为同步时序电路和异步时序电路。

**1．同步时序电路的特点**

（1）电路核心为各种触发器。
（2）电路输入和输出信号都由时钟沿触发。
（3）可避免电路信号产生毛刺现象。
（4）有利于程序在器件间移植。
（5）有利于静态时序分析。

**2．异步时序电路的特点**

（1）电路核心为组合逻辑门电路。
（2）电路输入和输出信号与时钟沿不同步。
（3）电路信号容易产生毛刺现象。
（4）不利于程序在器件间移植，或者移植后参数不一样导致结果不一样。
（5）不利于静态时序分析。

在 FPGA 设计中，通常优先采用同步时序设计。

在同步时序设计中，需要注意以下事项。

（1）两个基本时序原则：setup time 原则和 hold time 原则。setup time 是指时钟沿到来前数据已经准备好的时间，hold time 是指时钟沿离去后数据保持的时间。这两个时间都满足相应条件才能保证数据被正确采样保存。

（2）异步时钟域数据传输。

（3）组合逻辑常用设计方式。

（4）同步时序逻辑的时钟设计。

（5）同步时序电路信号的延迟，即需要把信号延迟一定时间再送往下一级寄存器，短时间延迟用寄存器级联，长时间延迟用计数器。

（6）关于 reg 变量是否被综合成实际寄存器的问题。Verilog 中定义了两种类型的变量：reg 和 wire，reg 指寄存器，wire 指组合逻辑的信号线。一般情况下，将 reg 变量放到 always@() 中会被综合成寄存器。但是，如果 always@() 的括号里面的敏感信号不是时钟沿，而是其他信号的高低电平，而且 always@() 中不采用非阻塞赋值，则会把该 reg 变量综合成组合逻辑的一个信号线变量，没有数据寄存功能。所以要想把 reg 变量综合成实际的寄存器，必须使 always@() 的敏感信号为时钟沿，而且 always@() 中要采用非阻塞赋值。

## 1.2 可编程逻辑常用设计思想和技巧

### 1.2.1 乒乓操作

乒乓操作实际上是利用两个数据缓存模块来进行流水操作，如图 1-2 所示。两个数据缓存模块轮流缓存数据，并轮流输出数据给后端处理，可以将它们看成一个连续处理数据的黑盒。实现乒乓操作的前提是输入数据的吞吐率小于输出数据的吞吐率，否则会造成数据覆盖。如果输入数据速率大于输出数据速率，但是输入数据有停顿，造成输入数据的吞吐率小于输出数据的吞吐率，就可以实现高速数据输入、低速数据输出的效果。另外，串行高速输入和并行低速输出的乒乓操作是在输入数据吞吐率小于或等于输出数据吞吐率的前提下进行的。

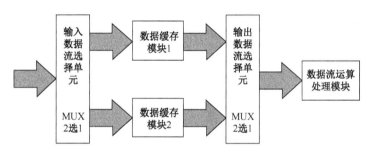

图 1-2 乒乓操作

### 1.2.2 串并转换

串并转换就是把串行输入的数据并行输出，它有效地利用了 FPGA 可编程逻辑高并行性的特点。

### 1.2.3 流水操作

流水操作的实质是时序电路处理，如图 1-3 所示。只有把数据处理的各阶段精确分配到时序的每一个时钟周期，才能保证全流水处理输入数据。这种设计方式通常会和乒乓操作及串并转换结合起来，以保证各级流水处理的输入数据被准备好，并及时输出数据给下一级流水处理。

图 1-3 流水操作

### 1.2.4 异步时钟域的数据同步

设计中经常会碰到不同时钟域之间的数据传输，处理好异步时钟域的数据同步问题非常重要。

**1. 两种典型异步时钟域**

（1）两个时钟域的时钟同频不同相。
（2）两个时钟域的时钟既不同频也不同相。

**2. 异步时钟域数据传输方式**

对于异步时钟域的数据传输（图 1-4），核心思想是建立一个缓存空间，使输入数据的吞吐率小于或等于输出数据的吞吐率。这个缓存空间要支持两种时钟的读写。FPGA 中的异步 FIFO 缓存是基于读写信号进行数据读写的，可以把输入数据用写信号异步写入 FIFO 缓存，输出一个半满或者满信号给读出端，读出端用读信号读出数据。

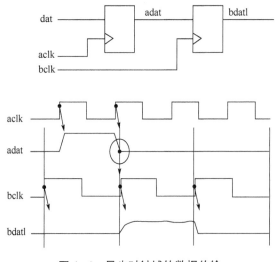

图 1-4 异步时钟域的数据传输

另外，如果采集时钟频率大于输入数据时钟频率，即倍频采样，则可能出现亚稳态问题。

这个问题不能百分之百地避免，因为如果刚好采样到异步信号的跳变状态，后级寄存器输出的就是一个不确定的亚稳态信号。这时的解决方法是采用多级寄存器连续采样，这样可以保证最后的输出不是亚稳态信号，但不能完全保证后级输出是前级输入的正确值。要实现完全无错误传输，还要增加系统级纠错机制，如图 1-5 所示。

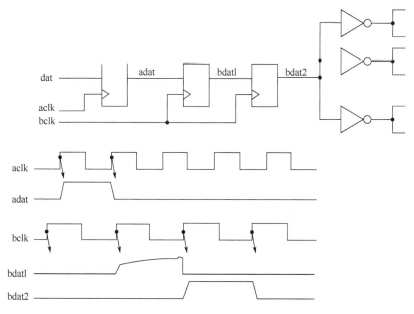

图 1-5  加入纠错机制的异步时钟域的数据传输

## 1.2.5 英特尔推荐的 Coding Style

采用英特尔推荐的 Coding Style 的好处在于代码的可移植性和可综合性。因为目前设计和器件都是超大规模的,所以依靠自动仿真、手动仿真或者设计工具的优化来使整个设计满足时序要求是很难的。在这种情况下,采用好的 Coding Style 能获得事半功倍的效果。

### 1. Coding Style 的含义

Coding Style 是指编程风格,好的 Coding Style 不依赖于具体的 EDA 工具和器件。也就是说,用任何一种 EDA 工具或者将代码移植到任何厂家的器件中,实现的功能都差不多。

### 2. 模块层次化编程

模块层次化编程如图 1-6 所示。首先设计一个顶层模块,顶层模块不做具体的逻辑运算,只实现外部 I/O 和内部各模块之间的连接;顶层模块下面是第一层模块,它们可以相互通信;第一层模块下面的子模块只能与本层子模块和对应的第一层模块通信,不能与其他模块下面的子模块通信。这种结构便于以后的维护及测试阶段信号的搜索。

### 3. 组合逻辑编程

组合逻辑设计最好采用 assign 直接赋值语句,系统会自动生成组合逻辑电路(图 1-7)。如果采用 always@()加敏感信号高低电平有效的赋值语句,当语句中的条件判断不完全时,非常容易生成锁存器,而在组合逻辑电路中生成锁存器,不利于静态时序分析。

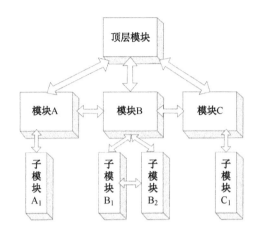

图 1-6　模块层次化编程

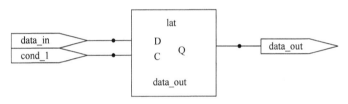

图 1-7　组合逻辑电路

另外，要避免用组合逻辑链来产生延时信号。图 1-8 中显示了两种不同的逻辑门。因为每款 FPGA 器件的逻辑门的传输时间不固定，所以产生的信号宽度不一样，这不利于程序移植。

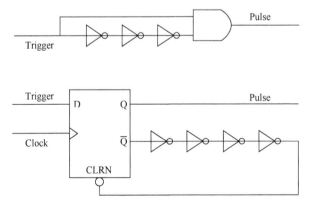

图 1-8　两种不同的逻辑门

### 4. 时钟设计编程

时钟设计的基本原则是外部主时钟通过时钟专用引脚连接到内部 PLL，再由 PLL 产生各种时钟去驱动全局时钟网络，如图 1-9 所示。如果 PLL 资源有限，需要的时钟又太多，可以考虑用计数器生成时钟。但是，尽量不要用组合逻辑的延时来产生时钟，因为这样会产生毛刺。

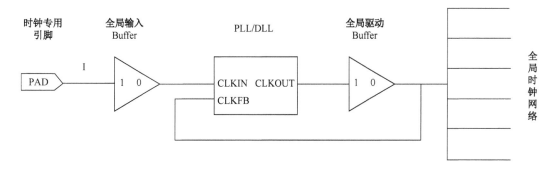

图 1-9 时钟设计

另外，在 FPGA 内部不要使用门控时钟和时钟切换等操作，这样也会产生毛刺。如果有严格的功耗要求，建议选择低功耗的器件。

### 5. 全局复位编程

全局同步或异步复位信号一般由全局时钟网络驱动。

### 6. 状态机编程

状态机可以将复杂的时序控制和状态跳转简单图形化。状态机编程应注意以下几点。

1）状态机的编码方式

状态机的编码方式有 binary、gray-code 和 one-hot，编码方式直接决定译码的复杂度和速度。binary 和 gray-code 使用的码位少，占用的寄存器资源少，但是译码的复杂度高；one-hot 占用的寄存器资源多，但是译码的复杂度低，速度快。一般来说，小型状态机使用 binary 和 gray-code 编码，大型状态机使用 one-hot 编码。

2）编程方式

状态机编程有三种方式：第一种是把所有的状态跳转，以及跳转条件判断和状态机输入/输出写在一个 always 块中；第二种是将状态跳转写在一个 always 块中，将跳转条件判断和状态机输入/输出写在另一个 always 块中；第三种是把状态跳转、跳转条件判断、状态机输入/输出分别写在一个 always 块中，示例代码如下。

```
//第一个进程，同步时序always块，格式化描述次态寄存器迁移到现态寄存器
always @ (posedge clk or negedge rst_n) //异步复位
begin
```

```
            if(!rst_n)
            begin
                current_state <= IDLE;
            end
            else begin
                current_state <= next_state; //注意，使用的是非阻塞赋值
            end
        end
        //第二个进程，组合逻辑always块，描述状态跳转条件判断
        always @ (current_state) //电平触发
        begin
            next_state = x; //初始化，使系统复位后能进入正确的状态
            case(current_state)
                S1:     if(...)
                            next_state = S2; //阻塞赋值
                ...
            endcase
        end
        //第三个进程，同步时序always块，格式化描述次态寄存器输出
        always @ (posedge clk or negedge rst_n)
        begin
            ...//初始化
            case(next_state)
                S1:   out1 <= 1'b1; //注意，使用的是非阻塞赋值
                S2:   out2 <= 1'b1;
                default:... //default的作用是避免生成锁存器
            endcase
        end
```

为了便于以后维护，可采用第二种或者第三种编程方式。如果要避免产生锁存器，或者需要同时确定当前状态、当前状态前后状态、状态跳转判断条件及其对输入/输出的影响，则建议采用第一种编程方式，这样更容易掌握各种状态的具体情况，而且目前的开发软件能自动识别状态机的代码，综合出正确的逻辑。

3) 状态机的初始状态和默认跳转状态

每个状态机要有一个初始状态，通常采用异步复位信号；每个状态机还要有一个默认跳转状态。

4) 状态机的输出默认状态

状态机必须有一个输出默认状态，以防生成锁存器。

#### 7. 三态信号编程

三态信号一般用于将顶层模块连接到 PAD 上面的 I/O，这种 I/O 通常通过软件用可编程 I/O 模块来实现。因此，建议在顶层模块中实现三态信号。三态信号编程示例如下。

```
reg      signal_a;
reg      signal_b;
reg      ena;
wire     out = ena ? signal_a : 1'bz;
always @(posedge clk)
begin
        signal_b <= out;
end
```

## 1.3 英特尔 FPGA 器件的高级特性与应用

英特尔 FPGA 器件中集成了很多应用模块，这些模块主要涉及以下功能。
（1）时钟管理。
（2）片内存储器。
（3）数字信号处理。
（4）片外存储器。
（5）高速差分接口。
（6）高速串行收发器。

### 1.3.1 时钟管理

时钟在 FPGA 设计中的重要性不言而喻，所以首先讨论时钟管理。

#### 1. 时序问题

1）时钟偏斜和时钟抖动

时钟偏斜一般指的是到达寄存器时钟输入端的时钟相位不一致的现象。时钟偏斜产生的原因有两个：一是从 PLL 出来的时钟不同相；二是 PLL 输出同相时钟，但是经过的路径不一样，造成相位误差。时钟偏斜如图 1-10 所示。

时钟抖动是指时钟的边缘在正常位置前后变化，如图 1-11 所示。

时钟偏斜和时钟抖动是绝对存在的，应尽可能减小偏斜和抖动来达到设计要求。

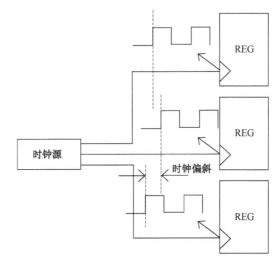

图 1-10 时钟偏斜

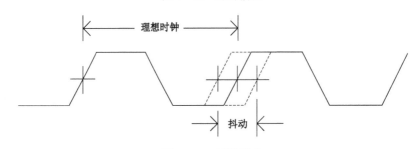

图 1-11 时钟抖动

2）时序余量

时序余量是指信号能被下一级正确采样的传输时间范围，它包括以下几部分。

（1）Micro $T_{co}$：源触发器的时钟到信号输出的时间。

（2）$T_{logic}$：源触发器到目的触发器的走线及逻辑延时。

（3）Micro $T_{su}$：目的触发器的信号建立时间。

（4）Micro $T_{h}$：目的触发器的信号保持时间。

只有满足以下条件才能保证信号正确传输：Micro $T_{co}$+$T_{logic}$+Micro $T_{su}$ ≤ $T$（时钟周期），同时要满足目的寄存器所需的保持时间。

对于外部 I/O 同步传输时序分析，也有相应的 4 个参数，具体如下。

（1）$T_{co}$：时钟到引脚信号输出的延时。

（2）$T_{fight}$：信号从一个芯片引脚到另一个芯片引脚的传输时间。

（3）$T_{su}$：信号在另一个芯片引脚上的建立时间。
（4）$T_h$：信号在另一个芯片引脚上的保持时间。

上述参数须满足以下条件：$T_{co}+T_{fight}+T_{su} \leq T$（时钟周期），同时要满足相应的保持时间。时钟驱动如图 1-12 所示。

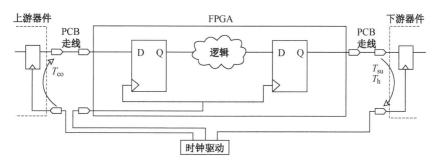

图 1-12　时钟驱动

以上时序分析是在不考虑时钟偏斜和时钟抖动的情况下进行的。实际应用中一般都存在时钟偏斜和时钟抖动，此时应满足以下条件：

$$\text{Micro } T_{co}+T_{logic}+\text{Micro } T_{su} \leq T + T_{skew} - T_{jitter} \text{（时钟周期）}$$

类似地，外部 I/O 同步传输也要考虑时钟偏斜和时钟抖动：

$$T_{co}+T_{fight}+T_{su} \leq T + T_{skew} - T_{jitter} \text{（时钟周期）}$$

在上面两个条件式中，$T_{skew}$ 和 $T_{jitter}$ 分别表示时钟偏斜和时钟抖动。

另外，考虑到时钟在 PCB 上的走线延时不可控，而且容易受到外部电磁干扰，外部 I/O 同步传输还可以采用串行数据和时钟同时传输的方法，发送端采用数据和时钟混合调制，接收端采用分别恢复时钟和数据的方法，这样可以保证稳定和高效传输。

3）使用全局时钟网络改善时钟质量

全局时钟网络是为了给整个芯片提供高质量的时钟而专门开发的布线网络，如图 1-13 所示。全局时钟源从 PLL 的输出口出来，到达 FPGA 器件的中心，再被分发到每个区域的触发器，因此全局时钟到每个区域的延时相等，从而可以保证时钟偏斜最小。另外，专用的时钟网络经过布线优化，受外部或者内部信号影响最小，从而可以保证时钟抖动最小。

**2．锁相环的使用**

1）锁相环（PLL）和延迟锁定环（DLL）

锁相环和延迟锁定环都可以通过反馈来做频率合成和相位锁定，起到去抖动、改变占空比和移相的作用。锁相环如图 1-14 所示。延迟锁定环如图 1-15 所示。

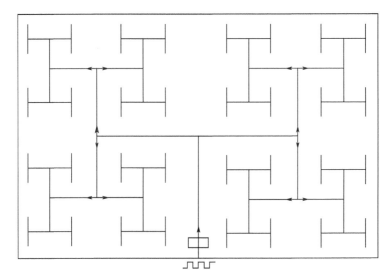

图 1-13 全局时钟网络

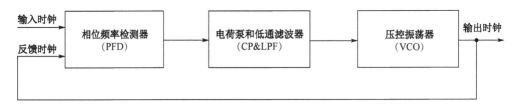

图 1-14 锁相环

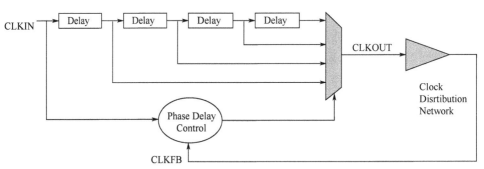

图 1-15 延迟锁定环

锁相环工作原理：先通过 VCO 输出一个频率，再把这个频率反馈到时钟输入端，与输入时钟做频率和相位比较，然后输出调节信号给滤波器，调节滤波器的输出电压，再控制 VCO 产生一个新的时钟，直到 VCO 产生一个设定频率和相位的时钟后，锁定滤波器输出稳定不变的时钟。锁相环是模拟电路，对于供电和抗干扰要求比较严格。

延迟锁定环工作原理：延迟锁定环的输出时钟由延迟链组合得到，每个延迟链抽头输出一个相位的时钟，用相位延迟控制逻辑来做抽头信号的选择，如果延迟链抽头足够多，就可以得到许多不同相位和频率的时钟。延迟锁定环是数字电路，由于数字电路本身的抖动特性，输出的时钟信号滤除不了抖动，但抗干扰能力强。

2）英特尔 FPGA 的锁相环

英特尔 FPGA 有两种锁相环，分别是增强型锁相环（EPLL）和快速锁相环（FPLL）。

增强型锁相环可以对片内外提供丰富的时钟输出，具有一些高级属性。快速锁相环主要用于高速源同步差分 I/O 口的设计和一些普通的应用。

增强型锁相环的结构如图 1-16 所示。

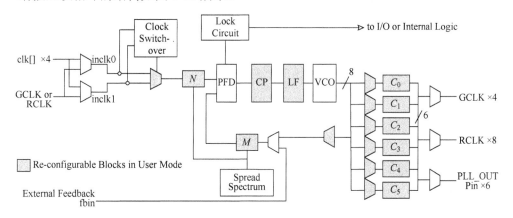

图 1-16 增强型锁相环的结构

增强型锁相环的时钟输入有两个：inclk0 和 inclk1。这两个时钟输入可以由 4 个专用时钟或引脚输入，也可以采用内部全局或者区域时钟输入，通过 MUX 做切换。增强型锁相环的输入路径上有一个分频系数 $N$，反馈路径上有一个倍频系数 $M$，VCO 的输出有 8 个相位抽头，每条相位时钟输出路径上有一个分频计数器实现所需频率输出。

在用 Quartus 软件生成锁相环时，由用户设定输入频率和输出频率，以及输出时钟的相位和占空比，由软件自动生成所需的参数 $N$、$M$、$C$，最终得到的频率是 $F_{out}=F_{in}M/NC$。

锁相环反馈模式见表 1-1。

表 1-1 锁相环反馈模式

| 反馈模式 | EPLL | FPLL | 描述 |
| --- | --- | --- | --- |
| Normal | √ | √ | 时钟输入引脚与时钟网络的末端（驱动端）同相位 |
| Zero Delay Buffer | √ | | 时钟输入引脚与时钟输出引脚同相位 |
| External Feedback | √ | | 时钟输入引脚与时钟反馈输入引脚同相位 |

续表

| 反馈模式 | EPLL | FPLL | 描述 |
|---|---|---|---|
| No Compensation | √ | √ | PLL 的时钟输入端与 PLL 的时钟输出端同相位 |
| Source Synchronous | √ | √ | 引脚上的时钟输入和数据输入的相位关系在到达 IOE 触发器输入端时保持一致（仅在 Stratix Ⅱ 器件上支持） |

锁相环反馈模型如图 1-17 所示。

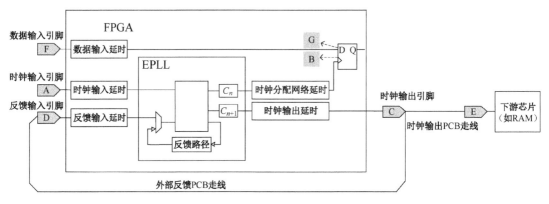

图 1-17 锁相环反馈模型

（1）Normal 模式即 A、B 点同相位。

（2）Zero Delay Buffer 模式即 A、C 点同相位。

（3）External Feedback 模式即 A、D、E 点同相位。

（4）No Compensation 模式即不补偿反馈路径延时，输出时钟的相位通过计算路径延时得到。

（5）Source Synchronous 模式是源同步模式，即把 I/O 口数据和时钟相位关系保持到内部逻辑中，以保证数据被正确采样。

3）锁相环电源设计

因为锁相环是模拟电路，对外部电磁干扰比较敏感，所以在连接锁相环电源时需要采取一些抗干扰措施。锁相环电源设计如图 1-18 所示。

首先通过电感将锁相环的供电和数字电源隔离，隔离之后采用电容滤除高低频干扰，在 VPLL 引脚处加去耦电容。

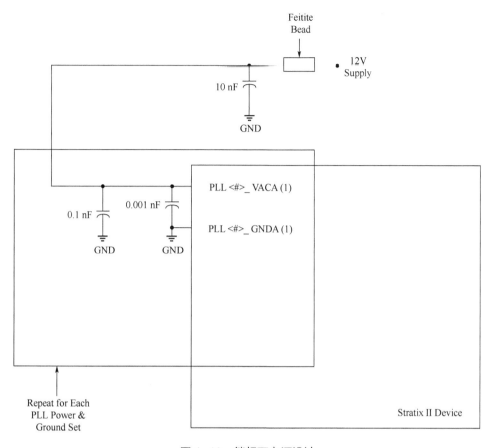

图 1-18　锁相环电源设计

## 1.3.2　片内存储器

片内存储器是 FPGA 中最灵活高效的存储单元。

英特尔 FPGA 中的嵌入式 RAM 分为三类，分别是 640bit 的 MLAB、9kbit 的 M9K 及 144kbit 的 M144K。

嵌入式 RAM 一般由三部分组成，如图 1-19 所示。输入部分有寄存器，用于寄存输入的数据、地址、读写信号。中间部分是一个异步读写 RAM 模块。输出部分用于直接或者寄存输出 RAM 数据，输出寄存器是可选的。RAM 读写时序图如图 1-20 所示。

RAM 有以下几种配置模式。

（1）单端口 RAM：用一个端口进行读写，如图 1-21 所示。

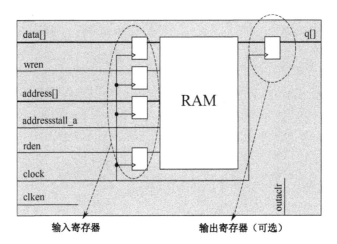

图 1-19　嵌入式 RAM 的结构

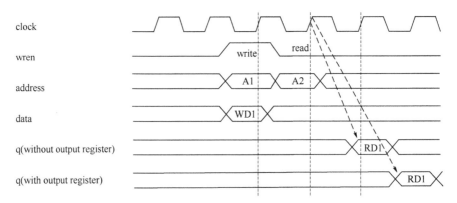

图 1-20　RAM 读写时序图

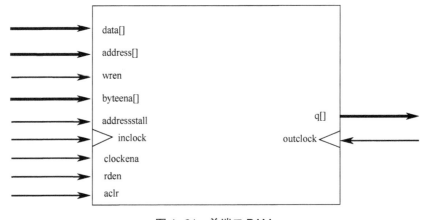

图 1-21　单端口 RAM

（2）简单双端口RAM：一个端口读，一个端口写，如图1-22所示。

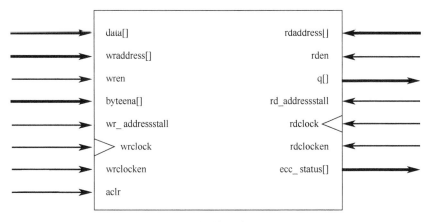

图1-22　简单双端口RAM

（3）实际双端口RAM：两个端口都能读写，如图1-23所示。

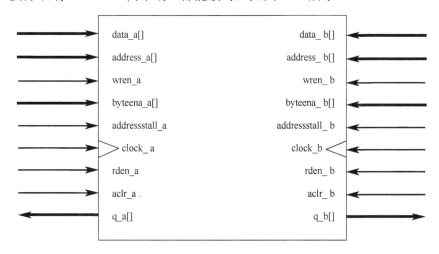

图1-23　实际双端口RAM

（4）多端口RAM：多个端口均能进行读写。
（5）先进先出（FIFO）RAM。
（6）ROM：只读RAM，由HEX或者MIF数据初始化。
所有的RAM都可以在生成时选择独立的读写时钟。
另外，软件在综合RAM时，会自动给RAM加上一个防止读写冲突的逻辑，以保证写入正确，读出维持上一个数据输出。如果设计能保证读写不冲突，可以在软件中设置不自动生成避免读写冲突的逻辑。

RAM 的用法很灵活，除了一般的数据缓存，还可以用作固定系数乘法器（用 ROM 实现）、移位器、串并转换器、异步时钟域连接器等。

### ▷ 1.3.3　数字信号处理

数字信号处理（DSP）模块是目前设计中不可或缺的模块之一，FPGA 器件集成 DSP 专用硬核就是为了方便那些需要用到大规模计算而又无须使用逻辑资源来生成 DSP 模块的设计。

在一些复杂的处理系统（如语音的回声消除、高清视频传输等）中，通常需要进行高带宽的数据处理。如果用传统的 DSP 芯片或者 FPGA 逻辑资源来实现高速高带宽的数据处理，成本会很高。

英特尔嵌入式 DSP 模块包含输入寄存器、乘法器、流水寄存器、加/减/累加单元、求和单元、输出多路选择器、输出寄存器，如图 1-24 所示。

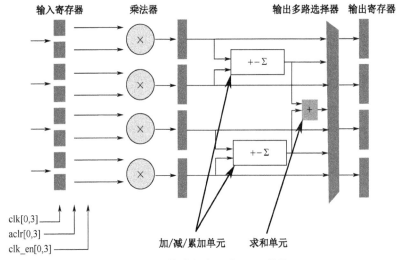

图 1-24　英特尔嵌入式 DSP 模块

DSP 模块中的乘法器由 4 个双输入 18×18 乘法器组成，乘法器的输入可以是外部 18 位并行数据输入，也可以是内部的输入寄存器组成的移位寄存器的输入，如图 1-25 所示。移位寄存器可以很方便地实现一组数据按对应关系与一组系数相乘的 FIR 滤波器。

4 个 18×18 乘法器可以分拆为 8 个 9×9 乘法器，也可以组合成一个 36×36 乘法器。加/减/累加单元支持全精度加法，以及无符号数和有符号数的加减法，并且可以由 AddnSub 信号来控制加减运算。其输出可以作为输入进入累加单元，实现最大 52 位的累加结果。不同的 DSP 模块结构图如图 1-26～图 1-30 所示。

# 第 1 章
## FPGA 高阶设计方法

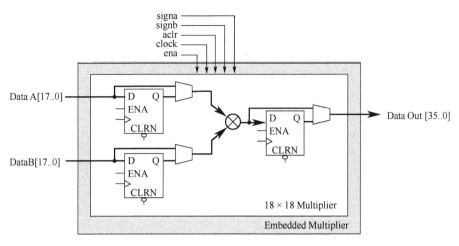

图 1-25 乘法器

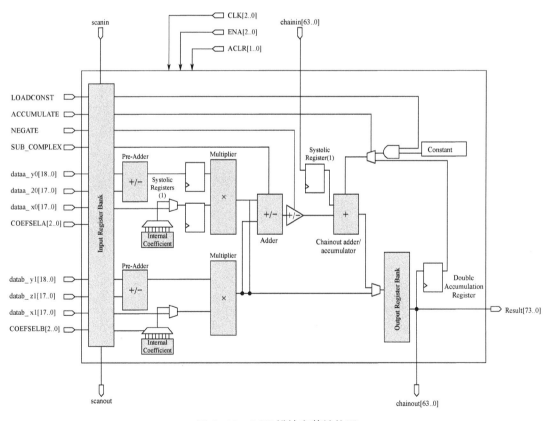

图 1-26 DSP 模块完整结构图

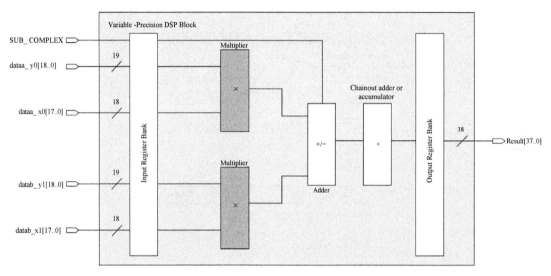

图 1-27　两个乘法器运算后再求和的 DSP 模块结构图

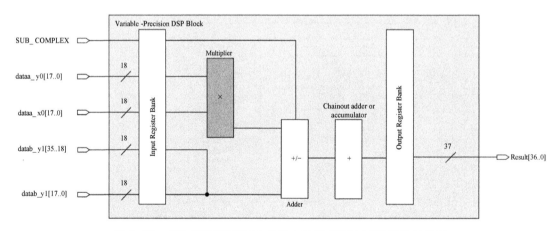

图 1-28　乘法器运算后与 36 位输入进行求和的 DSP 模块结构图

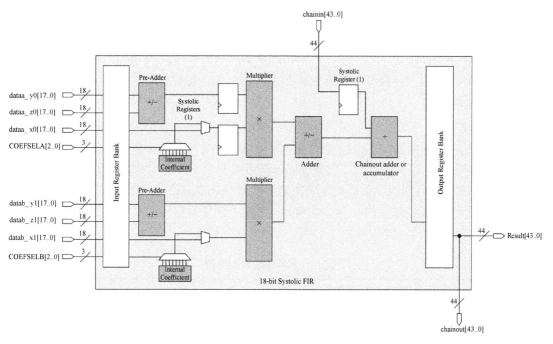

图 1-29  18 位 FIR 模式的 DSP 模块结构图

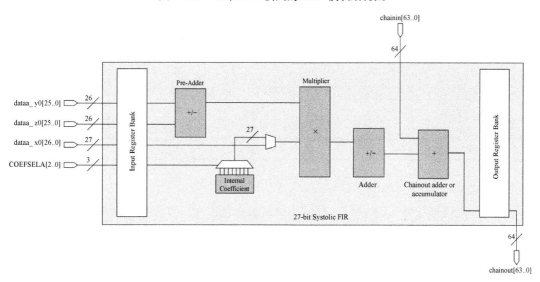

图 1-30  27 位 FIR 模式的 DSP 模块结构图

需要注意的是,在 Quartus 软件中生成乘法器或者加法器时,可以选择用 DSP 模块或逻辑单元(LE)来实现。

### 1.3.4 片外存储器

片外存储器虽然不是片内资源,但在设计中同样必不可少,而且 FPGA 器件集成了片外存储控制器,所以片外存储器通信也是 FPGA 设计中关键的一环。

#### 1. 存储器类型

按电路类型分,有动态存储器(DRAM)和静态存储器(SRAM)。目前,SRAM 大多采用 6 个 MOS 管的结构,DRAM 大多采用一个 MOS 管加一个电容的结构。SRAM 不存在电容充放电过程,反应速度快,但是存储单元所占面积大,难以实现便宜的大容量结构。DRAM 存储单元所占面积小,能实现大容量,但是有电容充放电过程,所以反应速度慢。

这两种存储器发展都很快,在容量和读写速度方面都有很大的提升。

各种存储器的比较见表 1-2。

表 1-2 各种存储器的比较

| 存储器类型 | 单根数据线的最高带宽(Mbit/s) | 密度 | I/O 标准 | 应用领域 |
| --- | --- | --- | --- | --- |
| SDRAM | 66~150 | 64~512Mbit | LVCMOS | PC、服务器 |
| DDR SDRAM | 200,266,333,400 | 128~1Gbit | SSTL 2.5V | PC、服务器 |
| DDR2 SDRAM | 400,533,667 | 256~4Gbit | SSTL 1.8V | PC、服务器 |
| RLDRAM I | 200,250,300 | 256Mbit | HSTL 1.8V | 通信网络 |
| RLDRAM II | 200,300,400 | 256Mbit、576Mbit | HSTL 1.8V | 通信网络 |
| FCRAM I | 154~267 | 256Mbit、512Mbit | SSTL 2.5V | 通信网络、多媒体 |
| FCRAM II | 154~267 | 288Mbit | SSTL 1.8V | 通信网络、多媒体 |
| NoBL/ZBT SRAM | 66~150 | 0.5~2Mbit | LVCMOS | 高速缓存、Cache |
| QDR I SRAM | 154~267 | 0.5~2Mbit | HSTL 2.5V | 高速缓存、Cache |
| QDR II SRAM | 154~267 | 8~36Mbit | HSTL 1.8V | 高速缓存、Cache |

#### 2. SDRAM 的读写控制

同步 SDRAM 需要按照读写手册要求的时钟周期去采样。值得注意的是,SDRAM 的数据口是双向的,在切换的瞬间要做延时处理,以避免大电流导通。

#### 3. DDR SDRAM 的读写控制

英特尔 FPGA 中有专用的 DDR 存储器控制 I/O,其结构如图 1-31 所示。

在图 1-31 中,输出使能控制部分有两个触发器,可以通过一个选择器和一个或门控制输出使能信号是否经过第二个触发器来延后半拍信号输出。

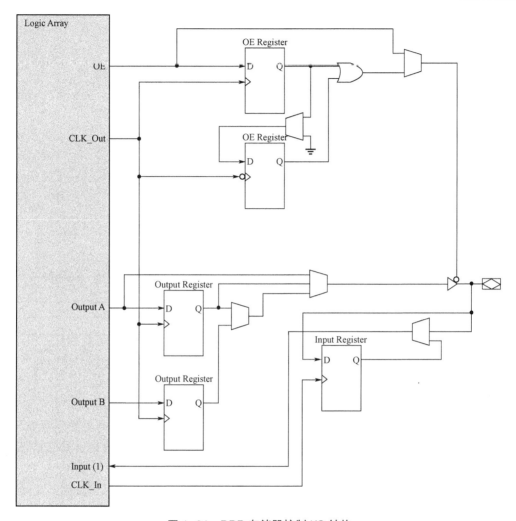

图 1-31 DDR 存储器控制 I/O 结构

在输出数据部分，高低位数据同时在时钟正沿输入输出寄存器，通过一个将时钟作为选择信号的选择器，在时钟高电平阶段把高位数据输出到三态门，在时钟低电平阶段把低位数据输出到三态门。

输入数据部分通过两个寄存器在时钟正负沿寄存数据，低位数据通过一个时钟高电平控制的锁存器。在时钟高电平阶段，也就是高位数据寄存以后，开启低位锁存器，把低位数据和高位数据同时输入 FPGA 内部逻辑。时序图如图 1-32 所示。

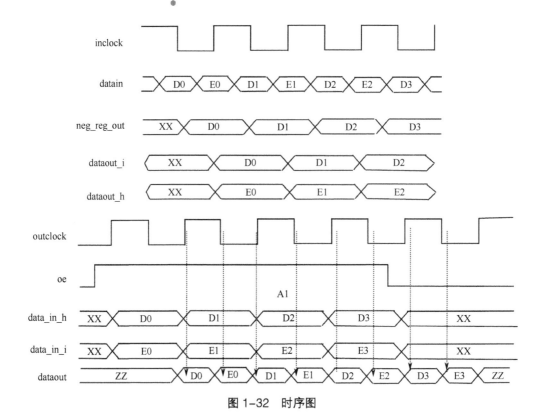

图 1-32 时序图

关于 DDR SDRAM 的数据与时钟问题，一般采用数据和时钟同时输出的源同步方式，这种方式保证了数据和时钟的原始相位关系，便于正确采样数据信号。时钟和数据都采用双向接口。

DDR SDRAM 的时钟为差分信号 CK 和 CK#，CK 为正端，CK#为负端，把 CK 正沿与 CK#负沿的交叉点称为时钟正上升沿，把 CK 负沿与 CK#正沿的交叉点称为时钟负下降沿。

DDR SDRAM 的地址和控制信号是在输入时钟的正沿进入寄存器的。在读数据模式下，DQS（数据采样信号）和 DQ（数据总线）在读写命令和地址有效的时钟正沿之后经过一段 CAS 延时才有效。DQS 在 CAS 延时期间有一个状态跳变，这个状态跳变是从三态变成低电平，再加一个上升沿，表示数据开始有效，以后每个数据的低位在 DQS 负沿采样，高位在 DQS 正沿采样。DQS 在数据传输结束之后也有一个状态跳变，即 DQS 拉低一个 CK 周期后再变成三态。

SDRAM 与 DDR SDRAM 的比较见表 1-3。

表1-3　SDRAM 与 DDR SDRAM 的比较

| 特性 | SDRAM | DDR SDRAM | 注释 |
|---|---|---|---|
| DQM | √ | | 用于写数据选择和读输出使能 |
| DM（Data Mask） | | √ | 替代 DQM，仅用于写数据选择 |
| DQS（Data Strobe） | | √ | 数据采样信号 |
| CK#（System Clock） | | √ | DDR SDRAM 采用差分时钟 |
| VREF | | √ | 信号参考电平 |
| VDD 和 VDDQ | 3.3V | 2.5V | DDR SDRAM 的电源电压较小 |
| 接口电平 | LVTTL | SSTL_2 | DDR SDRAM 采用带参考电源端的伪差分电平信号 |
| 数据传输速率 | 1倍时钟 | 2倍时钟 | DDR SDRAM 的数据传输速率是时钟频率的2倍 |
| 结构 | 系统同步 | 源同步 | DDR SDRAM 采用双向数据选通信号 |

## 1.3.5　高速差分接口

随着数据传输带宽和传输速率的要求不断提高，设计中逐渐不再用简单的 LVTTL 或者 LVCMOS 电平信号来传输数据，而是采用传输速率更高、抗干扰能力更强的差分串行接口。

因为传输速率高，时钟和数据的相位对应关系变得非常严格，甚至一些数据和时钟的抖动都会造成数据采样错误，因此需要一个动态追踪最佳采样时间窗口的模块来负责恢复一个采样时间余量足够的时钟，这个模块就是动态相位调整（DPA）模块。

要实现高速差分串行输出，首先要把内部逻辑的低速高带宽并行数据转换成高速串行数据，然后在高速串行时钟的配合下把数据发送出去。如果高速并串转换用通用的 LE 来实现，则传输速率达不到要求，因此只能用 IOE 自带的并串转换器实现。串行时钟可由 PLL 得到，采用源同步输出，锁定时钟和数据的相位，以保证接收端的数据被正确采样。

高速差分输入需要高速串并转换模块，该模块需要在 IOE 中实现，因为采用通用的 LE 来实现，传输速率也达不到要求。

## 1.3.6　高速串行收发器

高速串行收发器也是一种高速串行收发端口。与高速差分接口不同的是，高速串行收发器只发送数据，不发送时钟。另外，高速串行收发器依赖一个模拟电路的信号调制和解调模块来实现数据的高频传输，而且通过简单的匹配转换，可以兼容光纤、微波和高速网口等信道。

## 1.4 时序约束与时序分析

### 1.4.1 时序约束和分析基础

**1. 时序约束的目的**

FPGA 设计中常用的约束主要分为三大类,即时序约束、区域约束和其他约束。

时序约束主要用于规范设计的时序行为,表达设计者期望满足的时序要求,指导综合和布局阶段的优化选项等;区域约束是指约定一些逻辑在 FPGA 中实现的物理位置及面积;其他约束包括引脚位置约束、引脚电平约束、器件约束等系统性约束。

时序约束的目的有以下两个。

(1) 提高设计的工作频率。

提高设计的工作频率,意味着单位时间内处理的信息量更大,设计的性能更高。时序约束的条件一般比正常工作时的频率高 10%~20%,这类似于 CPU 的超频工作。

(2) 获得正确的时序分析报告。

设计工具分析一项设计的性能和工作频率的方式就是计算各种延时和周期,生成时序分析报告。要想使设计工具能生成正确的时序分析报告(主要是静态时序分析报告),就必须用详细的时序约束来指导设计工具。

**2. 周期与频率**

周期是指时钟或者信号循环出现同一个状态的时间间隔。频率是周期的倒数。频率越高,周期越短。从理论上讲,周期越短,性能越高。时钟周期如图 1-33 所示,其计算公式如下:

$$T_{clk} = \text{Micro } T_{co} + T_{logic} + T_{net} + \text{Micro } T_{su} - T_{clk\_skew}$$

式中,$T_{clk}$ 是时钟的最短周期,Micro $T_{co}$ 是寄存器信号输出相对于时钟的固定延时,$T_{logic}$ 组合逻辑传输延时,$T_{net}$ 是布线延时,Micro $T_{su}$ 是采样寄存器要求的信号建立时间,$T_{clk\_skew}$ 是时钟偏斜。最大频率 $f_{max}=1/T_{clk}$。

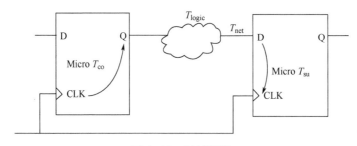

图 1-33 时钟周期

## 3. 利用 Quartus 软件进行时序分析

在 Quartus 软件的时序分析报告中会把各条路径的最大工作频率列出来，如图 1-34 所示。可以选择一条路径，然后定位到所需的选项。

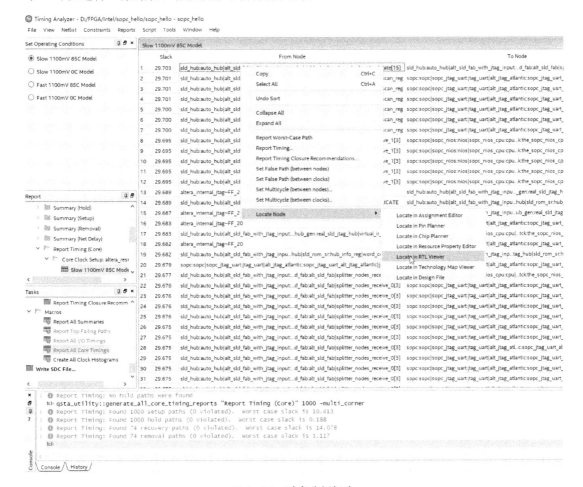

图 1-34 时序分析报告

如果在图 1-34 中的右键快捷菜单中选择"Report Timing"或者"Report Worst-Case Path"命令，就可以在新打开的窗口中看到具体延时信息，如图 1-35 所示。

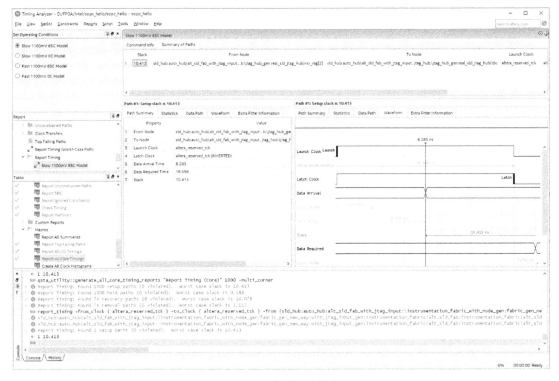

图 1-35 查看延时信息

### 4. 数据信号建立时间

数据信号建立时间 $T_{su}$ 是指在接收寄存器的时钟有效沿到来之前,数据信号建立并保持稳定的最短时间,如图 1-36 所示。其计算公式如下:

$$T_{su} = \text{Data Delay} - \text{Clock Delay} + \text{Micro } T_{su}$$

式中,Micro $T_{su}$ 是寄存器固有的信号建立时间,通常保持不变。

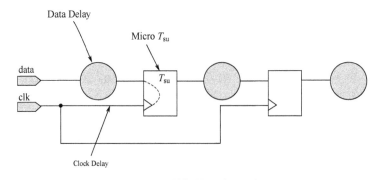

图 1-36 数据信号建立时间

## 5. 数据信号保持时间

数据信号保持时间 $T_h$ 是指时钟有效沿到来后，数据信号保持不变的最短时间，如图 1-37 所示。其计算公式如下：

$$T_h = \text{Clock Delay} - \text{Data Delay} + \text{Micro } T_h$$

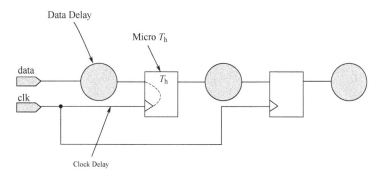

图 1-37　数据信号保持时间

## 6. 数据输出延时

数据输出延时 $T_{co}$ 是指从时钟触发开始，经过寄存器传输，到有效数据输出的整个过程中器件内部的延时总和，如图 1-38 所示。数据输出延时也称寄存器传输时间，是个固定的参数。其计算公式如下：

$$T_{co} = \text{Clock Delay} + \text{Data Delay} + \text{Micro } T_{co}$$

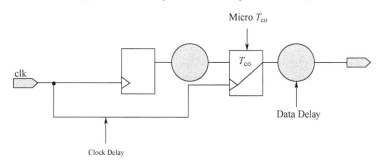

图 1-38　数据输出延时

## 7. 引脚到引脚延时

引脚到引脚延时指的是信号从输入引脚经过组合逻辑到达输出引脚的延时，用 $T_{pd}$ 表示。

## 8. Slack

Slack 是信号实际传输时间与要求满足的时序时间之间的差值，如图 1-39 所示。其值有正有负，正值表示满足设计时序要求且有余量，负值表示达不到设计时序要求。其计算公式如下：

$$\text{Slack} = \text{Required Clock Period} - \text{Actual Clock Period}$$
$$\text{Slack} = \text{Slack Clock Period} - (\text{Micro } T_{co} + \text{Data Delay} + \text{Micro } T_{su})$$

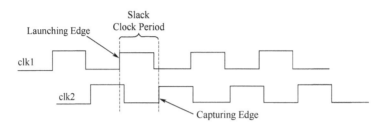

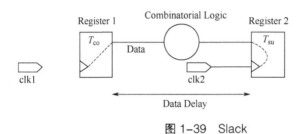

图 1-39　Slack

### 9．时钟偏斜

时钟偏斜（Clock Skew）是指时钟边缘位置不固定。

正常的时钟波形如图 1-40 所示。

图 1-40　正常的时钟波形

偏斜的时钟波形如图 1-41 所示。

图 1-41　偏斜的时钟波形

在 FPGA 中通过优化时钟走线可以减小时钟偏斜。在一些工作频率不高的设计中，可以忽略时钟偏斜。

## 1.4.2 高级时序分析

**1．增加数据信号延时**

时钟偏斜会造成数据信号的保持时间违规。在这种情况下，需要用户自己增加数据信号延时来保证保持时间。常用的方法有以下两种。

（1）增加逻辑延时：增加延时单元或者逻辑门。

（2）增加布线延时：手动定位源端和目的端寄存器来增加布线延时。

**2．多周期约束**

通常信号是在一个时钟周期内传输的，所以只需要在一个时钟周期内分析时序。但在下面三种情况下，必须在多个时钟周期内分析时序。

（1）确定信号延时大于一个时钟周期，也就是慢信号传输，如图 1-42 所示。

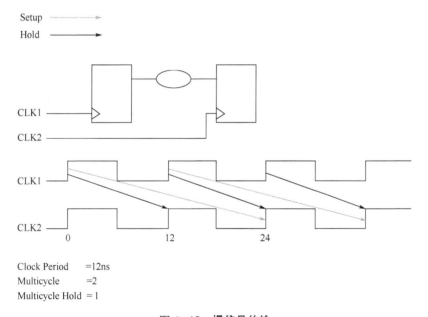

图 1-42　慢信号传输

在图 1-42 中，数据信号在第一个周期从 CLK1 上升沿出来后，在 CLK2 的第三个周期的上升沿被采样，而不是在第二个周期被采样。这时把 Multicycle 设置为 2，Multicycle Hold 设置为 1。这适用于两个时钟同频同相的情况。

（2）两个时钟同频不同相，如图 1-43 所示。

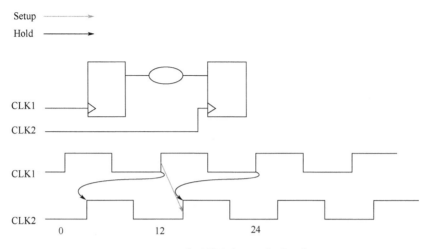

图 1-43　两个时钟同频不同相（一）

在这种情况下，数据在一个时钟周期内传输，但是采样时钟 CLK2 与源时钟 CLK1 的相位差小于一个时钟周期，所以不能把最近的这个 CLK2 时钟沿作为采样时钟沿，而应该延迟到下一个时钟沿。这时把 Multicycle 设置为 2，Multicycle Hold 设置为 1，如图 1-44 所示。

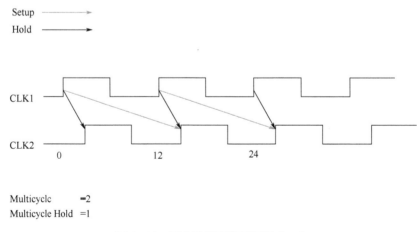

图 1-44　两个时钟同频不同相（二）

（3）两个时钟之间有倍频关系如图 1-45～图 1-47 所示。

# 第1章
## FPGA 高阶设计方法

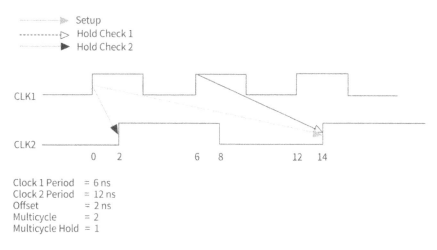

图 1-45　两个时钟之间有倍频关系（一）

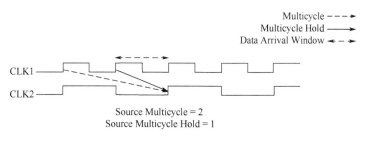

图 1-46　两个时钟之间有倍频关系（二）

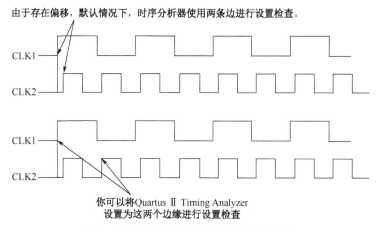

图 1-47　两个时钟之间有倍频关系（三）

对于有倍频关系的时钟信号传输，需要设定采样周期是几个 CLK2 时钟周期或者几个

CLK1 时钟周期。

如果源时钟频率比采样时钟频率高，可以通过设置 Source Multicycle 和 Multicycle 做时序分析。

如果源时钟频率低于采样时钟频率，可以通过 Multicycle 来设置时序约束。

**3．切断伪路径**

伪路径是指不需要做时序分析的路径。

（1）如图 1-48 所示，不分析 C 路径，只分析 A 路径和 B 路径。

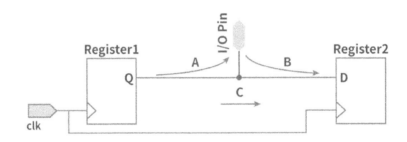

图 1-48　不分析 C 路径

（2）如图 1-49 所示，丢弃清零/异步复位信号。

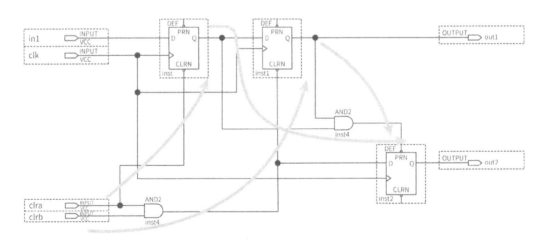

图 1-49　丢弃清零/异步复位信号

（3）如图 1-50 所示，不分析数据从写入 RAM 到读出 RAM 的路径。

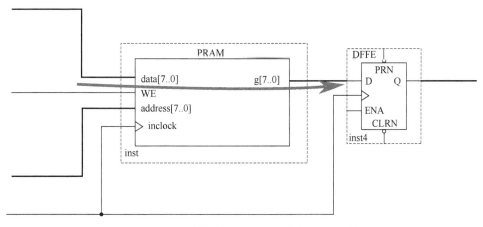

图 1-50　不分析数据从写入 RAM 到读出 RAM 的路径

（4）不分析不相关的时钟信号路径。

（5）可以在"Assignments Editor"中切断不需要做时序分析的路径。

**4．I/O 接口的时序要求**

I/O 接口的时序需要考虑芯片之间的输入/输出引脚时序是否满足建立时间和保持时间的要求。这需要从板级走线来考虑。主要思想是通过时钟移相来正确地采样数据。

## 1.5　区域约束

Logic Lock 是 Quartus 软件的内嵌高级工具，它通过对 FPGA 物理位置进行区域约束来保持区域设计的固定性，以便继承以往的设计成果和进行团队化设计。

### 1.5.1　Logic Lock 设计方法简介

Logic Lock 即逻辑锁定，是指对一个模块进行独立的设计实现和优化，并将该模块的布局布线结果约束在 FPGA 的某个区域内，使得在进行其他模块的设计时不影响该逻辑区域的功能。这样便于成果继承和团队化设计。

**1．Logic Lock 设计目的**

（1）提高设计性能。

合理地规划逻辑锁定区域，把物理位置关系密切的部分锁定在相邻的区域，可以缩短信号传输时间，节约布线资源，提高关键路径的工作频率。

(2) 继承设计实现结果。

使用 Logic Lock 工具可以把已经满足时序和功能要求的模块实现结果作为下次编译的指导文件,将模块的实现结果反标注到下次编译优化中,从而保证这些成功的模块实现结果不随重新编译而变化。

(3) 实现增量编译。

增量编译是指只对功能有所改变的部分进行重新编译优化,而将未改变的区域反标注到下次编译中,不进行重新编译优化。增量编译可以有效节约编译时间。

(4) 实现团队化设计。

可以利用 Logic Lock 在项目开始时规划好每个成员的设计区域,在项目进行时对每个区域进行独立设计和优化,最后将编译结果整合到一起,实现团队化设计。

### 2. Logic Lock 设计流程

大型、复杂或性能要求高的设计需要反复进行编译、时序分析、优化才能达到时序收敛(Timing Closure),满足设计的时序要求,这样做负担较大。而 Logic Lock 设计流程的输入模块是已经优化并达到时序收敛的子模块,通过 Logic Lock 设计方法继承以往编译与实现的结果,在保证每个子模块时序收敛的基础上,达到顶层模块时序收敛,从而使整个设计时序收敛。因此,Logic Lock 设计流程能有效避免烦琐的设计编译、时序分析、优化循环工作,提高设计效率。Logic Lock 设计流程如图 1-51 所示。

图 1-51 Logic Lock 设计流程

## 1.5.2 Logic Lock 区域

区域是 Logic Lock 中的重要概念,指的是 FPGA 物理平面上已规划好的面积区域。这个区域中的逻辑是被锁定的。

### 1. Logic Lock 区域的属性

Logic Lock 区域的属性见表 1-4。

表 1-4 Logic Lock 区域的属性

| 属性 | 属性值 | 特征 |
| --- | --- | --- |
| State(区域状态) | Floating(默认值)<br>Locked | Floating 表示由 Quartus 软件自动选择区域的大小和位置,Locked 表示由用户确定区域的大小和位置 |

续表

| 属性 | 属性值 | 特征 |
|---|---|---|
| Size（区域大小） | Auto（默认值）<br>Fixed | Auto 表示由 Quartus 软件自动选择区域的大小，Fixed 表示由用户自定义区域的大小 |
| Reserved（区域保留） | Off（默认值）<br>On | 该属性用于确定是否保留区域内部的逻辑资源，Off 表示可以使用区域内未被指定的逻辑资源，On 表示只有与区域相关联的单元才能被布局在区域内 |
| Enforcement（区域强制） | Hard（默认值）<br>Soft | Soft 区域侧重于时序约束属性，允许个别实体脱离区域位置约束，以达到整体上的最佳时序性能；而 Hard 区域则不允许所适配的逻辑单元在区域边界外布局 |
| Origin（位置标注） | Any<br>Floorplan<br>Location | 该属性用于显示区域的位置标注 |

### 2. Logic Lock 区域的创建

Logic Lock 区域的创建流程如下。

（1）如图 1-52 所示，在"Project Navigator"窗口中，选择要设置区域约束的模块，然后在右键快捷菜单中选择"Logic Lock Region"→"Create New Logic Lock Region"命令。

图 1-52 创建 Logic Lock 区域

（2）如图 1-53 所示，已创建的 Logic Lock 区域会显示在"Chip Planner"窗口中。

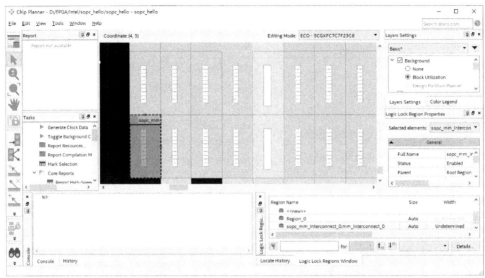

图 1-53　显示已创建的 Logic Lock 区域

（3）在"Chip Planner"窗口中，可以设置 Logic Lock 区域的大小与位置，如图 1-54 所示。

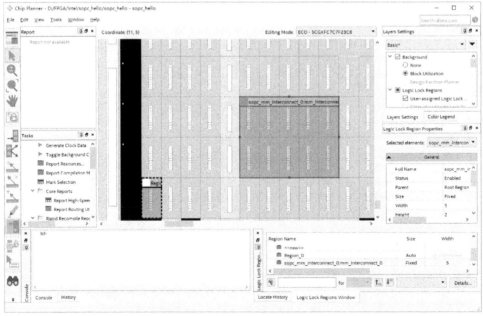

图 1-54　设置 Logic Lock 区域的大小与位置

用户也可以通过 Logic Lock 区域窗口设置区域约束，具体流程如下。

（1）在"Assignments"菜单中选择"Logic Lock Regions Window"命令，打开 Logic Lock 区域窗口，如图 1-55 所示。

图 1-55　打开 Logic Lock 区域窗口

（2）在 Logic Lock 区域窗口中，用户可以设置相关参数，如图 1-56 所示。

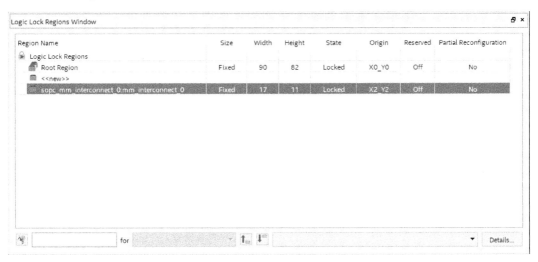

图 1-56　设置相关参数

（3）在 Logic Lock 区域名称上右击，在弹出的快捷菜单中选择"Locate Node"→"Locate in Chip Planner"命令，打开"Chip Planner"窗口，如图 1-57 所示。

# FPGA进阶开发与实践

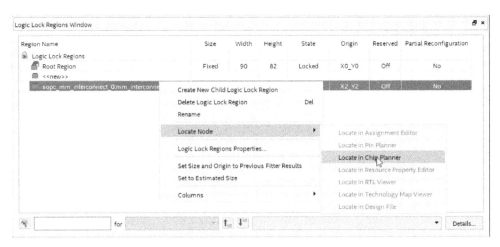

图 1-57  打开"Chip Planner"窗口

（4）在"Chip Planner"窗口中可以看到设置好的区域，如图 1-58 所示。

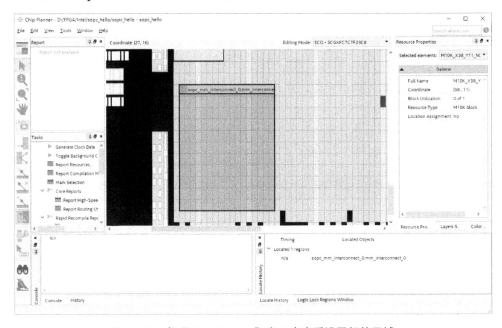

图 1-58  在"Chip Planner"窗口中查看设置好的区域

## 3．Logic Lock 区域规划

应根据 Logic Lock 区域的类型来规划区域的位置及大小。

可以由 Quartus 软件自动规划 Logic Lock 区域的大小及位置，也可以手动规划，手动规划要注意以下事项。

（1）如果 Logic Lock 区域中有关于引脚的约束，那么必须将该区域放到器件边缘部分，与引脚相邻，该区域中还必须包括 I/O 模块。

（2）Floating 类型的 Logic Lock 区域不能重叠。

（3）Fixed 类型的 Logic Lock 区域也不能重叠。

（4）Logic Lock 的反标注信息只能在物理资源完全相同的器件中做区域锁定。

## 1.6 命令行与 Tcl 脚本

### 1.6.1 命令行

采用命令行方式来控制设计的编译流程，设置设计的各种约束，可以加快开发进程。因为命令行方式占用的内存较少，可以执行自动化流程。

Quartus 软件中可以独立以命令行方式执行的模块程序有以下几个。

（1）quartus_map：分析综合工具。

（2）quartus_fit：布局布线工具。

（3）quartus_tan：时序分析工具。

（4）quartus_sim：仿真工具。

（5）quartus_asm：配置映射工具。

（6）quartus_pgm：程序下载工具。

（7）quartus_sh：Tcl 解释器。

用户可以在操作系统的命令窗口中直接输入命令，也可以把需要执行的命令写到一个脚本文件中，通过执行脚本文件来执行所有的命令。

命令行示例如图 1-59 和图 1-60 所示。

图 1-59 命令行示例（一）

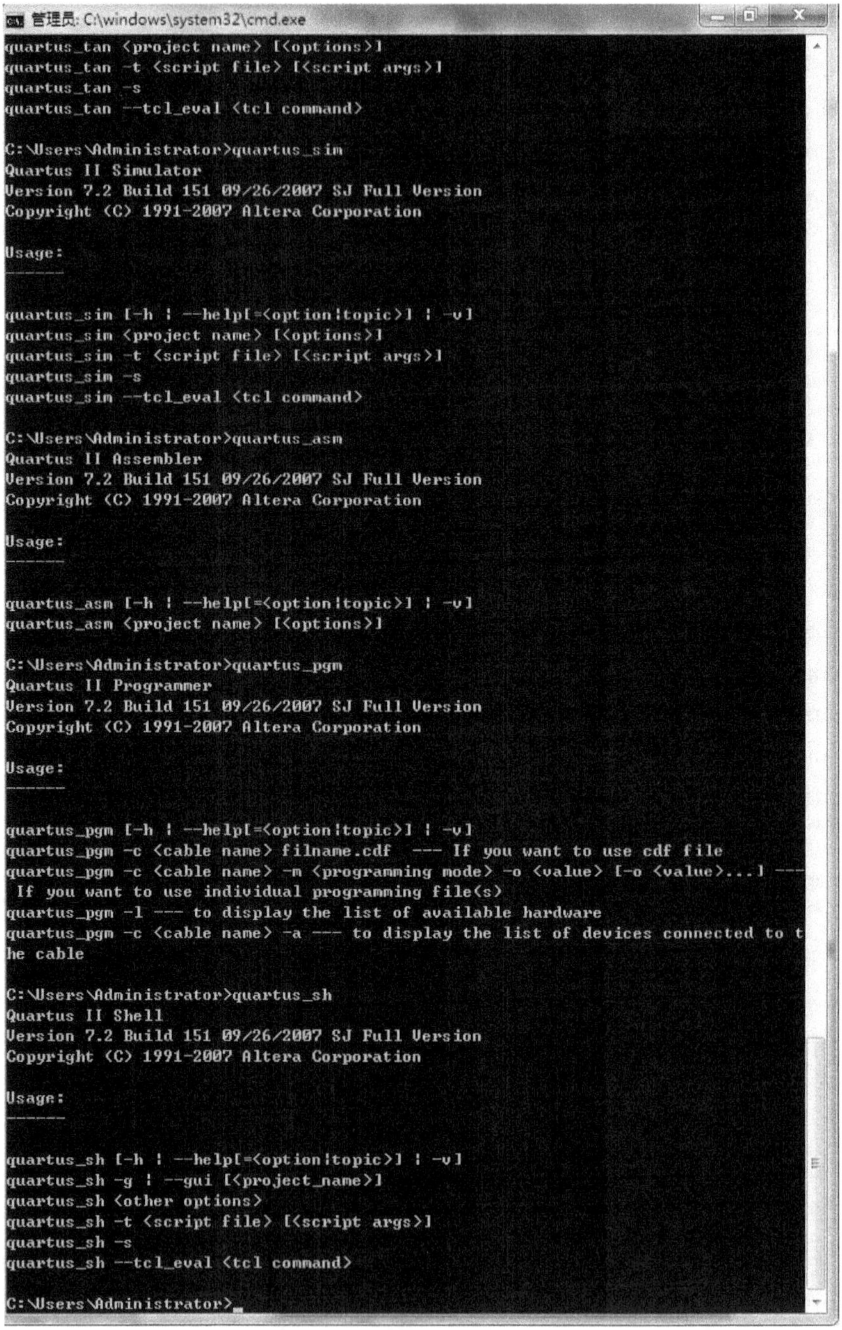

图 1-60 命令行示例（二）

## 1.6.2 Tcl 基础知识

Tcl 是 EDA 工具行业标准脚本语言，它允许用户自定义命令，并且可以在大多数平台间转换。

Quartus 软件自带 Tcl 命令包和解释器，命令包有以下几个。

（1）::quartus::project：建立和设置工程。
（2）::quartus::device：器件设置。
（3）::quartus::advanced_device：高级器件设置。
（4）::quartus::flow：简单设计流程。
（5）::quartus::timing：时序分析。
（6）::quartus::advanced_timing：高级时序分析。
（7）::quartus::simulation：仿真。
（8）::quartus::report：数据报告。
（9）::quartus::timing_report：时序报告。
（10）::quartus::backannotate：反标注。
（11）::quartus::logiclock：逻辑锁定。

执行 Tcl 命令有以下两种方式。

（1）直接执行 Tcl 脚本（批处理方式）。

可以直接在 Tcl Shell 中执行 source 命令：

```
source <文件名>.tcl <参数名>
```

也可以在命令窗口中执行以下命令：

```
quartus_sh -t <文件名>.tcl
```

（2）在 Quartus 软件的 Tcl 解释器中执行命令。

如图 1-61 所示，先进入 Tcl 解释器，再输入 Tcl 命令。

Tcl 解释器中还提供了帮助信息，如图 1-62 所示。

Tcl 是工具命令语言，由加州大学伯克利分校的约翰·奥斯特豪特开发。他最初的目的是控制 IC 设计过程中使用的不同软件，以便轻松地完成设计。Tcl 在 EDA 工具行业得到了广泛应用，包括 Synopsys、Mentor Graphics、英特尔等在内的主要供应商的产品都支持 Tcl。

Tcl 是一种基于字符串的语言。Tcl 中的基本结构和规则很少，基本语法结构是命令后面跟随相关参数，用空格分隔命令和参数，用换行符或分号结束命令。

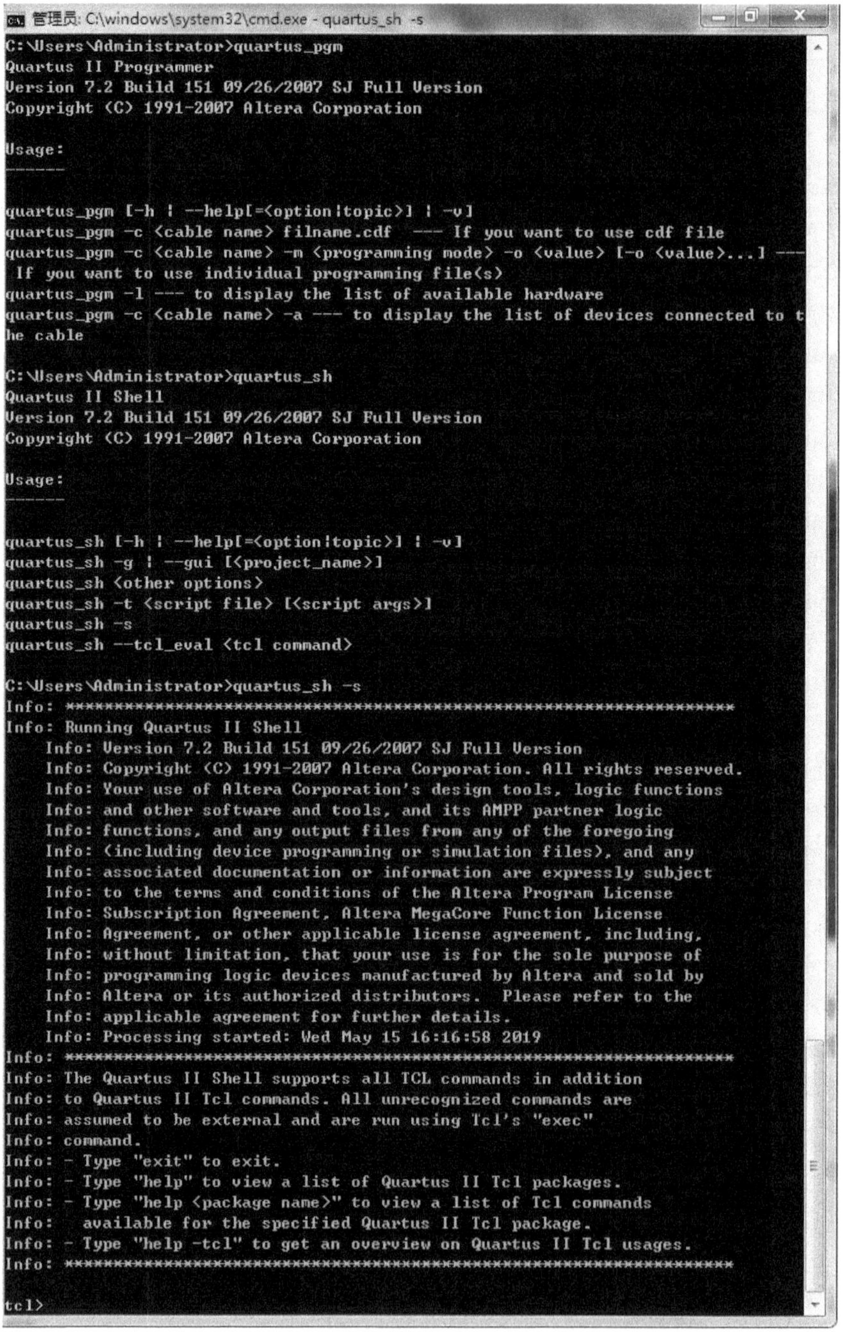

```
管理员: C:\windows\system32\cmd.exe - quartus_sh -s
C:\Users\Administrator>quartus_pgm
Quartus II Programmer
Version 7.2 Build 151 09/26/2007 SJ Full Version
Copyright (C) 1991-2007 Altera Corporation

Usage:
------

quartus_pgm [-h | --help[=<option|topic>] | -v]
quartus_pgm -c <cable name> filname.cdf  --- If you want to use cdf file
quartus_pgm -c <cable name> -m <programming mode> -o <value> [-o <value>...] ---
 If you want to use individual programming file(s)
quartus_pgm -l --- to display the list of available hardware
quartus_pgm -c <cable name> -a --- to display the list of devices connected to t
he cable

C:\Users\Administrator>quartus_sh
Quartus II Shell
Version 7.2 Build 151 09/26/2007 SJ Full Version
Copyright (C) 1991-2007 Altera Corporation

Usage:
------

quartus_sh [-h | --help[=<option|topic>] | -v]
quartus_sh -g | --gui [<project_name>]
quartus_sh <other options>
quartus_sh -t <script file> [<script args>]
quartus_sh -s
quartus_sh --tcl_eval <tcl command>

C:\Users\Administrator>quartus_sh -s
Info: *******************************************************************
Info: Running Quartus II Shell
    Info: Version 7.2 Build 151 09/26/2007 SJ Full Version
    Info: Copyright (C) 1991-2007 Altera Corporation. All rights reserved.
    Info: Your use of Altera Corporation's design tools, logic functions
    Info: and other software and tools, and its AMPP partner logic
    Info: functions, and any output files from any of the foregoing
    Info: (including device programming or simulation files), and any
    Info: associated documentation or information are expressly subject
    Info: to the terms and conditions of the Altera Program License
    Info: Subscription Agreement, Altera MegaCore Function License
    Info: Agreement, or other applicable license agreement, including,
    Info: without limitation, that your use is for the sole purpose of
    Info: programming logic devices manufactured by Altera and sold by
    Info: Altera or its authorized distributors.  Please refer to the
    Info: applicable agreement for further details.
    Info: Processing started: Wed May 15 16:16:58 2019
Info: *******************************************************************
Info: The Quartus II Shell supports all TCL commands in addition
Info: to Quartus II Tcl commands. All unrecognized commands are
Info: assumed to be external and are run using Tcl's "exec"
Info: command.
Info: - Type "exit" to exit.
Info: - Type "help" to view a list of Quartus II Tcl packages.
Info: - Type "help <package name>" to view a list of Tcl commands
Info:   available for the specified Quartus II Tcl package.
Info: - Type "help -tcl" to get an overview on Quartus II Tcl usages.
Info: *******************************************************************

tcl>
```

图 1-61　Tcl 解释器

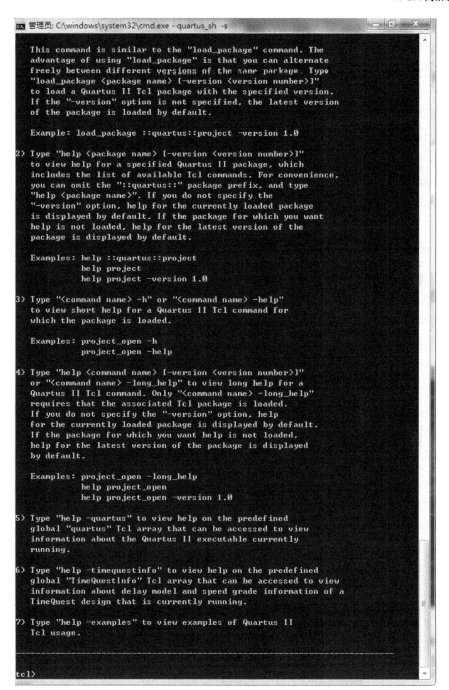

图 1-62 帮助信息

Tcl 解释器是执行 Tcl 脚本的程序，可以通过 tclsh 命令启动 Tcl 解释器。

图 1-63 中显示了一个"Hello World"示例。在该示例中，利用 puts 命令来打印字符串"Hello World"。

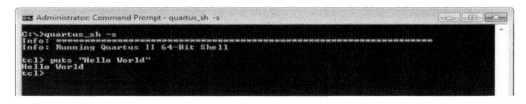

图 1-63 "Hello World"示例

### 1.6.3 创建和执行 Tcl 脚本

Tcl 脚本是包含一系列 Tcl 命令的文件，文件扩展名为.tcl。

下面创建 Tcl 脚本以打印字符串"Hello World"。

（1）创建 myscript.tcl 文件，如图 1-64 所示。

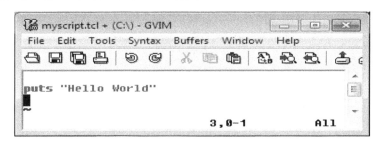

图 1-64 创建 myscript.tcl 文件

（2）执行 Tcl 脚本，如图 1-65 所示。

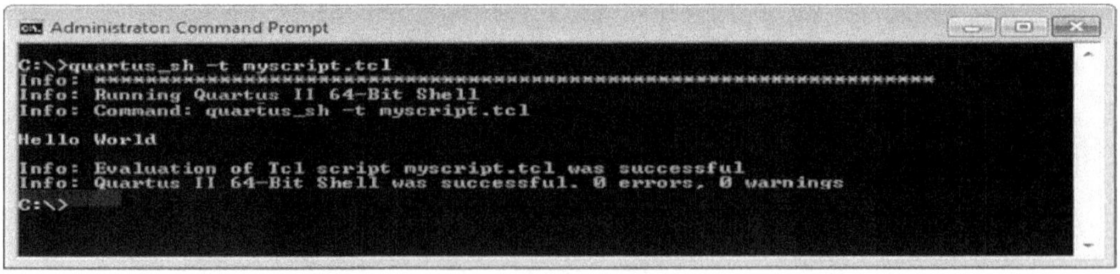

图 1-65 执行 Tcl 脚本

## 1.6.4 Tcl 脚本实验

**1. 实验目的**

学习 Tcl 脚本在 FPGA 开发中的应用。

**2. 实验环境**

（1）硬件：PC、FPGA 实验开发平台。

（2）软件：Quartus Prime 17.1。

**3. 实验内容**

首先在 Quartus 软件中使用 Tcl 建立工程，添加设计源文件和时序约束文件，然后进行编译，最后烧写到目标器件上进行验证。

**4. 实验设计**

新建设计源文件 test.v 和时序约束文件 test.sdc，代码如下。

```verilog
module test(
    input clk,
    input rst,
    Output test_ot
    );

    reg[11:0] cnt;
    reg test_r;
    always@(posedge clk or posedge rst)
    begin
        if(rst ==1'b1)

    cn <= 12'd0;
        else if(cnt = 12'hfff)
            cnt <= 12'd0;
        else
            cnt <= cnt +12'd1;
    end
    always(posedge clk or posedge rst)
    begin
        if(rst ==1'b1)
            test_r<= 1'b0;
        else if(cnt == 12'd1)
            test_r<= 1'b1;
        else if(cnt =12'd100)
```

```
                test_r <=1'b0;
        end
    assign test_ot = test_r;
endmodule
```

将 Tcl 命令统一放入文件 test.tcl 中。

首先加入 Quartus 软件支持的 Tcl 命令包，本实验中需要用到::quartus::project（提供建立工程、管理工程、引脚分配及时序约束等功能）和::quartus::flow（提供工程编译功能）两个 Tcl 命令包。

```
# Load Quartus Prime Tcl Project package
package require ::quartus::project
package require ::quartus::flow
```

然后建立设计工程，本实验中设计工程名为 test。

```
# check that the right project is open
if {[is_project_open]} {
    if {[string compare $quartus(project) "test"]} {
        puts "project test is not open"
        set make_assignments 0
    }
} else {
    # Only open if not already open
    if {[project_exists test]} {
        project_open -revision test test
    } else {
        project_new -revison test test
    }
    Set need_to_close_project 1
}
```

接下来设置工程属性，如使用的器件型号、Quartus 软件版本、编译和仿真工具等；添加设计源文件 test.v 和时序约束文件 test.sdc，对设计中使用的 I/O 进行引脚分配。

```
# Make requirements
if {$make_requirements} {
    set_global_assignment -name FAMILY "Cyclone IV E"
    set_global_assignment -name DEVICE EP4CE6F17C8
    set_global_assignment -name ORIGINAL_QUARTUS_VERSION 17.1.0
    set_global_assignment -name PROJECT_CREEATION_TIME_DATE "17:37:29 AUGUST 16, 2019"
    set_global_assignment -name LAST_QUARTUS_VERSION "17.1.0 Standard Edition"
    set_global_assignment -name PROJECT_OUTPUT_DIRECTORY output-files
```

```
        set_global_assignment -name MIN_CORE_JUNCTION_TEMP 0
        set_global_assignment -name MAX_CORE_JUNCTION_TEMP 8.5
        set_global_assignment -name DEVICE_FILTER_SPEED_GRADE 8
        set_global_assignment -name ERROR_CHECK_FREQUENCY_DIVISOR 1
        set_global_assignment -name NOMINAL_CORE_SUPPLY_VOLTAGE 1.2V
        set_global_assignment -name EDA_SIMULATION_TOOL "ModelSim-Altera (Verilog)"
        set_global_assignment -name EDA_TIME_SCALE "1 ps" -section_id eda_simulation
        set_global_assignment -name EDA_OUTPUT_DATA_FORMAT "VERILOG HDL" -section_id eda_simulation
        set_global_assignment -name PARTITION_NETLIST_TYPE SOURCE -section_id Top
        set_global_assignment -name PARTITION_FITTER_PRESERVATION_LEVEL PLACEMENT_AND_ROUTING -section_od Top
        set_global_assignment -name PARTITION_COLOR 16764057 -section_id Top
        set_global_assignment -name POWER_PRESET_COOLING_SOLUTION "23 MM HEAT SINK WITH 200 LFPM AIRFLOW"
        set_global_assignment -name PWER_BOARD_THERMAL_MODEL "NONE (CONSERVATIVE)"

        set_global_assignment -name VERILOG_FILE test.v
        set_global_assignment -name SDC_FILE test.adc

        set_location_assignment PIN_F7 -to clk
        set_location_assignment PIN_D8 -to rat
        set_location_assignment PIN_F10 -to test_ot

        set_instance_assignment -name PARTITION_HIERARCHY root_partition -to | -section_id Top

    # Commit assignments
    Export_assignments

    # Close project
    #if {$need_to_close_project} {
    #    project_close
    #}
```

最后通过 "execute_flow –compile" 命令对工程进行编译。

Quartus 软件支持的详细 Tcl 命令可参考 Quartus Handbook 文档中的相关内容。

## 5. 实验步骤

（1）将实验所需文件放入本地文件夹包括设计源文件 test.v、时序约束文件 test.sdc 和 Tcl 脚本文件 test.tcl，如图 1-66 所示。

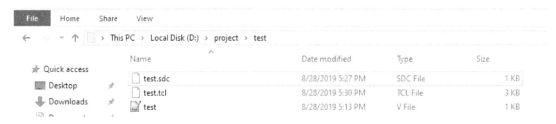

图 1-66　准备实验所需文件

（2）打开 Quartus 软件，调出 Tcl 控制台，如图 1-67 所示。

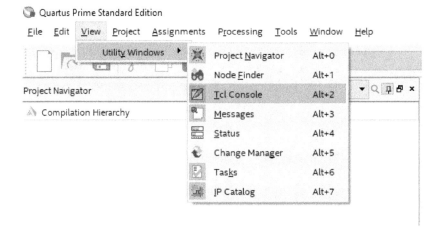

图 1-67　调出 Tcl 控制台

（3）如图 1-68 所示，在 Tcl 控制台中输入命令，执行 Tcl 脚本文件 test.tcl。

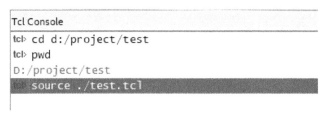

图 1-68　执行 Tcl 脚本文件

（4）在 Tcl 控制台中输入"execute_flow –compile"命令对工程进行编译。编译时间随计算机配置不同而不同。编译成功后即可查看综合、布局布线及时序报告，以检查设计的正确性。

（5）根据实验实际使用的硬件连接情况，在 Tcl 脚本文件 test.tcl 中修改工程 I/O 引脚分配后再次运行。

（6）用下载线将实验使用的开发板和计算机相连并正常供电。如图 1-69 所示，在 Quartus 软件中单击"Program Device(Open Programmer)"，打开硬件编程界面。

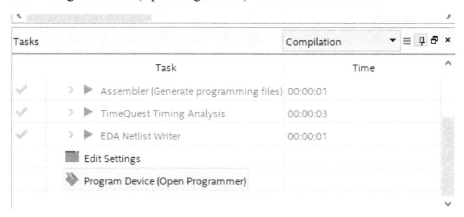

图 1-69　单击"Program Device(Open Programmer)"

（7）在"Currently selected hardware"下拉列表框中找到实验所用的下载线，如图 1-70 所示。

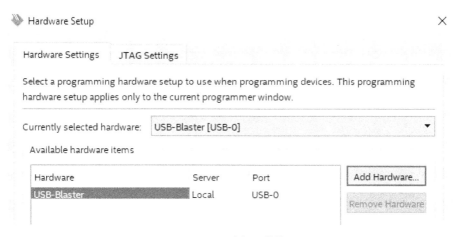

图 1-70　选择下载线

（8）在图 1-71 所示的界面中，"Mode"选择"JTAG"，单击"Auto Detect"按钮，然后选择需要下载的文件。

图 1-71　选择需要下载的文件

（9）如图 1-72 所示，单击"Start"按钮，开始下载文件。下载过程中遇到错误时，Quartus 软件会显示具体的错误。若下载成功，"Progress"栏会显示"100%(Successful)"。

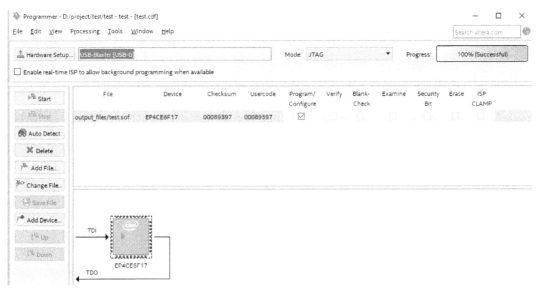

图 1-72　下载文件

### 6. 实验现象

用示波器测试 test_ot 引脚，可以观察到周期性的正脉冲信号，如图 1-73 所示。

# 第 1 章
## FPGA 高阶设计方法

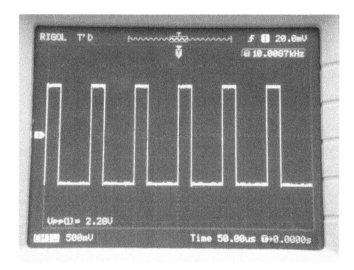

图 1-73 观察实验现象

## 1.7 FPGA 系统设计技术

作为一个 FPGA 应用工程师，不仅要懂得逻辑设计，还要学会把实现逻辑功能的 FPGA 器件集成到应用系统中。这就涉及系统设计，本节主要介绍 FPGA 系统设计技术。

### 1.7.1 信号完整性设计

**1. 信号完整性**

信号完整性（Signal Integrity）反映了信号的质量。对于数字电路来说，信号的高电平状态、低电平状态及状态跳变的过程越明显越好，这样才能保证信号被正确采样。理想的情况是，接收端接收到的信号跟发送端发送的信号一样，或者只有细微的变化。实际应用中，信号在各种环境中传输，不可避免地受到各种干扰，造成信号畸变，信号畸变到一定程度，接收端就不能正确采样，这是系统设计中要想办法避免的。

1）传输线效应

信号传输的过程，就是传输线与参考平面之间建立和释放电场的过程，如图 1-74 所示。

如果传输线与参考平面之间的电场建立或者释放参数不变化，信号从源端到目的端的传输就比较稳定。如果这个电场在传输线的不同位置建立或者释放不一致，就会出现信号反射，即信号不能完全传输到目的端，有一部分会被反射回源端，与源端信号重叠，导致出现错误信号。这就是传输线效应。

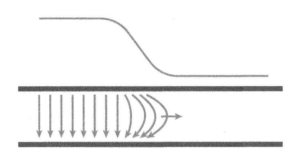

图 1-74　信号传输

传输线效应一般是走线的交流阻抗变化引起的。这种阻抗变化会出现在下面 6 种情况下。

（1）线宽改变。
（2）走线与参考平面之间的距离改变。
（3）信号过孔换层。
（4）使用连接器。
（5）走线分叉或者转向。
（6）走线末端。

避免这种效应的方法是阻抗匹配，使信号传输过程中的阻抗保持不变。

2）信号串扰

信号串扰（Cross Talk）是指相邻信号线之间的相互干扰，如图 1-75 所示。

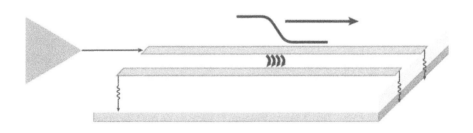

图 1-75　信号串扰

信号串扰会带来严重的信号质量问题。减少信号串扰的方法是尽量避免信号线过近或者平行，在信号线之间布一根地线也可以有效减少信号串扰。

3）电源地线干扰

电源地线理论上是固定不变的，但是外界的电磁辐射或者系统本身的开关效应会造成电源地线干扰，如图 1-76 所示。

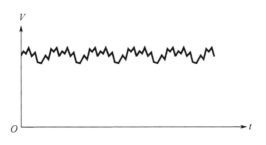

图 1-76　电源地线干扰

造成这种干扰的原因是电源的交流阻抗发生变化，应对方法是在芯片的电源引脚上接一个去耦电容。

4）电磁干扰

电磁干扰（EMI）包括外界引入的电磁信号和电路本身的高频信号带来的电磁干扰。电磁干扰无处不在，只能通过屏蔽的方式来减小这种干扰。

2．单端 I/O 电气标准及阻抗匹配

常用的单端 I/O 电气标准有 LVTTL 和 LVCMOS。

LVCMOS 输出结构如图 1-77 所示。

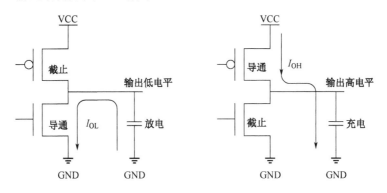

图 1-77　LVCMOS 输出结构

图 1-77 中，NMOS 管和 PMOS 管交替导通，从而输出高、低电平。LVCMOS 的特点是高、低电平分别对应电源 VCC 和地 GND 的值，噪声容限大。

LVTTL 输出结构如图 1-78 所示。

图 1-78 中，两个 NMOS 管交替导通，从而输出高、低电平。LVTTL 的特点是输出的高、低电平接近电源 VCC 和地 GND 的值，但是翻转速度快。

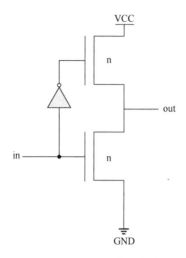

图 1-78 LVTTL 输出结构

在这两种单端输出结构中，芯片自身的静态功耗低，但是在状态翻转时会产生大电流，因此它们只适合用作低频的信号接口。

单端接口的阻抗匹配方式有以下三种。

1）并行直流匹配（图 1-79）

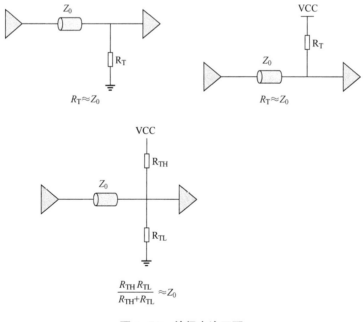

图 1-79 并行直流匹配

在图 1-79 中，信号从源端发出，在末端被地或者电源端完全吸收，接收引脚在信号进入地或者电源端之前正确采样信号。这种结构简单有效，但是对地或者电源端的电阻太小，静态功耗太大，容易烧坏芯片引脚。

2）并行交流匹配（图 1-80）

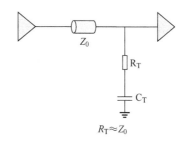

图 1-80　并行交流匹配

与并行直流匹配相比，并行交流匹配增加了一个电容，阻容等效交流阻抗和传输线的阻抗一样，这样可以隔离直流和交流信号，不过增加电容会影响信号跳变的速度和幅度。这种方式只适合周期变化的时钟信号。

3）串行匹配（图 1-81）

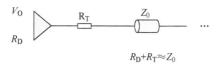

图 1-81　串行匹配

在源端串接一个电阻，使得源端输出电阻加串接电阻与传输线阻抗相等。因为接收端的输入电阻很大，所以信号在接收端被完全反射，在输出端被完全吸收，不影响信号质量。这种方式应用最广、最有效。

### 3. 差分 I/O 电气标准及阻抗匹配

差分 I/O 即用两根信号线传输信号，两根信号线上的电平相反，电流方向相反，与参考平面建立的电场方向也相反，所以两者建立的电场可以相互抵消，对外的电磁干扰也小。差分 I/O 结构如图 1-82 所示。

常见的差分 I/O 电气标准有 LVDS、LVPECL、CML 等。它们的驱动结构如图 1-83～图 1-85 所示。

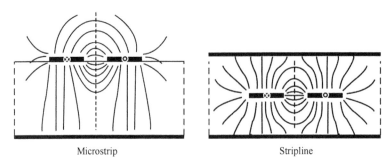

图 1-82 差分 I/O 结构

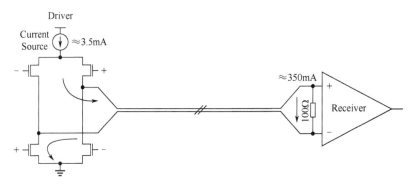

图 1-83 LVDS 驱动结构

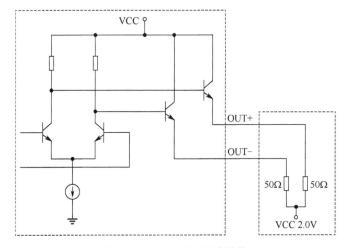

图 1-84 LVPECL 驱动结构

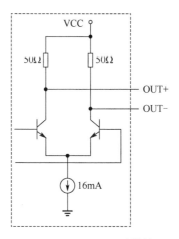

图 1-85 CML 驱动结构

差分接口输出的是电流信号,而单端接口输出的是电压信号,恒定的电流信号在传输线上传输是不存在衰减和反射的,而且对于外界引入的串扰和电磁干扰具有共模抑制效应。如图 1-86 所示,共模干扰被滤除。

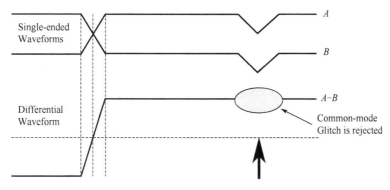

图 1-86 滤除共模干扰

差分接口通常在接收端并联一个 100Ω 左右的采样电阻来实现信号的变换与采样。

### 4. 片上可编程终端电阻

为了方便设计,减少电路板上的分离电阻,FPGA 器件一般有一个片上可编程终端电阻,如图 1-87 所示。

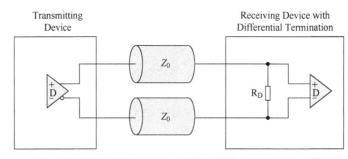

| To | Assignment Name | Value | Enabled |
|---|---|---|---|
| INCLK | Termination--Stratix V | Differential | Yes |

图 1-87　片上可编程终端电阻

## 1.7.2　电源完整性设计

稳定的电源对数字系统的正常高效工作非常重要，因此有必要进行电源完整性设计。

### 1. 电源完整性

电源完整性反映了电源的质量，电源完整性设计的目标是保证电源电压稳定，参考平面无波动。数字系统中有很多噪声会影响电源的状态，主要是一些高频噪声，这些噪声达到一定程度就会影响信号的正确采样。要做好电源完整性设计，就要先分析噪声来源。

### 2. 同步翻转噪声

多个 I/O 同时进行状态翻转，从而产生大电流变化，电源系统来不及提供足够的电流支持，导致电源平面产生瞬间的电场变化，这就是同步翻转噪声（SSN）。

同步翻转噪声包括芯片内部的 SSN 和电路板上的 SSN。

芯片内部的 SSN 如图 1-88 所示。

电路板上的 SSN 就是各种芯片引脚同步翻转产生的噪声。

减小 SSN 的方法是尽量避免同步翻转的能量过大，具体措施如下。

（1）在需要高速翻转的引脚附近布置足够的电源平面。

（2）把同步翻转的 I/O 分配到不同地方。

（3）减小引脚翻转的电流。

（4）在同步翻转引脚附近的电源平面加去耦电容。

### 3. 非理想回路

这里的回路指的是信号回路，即信号从源端发出去再回到源端的通路。信号回到源端时是通过电流回路传输的，如图 1-89 所示。

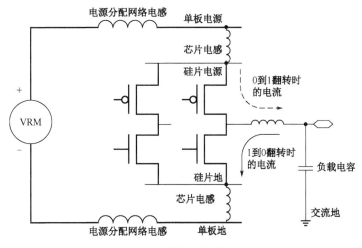

图 1-88　芯片内部的 SSN

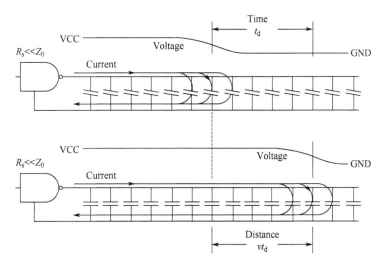

图 1-89　信号传输

在低速信号电路中，信号沿着电阻最小的路径回流。在高速信号电路中，信号沿着电抗最小的路径回流，高速信号电路中的电抗大多是感抗，所以回流的路径就是感抗最小的路径。

在高速信号电路中，找到最小感抗路径就能很好地传输信号，该路径一般在信号线下面的参考平面上，如图 1-90 所示。

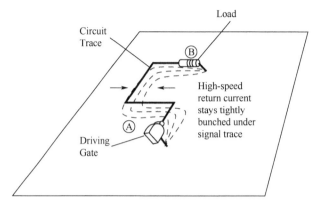

图 1-90　最小感抗路径

因此，要尽量保证信号线下面的参考平面连续，以免信号绕行，造成信号衰减。

如果不连续的参考平面是不可避免的，就要通过过孔来连接相同的参考平面，或者通过去耦电容来连接不同的参考平面。

总之，电源完整性设计要保证电源在任何时候都能提供充足的能量来驱动信号。

### ▶ 1.7.3　高速 I/O 设计

高速 I/O 就是前面介绍的高速差分接口。现在很多厂家把高速差分接口和串并转换模块、时钟和数据调制模块集成在一起，做成一个高速收发模块，即 SERDES。

SERDES 原理图如图 1-91 所示。

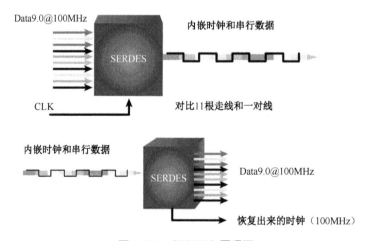

图 1-91　SERDES 原理图

它实际传输的信号波形如图 1-92 所示。

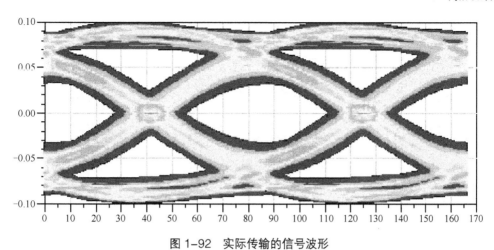

图 1-92　实际传输的信号波形

这个波形中间的六边形越大，边界越清晰，表示传输的信号质量越高。

英特尔 FPGA SERDES 结构图如图 1-93 所示。

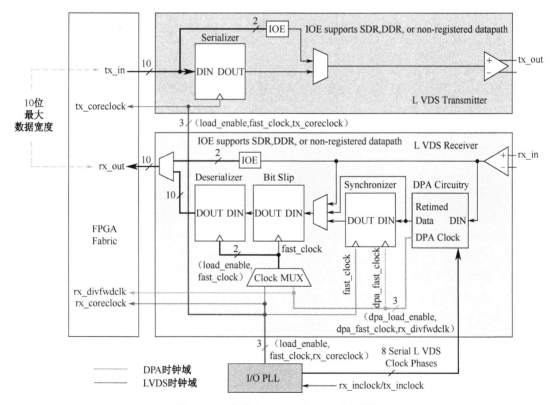

图 1-93　英特尔 FPGA SERDES 结构图

(1) 输入缓冲电路（图 1-94）。

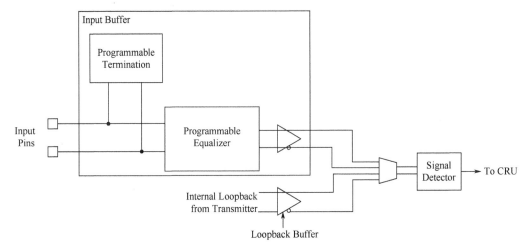

图 1-94　输入缓冲电路

该电路主要由可编程终端匹配电阻、接收端信号均衡器、信号检查器组成，用于完成信号的恢复与检测。

(2) 接收端环回电路。

该电路的功能主要是把接收的信号环回发射出去，为远端调试提供方便。

(3) 时钟检测恢复模块。

该模块的功能是通过本地参考时钟来恢复随路传送时钟，并将其作为信号采样时钟。

(4) 接收端 PLL。

接收端 PLL 主要用来实现参考时钟倍频并产生恢复时钟。

(5) 串并转换单元。

该单元把串行接收的数据转换为并行数据和时钟一起发送给后端逻辑处理模块。

(6) 码型检测器、字节对齐模块和数据对齐模块（图 1-95）。

字节对齐模块根据各种协议来检测数据码流中的字节对齐标志。

(7) 接收端到逻辑模块的接口（图 1-96）。

这主要是数据 FIFO 和控制 I/O 接口。

(8) 发送端电路。

发送端与接收端类似，可认为是接收端的反向数据流。

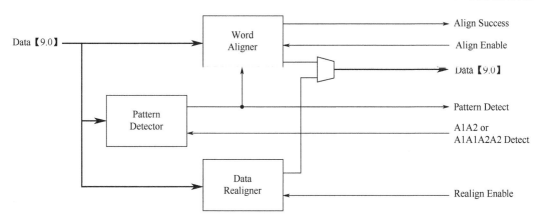

图 1-95 码型检测器、字节对齐模块和数据对齐模块

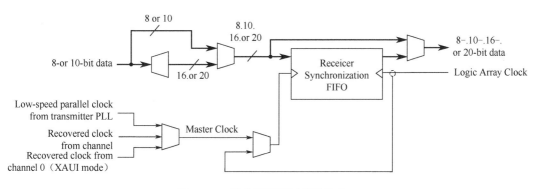

图 1-96 接收端到逻辑模块的接口

## 1.7.4 高速 I/O 的 PCB 设计

### 1. 信号线布局

信号线通常有两种,一种是微带线,布置在参考平面一侧,如图 1-97 所示。

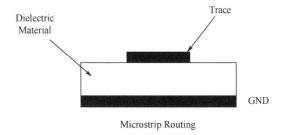

图 1-97 微带线

另一种是带状线,布置在参考平面中间,如图 1-98 所示。

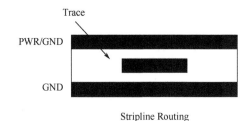

图 1-98　带状线

差分信号对的布线，可以采用微带边缘耦合布线，如图 1-99 所示；也可以采用带状边缘耦合布线，如图 1-100 所示；还可以采用宽边耦合带状布线，如图 1-101 所示。

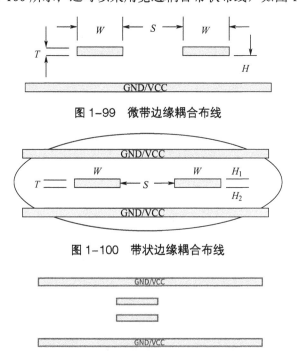

图 1-99　微带边缘耦合布线

图 1-100　带状边缘耦合布线

图 1-101　宽边耦合带状布线

一般建议采用边缘耦合布线方式，以避免过耦合和欠耦合。

### 2. 高频旁路电容

为了滤除高频干扰，需要在信号线与地平面之间加一个容量很小的电容，把高频干扰旁路掉。

## 3. 耦合电容布线

耦合电容布线（图 1-102）的主要特点如下。

（1）使用大尺寸过孔连接电容焊盘，减少容抗。

（2）使用低串联阻抗电容。

（3）电容 GND 引脚连到地平面。

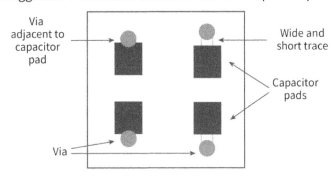

图 1-102　耦合电容布线

## 4. 高速时钟布线

（1）避免使用锯齿绕线，尽量使用直线。

（2）尽量在单层布线。

（3）尽量不使用过孔。

（4）尽量在顶层用微带布线。

（5）正确匹配阻抗。

## 5. 电源布线

（1）在电源入口处加电容高低频滤波器。

（2）将 VCC 和 GND 平面平行布置。

# 第 2 章

# 基于 FPGA 的 SOPC 设计

SOPC 即可编程片上系统，该技术最早是由 Altera 公司（已被英特尔收购）提出来的，它是基于 FPGA 解决方案的片上系统（SOC）设计技术。它将处理器、I/O 接口、存储器及需要的功能模块集成到一个 FPGA 内，构成一个可编程的片上系统。SOPC 具有灵活的设计方式，可扩展、可升级，并具备软硬件可编程功能。SOPC 将 EDA 技术、计算机技术、嵌入式系统、工业自动控制系统、DSP 及数字通信系统等融为一体，综合了 SoC、PLD 及 FPGA 的优点，具有以下基本特征。

（1）至少包含一个嵌入式处理器内核。
（2）具有小容量片内高速 RAM 资源。
（3）有丰富的 IP Core 资源可供选择。
（4）有足够的片上可编程逻辑资源。
（5）有处理器调试接口和 FPGA 编程接口。
（6）可能包含部分可编程模拟电路。
（7）单芯片、低功耗、微封装。

随着 EDA 技术的发展和大规模可编程器件性能的不断提高，SOPC 技术已被广泛应用于许多领域。SOPC 在大幅提高许多电子系统性能价格比的同时，还开辟了许多新的应用领域，如高端数字信号处理和通信系统的设计、软件无线电系统的设计、微处理器及大型计算机处理器的设计等。由于 SOPC 具有基于 EDA 技术标准的设计语言与系统测试手段、规范的设计流程与多层次的仿真功能，以及高效的软硬件开发与实现技术，使得 SOPC 及其实现技术无可争议地成为现代电子技术最具时代特征的典型代表。与基于 ASIC 的 SoC 相比，SOPC 具有更大的吸引力：软件开发成本低，硬件实现风险低，产品上市效率高，系统结构可重构，硬件可升级等。此外，它还具有易学易用、附加值高、产品设计成本低等优势。

# 第 2 章 基于 FPGA 的 SOPC 设计

## 2.1 SOPC 开发流程

SOPC 开发包括硬件开发和软件开发两部分。硬件开发主要基于 Quartus Ⅱ 和 Qsys（原 SOPC Builder）。软件开发最早使用 Nios Ⅱ IDE，后来逐渐转向 Nios Ⅱ Software Build Tools for Eclipse（简称 Nios Ⅱ SBT）。Nios Ⅱ 使用 Eclipse 集成开发环境来完成软件工程的编辑、编译、调试和下载，极大地提高了软件开发效率。

图 2-1 显示了基于英特尔 Quartus Ⅱ 和 Nios Ⅱ 的 SOPC 开发流程。从图中可见，与 FPGA 开发流程相比，SOPC 开发流程增加了处理器及其外设接口的定制步骤，以及 Nios Ⅱ 软件开发部分。这些新增加的开发内容可以利用 Qsys、Nios Ⅱ SBT 轻松地完成。

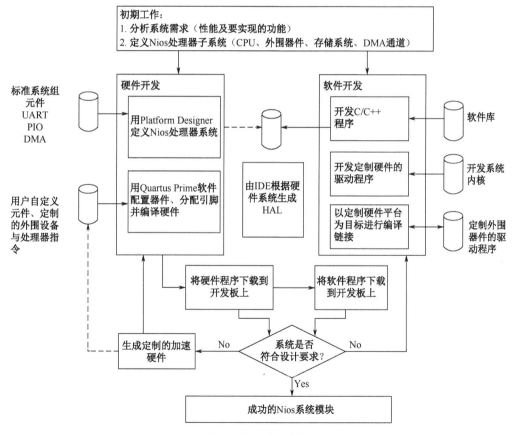

图 2-1 SOPC 开发流程

### 2.1.1 硬件开发流程

（1）利用 Qsys 从 Nios Ⅱ 处理器内核和 Nios Ⅱ 开发套件提供的外设列表中选取合适的 CPU、存储器及外围器件（如片内存储器、PIO、定时器、UART、片外存储器接口等），并定制和配置它们的功能，然后分配外设地址及中断号，设定复位地址，最后生成系统。用户也可以添加自身定制的指令逻辑到 Nios Ⅱ 内核以提高 CPU 性能，或者添加自身定制的外设以减轻 CPU 的工作量。

（2）使用 Qsys 生成 Nios Ⅱ 系统后，将其集成到 Quartus Ⅱ 工程中。可以在 Quartus Ⅱ 工程中加入 Nios Ⅱ 系统以外的逻辑，大多数 SOPC 设计都包括 Nios Ⅱ 系统以外的逻辑，这也是 SOPC 系统的优势所在。用户可以集成自身定制的硬件模块到 SOPC 设计中，或者集成从英特尔或第三方供应商处获取的现成的知识产权（IP）设计模块。

（3）使用 Quartus Ⅱ 软件选取具体的英特尔 FPGA 器件型号，然后为 Nios Ⅱ 系统中的各 I/O 接口分配引脚，并根据要求进行硬件编译选项或时序约束的设置，最后编译 Quartus Ⅱ 工程。在编译过程中 Quartus Ⅱ 将对 Qsys 生成系统的 HDL 设计文件进行布局布线，由 HDL 源文件生成一个适合目标器件的网表，同时生成 FPGA 配置文件。

（4）使用 Quartus Ⅱ 编程器和下载线（如 USB Blaster）将配置文件（用户定制的 Nios Ⅱ 处理器系统的硬件设计）下载到开发板上。当校验完当前硬件设计后，可将新的配置文件下载到开发板上的非易失性存储器（如 EPCS 器件）中。下载完硬件配置文件后，软件开发者就可以将此开发板作为初期硬件平台进行软件开发。

### 2.1.2 软件开发流程

（1）当用 Qsys 进行硬件设计时，就可以开始编写独立于器件的 C/C++ 程序，如算法或控制程序。用户可以使用现成的软件库和开放的操作系统内核来加快开发进程。

（2）在 Nios Ⅱ SBT 中建立新的软件工程时，Eclipse 会根据 Qsys 对系统的硬件配置自动生成一个定制的 HAL（硬件抽象层）系统库。这个库能为程序和底层硬件的通信提供接口驱动程序，它类似于在创建 Nios Ⅱ 系统时 Qsys 生成的 SDK。

（3）使用 Nios Ⅱ SBT 对软件工程进行编译、调试。

（4）将软件下载到开发板上并在硬件上运行。

## 2.2 系统集成工具 Qsys

### 2.2.1 Qsys 简介

英特尔在 Quartus Ⅱ 11.0 之后推出了系统集成工具 Qsys 来替代之前的 SOPC Builder。

Quartus Ⅱ 11.0 并没有取消 SOPC Builder，不过取消了以前的快捷方式，取而代之的是 Qsys 快捷方式。在 Quartus Prime 17.0 之后，Qsys 更名为 Platform Designer。从本质上讲，这三个名称指的是同一个工具。

Qsys 能自动生成互连逻辑，连接 IP 功能和子系统，从而显著节省时间，减轻 FPGA 设计工作量。与 SOPC Builder 相比，Qsys 在片上网络（Network on a Chip，NoC）技术的支持下，提高了性能，增强了设计重用功能，能更迅速地完成验证。

1. Qsys 与 SOPC 开发

Qsys 在 SOPC 开发中的作用是在 SOPC Builder 的基础上实现新的系统开发与性能互连。与 SOPC Builder 相同，Qsys 是一种可加快在 PLD 内实现嵌入式处理器相关设计的工具，其功能与 PC 应用程序中的引导模板类似，旨在提高设计者的效率。设计者可确定所需要的处理器模块和参数，并据此创建一个处理器的完整存储器映射。设计者还可以选择所需的 IP 外围电路，如存储器控制器、I/O 控制器和定时器等模块。

Qsys 可以帮助设计者快速开发新方案，重建已经存在的方案并为其添加新功能，提高系统的性能。通过自动集成系统元件，Qsys 允许设计者将工作的重点集中到系统级需求上，而不是从事把一系列元件装配在一起这种普通的手工工作。设计者采用 Qsys 能够在一个工具内定义一个包含硬件和软件的完整系统，而花费的时间仅仅是传统 SoC 设计的几分之一。

Qsys 提供了一个强大的平台，用于构建一个在模块级和元件级定义的系统。Qsys 元件库中包含一系列元件，既有简单的、固定逻辑的功能块，也有复杂的、参数化的、可以动态生成的子系统。这些元件可以是从英特尔及其合作伙伴处获取的 IP 核，其中一些 IP 核可以免费下载用来做评估。用户还可以创建自己的 Qsys 元件。用户可以利用 Quartus Ⅱ 生成一个基于 Nios/Nios Ⅱ 处理器的系统，经过仿真和编译后下载到英特尔 FPGA 中，进行实时评估和验证。

Qsys 元件库中已有的元件包括以下几类。

（1）处理器：包括片内处理器和片外处理器的接口。

（2）IP 及外设：包括通用的微控制器外设、通信外设、多种接口（存储器接口、桥接口、ASSP、ASIC）、数字信号处理 IP 和硬件加速外设。

2. Qsys 的特点

1）具有直观的图形用户界面（GUI）

利用图形用户界面，用户可以快速、方便地定义和连接复杂的系统。如图 2-2 所示，用户可从左边的元件库中选择所需的元件，然后在右边的列表中配置它们。

2）自动生成和集成软件与硬件

Qsys 能自动生成硬件部件，以及连接部件的片内总线结构、仲裁和中断逻辑。它还能生成系统可仿真的 RTL 描述，以及为特定硬件配置设计的测试平台，并把硬件系统综合到单个网表中。Qsys 输出.sopcinfo 文件，在该文件的辅助下，开发工具可生成 C 语言和汇编语言头文件，这些头文件定义了存储器映射、中断优先级和每个外设寄存器空间的数据结构。如果硬件发生变化，Qsys 会自动更新这些头文件。Qsys 也会为系统中现有的每个外设生成定制的 C 语言和汇编语言函数库。例如，如果系统中包括一个 UART，Qsys 就会访问 UART 的寄存器并定义一个 C 结构，生成通过 UART 发送和接收数据的 C 语言和汇编语言例程。

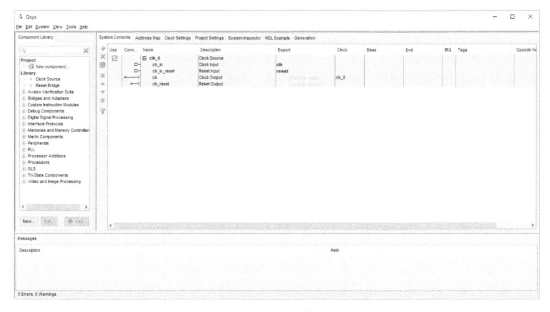

图 2-2　Qsys 用户界面

3）开放性

Qsys 开放了硬件和软件接口，允许第三方管理 SOPC 元件，用户可以根据需要将自己设计的元件添加到 Qsys 的列表中。

### 3. Qsys 的优点

1）能加快开发进程

（1）使用方便的图形用户界面，支持 IP 功能和子系统的快速集成。

（2）自动生成互连逻辑（地址/数据总线连接、总线宽度匹配逻辑、地址解码逻辑及仲裁逻辑等）。

（3）英特尔及其合作伙伴提供了即插即用的 Qsys 兼容 IP。

（4）支持不同工业标准的接口。

（5）自动生成系统 HDL。

（6）采用分层设计流程，可实现灵活设计和团队化设计，提高设计重用能力。

（7）可将 SOPC Builder 中的设计移植到 Qsys 中。

2）时序收敛更快

（1）与 SOPC Builder 相比，基于 NoC 体系架构的高性能 Qsys 互连及自动流水线将系统性能提高了两倍。

（2）自动流水线控制功能强大，可满足 $f_{max}$ 和延时系统要求。

3）能更快地完成验证

（1）可利用自动测试台实现系统功能，并使用验证 IP 套装迅速完成仿真。

（2）可通过系统控制台完成系统级操作，从而加快电路板开发。

### 2.2.2 Qsys 系统设计流程

Qsys 的设计理念是提高设计抽象级别，让机器自动生成底层代码。Qsys 采用片上网络架构，在这种架构上 IP 可以直接互连，这样标准化后，软件便可自动为标准内核及胶合逻辑提供标准化互连，而设计者只需要修改自己的定制逻辑。

Qsys 系统设计流程如图 2-3 所示。

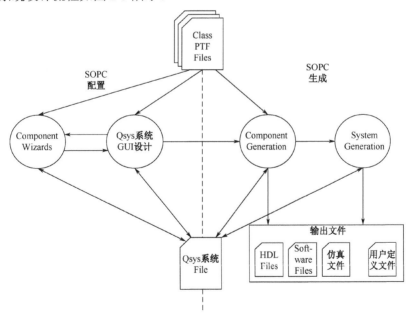

图 2-3　Qsys 系统设计流程

### 2.2.3 Qsys 用户界面

在 Quartus Ⅱ 中打开一个项目，选择"Tools"→"Qsys"菜单命令，就可以启动 Qsys。

Qsys 用户界面。随着 EDA 软件版本的不同，Qsys 用户界面会稍有不同。

### 1. Qsys 元件库

图 2-4 中左上方窗格中的"Library"是 Qsys 元件库，其中列出了 Qsys 集成的所有元件。

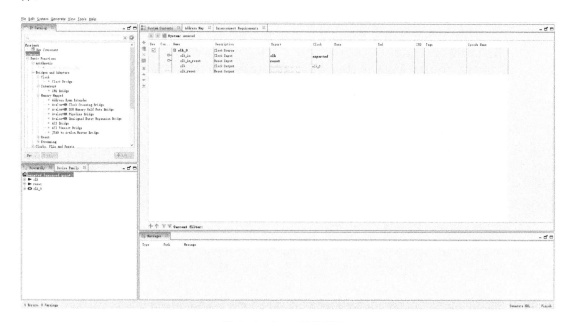

图 2-4　Qsys 用户界面

元件库中根据总线类型和逻辑类别列出了所有可用的元件。每个元件名前面都有一个圆点，不同的颜色代表不同的含义。

（1）绿色圆点：用户可以将该元件添加到自己的系统中，并且该元件的使用完全不受限制。

（2）黄色圆点：该元件在系统设计中的应用受到某种形式的限制，主要是使用时间有所限制和功能有所减少。

（3）白色圆点：该元件目前还没有安装，用户可以从网上下载该元件。

Qsys 用户界面右侧列出的是用户添加到自己所设计的系统中的元件，包括桥、总线接口、CPU、存储器接口、外围设备等。

添加元件有两种方式：选中要添加的元件名，然后单击"Add"按钮；或者直接双击要添加的元件名。完成上述操作后会出现以下两种情况。

（1）对于可用的、已安装的并有设置向导的元件，会弹出一个对话框，让用户设定各种选项，设定完选项后单击"Finish"按钮，就可将元件添加到系统中。部分元件在添加时不弹出对话框，而是被直接添加到系统中。

（2）对于可用的但没有安装的元件，也会弹出一个对话框，通过该对话框可从网上下载元件或从厂商处获取元件。元件安装完成后，用户就可以将它添加到自己所设计的系统中。

Qsys 元件需要用户自己进行连接。将鼠标指针移至"Connections"栏，会自动显示出主、从元件的连接示意图。用户只需要单击连接处即可进行连接。元件间连接有一个基本原则：对于存储器类的外设，需要将其 slave 端口同 CPU 的 data_master 和 instruction_master 相连；对于非存储器类的外设，只需要连接到 CPU 的 data_master。任何一个元件都可以有一个或多个主接口或从接口。如果主元件和从元件使用相同的总线协议，则它们可以直接相连；如果使用的是不同的总线协议，则要通过一个桥元件把主、从元件连接起来，如使用 AMBA-AHB-to-Avalon 桥。

当多个主元件共享同一个从元件时，Qsys 会自动插入一个判优器来控制对从元件的访问。当对一个从元件有多个请求同时发生时，判优器可以决定由哪个主元件来访问这个从元件。可以通过"View"→"Show Arbitration Priorities"菜单命令查看仲裁优先权。

2．系统从属页（System Dependency Page）

当用户向所设计的系统中添加元件时，如添加一个 Nios 嵌入式处理器，在 Qsys 用户界面中就会出现一个附加页。这个附加页用来设置一些附加的参数，或者当前元件与系统中其他元件的连接关系。例如，用户可以定义 CPU 和存储器元件之间的连接关系，以指明哪一个用作程序存储器，哪一个用作数据存储器。这个附加页称为系统从属页。

另外，处理器元件可能会有相关的软件组件，这也会在附加页中显示出来。从实用程序库（Utility Libraries）到实时操作系统都有软件组件的例子。英特尔在开发工具包中提供了多种软件组件，如 Nios 开发工具包中的 Plugs 库（轻量级 TCP/IP 库）。

3．系统选项页（System Options Page）

系统选项页用于设置在创建和生成 Qsys 系统的过程中要用到的选项。系统选项页有多种形式，如选项卡、对话框等。部分选项页需要在"View"菜单中打开，这里只介绍常用的几个选项页。

1）"System Contents"选项卡

"System Contents"选项卡用于显示用户自定义的系统构成选项，其中详细列出了系统中的元件名称、连接情况、基址、时钟和中断优先级分配等，如图 2-5 所示。

2）"Address Map"选项卡

"Address Map"选项卡用于设置系统在内存映射中的地址，从而确保与其他部分的映射一致，如图 2-6 所示。如果该选项卡中有红色标记，则表示地址出现重叠错误，可双击地址进行修改。

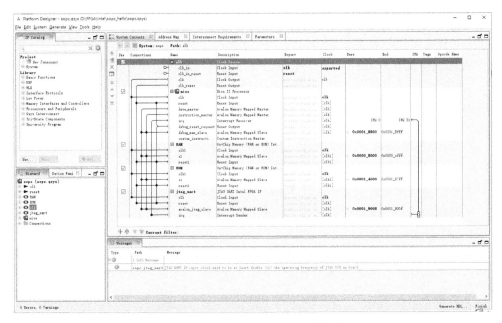

图 2-5 "System Contents"选项卡

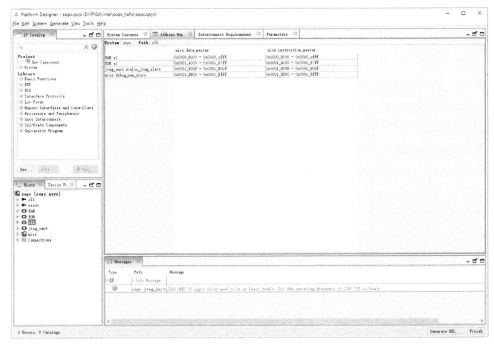

图 2-6 "Address Map"选项卡

## 第 2 章 基于 FPGA 的 SOPC 设计

3)"HDL Example"选项卡

"HDL Example"选项卡用于采用 Verilog 或 VHDL 给出系统的顶层 HDL 定义,同时给出系统元件的 VHDL 声明,如图 2-7 所示。如果该 Qsys 系统不是 Quartus II 工程中的顶层模块,则可以将"HDL Example"选项卡中的内容复制到实例化该 Qsys 系统的顶层 HDL 文件中。用户可通过"Generate"→"Show Instantiation Template"菜单命令查看 HDL 定义。

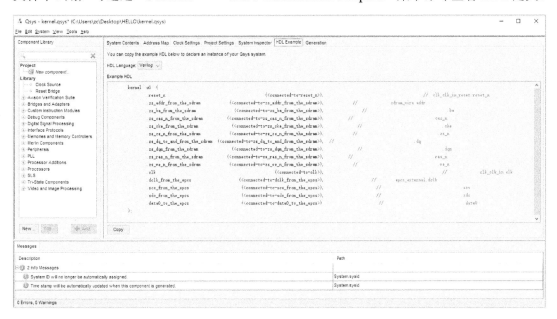

图 2-7 "HDL Example"选项卡

4)"Generation"对话框

"Generation"对话框是用来生成用户系统的,如图 2-8 所示。用户可以通过设置相关选项(如仿真控制、系统综合、输出路径等)来控制生成过程。可通过"Generate"→"Generate HDL"菜单命令打开该对话框。

用户在该对话框中设置好相关选项后,可以单击"Generate"按钮来生成所设计的系统。用户单击"Generate"按钮后,Qsys 会创建以下项目。

(1).sopcinfo 文件。

(2)系统中每一个元件的 HDL 文件。

(3)对应顶层系统模块的符号文件(.bsf 文件)。

(4)Modelsim 文件。

在系统生成过程中,Qsys 用户界面的信息栏中会显示一些消息。当系统生成过程完成后,信息栏中会显示"Generate Completed",并且在用户所创建的工程目录下会生成一个日志文件。

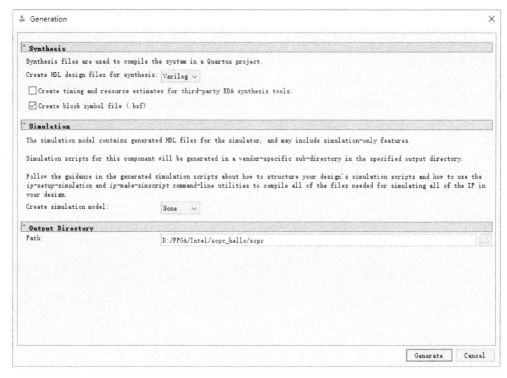

图 2-8 "Generation" 对话框

### 4. Qsys 菜单命令

Qsys 中常用的菜单命令见表 2-1。

表 2-1 Qsys 中常用的菜单命令

| 菜单 | 命令 | 功能描述 |
| --- | --- | --- |
| File | New System | 在当前项目目录下新建一个 Qsys 系统项目文件 |
|  | New Component | 将用户自定义的逻辑作为一个元件加入 Qsys 系统中 |
|  | Open | 打开一个 Qsys 系统项目文件 |
|  | Save | 保存当前项目文件 |
|  | Save As | 将当前系统另存为一个项目文件 |
|  | Refresh System | 更新元件列表 |
|  | Export System as hw.tcl Component | 将当前系统以 Tcl 组件导出 |
|  | Browse Project Directory | 浏览工程目录 |
|  | Recent Projects | 最近打开的 Qsys 工程 |
|  | Exit | 退出 Qsys 系统 |

续表

| 菜单 | 命令 | 功能描述 |
|---|---|---|
| System | Upgrade IP Cores | 更新 IP 核（针对打开低版本软件的设计） |
| | Assign Base Addresses | 自动给添加的元件分配基址 |
| | Assign Interrupt Numbers | 自动给添加的元件分配中断优先级 |
| | Assign Custom Instruction Opcodes | 生成用户自定义指令的操作码 |
| | Create Global Reset Network | 创建全局复位网络 |
| | Show System With Qsys Interconnect | 使用 Qsys 内部连接查看工具查看系统 |
| Generate | Generate HDL | 生成系统的 HDL 设计文件 |
| | Generate Testbench System | 生成系统的 testbench 文件 |
| | Generate Example Design | 生成示例设计 |
| | Show Instantiation Template | 生成 HDL 实例化模板，用于添加到工程顶层 |

## 2.2.4 用户自定义元件

Qsys 元件库中集成了各种外设元件供用户直接调用。有些情况下，元件库中没有用户所需要的外设元件（非通用外设元件），这时就需要用户在 Qsys 中自定义外设元件。

在 Qsys 中添加外设一般有以下两种方法。

（1）如果外设仅需要通过软核处理器的 I/O 接口进行控制，则可以根据外设所需 I/O 功能在 Qsys 中添加 PIO 将外设简单地接入总线。这种方法在硬件接入上很直观，但需要根据外设的控制时序来编写相关的时序控制程序，对时序的要求比较严格。

（2）如果所要添加的外设须完成一些具体的功能，则要用硬件描述语言（HDL）描述元件接口，通过所描述的元件接口将外设直接接入系统总线（Avalon 总线），并编写相关的软件对其进行操作。

设计者可以使用元件所要求的接口来设计自定义元件。

Qsys 自定义元件可以使用的接口包括以下几种。

（1）Memory-Mapped(MM)：用于存储器映射的 Avalon-MM 或 AXI 主端口和从端口。

（2）Avalon Streaming(Avalon-ST)：用于 Avalon-ST 源宿之间的点对点连接。

（3）Interrupts：用于生成中断的中断发送器和执行中断的中断接收器之间的点对点连接。

（4）Clocks 和 Resets：用于时钟源、复位源之间的点对点连接。

（5）Conduits：用于通道接口之间的点对点连接。

（6）Avalon Tri-State Conduit：用于连接到 PCB 上的三态器件。

Qsys 元件编辑器是 Qsys 的一个重要组成部分，用户可以通过该编辑器创建并封装自定义元件，也可以对已创建的自定义元件进行编辑。如图 2-9 所示，在已创建的元件上右击，在弹出的快捷菜单中选择"Edit"命令，就可以编辑自定义元件。

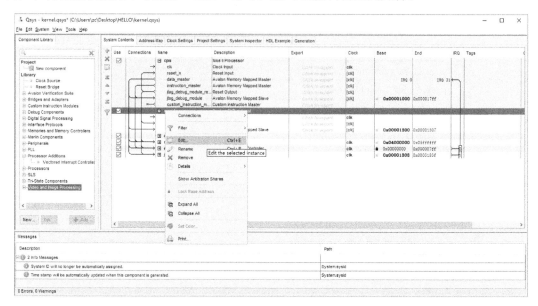

图 2-9　在 Qsys 中编辑已创建的自定义元件

用户可以使用 Qsys 元件编辑器完成以下设置。
（1）指定元件的识别信息，如元件名称、版本、作者等。
（2）指定描述元件接口及硬件功能的 HDL 文件，以及定义综合和仿真过程的元件约束文件。
（3）定义参数和接口信号，并创建元件的 HDL 模板。
（4）关联并定义元件接口的信号类型。
（5）设置接口参数，并指定其特性。
（6）指定接口之间的关系。

如果元件是基于 HDL 的，则必须在 HDL 文件中定义相应的参数和信号，并且在元件编辑器中不能添加或删除它们。如果还没有创建顶层 HDL 文件，可以在元件编辑器中声明参数和信号，它们将被包含到 Qsys 创建的 HDL 模板文件中。在 Qsys 系统中，元件的接口可以连接到系统中，或者作为顶层信号从系统中导出。

如果使用已经编辑好的元件接口 HDL 文件创建元件，则标签页出现在元件编辑器中的顺序即反映了自定义元件开发所建议的设计流程。用户可以使用元件编辑器窗口底部的"Prev"和"Next"按钮选择相应的标签页。

如果自定义元件不是基于已经编辑好的 HDL 文件，则需要在元件编辑器窗口的

"Parameter""Signal"和"Interfaces"标签页中输入参数、信号、接口，然后返回"Files"标签页，单击"Create synthesis file from signals"按钮来创建顶层 HDL 文件。单击元件编辑器窗口底部的"Finish"按钮后，Qsys 会根据元件编辑器标签页中提供的详细信息创建 hw.tcl 文件（使用 Tcl 编写的文本文档，包含元件设计文件的名称和位置信息）。

保存自定义元件后，该元件就会出现在 Qsys 元件库中。

## 2.3 Nios 嵌入式处理器

### 2.3.1 第一代 Nios 嵌入式处理器

2000 年，英特尔发布了 Nios 处理器，这是英特尔 Excalibur 嵌入式处理器计划中的第一个产品，也是业界第一款为可编程逻辑优化的可配置的软核处理器。

Nios 是基于 RISC 技术的通用嵌入式处理器芯片软内核，它特别为可编程逻辑进行了优化设计，并为 SOPC 设计了一套综合解决方案。Nios 嵌入式处理器性能高达 50DMIP，采用 16 位指令集、16/32 位数据通道、5 级流水线技术，可在一个时钟周期内完成一条指令的处理。它可以与各种各样的外设、定制指令和硬件加速单元相结合，构成一个定制的 SOPC。

2003 年 3 月，英特尔推出了 Nios 的升级版 Nios 3.0，它有 16 位和 32 位两个版本。两个版本均使用 16 位 RISC 指令集，其差别主要在于系统总线带宽。

第一代 Nios 嵌入式处理器已经体现出了嵌入式软核的强大优势，但是还不够完善。它没有提供软件开发的集成环境，用户需要在 Nios SDK Shell 中以命令行的形式执行软件的编译、运行、调试。程序的编辑、编译、调试都是相互分离的，而且不支持对项目的编译，对开发人员来说使用起来还不够方便。

### 2.3.2 第二代 Nios 嵌入式处理器

2004 年 6 月，继在全球范围内推出 Cyclone Ⅱ 和 Stratix Ⅱ 器件系列后，英特尔又推出了支持这些新款 FPGA 器件的 Nios Ⅱ 嵌入式处理器。Nios Ⅱ 嵌入式处理器在 Cyclone Ⅱ FPGA 中具有超过 100DMIP 的性能，支持设计者在很短的时间内构建一个完整的可编程芯片系统，其风险和成本均低于中小规模的 ASIC。与 2000 年上市的 Nios 相比，Nios Ⅱ 的处理性能提高了 3 倍，CPU 内核部分的面积最多可缩小 1/2。

Nios Ⅱ 嵌入式处理器使用 32 位指令集结构（ISA），完全与二进制代码兼容，它建立在第一代 16 位 Nios 处理器的基础上，定位于广泛的嵌入式应用。Nios Ⅱ 处理器有三种内核——快速内核（Nios Ⅱ/f）、经济内核（Nios Ⅱ/e）和标准内核（Nios Ⅱ/s），在 Quartus Prime

17.0 之后只有 Nios Ⅱ/f、Nios Ⅱ/e 两种内核，每种内核都有不同的性能范围和成本。使用英特尔的 Quartus Ⅱ 软件、Qsys 工具及 Nios Ⅱ 集成开发环境（IDE），用户可以轻松地将 Nios Ⅱ 处理器嵌入自己的系统中。

表 2-2～表 2-4 分别列出了 Nios Ⅱ 嵌入式处理器的特性、内核、支持的器件及设计软件。

表 2-2　Nios Ⅱ 嵌入式处理器的特性

| 项目 | 特性 |
| --- | --- |
| CPU 结构 | 32 位指令集 |
|  | 32 位数据线宽度 |
|  | 32 个通用寄存器 |
|  | 32 个外部中断源 |
|  | 2GB 寻址空间 |
| 片内调试 | 基于边界扫描测试（JTAG）的调试逻辑，支持硬件断点、数据触发及片外和片内的调试跟踪 |
| 定制指令 | 用户定义的 CPU 指令最多为 256 个 |
| 软件开发工具 | Nios Ⅱ IDE |
|  | 基于 GNU 的编译器 |
|  | 硬件辅助的调试模块 |

表 2-3　Nios Ⅱ 嵌入式处理器的内核

| 内核 | 特性 |
| --- | --- |
| Nios Ⅱ/f（快速） | 最高性能的优化 |
| Nios Ⅱ/e（经济） | 最小逻辑占用的优化 |
| Nios Ⅱ/s（标准） | 平衡性能和尺寸。Nios Ⅱ/s 不仅比第一代 Nios CPU 更快，而且比第一代 Nios CPU 更小 |

表 2-4　Nios Ⅱ 嵌入式处理器支持的器件及设计软件

| 器件 | 说明 | 设计软件 |
| --- | --- | --- |
| Stratix Ⅱ | 性能最高、密度最高、特性丰富并带有大量存储器的平台 | Platform Designer |
| Stratix | 高性能、高密度、特性丰富并带有大量存储器的平台 | Quartus Ⅱ |
| Stratix GX | 高性能的结构，内置高速串行收发器 |  |
| Cyclone | 低成本的 ASIC 替代方案，适合价格敏感的应用 | Qsys |
| HardCopy Stratix | 业界第一个结构化 ASIC，是广泛使用的传统 ASIC 的替代方案 |  |

### ▶ 2.3.3　可配置的软核嵌入式处理器的优势

目前市面上有数百种嵌入式处理器，每种都具有不同的外设、存储器、接口和性能特性。开发人员面对的最大挑战就是如何选择一个满足实际应用需求的处理器。

随着 Nios Ⅱ 软核处理器的推出，开发人员有了新的选择，他们可以利用 Nios Ⅱ 轻松地定制属于自己的 FPGA 嵌入式处理器系统。

可配置的软核嵌入式处理器的优势包括以下几方面。

### 1. 合理的性能组合

使用英特尔 Nios Ⅱ 处理器和 FPGA，用户可以实现在处理器、外设、存储器和 I/O 接口方面的合理组合。

（1）有三种处理器内核供开发人员选择。快速内核（Nios Ⅱ/f）具备高性能，经济内核（Nios Ⅱ/e）具备低成本，标准内核（Nios Ⅱ/s）则平衡了性能和尺寸。

（2）SOPC Builder 配备的内核超过 60 种。用户可以创建一组适合于自己应用的外设、存储器和 I/O 接口。现成的嵌入式处理器可以快速嵌入英特尔 FPGA 中。

（3）灵活的 DMA 通道组合可以连接到任何外设，从而提高系统的性能。

（4）可配置硬件及软件调试特性，包括基本的 JTAG 运行控制（运行、停止、单步、存储器等）、硬件断点、数据触发、片内和片外跟踪、嵌入式逻辑分析仪。

### 2. 可提升系统性能

开发人员通常会选择一个比实际所需的性能更高的处理器（这意味着更高的成本），从而为设计保留一个安全的性能余量。基于 Nios Ⅱ 处理器的以下特性可以提升系统性能。

（1）多 CPU 内核。开发人员可以选择最快的 Nios Ⅱ 内核（Nios Ⅱ/f）以获得高性能，还可以通过添加多个处理器来获得所需的系统性能。

（2）支持英特尔 FPGA。Nios Ⅱ 处理器可以工作在英特尔近年来推出的所有 FPGA 上。尤其是在 Stratix Ⅱ 器件上，Nios Ⅱ/f 内核超过 200DMIP 的性能仅占用 1800 个逻辑单元。在更大的器件上，如 Stratix Ⅱ EP2S180 器件，一个 Nios Ⅱ 处理器的内核只占用 1%的可用逻辑资源，这些微量的资源仅在 Quartus Ⅱ 设计软件资源使用的波动范围之内，可以说用户几乎是免费得到了一个 200DMIP 性能的处理器。

（3）多处理器系统。开发人员可以使用 Nios 来扩充外部处理器，以保持系统的性能并分担处理任务。开发人员也可以将多个 Nios Ⅱ/f 内核集成到单个器件内以获得较高的性能，而不用重新设计印制电路板（PCB）。Nios Ⅱ IDE 也支持这种多处理器在单个 FPGA 上的开发，或者多个 FPGA 共享一条 JTAG 链。

（4）用户定制指令。用户定制指令是一个扩展处理器指令的方法，最多可以定制 256 个用户指令，如图 2-10 所示。定制指令还是处理器处理复杂的算术运算和加速逻辑的最佳途径。例如，将一个在 64KB 缓冲区实现的循环冗余校验（CRC）的逻辑块作为一个定制指令，要比用软件实现快 27 倍。

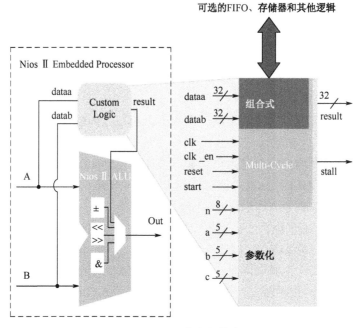

图 2-10  用户定制指令

（5）硬件加速。将专用的硬件加速器添加到 FPGA 中作为 CPU 的协处理器，CPU 就可以并发地处理大块数据。例如上面提到的 CRC 例子，通过专用的硬件加速器处理一个 64KB 的缓冲区，比用软件快 530 倍。Qsys 设计工具中包含一个引入向导，用户可以用这个向导将加速逻辑和 DMA 通道添加到系统中。

### 3. 可降低系统成本

嵌入式系统设计人员总是坚持不懈地寻找降低系统成本的方法。然而，系统性能和特性与成本之间总是存在冲突，最终结果往往是以增加系统成本为代价来提取系统性能和特性。利用 Nios Ⅱ 处理器可以通过以下途径来降低成本。

（1）更大规模的系统集成。组合多个 Nios Ⅱ 处理器，选择合适的外设、存储器、I/O 接口，利用这种方法可以降低电路板的成本、复杂程度及功耗。

（2）优化 FPGA/CPU 的选择。经济内核（Nios Ⅱ/e）成本很低，而且仅占用 600 个逻辑单元，因此可将软核处理器应用于低成本的、需要低处理性能的系统中。小型 CPU 还使得在单个 FPGA 芯片上嵌入多个处理器成为可能。

（3）简化库存管理。嵌入式系统通常包含来自多个生产商的多种处理器，以应对多变的系统任务。当某种处理器短缺时，管理这些处理器的库存也是个问题。而使用标准化的 Nios Ⅱ 软核处理器，库存管理将会大大简化，因为通过将处理器实现在标准的 FPGA 器件上可减少对处理器种类的需求。

### 4. 可加快产品上市并保持较长的产品生命周期

开发人员希望尽快将他们的产品推向市场，并保持较长的产品生命周期。基于 Nios II 的系统可从以下几个方面帮助用户实现此目标。

（1）加快产品上市。FPGA 可编程的特性可缩短产品上市周期。许多设计向导通过简单的修改都可以被快速地实现到 FPGA 设计中。Nios II 系统的灵活性源于英特尔所提供的完整的开发套件、众多的参考设计、强大的硬件开发工具（SOPC Builder/Qsys）和软件开发工具（Nios II IDE）。由于将 Nios II 处理器放置于 FPGA 内部就可以验证外部的存储器和 I/O 组件，因而电路板设计速度得以显著提高。

（2）建立有竞争性的优势。维持一个基于通用硬件平台的产品的竞争优势是非常困难的。而带有一个或多个 Nios II 处理器的 SOPC 系统则具备硬件加速、定制指令、定制外设等优点，从而在竞争中占有一定的优势。

（3）使用 Nios II 处理器的 SOPC 产品的一个独特优势就是能够对硬件进行升级，即使产品已经交付给客户，也可以定期升级软件。这可以解决以下问题。

① 延长产品生命周期。
② 减少由于标准的制定和改变而带来的硬件上的风险。
③ 简化对硬件设计的修复和对错误的排除。
④ 避免处理器过时。嵌入式处理器供应商通常会提供一个很宽的配置选择范围以满足不同的客户群。不可避免的是，一些处理器可能会因为生产计划等原因而停止供应。而使用英特尔处理器，设计人员可以拥有在英特尔 FPGA 上使用和配置基于 Nios 设计的永久授权。一项基于 Nios 的设计可以很容易地移植到新的 FPGA 器件中，从而保护了客户对应用软件的投资。

（4）在产品产量增加的情况下减少成本。一旦一项 FPGA 设计被选定，并且打算大批量生产，就可以选择将它移植到英特尔的 HardCopy（一种结构化的 ASIC）中，从而降低成本并提升性能。

## 2.3.4 软件设计实例

#### 1. 启动 Nios II SBT

在 Quartus II 软件中，选择"Tools"→"Nios II Software Build Tools for Eclipse"菜单命令，启动 Nios II SBT，如图 2-11 所示。

#### 2. 建立新的软件工程

（1）在 Nios II SBT 中选择"File"→"New"→"Nios II Application and BSP from Template"菜单命令，如图 2-12 所示。

图 2-11　启动 Nios Ⅱ SBT

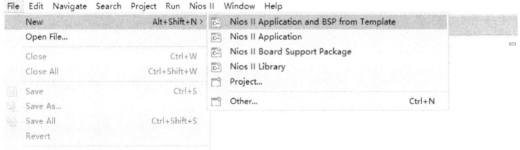

图 2-12　选择菜单命令

（2）如图 2-13 所示，在弹出的对话框中设置以下选项。

① 在"SOPC Information File name"栏中选择对应的系统硬件文件（.sopcinfo 文件），以便将硬件信息与软件应用相关联。这里要注意选对路径，要选择当前工程的.sopcinfo 文件。

② 在"Project name"栏中输入新建工程的名称。

③ 勾选"Use default location"复选框。

④ 在"Project template"选项区中选择"Hello World"。

# 第 2 章
## 基于 FPGA 的 SOPC 设计

图 2-13 新建工程（一）

"Project template"选项区中列出了已经做好的软件设计工程，设计者可以选择其中的一个作为模板来创建自己的 Nios Ⅱ 工程。当然，也可以选择"Blank Project"（空白工程），自己编写所有的代码。本例中选择了"Hello World"，后面将在此基础上更改程序，一般情况下这样比从空白工程开始更加方便快捷。

单击"Next"按钮，出现图 2-14 所示的对话框，保持默认选项，然后单击"Finish"按钮。

图 2-14 新建工程（二）

（3）单击"Finish"按钮后，新建的工程就被添加到工作界面中，同时 Nios Ⅱ SBT 会创建一个系统库工程（本例中为 hello_bsp）。如图 2-15 所示为创建工程后的 Nios Ⅱ SBT 工作界面。

Nios Ⅱ SBT 工作界面中包含多个区域，每个区域都有其特定的功能。用户可在编辑区中打开并编辑一个工程。工程浏览窗口用来向用户提供工程目录。

## 第 2 章 基于 FPGA 的 SOPC 设计

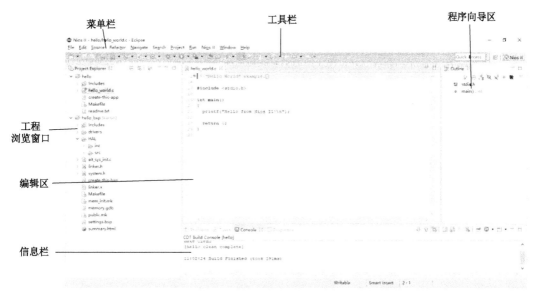

图 2-15　创建工程后的 Nios Ⅱ SBT 工作界面

编辑区上方的标签上显示了当前被打开的文件名，带有*标志的标签表示当前文件还没有被保存。

除工程浏览窗口外，该软件中还有其他信息浏览窗口，可以单击图 2-16 中的按钮，或者通过"Window"菜单（图 2-17）打开它们。

图 2-16　信息浏览窗口设置按钮

图 2-17　"Window"菜单

## 3. 编译工程

右击工程名,在弹出的快捷菜单中选择"Build Project"命令,如图 2-18 所示,或者选择"Project"→"Build All"菜单命令。编译开始后,Nios Ⅱ SBT 会先编译系统库工程及其他相关工程,再编译主工程,并把源代码编译到.elf 文件中。编译完成后会在信息栏中显示警告和错误信息。图 2-19 为编译工程的界面。

图 2-18 选择"Build Project"命令

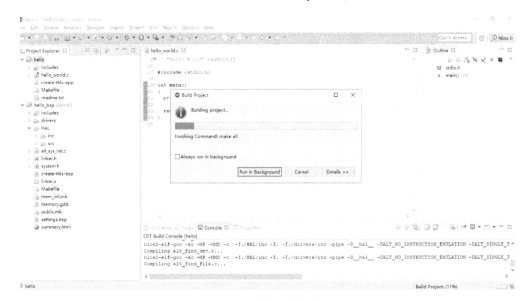

图 2-19 编译工程的界面

在工程名右键快捷菜单中还有其他一些工程配置选项。

(1) Properties：配置目标硬件和其他工程的属性。
(2) Run As：在硬件上或仿真模式下运行程序。
(3) Debug As：在硬件上或仿真模式下对程序进行调试。
(4) Build Configurations：编译设置。

4．运行程序

如果编译出现错误，应根据提示信息改正程序或工程设置错误并重新编译，直到成功为止。编译成功后，就可以运行程序了。

(1) 在 Nios Ⅱ SBT 工作界面中选择"Run"→"Run Configurations"菜单命令，打开图 2-20 所示的对话框。

图 2-20　运行设置对话框（一）

(2) 在左侧选项区中，双击"Nios Ⅱ Hardware"，选择对应的工程和编译生成的.elf 文件，如图 2-21 所示。如果连接了多条 JTAG 电缆，就需要在相应的下拉菜单中选择和开发板相连的电缆。

(3) 选择"Target Connection"选项卡，单击"Refresh Connections"按钮刷新 JTAG 连接，如图 2-22 所示。

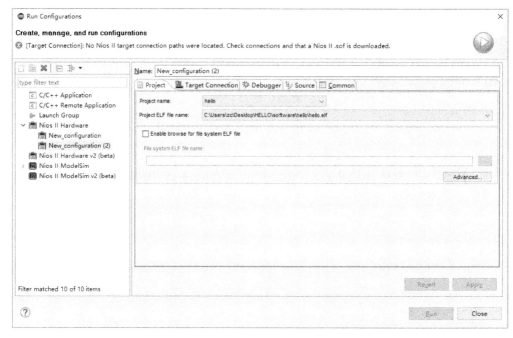

图 2-21　运行设置对话框（二）

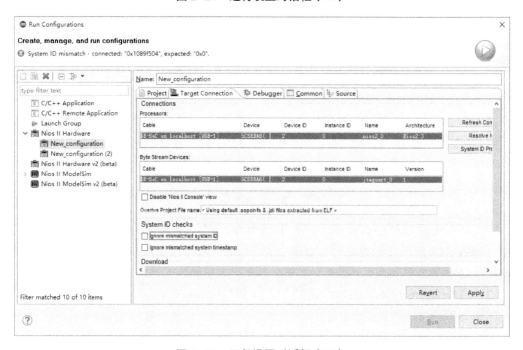

图 2-22　运行设置对话框（三）

若出现图 2-22 中提示的 "System ID mismatch" 错误，可勾选 "System ID checks" 选项区中的 "Ignore mismatched system ID" 和 "Ignore mismatched system timestamp" 复选框，错误提示就会消失，如图 2-23 所示。

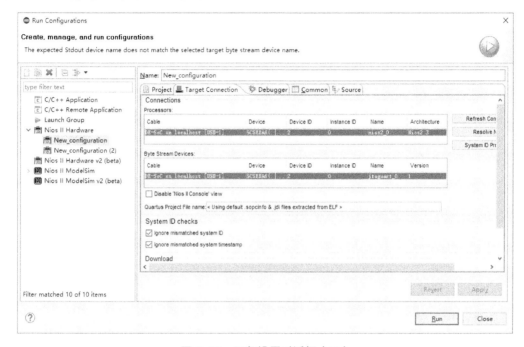

图 2-23　运行设置对话框（四）

（4）设置好所有选项后，先单击 "Apply" 按钮，然后单击 "Run" 按钮，就开始进行程序下载、复位处理器和运行程序的过程，如图 2-24 所示。

图 2-24　下载程序

（5）如果上述过程没有问题，程序就会在开发板上运行。将运行设置对话框设置好以后，如果要重新运行程序，可以单击要运行的程序工程名，选择 "Run" → "Run As" 菜单命令，并确定在什么模式下（Nios Ⅱ Hardware 开发板上或仿真环境中）运行，如图 2-25 所示。

图 2-25  选择运行模式

### 5. 调试程序

启动调试程序和启动运行程序类似。本例中选择在硬件模式下调试程序。右击要调试的项目，在弹出的快捷菜单中选择"Debug As"→"Nios Ⅱ Hardware"命令，如图 2-26 所示。

调试开始后，调试器会先下载程序，然后在 main()处设置断点并准备开始执行程序。用户可以利用以下调试控制命令来跟踪程序。

（1）Step Into：单步跟踪时进入子程序。

（2）Step Over：单步跟踪时执行子程序，但是不进入子程序。

（3）Resume：从当前代码处继续运行。

（4）Terminate：停止调试。

# 第 2 章
## 基于 FPGA 的 SOPC 设计

图 2-26　启动调试程序

要在某代码处设置断点,可以在该代码左边空白处双击,或者在右键快捷菜单中选择"Toggle Breakpoint"命令。此外,还可以选择"Window"→"Show View"→"Registers"菜单命令来查看寄存器,如图 2-27 所示。

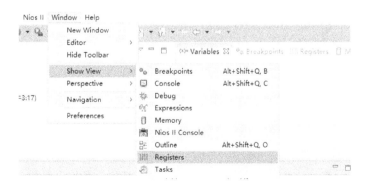

图 2-27　查看寄存器

## 6. 将程序下载到 Flash 存储器中

许多 Nios Ⅱ 处理器系统都使用外部 Flash 存储器来存储以下数据。

- 程序代码。
- 程序数据。
- FPGA 配置数据。
- 文件系统。

Nios Ⅱ SBT 提供了一个名为 Flash Programmer（闪存编辑器）的工具，可帮助用户对 Flash 存储器进行管理和编程。具体操作过程如下。

（1）选择 "Nios Ⅱ" → "Flash Programmer" 菜单命令，启动闪存编辑器（在最新版本的软件中，这个工具被 Generic Flash Programmer 所取代）。闪存编辑器窗口如图 2-28 所示。

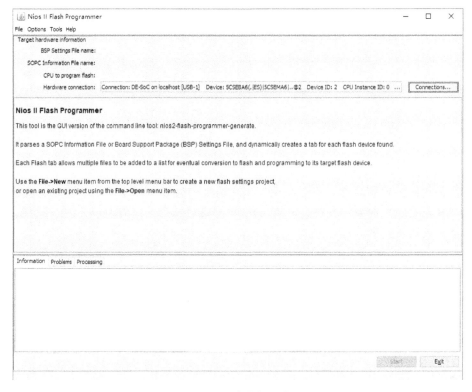

图 2-28　闪存编辑器窗口

（2）选择 "File" → "New" 菜单命令，打开图 2-29 所示的对话框，选择本工程对应的 .bsp 文件或 .spocinfo 文件。此处选择 .bsp 文件，然后单击 "OK" 按钮，如图 2-30 所示。

# 第 2 章
## 基于 FPGA 的 SOPC 设计

图 2-29　闪存编辑器文件设置对话框

图 2-30　选择 .bsp 文件

（3）在闪存编辑器窗口的"Files for flash conversion"栏中，单击"Add"按钮添加要烧写到系统 Flash 存储器中的编程文件（.sof 文件、.elf 文件或两者都添加）。此处将实例工程的.sof 文件添加进去，如图 2-31 所示。

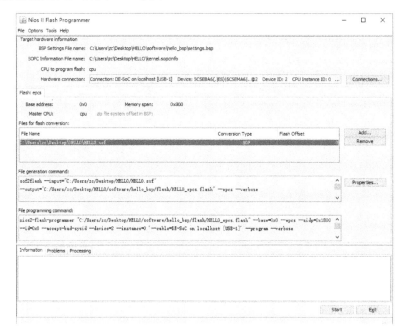

图 2-31　添加编程文件

（4）单击闪存编辑器窗口中的"Connections"按钮，出现图 2-32 所示的"Hardware Connections"对话框，单击"Refresh Connections"按钮刷新连接，勾选下方的两个复选框，然后单击"Close"按钮关闭该对话框，回到之前的闪存编辑器窗口（图 2-33）。

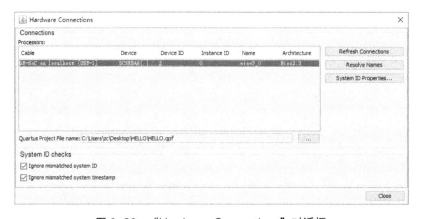

图 2-32　"Hardware Connections"对话框

# 第 2 章
## 基于 FPGA 的 SOPC 设计

图 2-33 设置完成后的闪存编辑器窗口

（5）单击"Start"按钮，系统开始将软硬件程序下载到开发板上的 Flash 存储器中，如图 2-34 所示。再次复位开发板时，开发板就会直接运行导入的用户设计的软硬件程序。

图 2-34 下载程序

### 2.3.5 HAL 系统库

#### 1. HAL 系统库简介

用户在进行嵌入式系统的软件开发时，会涉及与硬件设备的通信问题。HAL 系统库可为这些与硬件通信的程序提供简单的设备驱动接口。它是用户在 Nios Ⅱ SBT 中创建一个新的工程时，由 Eclipse 基于用户在 Qsys 中创建的 Nios Ⅱ 处理器系统（即一个 Qsys 系统）自动生成的。HAL 应用程序接口（API）是与 ANSI C 语言标准库综合在一起的，它允许用户使用类似 C 语言的库函数来访问硬件设备或文件，如 printf()、fopen()、fwrite()等函数。

HAL 作为 Nios Ⅱ 处理器系统的支持软件包，为用户的嵌入式系统上的外围设备提供了与其一致的接口程序。Nios Ⅱ SBT 是和 Qsys 紧密相关的，如果硬件配置发生改变，HAL 设备驱动配置也会自动随之改变，从而避免了由于底层硬件变化而产生的程序错误。用户不用自己创建或复制 HAL 系统库文件，也不用编辑其中的任何源代码，Nios Ⅱ SBT 会自动创建和管理 HAL 系统库文件。

由于 HAL 是基于 Qsys 系统生成的，如果用户还没有定制 Qsys 系统，可以先基于英特尔提供的硬件系统示例来创建自己的工程，等创建了自己的定制系统后再更改工程所指向的定制硬件系统。

HAL 系统库可以为用户提供下列支持。

（1）提供类似 C 语言的标准库函数。
（2）提供访问系统中每个设备的驱动程序。
（3）提供标准的接口程序，如设备访问、中断处理等。
（4）在 main()之前执行对处理器的初始化。
（5）在 main()之前执行对系统中外围设备的初始化。

图 2-35 为 HAL 系统层次结构图。

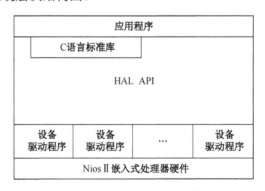

图 2-35 HAL 系统层次结构图

1）应用程序和设备驱动程序

软件开发分为两部分：应用程序开发和设备驱动程序开发。应用程序开发是软件开发的主要部分，包括系统的主程序 main()和子程序。应用程序与系统设备之间的通信主要通过C语言标准库或HAL API进行。设备驱动程序开发是指编写供应用程序访问设备的程序。设备驱动程序直接和底层硬件的宏定义打交道。如果已经有了设备驱动程序，那么只需要利用 HAL 提供的各种函数编写应用程序。

2）通用设备模型

HAL 为嵌入式系统中常见的外围设备提供了通用设备模型，如定时器、以太网接口芯片、I/O 接口等。通用设备模型可以让用户无须考虑底层硬件而利用与其一致的 API 编写应用程序。

HAL 为以下几类设备提供了通用设备模型。

（1）字符型设备：发送和接收字符串的外围硬件设备，如 UART。

（2）定时器设备：对时钟脉冲计数并能产生周期性中断请求的外围硬件设备。

（3）文件子系统：实现访问存储在物理设备中的文件的操作，如用户可以利用有关 Flash 存储器的 HAL API 编写 Flash 文件子系统驱动来访问 Flash 存储器。

（4）以太网设备：对英特尔提供的轻量级 IP 协议提供访问以太网的连接。

（5）DMA 设备：实现大量数据在数据源和目的地之间传输的外围设备。数据源和目的地可以是存储器或其他设备。

（6）Flash 存储器：利用专用编程协议存储数据的非易失性存储器。

3）通用设备模型的作用

（1）便于开发应用程序。HAL 系统库定义了一套函数，用户可以用来初始化和访问以上各种设备。例如，当用户要访问字符型设备和文件子系统时，可以利用 C 语言标准库函数，如 printf()和 fopen()。对于应用程序的开发者来说，不需要编写底层程序就可以和这些设备建立基本通信。

（2）便于开发设备驱动程序。对特定类型设备的使用，设备模型为其定义了一套必要的驱动函数。如果用户要对一个新的外围设备编写驱动程序，只需要使用该设备的驱动函数。因此，用户的驱动程序开发任务就是做好预定义和文档说明。另外，HAL 函数和应用程序都可以用来访问设备，从而可以节省软件开发时间。HAL 系统库调用驱动程序访问硬件，应用程序调用 ANSI C 或 HAL API 访问硬件，而不直接调用用户的驱动程序。用户的驱动程序已被作为 HAL API 的一部分。

4）Newlib

HAL 系统库与 ANSI C 语言标准库一起构成 HAL 的运行环境（Runtime Environment）。HAL 使用的 Newlib 是 C 语言标准库的一种开放源代码的实现，Newlib 是在嵌入式系统上使用的 C 语言程序库，正好与 HAL 和 Nios Ⅱ 处理器相匹配。

5）HAL 支持的外围设备

英特尔提供了许多在 Nios Ⅱ 处理器系统中使用的外围设备。大多数英特尔外围设备都提供了 HAL 设备驱动程序，使用户可以通过 HAL API 访问硬件设备。

除英特尔提供的外围设备外，还有一些第三方提供的外围设备。所有这些为 Nios Ⅱ 提供的外围设备都有一个头文件，这个头文件定义了外围设备底层硬件接口。由此看来，所有的外围设备都或多或少地支持 HAL。但是，有些外围设备没有提供设备驱动程序，用户只能利用头文件中的定义来访问硬件设备。还有一些外围设备在使用时不能通过通用的 API 来访问，HAL 系统库为此提供了 UNIX 类型的 ioctl() 函数。关于 ioctl() 函数的具体内容可以查看外围设备的文档说明。

### 2. 使用 HAL 开发程序

1）Nios Ⅱ 工程结构

基于 HAL 系统库的软件工程的创建和管理与 Nios Ⅱ IDE 是紧密相关的。图 2-36 为 Nios Ⅱ 工程结构图，从中可以看出 HAL 与各模块的关系。

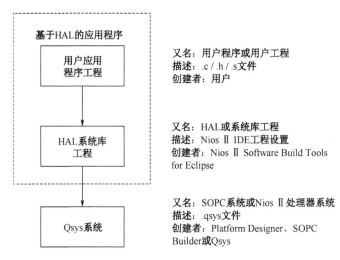

图 2-36　Nios Ⅱ 工程结构图

在图 2-36 中，用户应用程序工程包含所有用户程序代码。HAL 系统库工程包括所有和硬件处理器相关的接口，HAL 系统库工程是基于 Nios Ⅱ 处理器系统的，这个系统是在由 Qsys 生成的.ptf 文件中定义的。如果 Qsys 系统有所改变，Nios Ⅱ SBT 会处理 HAL 系统库并更新驱动配置来配合系统硬件。HAL 系统库将用户程序和底层硬件分离，使用户在开发和调试代码时不用考虑程序与硬件是否匹配。

2）系统描述文件 System.h

System.h 文件是 HAL 系统库的基础。System.h 文件提供了关于 Nios Ⅱ 系统硬件的软

## 第 2 章
### 基于 FPGA 的 SOPC 设计

件描述。对用户程序开发来说，并不是 System.h 文件中的所有信息都是有用的，因此不必把它包含在用户的 C 语言源程序中。但是，System.h 文件中给出了一些基本问题的答案，如系统中有什么样的硬件。System.h 文件描述了系统中的每个外围设备，并且给出了以下一些详细信息。

（1）外围设备的硬件配置。
（2）基址。
（3）中断优先级。
（4）外围器件的符号名称。

用户不需要编辑 System.h 文件，Nios Ⅱ会自动为 HAL 系统库项目生成 System.h 文件，其中的内容取决于硬件配置和用户在 Nios Ⅱ IDE 中设置的 HAL 系统库属性。下列代码是 System.h 文件中的一段代码，显示了对一些硬件配置的定义。

```
/*对定时器配置的定义*/
#define SYS_CLK_TIMER_NAME "/dev/sys_clk_timer"
#define SYS_CLK_TIMER_TYPE "altera_avalon_timer"
#define SYS_CLK_TIMER_BASE 0x00920800
#define SYS_CLK_TIMER_IRQ 0
#define SYS_CLK_TIMER_ALWAYS_RUN 0
#define SYS_CLK_TIMER_FIXED_PERIOD 0

/*对JTAG UART 配置的定义*/
#define JTAG_UART_NAME "/dev/jtag_uart"
#define JTAG_UART_TYPE "altera_avalon_jtag_uart"
#define JTAG_UART_BASE 0x00920820
#define JTAG_UART_IRQ 1
#define SYS_CLK_TIMER_ALWAYS_RUN 0
#define SYS_CLK_TIMER_FIXED_PERIOD 0

/*对JTAG UART 配置的定义*/
#define JTAG_UART_NAME "/dev/jtag_uart"
#define JTAG_UART_TYPE "altera_avalon_jtag_uart"
#define JTAG_UART_BASE 0x00920820
#define JTAG_UART_IRQ 1
```

3）数据宽度和 HAL 数据类型

对于 Nios Ⅱ 嵌入式处理器这样的嵌入式系统，了解数据的确切宽度和精度是非常重要的。ANSI C 数据类型没有非常精确地定义数据宽度，所以 HAL 使用了一套标准类型定义。这套定义支持 ANSI C 数据类型，但是它们的数据宽度取决于编译器的定义。lt_types.h 头文件中定义了 HAL 数据类型，见表 2-5。

表 2-5　HAL 数据类型

| 类型 | 说明 |
|---|---|
| alt 8 | 有符号 8 位整数 |
| alt u8 | 无符号 8 位整数 |
| alt 16 | 有符号 16 位整数 |
| alt u16 | 无符号 16 位整数 |
| alt 32 | 有符号 32 位整数 |
| alt u32 | 无符号 32 位整数 |

4）文件系统

HAL 提出了文件系统的概念，可以使用户操作字符型设备和数据文件。用户要访问文件，可以使用由 Newlib 提供的 C 语言标准库文件 I/O 函数（如 fopen()、fclose()、fread() 等），或者 HAL 系统库提供的 UNIX 类型的文件 I/O 函数。HAL 系统库还提供了一些 UNIX 类型的文件操作函数：close()、fstat()、ioctl()、isatty()、lseek()、open()、read()、stat()和 write()。

在整个 HAL 文件系统中将文件子系统注册为挂载点（Mount Point），对挂载点下的文件的操作由文件子系统管理。例如，将一个 zip 文件子系统定义为/mount/zipfs0，调用 fopen() 函数打开文件/mount/zipfs0/myfile 的操作就由 zip 文件子系统处理。

字符型设备寄存器常被当作 HAL 文件系统中的节点。通常情况下，在 System.h 文件中将设备节点的名称定义为前缀/dev/指定给 Qsys 中硬件设备的名称。例如，Qsys 中的一个 UART 外围设备 uart1 在 System.h 文件中被定义为/dev/uart1。

下列代码用于实现从一个只读文件的文件子系统 rozipfs 中读取字符的功能。

```c
#include <stdio.h>
#include <stddef.h>
#include <stdlib.h>
#define BUF_SIZE (10)
int main(void)
{
    FILE* fp;
    char buffer[BUF_SIZE];
    fp = fopen ("/mount/rozipfs/test", "r");
    if (fp == NULL)
    {
        printf ("Cannot open file.\n");
        exit (1);
    }
    fread (buffer, BUF_SIZE, 1, fp);
    fclose (fp);
```

```
    return 0;
}
```

5）外围设备的使用

外围设备主要包括标准 I/O 设备、字符型设备及其他设备。

使用标准输入 stdin()、标准输出 stdout()和标准错误 stderr()函数是控制 I/O 设备最简单的方法。HAL 系统库在后台管理 stdin()、stdout()和 stderr()函数，它可以使用户通过相关通道来发送和接收字符。例如，HAL 系统库会控制 printf()的输出给标准输出函数，perror()的输出给标准错误函数。用户可以通过在 Nios Ⅱ IDE 中设置 HAL 系统库的属性来给每个通道分配一个具体的硬件设备，使用标准输入、标准输出和标准错误函数来控制外围设备。例如，用户可以通过下列代码将字符串"Hello world!"发送给任何一个和 stdout()相连的设备。

```c
#include <stdio.h>
int main ( )
{
    printf ("Hello world!");
    return 0;
}
```

使用 UNIX 类型的 API 时，可以利用在 unistd.h 中定义的文件描述符 STDIN_FILENO、STDOUT_FILENO 和 STDERR_FILENO 来分别访问 stdio()、stdout()和 stderr()函数。

除 stdin()、stdout()、stderr()函数外，访问字符型设备还可以通过打开文件和写文件的方式。下列代码就是向名为 uart1 的 UART 写入信息的操作程序。

```c
#include <stdio.h>
#include <string.h>
int main (void)
{
    char* msg = "hello world";
    FILE* fp;
    fp = fopen ("/dev/uart1", "w");
    if (fp)
    {
        fprintf(fp, "%s",msg);
        fclose (fp);
    }
    return 0;
}
```

除此之外，还有/dev/null 设备。所有的系统都包括/dev/null 设备。向/dev/null 设备写数据对系统没有什么影响，所写的数据将被丢弃。/dev/null 设备用来在系统启动过程中重定向安全 I/O，也可以用来在应用程序中丢弃不需要的数据。这个设备只是个软件指令，不与系统中的任何硬件设备相关。表 2-6，列出了其他设备常用函数。

表 2-6　其他设备常用函数

| 设备 | 函数 | 函数所在文件 |
|---|---|---|
| 文件子系统 | fopen()<br>fread() | file.h |
| 定时器设备 | get time ofday()<br>set time ofday()<br>times()<br>alt_nticks()<br>alt_ticks_per_second()<br>alt_alarm_start()<br>alt_alarm_stop()<br>alt_timestamp_start()<br>alt_timestamp()<br>alt timestamp freo() | sys/alt_alarm.h<br>sys/alt_tmestamp.h |
| Flash 设备 | alt_flash_open_dev()<br>alt_write_flash()<br>alt_read_flash()<br>alt_flash_close_dev()<br>alt_get_flash_info()<br>alt_erase_flash_block()<br>alt write flash block() | sys/alt_flash.h |
| DMA 设备 | alt_dma_txchan_open()<br>alt_dma_txchan_send()<br>alt_dma_txchan_space()<br>alt_dma_txchan_ioct1()<br>alt_dma_rxchan_open()<br>alt_dma_rxchan_prepare()<br>alt_dma_rxchan_depth()<br>alt_dma_rxchan_joct1() | sys/alt_dma.h |

## 2.4　基于 FPGA 的 SOPC 设计实验

### 2.4.1　实验一：流水灯实验

在本节中，将介绍 Quartus Ⅱ、Platform Designer、Nios Ⅱ SBT 的基本操作方法，使读者初步了解 SOPC 开发流程，基本掌握 Nios Ⅱ 软核的定制方法，并掌握 Nios Ⅱ 软件开发流程及基本调试方法。

本实验利用 FPGA 资源搭建一个简单的 Nios Ⅱ 处理器系统，具体内容包括：

（1）在 Quartus Ⅱ 中建立一个工程。

（2）使用 Platform Designer 建立一个简单的基于 Nios Ⅱ 的硬件系统。

（3）在 Quartus Ⅱ 工程中编译基于 Nios Ⅱ 的硬件系统并生成后缀为.sof 的配置文件。

（4）在 Nios Ⅱ SBT 中建立对应硬件系统的用户 C/C++工程，编写简单的用户程序，编译程序并生成后缀为.elf 的可执行文件。

（5）将配置文件和可执行文件下载到 FPGA 中进行调试运行。

本实验的用户程序代码很简单，可将其固化在片内 ROM 中。变量、堆栈等空间使用片内 RAM，不使用任何片外存储器。系统框图如图 2-37 所示。

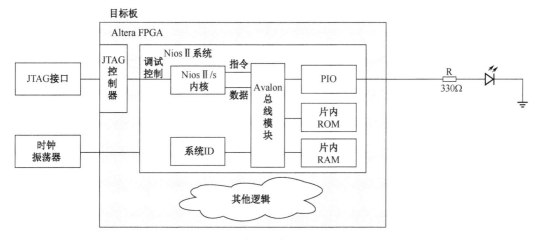

图 2-37　流水灯实验的系统框图

由系统框图可知，其他逻辑与 Nios Ⅱ 系统一样可存在于 FPGA 中。Nios Ⅱ 系统可与其他逻辑相互作用，这取决于整个系统的需要。为了简单起见，本实验中 FPGA 内不包括其他逻辑。

**1．硬件设计**

1）创建工程

（1）打开 Quartus Ⅱ，选择 "File" → "New Project Wizard" 菜单命令，如图 2-38 所示。

（2）在弹出的对话框中的第一栏输入工程存放目录，或者单击右侧的按钮设置工程存放目录；在第二栏输入工程名称，然后单击 "Finish" 按钮，如图 2-39 所示。

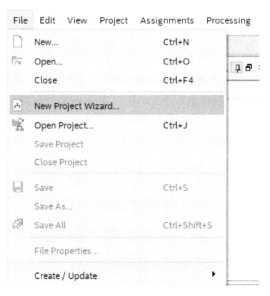

图 2-38 选择菜单命令

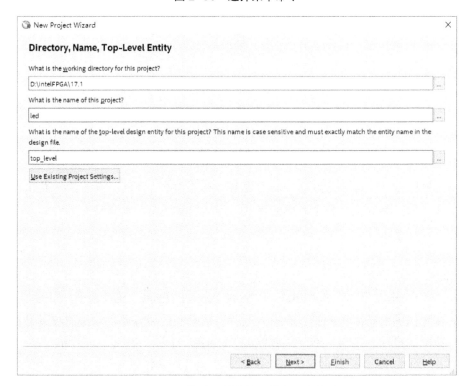

图 2-39 设置工程存放目录和工程名称

(3）选择"Assignments"→"Device"菜单命令，打开图 2-40 所示的对话框，选择芯片"5CSXFC6D6F31C6"。

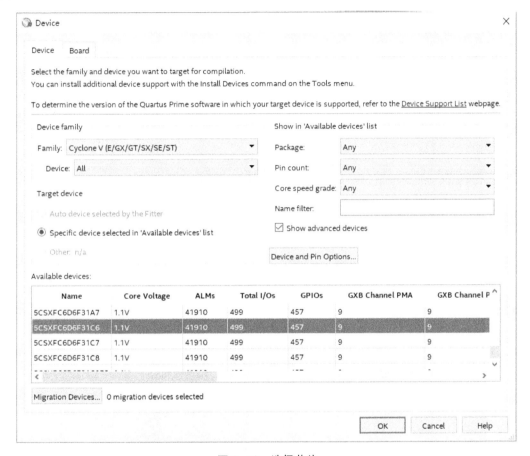

图 2-40　选择芯片

2）设计顶层文件

（1）选择"File"→"New"菜单命令，在图 2-41 所示的对话框中选择"Block Diagram/Schematic File"，然后单击"OK"按钮。

（2）如图 2-42 所示，将文件保存为"top_level.bdf"，注意保存路径是否正确。

3）进行 Qsys 系统设计

（1）选择"Tools"→"Platform Designer"菜单命令，启动 Platform Designer，如图 2-43 所示。

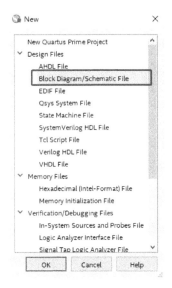

图 2-41 选择文件

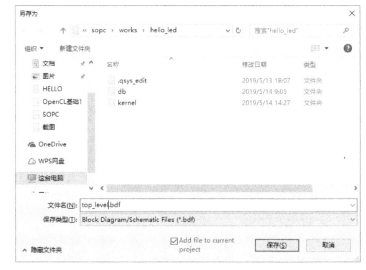

图 2-42 保存文件

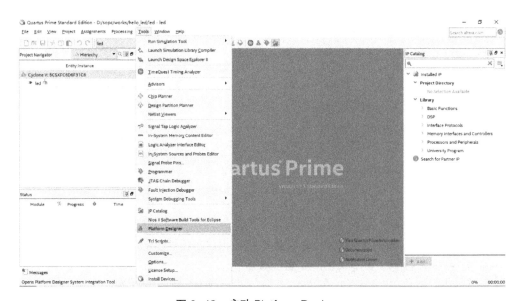

图 2-43 启动 Platform Designer

（2）如图 2-44 所示，在 Platform Designer 工作界面中选择"File"→"Save"菜单命令，打开图 2-45 所示的对话框，将文件名设置为"kernel.qsys"，然后单击"保存"按钮。

# 第 2 章
## 基于 FPGA 的 SOPC 设计

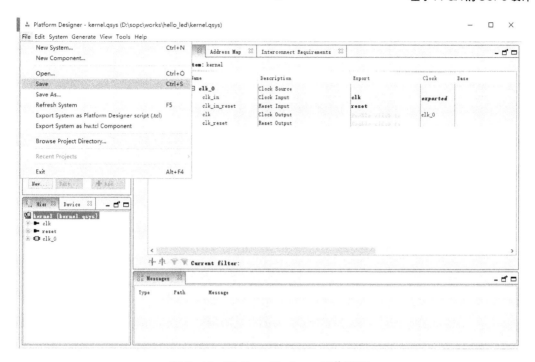

图 2-44  Platform Designer 工作界面

图 2-45  保存文件

（3）在"clk_0"元件的右键快捷菜单中选择"Edit"命令，或者双击"clk_0"元件，进行时钟设置，这里将时钟频率设置为 50000000Hz，如图 2-46 所示。

图 2-46　进行时钟设置

（4）添加 CPU 和外围器件。从元件库中选择以下元件加入当前设计的系统中：Nios Ⅱ 32 bit CPU、JTAG UART、片上存储器、PIO、System ID Peripheral。

① 添加 Nios Ⅱ 32 bit CPU。

（a）在"IP Catalog"窗口中选择"Nios Ⅱ Processor"，然后单击"Add"按钮，如图 2-47 所示。

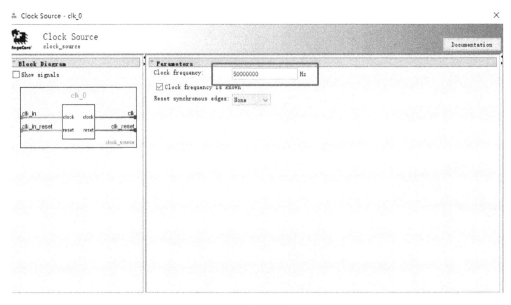

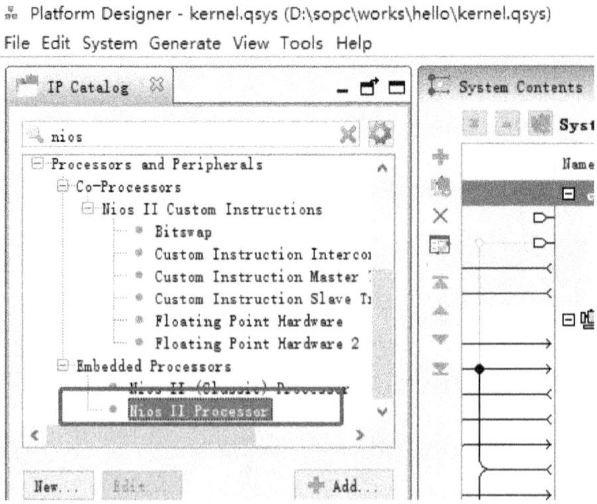

图 2-47　选择"Nios Ⅱ Processor"

(b)在"Nios Ⅱ Core"栏中选择"Nios Ⅱ/f"选项,其他保持默认选项,如图 2-48 所示。

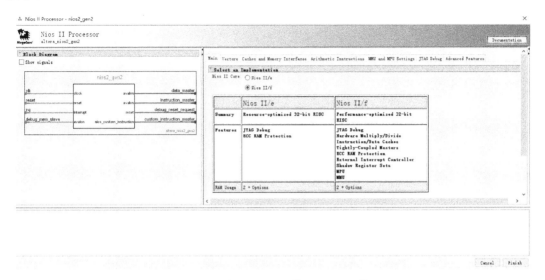

图 2-48　设置"Nios Ⅱ Processor"

(c)"Caches and Memory Interfaces"选项卡保持默认设置,如图 2-49 所示。

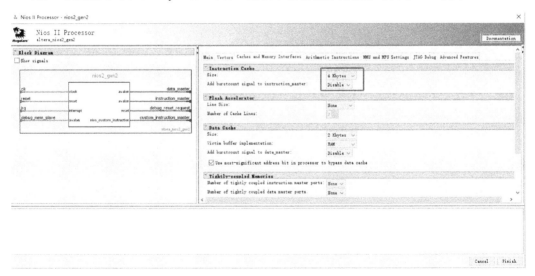

图 2-49　"Caches and Memory Interfaces"选项卡

(d)"Advanced Features"选项卡保持默认设置,如图 2-50 所示。

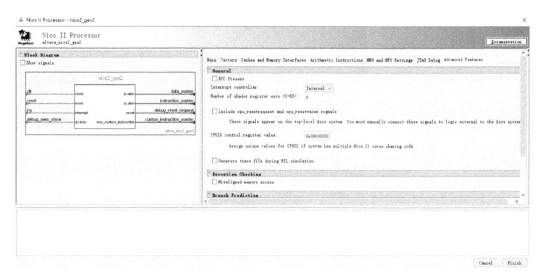

图 2-50 "Advanced Features"选项卡

(e)"MMU and MPU Settings"选项卡保持默认设置,如图 2-51 所示。

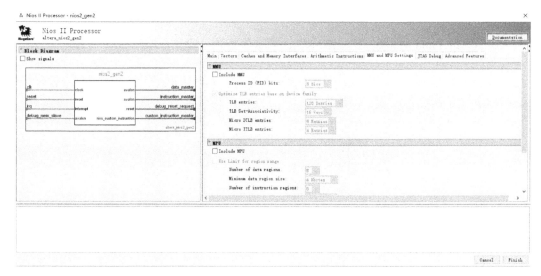

图 2-51 "MMU and MPU Settings"选项卡

(f)"JTAG Debug"选项卡保持默认设置(注意勾选"Include JTAG Debug"复选框),如图 2-52 所示。

(g)单击"Finish"按钮回到 Platform Designer 工作界面,利用右键快捷菜单中的"Rename"命令将元件重命名为"cpu",如图 2-53 所示。

# 第 2 章
## 基于 FPGA 的 SOPC 设计

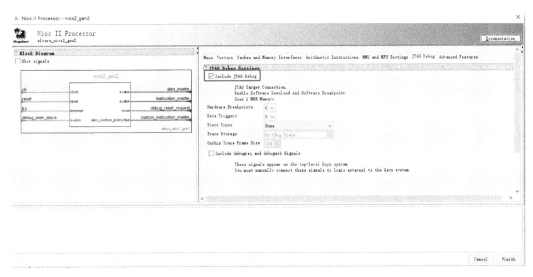

图 2-52 "JTAG Debug"选项卡

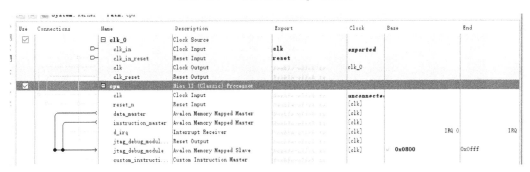

图 2-53 元件重命名

（h）将"cpu"的"clk"和"reset_n"分别与系统时钟"clk_0"的"clk"和"clk_reset"相连，如图 2-54 所示。

注意：元件命名要遵循以下规则。

- 元件名称应以英文字母开头。
- 元件名称中只能包含英文字母、数字和下画线。
- 下画线不能连续使用，也不能出现在元件名称的最后。

② 添加 JTAG UART。JTAG UART 是 Nios II 嵌入式处理器新添加的接口元件，通过内嵌在英特尔 FPGA 内部的 JTAG 电路，可以实现 PC 与 Qsys 系统之间的字符流串行通信。

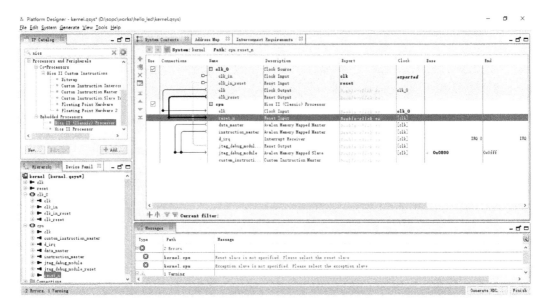

图 2-54　连接"cpu"与"clk_0"

（a）在"IP Catalog"窗口中选择"JTAG UART"，然后单击"Add"按钮，如图 2-55 所示。

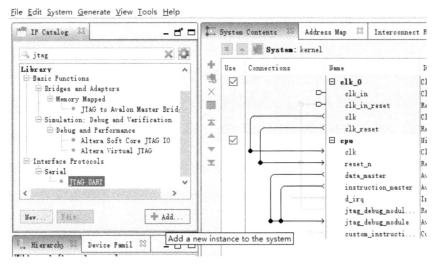

图 2-55　添加"JTAG UART"

（b）在"JTAG UART"设置向导中保持默认选项，单击"Finish"按钮，如图 2-56 所示。

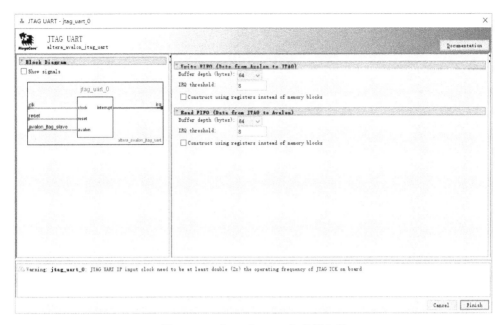

图 2-56 "JTAG UART"设置向导

(c) 设置完成后可在"System Contents"选项卡中看到新加入的元件。这里将其重命名为"jtag_uart"。

(d) 按图 2-57 完成连线。

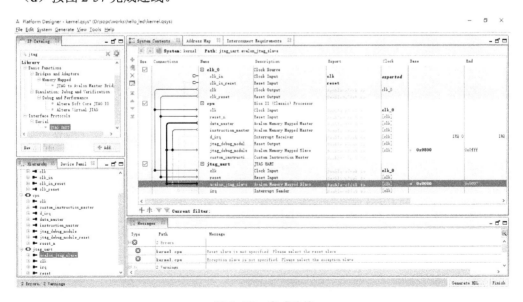

图 2-57 完成连线

③ 添加片上存储器。

（a）在"IP Catalog"窗口中选择"On-Chip Memory (RAM or ROM)"，然后单击"Add"按钮，如图 2-58 所示。

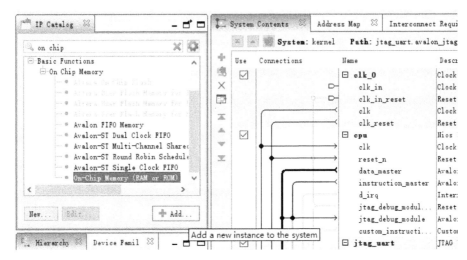

图 2-58　添加"On-Chip Memory (RAM or ROM)"

（b）在"Size"选项区的"Total memory size"输入框中输入"40960"（即片上存储器的大小为 40KB），其余选项保持默认，然后单击"Finish"按钮，如图 2-59 所示。

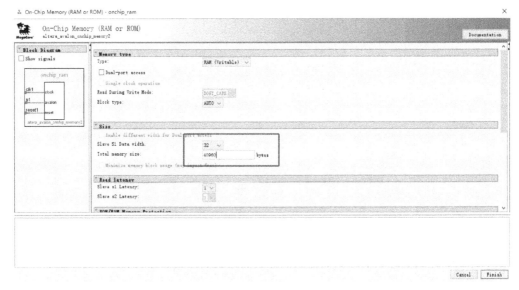

图 2-59　设置"On-Chip Memory (RAM or ROM)"

(c) 设置完成后可在"System Contents"选项卡中看到新加入的元件。这里将其重命名为"onchip_ram"。

(d) 按图 2-60 完成连线。

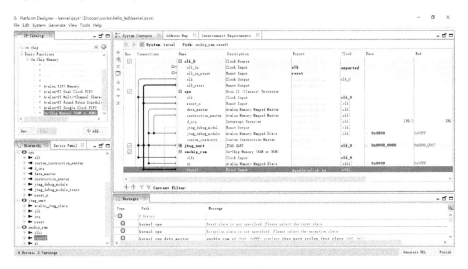

图 2-60 完成连线

④ 添加 PIO 接口。

(a) 在"IP Catalog"窗口中选择"PIO (Parallel I/O)",然后单击"Add"按钮,如图 2-61 所示。

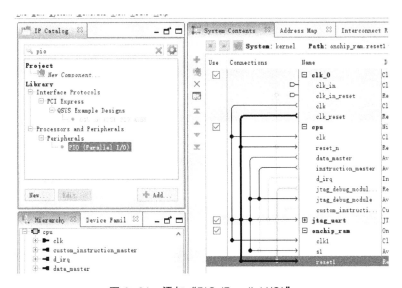

图 2-61 添加"PIO (Parallel I/O)"

（b）将"Width"设为"8"，"Direction"选为"Output"，其余保持默认选项，然后单击"Finish"按钮，如图 2-62 所示。

图 2-62　设置相关选项

（c）返回"System Contents"选项卡，可以看到新加入的元件。在"Name"栏中将其重命名为"pio_led"。在"Export"栏中双击，把输出接口引出来，并改名为"out_led"。

（d）按图 2-63 完成连线。

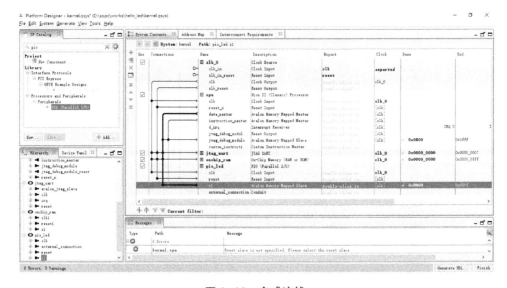

图 2-63　完成连线

⑤ 添加 System ID Peripheral。

（a）在"IP Catalog"窗口中选择"System ID Peripheral"，然后单击"Add"按钮，如图 2-64 所示。

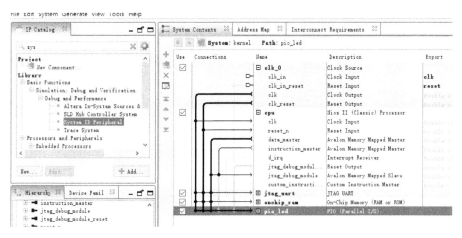

图 2-64　添加"System ID Peripheral"

（b）在图 2-65 所示的对话框中保持默认选项，单击"Finish"按钮。

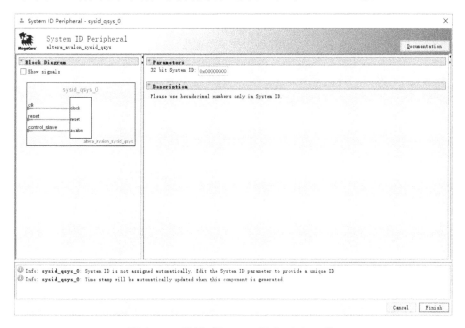

图 2-65　设置"System ID Peripheral"

注意：在 SOPC Builder 中"System ID"是自动生成的，但在 Platform Designer（Qsys）中已经不再自动生成。

（c）返回"System Contents"选项卡可以看到新加入的元件，将其重命名为"sysid"。

（d）按图 2-66 完成连线。

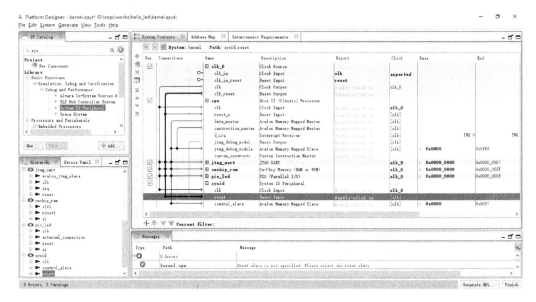

图 2-66　完成连线

4）完成 Qsys 系统设计的后续工作

（1）分配基址。在 Platform Designer 工作界面中选择"System"→"Assign Base Addresses"菜单命令，如图 2-67 所示。

图 2-67　选择菜单命令

进行基址分配，完成后的界面如图 2-68 所示。

## 第 2 章
### 基于 FPGA 的 SOPC 设计

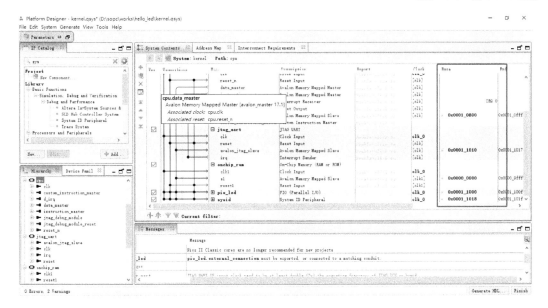

图 2-68 完成基址分配

（2）分配中断号。在"IRQ"栏中单击"avalon_jtag_slave"和"IRQ"的连接点就会为"jtag_uart"添加一个值为 0 的中断号，如图 2-69 所示。

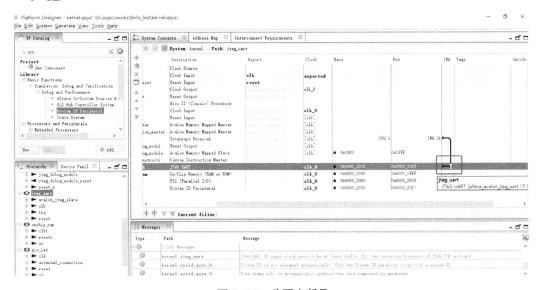

图 2-69 分配中断号

（3）指定 Nios Ⅱ 的复位和异常地址。在"System Contents"选项卡中双击建立好的"cpu"，进入 Nios Ⅱ Processor 的配置界面，按图 2-70 设置"Reset Vector"和"Exception Vector"

选项区，然后单击"Finish"按钮。

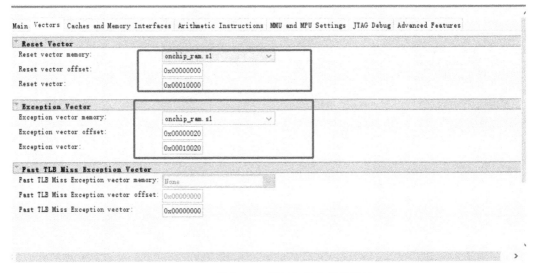

图 2-70　指定 Nios Ⅱ 的复位和异常地址

（4）选择"System"→"Create Global Reset Network"菜单命令，系统会自动连接所有复位端口，如图 2-71 所示。

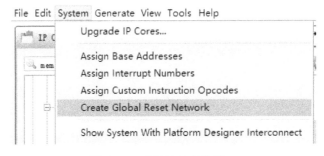

图 2-71　自动连接复位端口

（5）生成 Qsys 系统。在图 2-72 所示的对话框中单击"Generate"按钮生成 Qsys 系统。
如果系统提示是否保存.qsys 文件，则选择保存，生成 Qsys 系统结束后会出现图 2-73 所示的对话框。

单击"Close"按钮关闭该对话框，再关闭 Platform Designer 工作界面。

（6）在原理图（.bdf）文件中添加 Platform Designer 生成的系统符号。如图 2-74 和图 2-75 所示，将 kernel.bsf 文件加入 top_level.bdf 中。

# 第 2 章
基于 FPGA 的 SOPC 设计

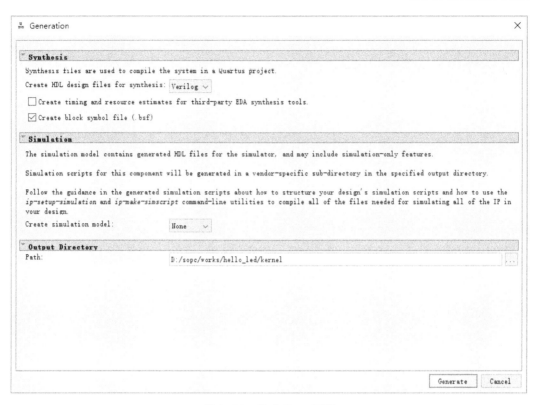

图 2-72 生成 Qsys 系统

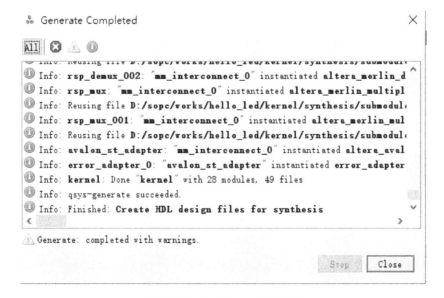

图 2-73 生成 Qsys 系统结束

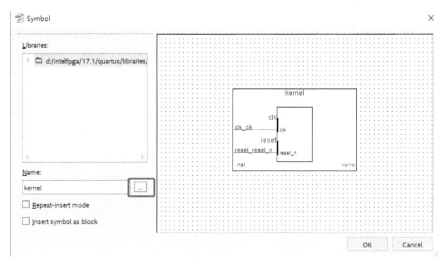

图 2-74 "Symbol" 对话框

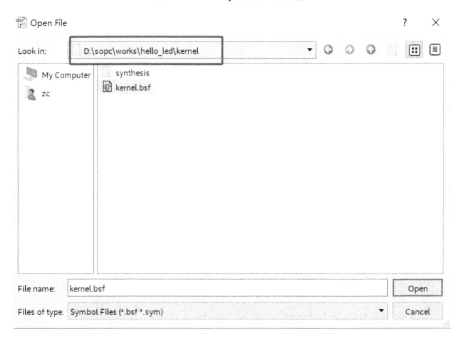

图 2-75 kernel.bsf 文件位置

（7）加入 Quartus Ⅱ IP 文件。为了保证以后编译成功，必须将对应的 Quartus Ⅱ IP 文件加入工程中，步骤如下。

① 选择"Assignments"→"Settings"菜单命令，按图 2-76 所示找到 kernel.qip 文件。

# 第 2 章
## 基于 FPGA 的 SOPC 设计

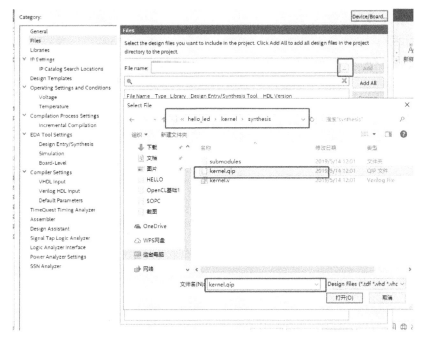

图 2-76　找到 kernel.qip 文件

② 选中该文件后单击"OK"按钮，将该文件加入系统中，如图 2-77 所示。

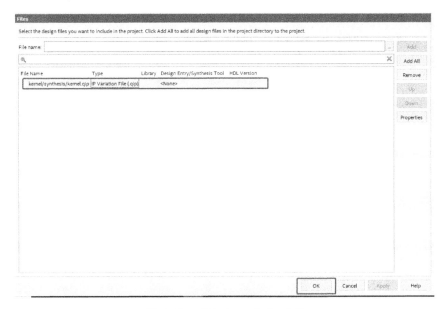

图 2-77　添加 kernel.qip 文件

133

至此，Qsys 系统构建完成。

5）进行逻辑连接和生成引脚

（1）进行逻辑连接。开发板晶振为 50MHz，与系统默认值一致，不需要修改。

（2）在"kernel"的右键快捷菜单中选择"Generate Pins for Symbol Ports"命令，生成引脚，如图 2-78 所示。

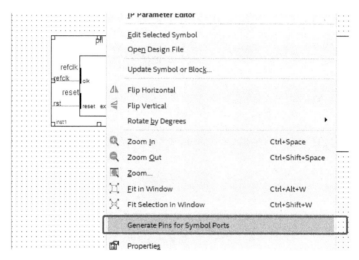

图 2-78　选择"Generate Pins for Symbol Ports"命令

（3）将引脚"clk_clk"改名为"clk"，引脚"reset_reset_n"改名为"reset_n"，引脚"pio_led_export[7..0]"改名为"pio_led[7..0]"，如图 2-79 所示。

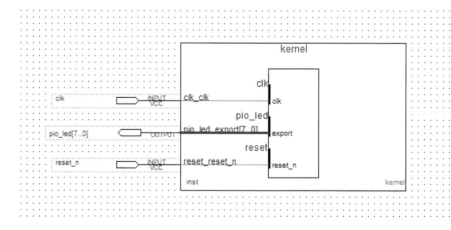

图 2-79　更改引脚名称

## 第 2 章 基于 FPGA 的 SOPC 设计

6）芯片引脚设置

（1）选择"Assignments"→"Device"菜单命令，打开图 2-80 所示的对话框，单击"Device and Pin Options"按钮。

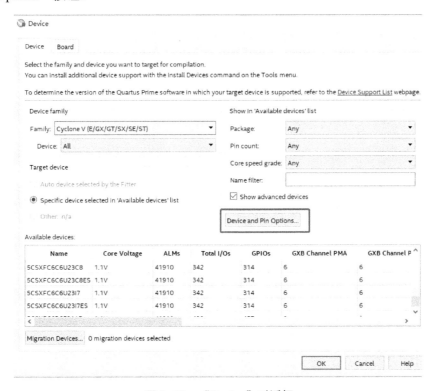

图 2-80　"Device"对话框

（2）如图 2-81 所示，将未用引脚设置为"As input tri-stated"。

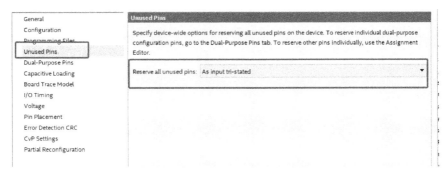

图 2-81　设置"Unused Pins"

（3）如图 2-82 所示，将特殊引脚设置为常规引脚。

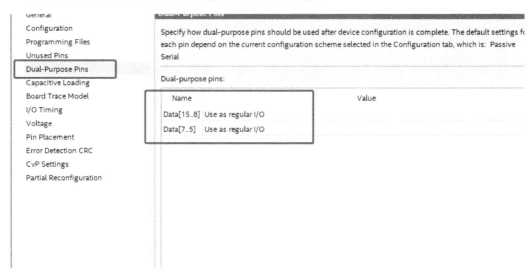

图 2-82　设置"Dual-Purpose Pins"

7）编译工程

回到 Quartus Ⅱ 主界面编译工程，如图 2-83 所示。编译成功后，单击"OK"按钮。

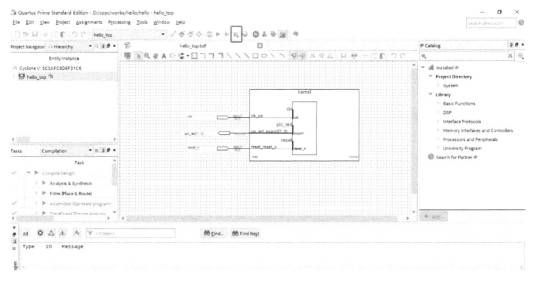

图 2-83　编译工程

# 第 2 章
基于 FPGA 的 SOPC 设计

8）分配物理引脚

单击图 2-84 中的按钮，打开"Pin Planner"界面。

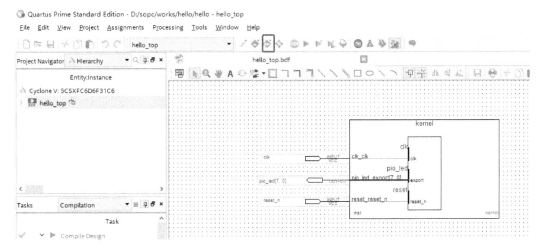

图 2-84　打开"Pin Planner"界面

按照开发板提供的引脚名称分配引脚，如图 2-85 所示。

| Node Name | Direction | Location | I/O Bank | VREF Group | I/O Standard |
|---|---|---|---|---|---|
| clk | Input | PIN_AF14 | 3B | B3B_N0 | 3.3-V LVTTL |
| pio_led[7] | Output | | | | 2.5 V (default) |
| pio_led[6] | Output | | | | 2.5 V (default) |
| pio_led[5] | Output | | | | 1.2 V |
| pio_led[4] | Output | | | | 2.5 V (default) |
| pio_led[3] | Output | PIN_AD24 | 4A | B4A_N0 | 3.3-V LVTTL |
| pio_led[2] | Output | PIN_AC23 | 4A | B4A_N0 | 3.3-V LVTTL |
| pio_led[1] | Output | PIN_AB23 | 5A | B5A_N0 | 3.3-V LVTTL |
| pio_led[0] | Output | PIN_AA24 | 5A | B5A_N0 | 3.3-V LVTTL |
| reset_n | Input | | | | 2.5 V (default) |
| <<new node>> | | | | | |

图 2-85　分配引脚

完成后关闭"Pin Planner"界面，回到 Quartus Ⅱ主界面并再次编译工程。至此，本项目的硬件部分设计完成。

**2．软件设计**

下面使用 Nios Ⅱ Software Build Tools for Eclipse 来完成本项目的软件设计。

1）启动 Nios Ⅱ SBT

选择"Tools"→"Nios Ⅱ Software Build Tools for Eclipse"菜单命令，如图 2-86 所示。

# FPGA进阶开发与实践

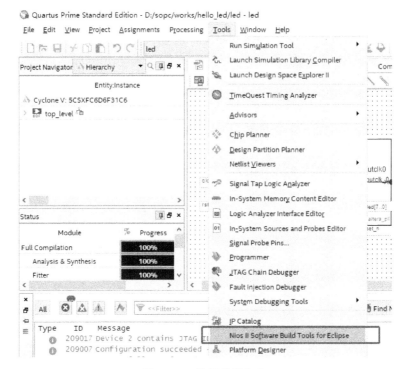

图 2-86 选择菜单命令

在图 2-87 所示的对话框中选择当前的工程目录，然后单击"OK"按钮，就能打开 Nios Ⅱ SBT 工作界面，如图 2-88 所示。

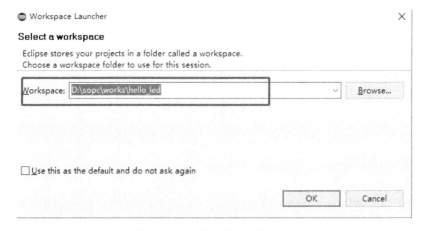

图 2-87 选择当前的工程目录

# 第 2 章
## 基于 FPGA 的 SOPC 设计

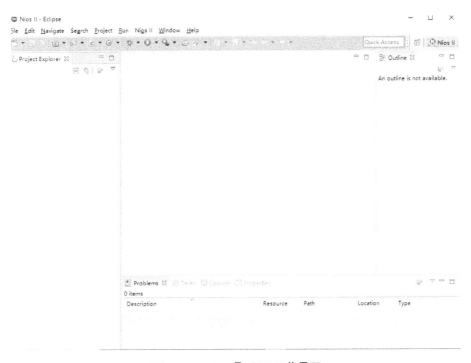

图 2-88　Nios Ⅱ SBT 工作界面

2）创建工程

利用菜单命令建立新的软件工程，如图 2-89 所示。

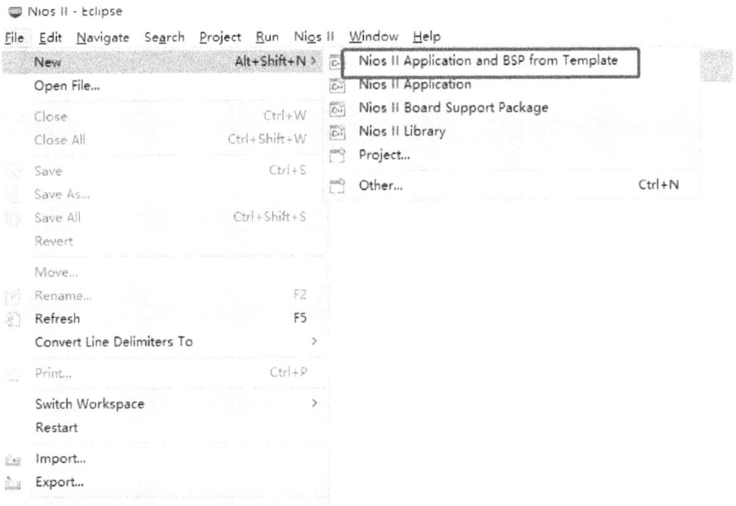

图 2-89　创建工程（一）

弹出的对话框如图 2-90 所示，在"SOPC Information File name"栏中选择 kernel.sopcinfo 文件，以便将生成的硬件配置信息和软件应用关联。"CPU name"栏会自动选择"cpu"。在"Project name"栏中输入"hello_world"，在"Project template"选项区中选择"Hello World"，然后单击"Finish"按钮。

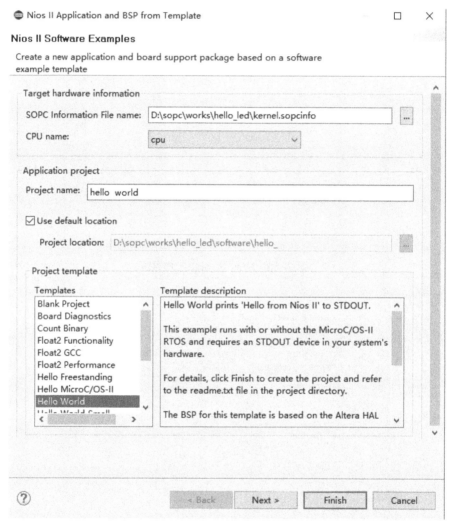

图 2-90　创建工程（二）

系统会自动生成相应的软件工程，在 hello_world.c 文件中可以看到相应的代码，如图 2-91 所示。

# 第 2 章
## 基于 FPGA 的 SOPC 设计

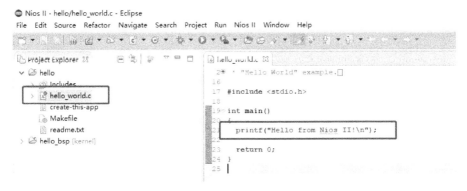

图 2-91 hello_world.c 文件

3）修改程序

在 hello_world.c 文件中添加流水灯控制程序，代码如下。

```c
#include "altera_avalon_pio_regs.h"
#include "alt_types.h"
const alt_u8 led_data[8]={0x01,0x03,0x07,0x0F,0x1F,0x3F,0x7F,0xFF};
int main (void)
{
  int count=0;
  alt_u8 led;
  volatile int i;
  while (1)
  { if (count==7)
     {count=0;}
    else
     {count++;}
    led=led_data[count];
    IOWR_ALTERA_AVALON_PIO_DATA(PIO_BASE, led);
    i = 0;
    while (i<500000)
      i++;
  }
  return 0;
}
```

4）编译工程

右击工程名称，在弹出的快捷菜单中选择"Build Project"命令，如图 2-92 所示。

141

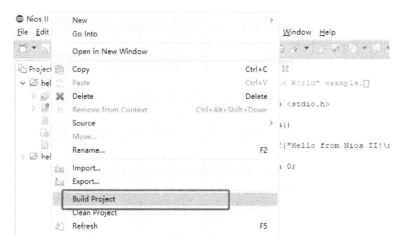

图 2-92 编译工程

编译完成后的界面如图 2-93 所示。

图 2-93 编译完成后的界面

### 3. 运行工程

1) 配置 FPGA

首先连接 JTAG 到开发板，然后确认已正确安装驱动程序，并且防火墙不会影响 JTAG 的正常工作，最后给开发板通电。

如图 2-94 所示，启动 Quartus Prime Programmer。

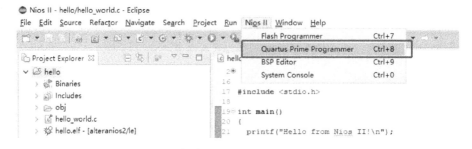

图 2-94 启动 Quartus Prime Programmer

# 第 2 章
基于 FPGA 的 SOPC 设计

如图 2-95 所示，下载.sof 文件。下载成功后，回到 Eclipse 主界面。

图 2-95　下载.sof 文件

2）运行程序

可以在目标硬件上或 Nios Ⅱ 指令集仿真器（ISS）上运行程序。本实验选择在目标硬件上运行程序。在 C/C++工程界面中右击工程文件夹，然后在弹出的快捷菜单中选择"Run As"→"Nios Ⅱ Hardware"命令，如图 2-96 所示。也可以在菜单栏中选择"Project"→"Run As"→"Nios Ⅱ Hardware"命令。

注意：在开发板上运行程序前，要确保下载线（USB Blaster）已经连接好，要保证已经使用硬件系统对 FPGA 完成配置。

打开图 2-97 所示的对话框，选择"Target Connection"选项卡，单击右侧的"Refresh Connections"按钮，加入 USB Blaster。

先单击"Apply"按钮，再单击"Run"按钮。程序运行成功后，可以看见开发板上的 LED 循环闪烁，并且在"Nios Ⅱ Console"中打印信息，如图 2-98 所示。

图 2-96　在右键快捷菜单中选择相应命令

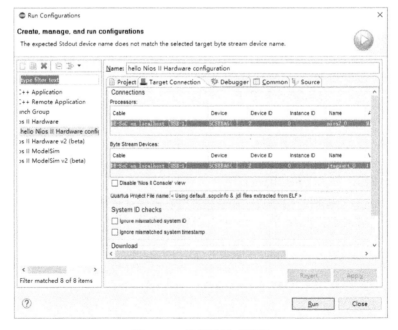

图 2-97　运行设置对话框

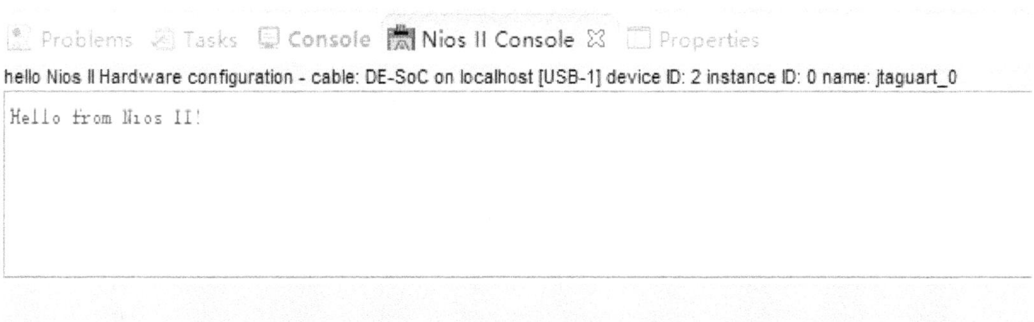

# 第 2 章
基于 FPGA 的 SOPC 设计

```
Problems   Tasks   Console   Nios II Console ⊠   Properties
hello Nios II Hardware configuration - cable: DE-SoC on localhost [USB-1] device ID: 2 instance ID: 0 name: jtaguart_0
Hello from Nios II!
```

图 2-98　程序运行成功

## ⊙ 2.4.2　实验二：中断控制实验

本实验的目的是使读者了解简单的按键设计及其编程方法，熟悉相关的 I/O 操作函数，了解中断的基本原理。

中断服务函数（Interrupt Service Routine，ISR）是为硬件中断服务的子程序。Nios Ⅱ 处理器支持 32 个硬件中断，每一次硬件中断都有一个 ISR 与之对应。中断发生时，硬件中断处理器会根据检测到的有效中断级别，调用相应的 ISR 进行中断服务。

PIO 按照功能可以分为输入 I/O、输出 I/O 和三态 I/O。PIO 是通过 Avalon 总线与 Nios Ⅱ 处理器相连的。

**1．硬件设计**

硬件部分只需要在实验一中 Qsys 系统的基础上添加一个输入接口，并在 FPGA 端添加新的 I/O 引脚。

1）添加 PIO

打开 Quartus Ⅱ 软件，进入 Platform Designer。按照实验一中的方法添加 PIO 模块，弹出图 2-99 所示的对话框。在该对话框中选择"Input"选项，勾选"Synchronously capture"复选框，将"Edge Type"设置为"ANY"，然后勾选"Generate IRQ"复选框，将"IRQ Type"设置为"EDGE"，最后单击"Finish"按钮。设置完成后，将该模块改名为"key_pio"。

按图 2-100 所示分配中断号，这里设置中断号为"1"。

工程构建完成后开始编译，编译好后回到 Quartus 界面。

2）添加 FPGA 引脚

其他设置与实验一相同，但需要重新加入 kernel.bsf 文件。在图形文件中加入 kernel 模块，然后加入引脚"pio_key[7..0]"，如图 2-101 所示。

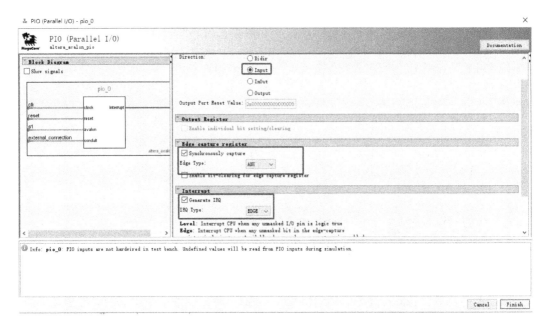

图 2-99　PIO 设置对话框

图 2-100　分配中断号

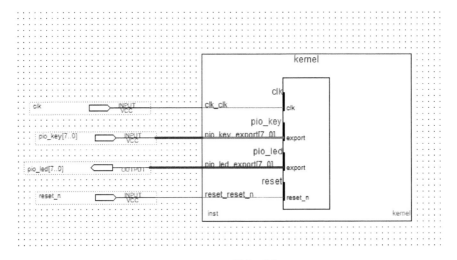

图 2-101　添加引脚

## 第 2 章 基于 FPGA 的 SOPC 设计

按照开发板提供的引脚名称分配引脚，如图 2-102 所示。

| | | | | | | | |
|---|---|---|---|---|---|---|---|
| clk | Input | PIN_AF14 | 3B | B3B_N0 | 3.3-V LVTTL | 16mA (default) | |
| pio_key[7] | Input | | | | 2.5 V (default) | 12mA (default) | |
| pio_key[6] | Input | | | | 2.5 V (default) | 12mA (default) | |
| pio_key[5] | Input | | | | 2.5 V (default) | 12mA (default) | |
| pio_key[4] | Input | | | | 2.5 V (default) | 12mA (default) | |
| pio_key[3] | Input | PIN_AA15 | 3B | B3B_N0 | 3.3-V LVTTL | 16mA (default) | |
| pio_key[2] | Input | PIN_AA14 | 3B | B3B_N0 | 3.3-V LVTTL | 16mA (default) | |
| pio_key[1] | Input | PIN_AK4 | 3B | B3B_N0 | 3.3-V LVTTL | 16mA (default) | |
| pio_key[0] | Input | PIN_AJ4 | 3B | B3B_N0 | 3.3-V LVTTL | 16mA (default) | |

图 2-102　分配引脚

最后编译生成配置文件。至此，硬件部分设计完成。

### 2．软件设计

在 Nios Ⅱ SBT 中，根据刚生成的硬件系统建立一个工程文件，可选择"Hello World"作为模板，然后编写如下软件代码。下列代码的功能是读取 key 的数据，再把数据写给 led 并显示出来。

```c
#include <stdio.h>
#include "system.h"
#include "altera_avalon_pio_regs.h"
#include "alt_types.h"

void initpio(void)
{
    IOWR_ALTERA_AVALON_PIO_DIRECTION(PIO_BASE,0xff);
    IOWR_ALTERA_AVALON_PIO_DIRECTION(KEY_PIO_BASE,0x00);

    IOWR_ALTERA_AVALON_PIO_IRQ_MASK(KEY_PIO_BASE,0x00);

    IOWR_ALTERA_AVALON_PIO_EDGE_CAP(KEY_PIO_BASE,0x00);

}

int main (void)
{
  alt_u8 key,led;
  initpio();

  while(1)
  {
    key=IORD_ALTERA_AVALON_PIO_DATA(KEY_PIO_BASE);
    led=key;
```

```
            IOWR_ALTERA_AVALON_PIO_DATA(PIO_BASE,led);
     }
     return 0;
  }
```

下列代码的功能是判断哪个按键被按下,并根据不同的按键点亮不同的LED。

```
   #include <stdio.h>
   #include "system.h"
   #include "altera_avalon_pio_regs.h"
   #include "alt_types.h"
   #include "sys/alt_irq.h"

   volatile int edge_capture=0;


   void key_interrupts(void* context,alt_u32 id)
   {
      volatile int* edge_capture_ptr = (volatile int*)context;
      *edge_capture_ptr= IORD_ALTERA_AVALON_PIO_EDGE_CAP(KEY_PIO_BASE);

      IOWR_ALTERA_AVALON_PIO_EDGE_CAP(KEY_PIO_BASE,0);


   }
   void initpio(void)
   {
      void* edge_capture_ptr = (void*)&edge_capture;

      IOWR_ALTERA_AVALON_PIO_DIRECTION(PIO_BASE,0xff);
      IOWR_ALTERA_AVALON_PIO_DIRECTION(KEY_PIO_BASE,0x00);

      IOWR_ALTERA_AVALON_PIO_IRQ_MASK(KEY_PIO_BASE,0xff);

      IOWR_ALTERA_AVALON_PIO_EDGE_CAP(KEY_PIO_BASE,0x00);

      alt_irq_register(KEY_PIO_IRQ,edge_capture_ptr,key_interrupts);
   }


   int main (void)
   {
     alt_u8 data1,data2,data3,data4;
      data1=0x0f; //0000 1111
```

```
          data2=0x3c;     //0011 1100
          data3=0xf0;     //1111 0000
          data4=0xff;     //1111 1111
    initpio();
     while(1)
     {
       switch(edge_capture)
       {
          case 0x00:break;
          case 0x01:
             IOWR_ALTERA_AVALON_PIO_DATA(PIO_BASE,data1);
              edge_capture=0;
              break;
          case 0x02:
             IOWR_ALTERA_AVALON_PIO_DATA(PIO_BASE,data2);
             edge_capture=0;
             break;
          case 0x04:
             IOWR_ALTERA_AVALON_PIO_DATA(PIO_BASE,data3);
              edge_capture=0;
              break;
          case 0x08:
             IOWR_ALTERA_AVALON_PIO_DATA(PIO_BASE,data4);
             edge_capture=0;
             break;
       }
     }
     return 0;
}
```

**3. 运行工程**

运行步骤参见实验一的运行步骤。

### 2.4.3 实验三：定时器实验

本实验将利用定时器功能设计秒表。读者可通过本实验了解定时器的相关知识和编程方法。

定时器主要有 6 个寄存器，分别是状态寄存器 status、控制寄存器 control、周期寄存器 periodl 和 periodh、Snap 寄存器 snapl 和 snaph，具体说明见表 2-7。

表 2-7  定时器的寄存器

| 偏移 | 名称 | R/W | 说明/位描述 | | | | | |
|---|---|---|---|---|---|---|---|---|
| | | | 15 | ... | 3 | 2 | 1 | 0 |
| 0 | status | RW | | | | | run | to |
| 1 | control | RW | | | stop | start | cont | ito |
| 2 | periodl | RW | 定时器周期值低 16 位 | | | | | |
| 3 | periodh | RW | 定时器周期值高 16 位 | | | | | |
| 4 | snapl | RW | 定时器内部计数器计数值低 16 位 | | | | | |
| 5 | snaph | RW | 定时器内部计数器计数值高 16 位 | | | | | |

控制定时器工作需要执行以下几个步骤。

（1）设置定时器周期，即分别向寄存器 periodl 和 periodh 中写入定时器周期值的低 16 位和高 16 位。

（2）配置定时器控制寄存器：向 start 位或 stop 位写 1 来开启或停止定时器工作；向 ito（定时中断使能）位写 1 或 0 来使能或禁止定时器中断；向 cont 位写 1 或 0 来设置定时器连续工作模式或单次工作模式。

（3）读写定时器 Snap 寄存器。Snap 寄存器中的值是定时器内部计数器的当前计数值，对其进行写操作可以重置计数器当前计数值。

**1．硬件设计**

硬件部分只需要在实验一中 Qsys 系统的基础上添加一个定时器模块。

1）Qsys 部分

在 Platform Designer 工作界面中，在 "IP Catalog" 窗口中选择 "Interval Timer" 并添加到当前硬件系统中，如图 2-103 所示。

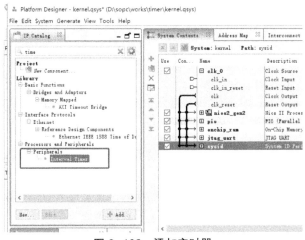

图 2-103  添加定时器

如图 2-104 所示,将定时器周期设置为 20ms,勾选"Fixed period"和"Readable snapshot"复选框,再把定时器重命名为"sys_clock_timer",作为系统时钟定时器。

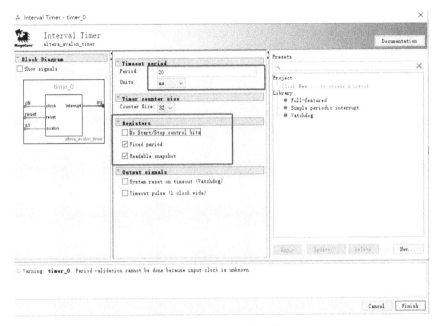

图 2-104　设置定时器

工程构建完成后开始编译,编译好后回到 Quartus 界面。

2) Quartus 部分

其他设置与实验一相同,但需要重新加入 kernel.bsf 文件,如图 2-105 所示。

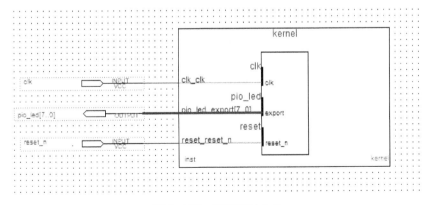

图 2-105　顶层设计文件

最后编译得到配置文件。至此,硬件部分设计完成。

## 2. 软件设计

在 Nios II SBT 中，根据刚生成的硬件系统建立一个工程文件，可选择"Hello World"作为模板。利用系统时钟定时器产生 1s 的周期性事件，并借此控制 LED。打开 hello_led.c 文件，修改代码，具体内容如下。

```c
#include <stdio.h>
#include "system.h"
#include "altera_avalon_pio_regs.h"
#include "alt_types.h"
#include "sys/alt_alarm.h"

static alt_alarm alarm;
static unsigned char led=0xff;

alt_u32 my_alarm_callback(void *context)
{
    if (led==0xff)
        { led=0x00;}
    else
        {led=0xff;}
    IOWR_ALTERA_AVALON_PIO_DATA(LED_PIO_BASE,led);
    return alt_ticks_per_second();
}

int main()
{
  IOWR_ALTERA_AVALON_PIO_DATA(LED_PIO_BASE,led);
  printf("Hello from Nios II!\n");
if(alt_alarm_start(&alarm,alt_ticks_per_second(),my_alarm_callback,NULL)<0)
    {
      printf("No system clock available\n");
    }
    while(1);
    return 0;
}
```

该程序调用了 alt_alarm_start() 函数登记报警设备。

```
int alt_alarm_start ( alt_alarm* alarm, alt_u32 nticks, alt_u32
(*callback) (void* context), void* context);
```

在 nticks 之后调用了 callback 函数（用户回调函数）。当调用 callback 函数时，将 context

作为它的输入参数。输入参数 alarm 指向的结构通过调用 alt_alarm_start()函数进行初始化。

注意：不要在 callback 函数中实现复杂的功能，因为 callback 函数实际上是定时器中断服务函数的一部分。

alarm 是一个定时中断。对于一个操作系统而言，当一个进程需要等待某个事件发生而又不想永远等待时，该进程会设置一个超时时间。当达到这个时间时，系统就会发出一个 alarm 提醒进程。

alt_ticks_per_second()是 Altera 公司提供的一个接口函数，alt_ticks_per_second()可使用户获得一个设定 alarm 服务周期为 1s 的变量值。

3．运行工程

运行步骤与实验一相同，运行成功后可以看见 LED 交替闪烁，时间间隔为 1s。

# 第 3 章

# 基于 FPGA 的 SoC 设计

## 3.1 SoC FPGA 简介

为了能从外部方便地控制 FPGA，往往需要在 FPGA 中设置一个微处理器来运行操作系统及相关程序。在传统 FPGA 中，微处理器往往用软核（如 Nios、Nios Ⅱ）来实现，与用来加速的逻辑部分相比，微处理器的运行速度比较慢（时钟频率低于 100MHz），从而降低了整个系统的效率。有鉴于此，英特尔推出了自己的解决方案，即在 FPGA 内集成一个微处理器硬核（如 ARM Cortex 系列处理器）。该硬核不使用 FPGA 逻辑资源构建，而是由硬线逻辑实现，因此可以获得很高的时钟频率（1GHz 甚至更高）。这样一来，在 SoC FPGA 中，处理器性能不再成为瓶颈，从而使整个系统实现了更高的性能。

传统的硬件设计方案如图 3-1 所示。

传统硬件设计方案的缺点有：

（1）硬件设计复杂。

（2）硬件调试困难。

（3）程序编写复杂。

基于 SoC FPGA 的硬件设计方案如图 3-2 所示。

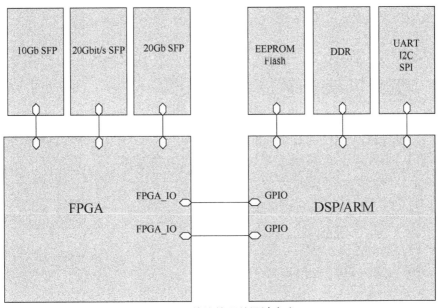

图 3-1 传统的硬件设计方案

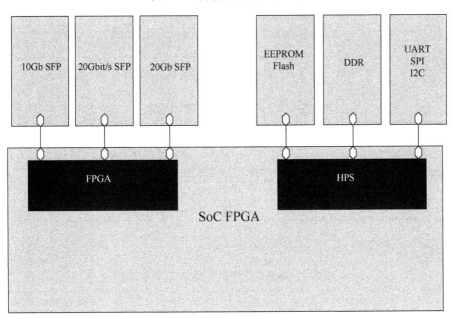

图 3-2 基于 SoC FPGA 的硬件设计方案

这种硬件设计方案的优点有：

（1）降低了硬件设计复杂度。

(2）硬件调试简单。
(3）程序编写简单。

## 3.2 英特尔 SoC FPGA 的特点

英特尔 SoC FPGA 主要由 FPGA 和 HPS（Hard Process or System）两部分组成，其硬件框图如图 3-3 所示。表 3-1 列出了英特尔 SoC FPGA 的特点。

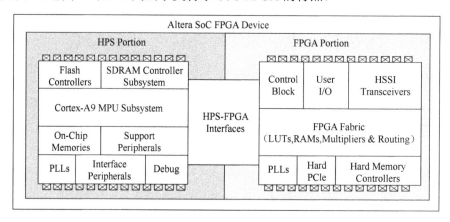

图 3-3 英特尔 SoC FPGA 硬件框图

表 3-1 英特尔 SoC FPGA 的特点

| FPGA 部分 | HPS 部分 |
| --- | --- |
| 看着像一个独立的 FPGA | 看着像一个独立的 ARM 处理器 |
| 工作起来像一个独立的 FPGA | 工作起来像一个独立的 ARM 处理器 |
| 标准的 FPGA 开发流程 | 典型 ARM 处理器开发流程 |
| 标准的 FPGA 开发工具 | 典型 ARM 处理器开发工具 |

英特尔不同系列 SoC FPGA 的对比见表 3-2。

表 3-2 英特尔不同系列 SoC FPGA 的对比

| 系列 | Cyclone Ⅴ SoC FPGA | Arria Ⅴ SoC FPGA | Arria 10 SoC FPGA |
| --- | --- | --- | --- |
| 工艺 | 28nm | | 20nm |
| 处理器缓存/协处理器 | 双核 ARM Cortex-A9 处理器 | | |
| | L1、L2 缓存，双浮点运算单元（FPU），加速器一致性端口（ACP） | | |
| 处理器性能 | 925MHz | 1.05GHz | 1.5GHz |

续表

| 内存支持 | Up to DDR3 400MHz | Up to DDR3 533MHz | Up to DDR4 1200MHz |
|---|---|---|---|
| 逻辑单元密度 | 25～110KLE | 350～400KLE | 100～660KLE |
| 高速收发器 | Up to 6Gbit/s | Up to 10Gbit/s | Up to 17Gbit/s |
| 总功耗 | 2～5W | 10～15W | Up to 40% Lower Power Compared to Arria V SoC FPGA |

与之前的 FPGA 相比，Cyclone V SoC FPGA 的最小逻辑单元是自适应逻辑块（Adaptive Logic Module，ALM），而不再是 LE。FPGA 芯片主要由输入/输出单元（Input Output Element，IOE）、逻辑阵列块（Logic Array Block，LAB）、内部连线（Interconnect）三部分组成。下面重点介绍一下 LAB 和 ALM。

LAB 可以实现逻辑功能、算术功能及寄存器功能等。由图 3-4、图 3-5 可以看出，一个 LAB 由 10 个 ALM 组成。

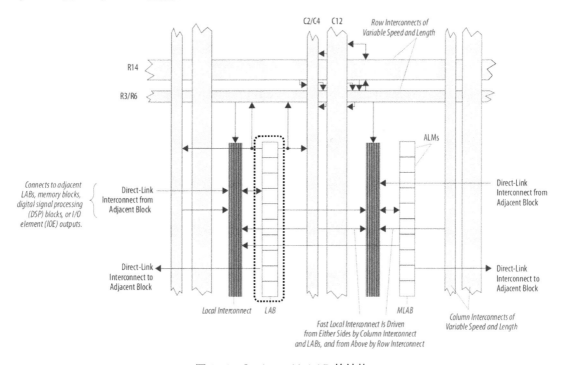

图 3-4 Cyclone V LAB 的结构

一个 ALM 包含 4 个可编程寄存器，每个寄存器有 4 个端口：Data Port（数据口）、Clock Port（时钟口）、Sync and Async Clear Port（同步/异步清零信号）、Sync Load（同步数据加载信号）。当 ALM 用于组合逻辑功能时，寄存器会被旁通掉，ALM 内部查找表的输出直接连连接到 ALM 的输出接口。图 3-6 为 ALM 资源组成框图。

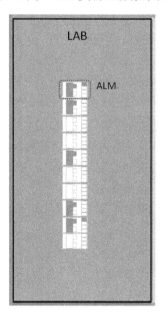

图 3-5　Chip Planner 中的 Cyclone Ⅴ LAB

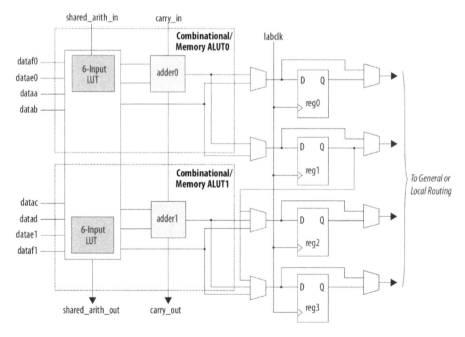

图 3-6　ALM 资源组成框图

ALM 的输出可以驱动本地、行及列布线资源。查找表、加法器及寄存器的输出可以驱动 ALM 输出端口输出，当加法器、查找表以一种输出方式输出时，寄存器只能用另一种输出方式进行输出。寄存器打包功能可以提高器件资源利用率，即把不相关的寄存器和组合逻辑打包到同一个 ALM 中，这样就能充分利用 ALM 的查找表和寄存器资源。

图 3-7 是 ALM 内部结构图。

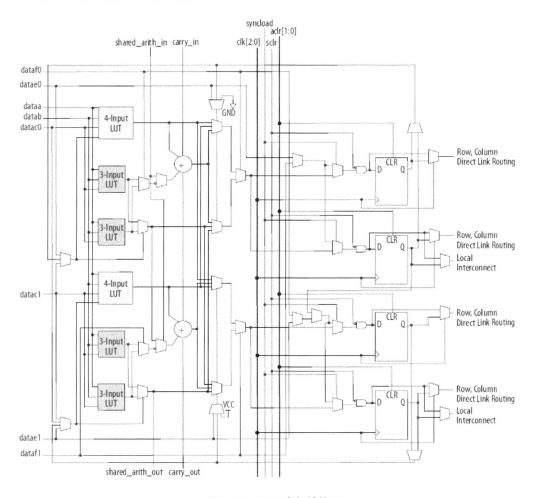

图 3-7 ALM 内部结构图

ALM 有 4 种工作模式：正常模式（Normal Mode）、查找表扩展模式（Extended LUT Mode）、算术模式（Arithmetic Mode）、共享算术模式（Shared Arithmetic Mode）。

（1）正常模式：主要用于常规的时序逻辑和组合逻辑。

（2）查找表扩展模式：可以实现寄存器打包，如图 3-8 所示。

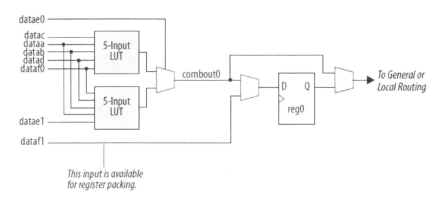

图 3-8 ALM 查找表扩展模式

（3）算术模式：主要用于实现加法器、累加器、计数器和比较器等功能。

（4）共享算术模式：此模式使用 4 个 4 输入 LUT 配置 ALM，如图 3-9 所示。在这种模式下，ALM 可以实现一个 3 输入加法器。

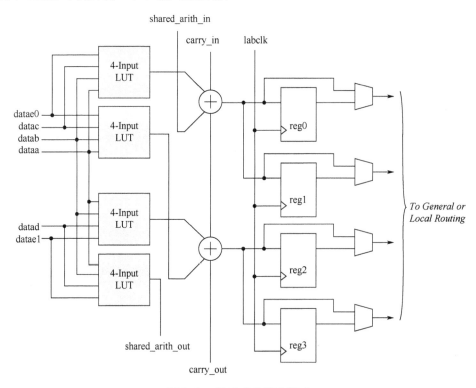

图 3-9 ALM 共享算术模式

## 3.3 Cyclone V SoC FPGA 资源组成

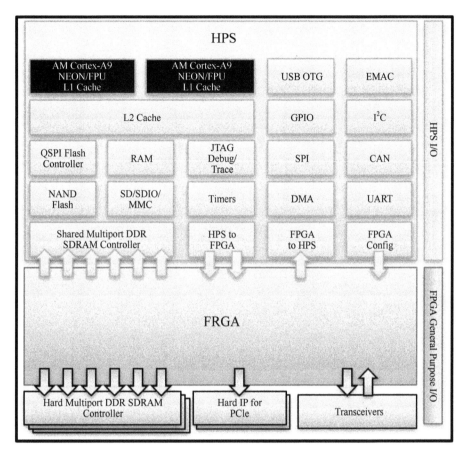

图 3-10 Cyclone V SoC FPGA 资源组成框图

### 1. HPS 中的资源

由图 3-10 可以看出，HPS 中的资源有：双核处理器 ARM Cortex-A9、以太网控制器、串行接口（UART、SPI 等）控制器、Flash 控制器、DMA 控制器、多端口 SDRAM 控制器、计时器等。HPS 资源组成框图如图 3-11 所示。

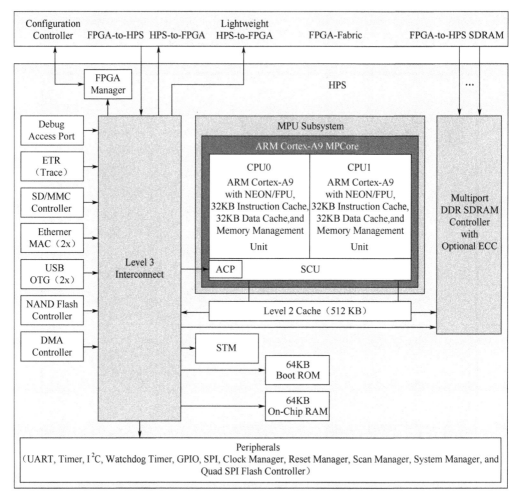

图 3-11  HPS 资源组成框图

从图 3-11 中可以看出，HPS 中有一个 MPU 子系统，该子系统中包括：

- 两个 ARM Cortex-A9 处理器。
- NEON 单指令多数据流（SIMD）协处理器和矢量浮点（VFPv3）协处理器。
- 窥探控制单元（Snoop Control Unit，SCU），用于确保双核之间的数据 Cache 的一致性。
- 接收一致性存储器访问请求的加速器一致性端口（Accelerator Coherency Port，ACP）。
- 中断控制器。

HPS 中还有一个 SDRAM 控制器子系统，它由 SDRAM 控制器和 DDR PHY 组成，HPS 和 FPGA 主端都可以访问该子系统，它的功能包括：

- 支持 DDR2、DDR3 和 LPDDR2。
- 支持 ECC（Error Correction Code），包括计算、单比特纠错、回写和错误计数。
- 支持所有 JEDEC 的定时参数，定时参数全部可编程。
- 所有端口都支持内存保护和交互访问。

SDRAM 控制器包含一个多端口前端（MPFE），可接收来自 HPS Master 的请求和从 FPGA Fabric 中通过 FPGA-to-HPS SDRAM 接口传过来的请求。该 SDRAM 控制器有以下功能：

- 支持最大 4GB 地址空间。
- 支持 8bit、16bit 和 32bit 数据位宽。
- 可选 ECC 功能。
- 支持 1.35V DDR3L 和 1.2V DDR3U。
- 支持全内存设备电源管理。
- 支持两路片选（在 8bit 和 16bit 位宽的情况下）。
- 支持指令重排序。
- 支持数据重排序（乱序数据交互）。
- 支持具有相同优先级的端口的优先级仲裁和循环仲裁。
- 支持 Latency 敏感路径的高优先级旁路。

DDR PHY 将单端口存储器控制器连接到 HPS 存储器 I/O。

NAND Flash 控制器有如下功能：

- 支持 x8 NAND Flash。
- 支持 ONFI 1.0（闪存接口 1.0）。
- 支持以下厂家的 Flash 设备：Hynix、Samsung、Toshiba、Micron、ST Micro。
- 支持 512B（4、8 或 16bit 校正）或 1024B（24bit 校正）可编程 ECC 扇区。
- 支持流水线预读和写指令。
- 支持每个 Block 为 32、64、128、256、384 或 512 页的 Flash 设备。
- Page Size 支持 512B、2KB、4KB 或 8KB。
- 提供内部 DMA。

Quad SPI Flash 控制器的功能如下：

- 支持 SPIx1、SPIx2、SPIx4（Quad SPI）串行 NOR Flash。
- 支持直接访问和间接访问模式。

- 支持 Single/Dual/Quad I/O 指令。
- 最大支持四路片选。
- 可编程写保护。
- 可编程交互延迟。
- 支持 XIP 模式。
- 可编程波特率发生器用于产生设备时钟。

SD/MMC 控制器有如下功能：

- 集成以叙述单元为基础的 DMA。
- 支持 CE-ATA 数字协议指令。
- 只支持 SDR 模式。
- 可编程位宽有 1bit、4bit、8bit。
- 支持的卡种类有 SD、SDIO、MMC。
- 最大支持 64KB 的 Block。

DMA 控制器（ARM Corelink DMA-330）为没有集成 DMA 的模块提供高带宽数据传输服务，它具有以下功能：

- 支持以下传输形式：Memory-Memory、Memory-外设、外设-Memory。
- 支持 Scatter-Gather 型访问。
- 最多支持 8 个 Channel。
- 支持 31 个外围握手接口的流控制。
- 支持多达 16 个 Outstanding Read 指令和 16 个 Outstanding Write 指令。
- 支持 9 条中断线：1 条用于 DMA 线程中断，8 条用于外部事件。

FPGA 控制器具有以下功能：

- 实现 SoC FPGA 中 FPGA 部分的管理配置。
- 提供与 FPGA CSS 块的 32 位快速被动并行配置接口。
- 支持部分可重配功能。
- 支持压缩 FPGA 配置镜像功能。
- 提供用高级加密标准（AES）加密的 FPGA 配置镜像。
- 监控 FPGA 中与配置相关的信号。
- 为 FPGA 提供 32 个通用输入和 32 个通用输出。

HPS 中有两个 EMAC（10M/100M/1000M Ethernet MAC），功能如下：

- 支持 10M/100M/1000M 标准。
- 支持 MⅡ/GMⅡ/RMⅡ/RGMⅡ/SGMⅡ 接口。

## 第 3 章
### 基于 FPGA 的 SoC 设计

- 使用 FPGA 接口时支持完整的 GMⅡ接口。
- 集成 DMA 控制器。
- 支持 IEEE 1588—2002 和 IEEE 1588—2008 精确网络时钟同步标准。
- 支持 IEEE 802.1q VLAN 标记检测。
- 支持多种地址过滤模式。
- 通过 MDIO 或者 $I^2C$ 进行 PHY 管理。

HPS 中有两个 USB 2.0 控制器,功能如下:

- 支持 USB 2.0 标准。
- 支持 OTG 1.3 和 OTG 2.0 之间的软件可配置操作模式。
- 支持所有 USB 2.0 传输速率。
- 支持 ECC。
- 支持 USB 2.0 UTMI+(仅 SDR 模式)。
- 最多支持 16 个双向终结点,包括控制终结点。
- 最多支持 16 个 Host Channel。
- 支持通用根集线器。
- 支持自动 ping 功能。

HPS 中有 4 个 $I^2C$ 控制器,具有以下功能:

- 有两个控制器支持供 EMAC 控制器使用的 $I^2C$ 管理接口。
- 支持 100kbit/s 和 400kbit/s 模式。
- 支持 7bit 和 10bit 地址模式。
- 支持主、从机操作模式。
- 可以直接访问处理器。
- 进行大数据传输时可以使用 DMA。

HPS 中有两个 UART 模块,功能如下:

- 兼容 16550 UART。
- 支持 16550 规范中规定的自动流量控制。
- 波特率最大支持 6.25Mbaud(100MHz 参考时钟)。
- 可以直接访问处理器。
- 进行大数据传输时可以使用 DMA。
- 提供 128B 的接收、发送 FIFO。
- 为 DMA 请求和握手信号提供单独的阈值,以最大限度地提高吞吐量。

HPS 中有两个 SPI Master 控制器,功能如下:

- 可编程数据位宽为 4～16bit。
- 支持全双工和半双工模式。
- 最多支持 4 路片选。
- 可以直接访问处理器。
- 进行大数据传输时可以使用 DMA。
- 可编程 Master 串行比特率。
- 支持 RxD 采样延迟。
- 收发器 FIFO 缓存深度为 256 字（word）。

HPS 中有两个 SPI Slave 控制器，功能如下：

- 可编程数据位宽为 4～16bit。
- 支持全双工和半双工模式。
- 可以直接访问处理器。
- 进行大数据传输时可以使用 DMA。
- 收发器 FIFO 缓存深度为 256 字（word）。

GPIO 功能如下：

- 支持数字消抖动。
- 可配置中断模式。
- 根据不同的芯片型号，最多支持 71 个 I/O 引脚和 14 个仅作为输入的引脚。

### 2．FPGA 中的资源

由图 3-10 可以看出，FPGA 中的资源有 DDR SDRAM 控制器硬核、PCIe 硬核 IP、高速收发器、通用逻辑资源等。

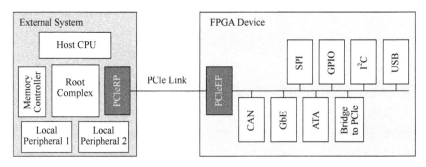

图 3-12　PCIe 硬核 IP 的功能

Cyclone V SoC FPGA 具有专门设计的 PCIe 硬核 IP。它由媒体访问控制（MAC）通道、数据链路和事务层组成。PCIe 硬核 IP 支持 PCIe Gen1 端点和根端口，最多支持 x4 通

# 第 3 章
## 基于 FPGA 的 SoC 设计

道配置。

PCIe 硬核 IP 的功能如图 3-12 所示，具体介绍如下。

- PCIe 与总线、接口（CAN、GbE、ATA、SPI、$I^2C$、USB）均可进行数据交互。
- x1、x4 链路配置。
- 8bit FPGA Fabric 收发接口。
- 16bit FPGA Fabric 收发接口。
- Transmitter Buffer Electrical Idle：支持电气空闲
- 接收检测。
- 8bit/10bit 编码器传输差异控制。
- 电源状态管理。
- 接收器状态编码。

高速收发器的功能如图 3-13 所示。

| PCS Support | Data Rates (Gbits) | Transmitter Data Path Feature | Receiver Data Path Feature |
| --- | --- | --- | --- |
| 3Gbits and 6Gbits Basic | 0.614 to 6.144 | • Phase compensation FIFO<br>• Byte serializer<br>• 8B/10B encoder<br>• Transmitter bit-slip | • Word aligner<br>• Deskew FIFO<br>• Rate-match FIFO<br>• 8B/10B decoder<br>• Byte deserializer<br>• Byte ordering<br>• Receiver phase compensation FIFO |
| PCIe Gen1 (x1, x2, x4) | 2.5 and 5.0 | • Dedicated PCIe PHY IP core<br>• PIPE 2.0 interface to the core logic | • Dedicated PCIe PHY IP core<br>• PIPE 2.0 interface to the core logic |
| PCIe Gen2 (x1, x2, x4) | | | |
| GbE | 1.25 | • Custom PHY IP core with preset feature<br>• GbE transmitter synchronization state machine | • Custom PHY IP core with preset feature<br>• GbE receiver synchronization state machine |
| XAUI | 3.125 | • Dedicated XAUI PHY IP core<br>• XAUI synchronization state machine for bonding four channels | • Dedicated XAUI PHY IP core<br>• XAUI synchronization state machine for realigning four channels |
| HiGig | 3.75 | | |
| SRIO 1.3 and 2.1 | 1.25 to 3.125 | • Custom PHY IP core with preset feature<br>• SRIO version 2.1-compliant x2 and x4 channel bonding | • Custom PHY IP core with preset feature<br>• SRIO version 2.1-compliant x2 and x4 deskew state machine |
| SDI, SD/HD, and 3G-SDI | 0.27, 1.485, and 2.97 | Custom PHY IP core with preset feature | Custom PHY IP core with preset feature |
| JESD204A | 0.3125 to 3.125 | | |

图 3-13 高速收发器的功能

## 3.4 开发 SoC FPGA 所需的工具

### 3.4.1 Quartus Prime

Quartus Prime 原名为 Quartus Ⅱ，在 Altera 公司被英特尔收购之后改为现在的名称。Quartus Prime 有两个版本：标准版和专业版。其中，专业版主要针对当前一些高端 FPGA 器件（如 Cyclone 10/Arria 10/Stratix 10）的开发和验证。对于 Cyclone Ⅴ SoC FPGA，标准版就能满足开发需求。本书中使用的是 Quartus Prime 17.1 标准版。

#### 1. 安装 Quartus Prime

首先下载 Quartus Prime 17.1 标准版的安装包，下载链接如下：

http://download.altera.com/akdlm/software/acdsinst/17.1std/590/ib_tar/Quartus-17.1.0.590-windows-complete.tar

如果没有账号，可以在英特尔官网进行注册，注册后即可下载，账号注册链接如下：
https://www.intel.com/content/www/cn/zh/forms/design/registration-basic.html

安装包下载完成之后，对其进行解压缩，然后进行安装，具体安装步骤如下。

注意：为避免后期开发过程中出现未知错误，Quartus Prime 及其他开发软件安装目录中不要出现任何中文字符。

（1）双击 QuartusSetup-17.1.0.590-windows.exe 文件，在弹出的对话框中单击"Next"按钮，如图 3-14 所示。

图 3-14 Quartus Prime 安装向导（一）

# 第3章
## 基于FPGA的SoC设计

（2）在图3-15所示的对话框中选择接受协议，并单击"Next"按钮。

图3-15　Quartus Prime安装向导（二）

（3）在图3-16所示的对话框中设置安装路径，设置好后单击"Next"按钮。

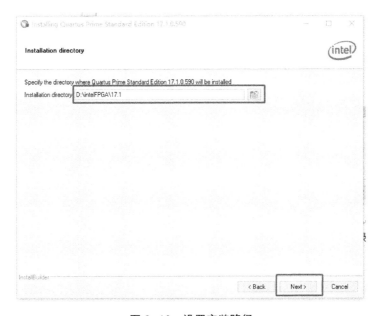

图3-16　设置安装路径

（4）在图 3-17 所示的对话框中选择需要安装的组件。

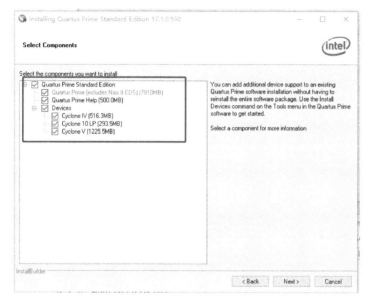

图 3-17　选择需要安装的组件

（5）在图 3-18 所示的对话框中单击"Next"按钮，开始安装软件，安装过程需要几分钟。

图 3-18　准备安装软件

(6)主体软件安装完成后,选择创捷桌面快捷方式并安装 USB Blaster Ⅱ 驱动程序,如图 3-19 所示。

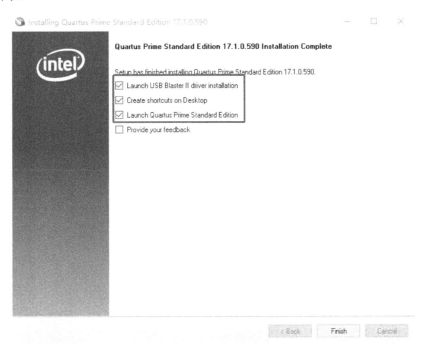

图 3-19　主体软件安装完成

(7) USB Blaster Ⅱ 驱动程序安装完成,如图 3-20 所示。

图 3-20　USB Blaster Ⅱ 驱动程序安装完成

## 2. 使用 Quartus Prime

Quartus Prime 安装完成后，就可以进行 FPGA 的常规开发，操作步骤如下。

（1）打开 Quartus Prime 软件，在图 3-21 所示的对话框中选择最后一项。

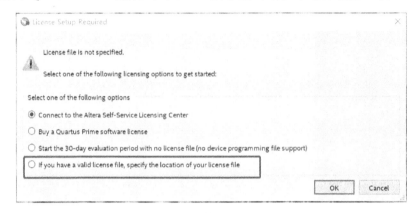

图 3-21　设置 License

（2）在图 3-22 所示的对话框中设置 License 文件路径，设置好后单击"OK"按钮。

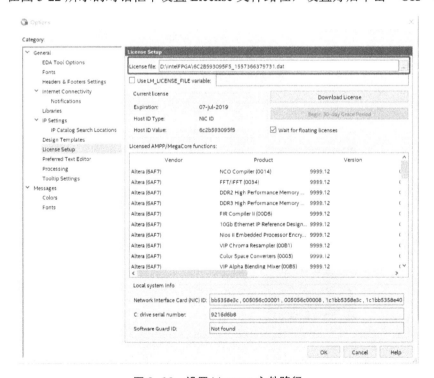

图 3-22　设置 License 文件路径

（3）如图 3-23 所示，选择"File"→"Open Project"菜单命令。

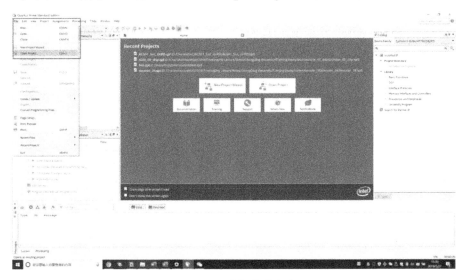

图 3-23　选择菜单命令

（4）在弹出的对话框中找到所需的工程文件 cv_soc_ghrd.qpf，如图 3-24 所示。

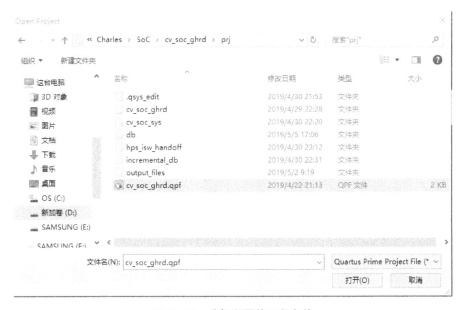

图 3-24　选择所需的工程文件

（5）打开该工程文件后，通过工具栏中的按钮打开 Platform Designer，如图 3-25 所示。

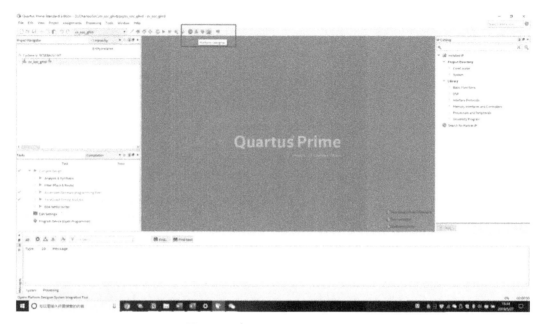

图 3-25　打开 Platform Designer

（6）在弹出的对话框中选择 cv_soc_sys.qsys 文件，如图 3-26 所示。

图 3-26　选择所需的文件

（7）打开上述文件后就可以进行 SoC FPGA 的开发和设计。

## 3.4.2 SoC EDS

英特尔 SoC EDS 是一套适用于嵌入式软件开发的工具。该开发套件中包含开发工具、实用程序及设计示例，可帮助开发者快速开始硬件及软件开发。一般情况下，SoC EDS 会配合 DS-5（英特尔 SoC FPGA 版）进行软件的编译、调试和优化。SoC EDS 也分为标准版和专业版，两者的主要区别在于支持的 FPGA 器件不同。

SoC EDS 可用于以下场景：

- Preloader 的编译。
- u-boot 的编译和生成。
- 裸机应用开发和调试。
- 基于操作系统的应用程序开发和调试。
- 针对设备 FPGA 部分软核 IP 的调试。
- 设备驱动程序开发。

### 1. 安装 SoC EDS

本书中使用的是 Quartus Prime17.1 标准版，其对应的 SoC EDS 安装包下载链接如下：
http://fpgasoftware.intel.com/SoCeds/17.1/?edition=standard&platform=windows&download_manager=dlm3

下载完成后进行安装，安装步骤如下。

（1）双击安装文件后弹出图 3-27 所示的对话框，选择接受协议，并单击"Next"按钮。

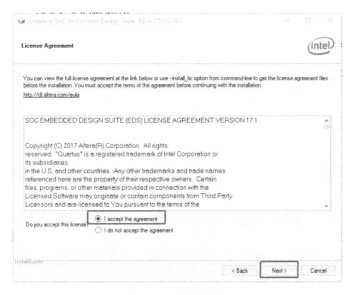

图 3-27　接受协议

（2）在图 3-28 所示的对话框中选择 SoC EDS 的安装目录。建议将它和 Quartus Prime 安装在同一目录下，这样可以避免后期使用中出现未知错误。

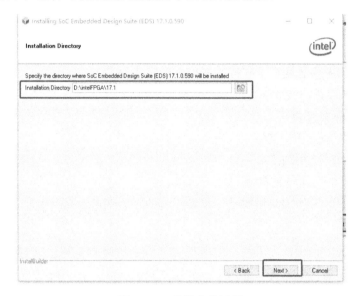

图 3-28　选择安装目录

（3）选择要安装的组件，如图 3-29 所示。

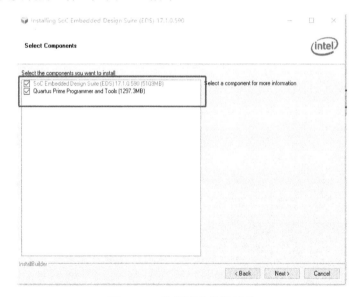

图 3-29　选择要安装的组件

# 第3章 基于 FPGA 的 SoC 设计

（4）主体软件安装完成后，在弹出的对话框中选择安装相关的驱动程序和 DS-5，如图 3-30 所示。

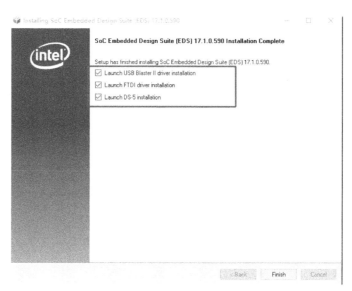

图 3-30 选择安装相关的驱动程序和 DS-5

（5）在弹出的对话框中单击"Extract"按钮，如图 3-31 所示。

图 3-31 单击"Extract"按钮

（6）在弹出的对话框中单击"下一步"按钮，如图 3-32 所示。

图 3-32 驱动程序安装向导

（7）在图 3-33 所示的对话框中选择接受协议，然后单击"下一步"按钮。

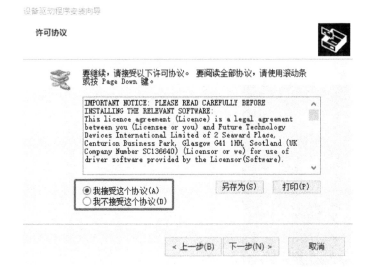

图 3-33 接受协议

（8）驱动程序安装完成后，会弹出 DS-5 安装界面，单击"Next"按钮，如图 3-34 所示。

第 3 章
基于 FPGA 的 SoC 设计

图 3-34　DS-5 安装界面

（9）在图 3-35 所示的对话框中选择接受协议，然后单击"Next"按钮。

图 3-35　接受协议

（10）在图 3-36 所示的对话框中选择安装路径。

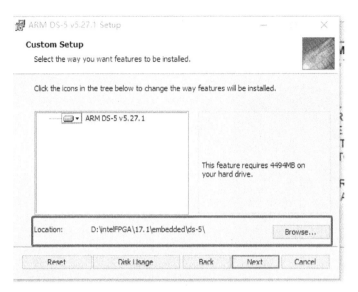

图 3-36　选择安装路径

（11）之后一直单击"Next"按钮，直到安装完成。

## 2. 使用 SoC EDS

SoC EDS 安装完成后，在"开始"菜单中可以看到 SoC EDS 的快捷方式，打开后的界面如图 3-37 所示。

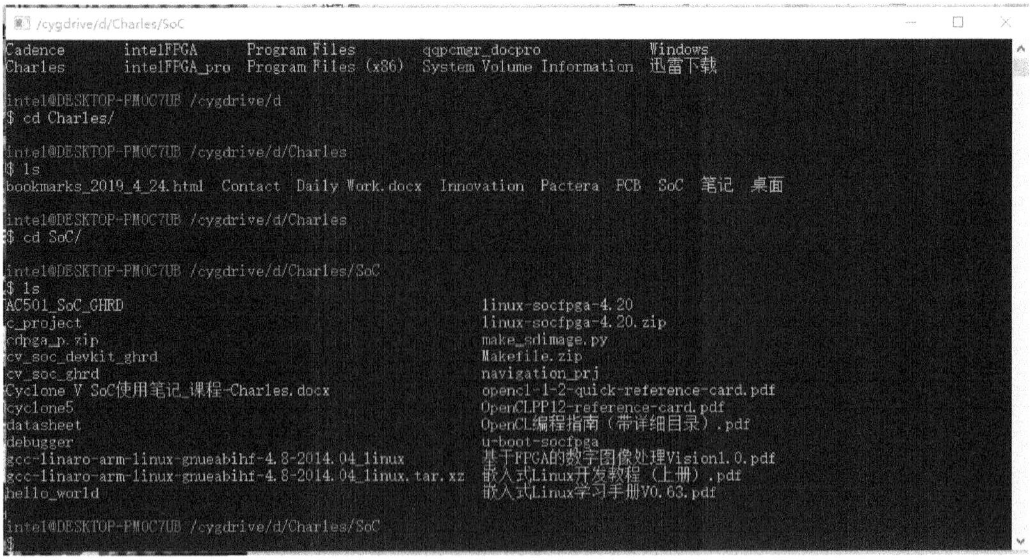

图 3-37　SoC EDS 界面

一般会使用 SoC EDS 启动 BSP Editor 和 Eclipse，如图 3-38 和图 3-39 所示。

图 3-38　使用 SoC EDS 启动 BSP Editor

图 3-39　使用 SoC EDS 启动 Eclipse

### 3．DS-5 环境设置

在对软件进行开发时，需要使用 DS-5 新建工程。在编辑工程之前，建议先设置好工程的交叉编译环境。右击工程名，在弹出的快捷菜单中选择"Properties"命令，然后在弹出的对话框中按图 3-40 进行设置。

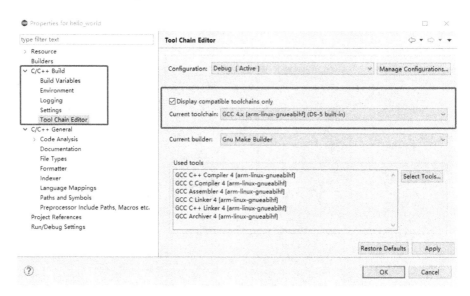

图 3-40　设置工程的交叉编译环境

## 3.5　SoC FPGA 中 HPS 与 FPGA 的接口

在英特尔 Cyclone V SoC FPGA 中，HPS 与 FPGA 之间的接口有三个：H2F_AXI_Master、F2H_AXI_Slave、H2F_LW_AXI_Master，如图 3-41 所示。

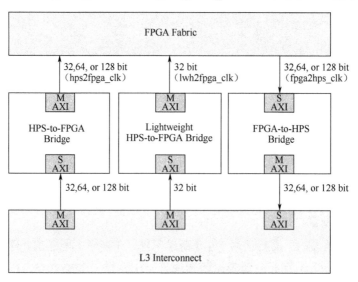

图 3-41　HPS 与 FPGA 之间的接口

## 3.5.1 H2F_AXI_Master

H2F_AXI_Master 接口连接在 AXI Master BFM（Bus Function Model）上。在 Qsys 中，可以配置该接口的地址、数据和 ID 位宽，它的时钟连接在 H2F_AXI_Clock 上。该接口可配置的参数见表 3-3。

表 3-3　H2F_AXI_Master 接口可配置的参数

| H2F_AXI_Master 接口参数 | 取值 |
| --- | --- |
| AXI 地址位宽 | 30 |
| AXI 读写数据位宽 | 32、64、128 |
| AXI ID 位宽 | 12 |

## 3.5.2 F2H_AXI_Slave

F2H_AXI_Slave 接口连接在 AXI Slave BFM 上。在 Qsys 中，可以配置该接口的地址、数据和 ID 位宽，它的时钟连接在 F2H_AXI_Clock 上。该接口可配置的参数见表 3-4。

表 3-4　F2H_AXI_Slave 接口可配置的参数

| F2H_AXI_Slave 接口参数 | 取值 |
| --- | --- |
| AXI 地址位宽 | 32 |
| AXI 读写数据位宽 | 32、64、128 |
| AXI ID 位宽 | 8 |

## 3.5.3 H2F_LW_AXI_Master

H2F_LW_AXI_Master 接口连接在 AXI Master BFM 上。在 Qsys 中，可以配置该接口的地址、数据和 ID 位宽，它的时钟连接在 H2F_LW_AXI_Clock 上。该接口可配置的参数见表 3-5。

表 3-5　H2F_LW_AXI_Master 接口可配置的参数

| H2F_LW_AXI_Master 接口参数 | 取值 |
| --- | --- |
| AXI 地址位宽 | 21 |
| AXI 读写数据位宽 | 32 |
| AXI ID 位宽 | 12 |

## 3.5.4 连接 AXI 总线与 Avalon-MM 总线

为了加快 Nios Ⅱ 开发者的开发速度，在 Platform Designer 中，提供了 Avalon-MM 总

线和 AXI 总线间的自动转换功能，开发者只需要将 Avalon-MM 总线连接到 AXI 总线上，完全不用关心两者之间具体是怎么进行转换的。这样，Nios Ⅱ 开发者只需要将外设 IP 添加到 Avalon-MM 总线上，就能够直接使用 SoC 系统，这大大降低了开发难度和开发者的工作量。

从图 3-42 中可以看出，Avalon-MM 总线已经与 AXI 总线连接好，外设均通过 Avalon-MM 总线接进来。

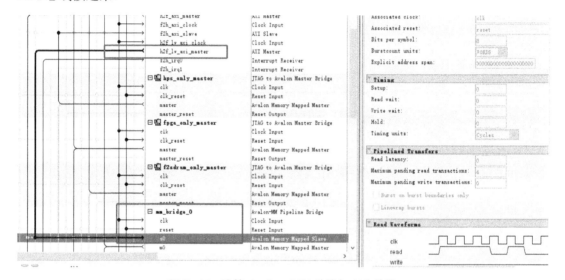

图 3-42  连接 Avalon-MM 总线与 AXI 总线

### 3.5.5  MPU 外设地址映射

参考 Cyclone Ⅴ Debice Datasheet 中的内容，部分 MPU 外设地址映射如图 3-43 所示。

| Slave Identifier | Description | Base Address | Size |
|---|---|---|---|
| STM | Space Trace Macrocell | 0xFC000000 | 48 MB |
| DAP | Debug Access Port | 0xFF000000 | 2 MB |
| LWFPGASLAVES | FPGA slaves accessed with lightweight HPS-to-FPGA bridge | 0xFF200000 | 2 MB |

图 3-43  部分 MPU 外设地址映射

| | | | |
|---|---|---|---|
| LWHPS2FPGAREGS | Lightweight HPS-to-FPGA bridge global programmer's view (GPV) registers | 0xFF400000 | 1 MB |
| HPS2FPGAREGS | HPS-to-FPGA bridge GPV registers | 0xFF500000 | 1 MB |
| FPGA2HPSREGS | FPGA-to-HPS bridge GPV registers | 0xFF600000 | 1 MB |
| EMAC0 | Ethernet MAC 0 | 0xFF700000 | 8 KB |
| EMAC1 | Ethernet MAC 1 | 0xFF702000 | 8 KB |
| SDMMC | SD/MMC | 0xFF704000 | 4 KB |
| QSPIREGS | Quad SPI flash controller registers | 0xFF705000 | 4 KB |
| FPGAMGRREGS | FPGA manager registers | 0xFF706000 | 4 KB |
| ACPIDMAP | ACP ID mapper registers | 0xFF707000 | 4 KB |

图 3-43  部分 MPU 外设地址映射（续）

## 3.6  SoC FPGA 开发

### 3.6.1  SoC FPGA 开发流程

SoC FPGA 开发主要分为硬件开发和软件开发两部分。其中，硬件开发流程如下：
（1）在 Quartus Prime 中新建工程。
（2）使用 Platform Designer 设计含有 HPS 的系统。
（3）创建和连接 HPS 的各个组件，包括用户自定义 IP 组件。
（4）生成 Qsys 系统并在 Quartus Prime 中实例化 Qsys 系统。
（5）使用 ModelSim 进行仿真，并做相关的时序分析。
（6）使用 Signal Tap 做板级调试。
（7）综合生成.sof 文件，然后下载并调试。

软件开发流程如下：
（1）使用 SoC EDS 将.sof 文件转换成.rbf 文件并生成设备树文件。
（2）编写 uboot.script 并使用 SoC EDS 生成 u-boot.scr。
（3）使用 SoC EDS 编译生成 Preloader、u-boot 文件。
（4）编译生成 Linux 内核。
（5）制作系统启动镜像。

（6）使用 DS-5 编写、编译、调试软件。

（7）将调试完成的软件放在 SoC FPGA 系统中启动。

## 3.6.2 SoC FPGA 启动过程

SoC FPGA 启动过程如图 3-44 所示。

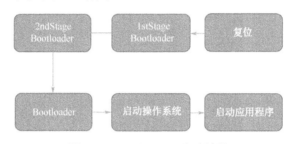

图 3-44 SoC FPGA 启动过程

（1）复位：在复位异常地址处运行代码，将 BootRom 映射到该地址。

（2）1st Stage Bootloader。

① 设置最低配置。

② 将引导程序加载到 On-Chip Memory（如果从 FPGA 引导，则跳过该步骤）。

③ 跳到 2nd Stage Bootloader。

（3）2nd Stage Bootloader。

① 设置 I/O 和引脚复用。

② 设置时钟和 PLL。

③ 初始化 SDRAM。

④ 加载后续的引导程序或操作系统到 SDRAM 中。

⑤ 跳到下一阶段并配置 FPGA。

（4）Bootloader：这是针对应用程序的操作系统加载程序。

（5）启动操作系统。

① 启动操作系统（Linux、VxWorks、Windows、FreeRTOS 等）。

② 启动设备驱动和 BSP。

③ 挂载根文件系统。

（6）启动应用程序。

① 进行 IDE 和应用程序的调试。

② 启动相关的软件。

③ 从 HPS 配置 FPGA。

# 第 3 章
基于 FPGA 的 SoC 设计

## 3.6.3 使用 GHRD

### 1. GHRD 简介

GHRD 的全称为 Golden Hardware Reference Design，直译过来就是黄金硬件参考设计。在 GHRD 工程中，已经针对开发板上的各个外设设计好了对应的控制电路，并且分配好了引脚。可以根据实际需求，对 GHRD 工程进行相应的修改，并完成相应的系统设计。GHRD 的下载地址如下：

https://www.intel.cn/content/www/en_US/programmable/products/boards_and_kits/dev-kits/altera/kit-cyclone-v-SoC.html

### 2. 打开和查看 GHRD 工程

（1）解压缩 GHRD 压缩文件，如图 3-45 所示。

图 3-45 解压缩 GHRD 压缩文件

（2）进入 cv_soc_dekit_ghrd 文件夹，打开 soc_system.qpf 文件，如图 3-46 所示。

图 3-46 打开 GHRD 工程

(3)启动 Platform Designer，然后打开 soc_system.qsys 文件，如图 3-47 所示。

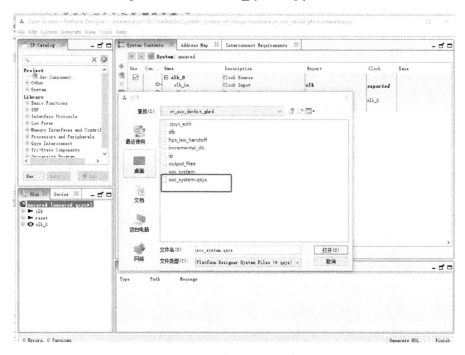

图 3-47　打开 SoC 系统

(4)打开 SoC 系统后，可以看到系统设计及外设连接，如图 3-48 所示。

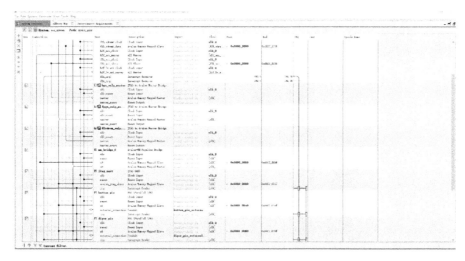

图 3-48　SoC 系统设计及外设连接

# 第3章 基于FPGA的SoC设计

## 3. GHRD 组件参数

打开 GHRD 工程并打开 Qsys 系统后,双击每个组件可以查看它们的详细参数,图 3-49~图 3-53 是比较关键或者常用的组件参数概图。

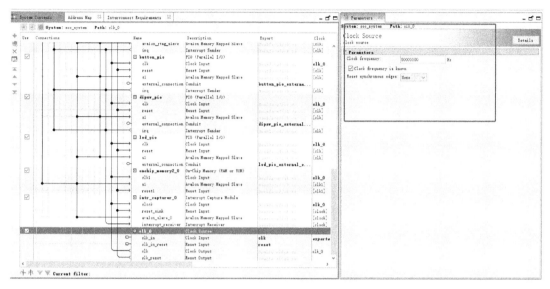

图 3-49  时钟组件参数概图

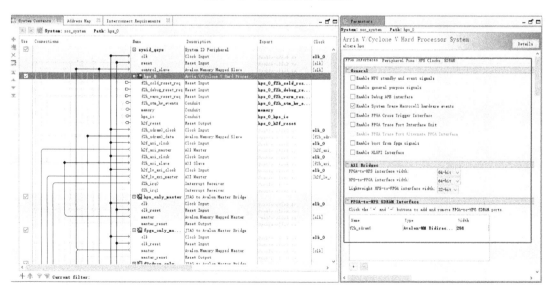

图 3-50  HPS 组件参数概图

# FPGA进阶开发与实践

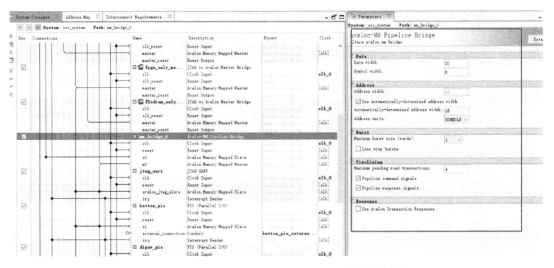

图 3-51　Avalon-MM Pipeline Bridge 组件参数概图

图 3-52　Button PIO 组件参数概图

# 第 3 章
## 基于 FPGA 的 SoC 设计

图 3-53  LED PIO 组件参数概图

### 4．添加外设组件

下面介绍如何添加需要的外设组件。这里以 UART 组件为例。

（1）首先打开 GHRD 工程，然后打开 Qsys 系统，接着在"IP Catalog"窗口中搜索所需的组件，如图 3-54 所示。

图 3-54  搜索所需的组件

191

（2）找到所需的组件之后双击，在弹出的对话框中设置参数，设置好后单击"Finish"按钮，如图 3-55 所示。

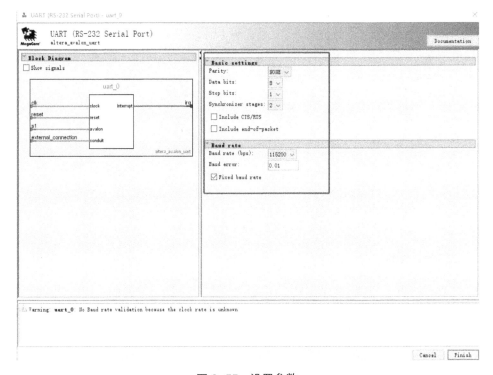

图 3-55　设置参数

（3）对 UART 组件进行连线，如图 3-56 所示。

图 3-56　UART 组件连线

（4）选择"System"→"Assign Base Address"菜单命令，如图 3-57 所示。

（5）单击"Generate HDL"按钮，在弹出的对话框中单击"Generate"按钮，生成 HDL 文件，如图 3-58 所示。

# 第 3 章
基于 FPGA 的 SoC 设计

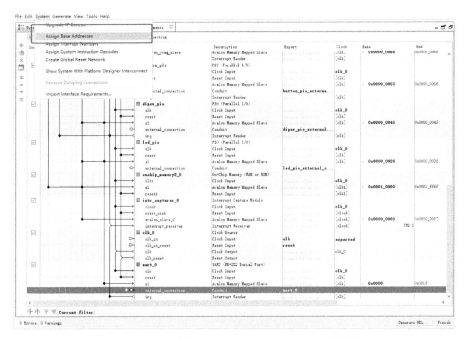

图 3-57 选择"Assign Base Address"菜单命令

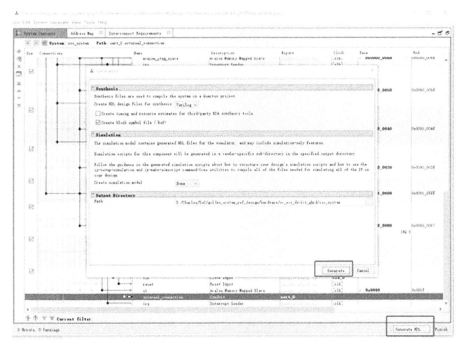

图 3-58 生成 HDL 文件

（6）成功生成 HDL 文件后，单击"Close"按钮，如图 3-59 所示。

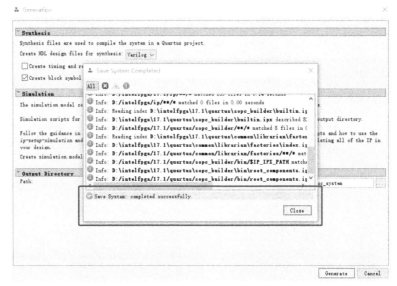

图 3-59　成功生成 HDL 文件

（7）打开"Instantiation Template"对话框，复制新添加的组件对应的实例化代码，如图 3-60 所示。

图 3-60　复制实例化代码

（8）在 GHRD 顶层文件信号部分添加 hps_uart0_rxd 和 hps_uart0_txd 两个信号，如图 3-61 所示。同时，将上一步复制的代码粘贴到 SoC 系统实例化代码中，并稍做修改。

```
    .hps_0_hps_io_hps_io_trace_inst_D0      (hps_trace_D0),
    .hps_0_hps_io_hps_io_trace_inst_D1      (hps_trace_D1),
    .hps_0_hps_io_hps_io_trace_inst_D2      (hps_trace_D2),
    .hps_0_hps_io_hps_io_trace_inst_D3      (hps_trace_D3),
    .hps_0_hps_io_hps_io_trace_inst_D4      (hps_trace_D4),
    .hps_0_hps_io_hps_io_trace_inst_D5      (hps_trace_D5),
    .hps_0_hps_io_hps_io_trace_inst_D6      (hps_trace_D6),
    .hps_0_hps_io_hps_io_trace_inst_D7      (hps_trace_D7),
    .hps_0_hps_io_hps_io_gpio_inst_GPIO09 (hps_gpio_GPIO09),
    .hps_0_hps_io_hps_io_gpio_inst_GPIO35 (hps_gpio_GPIO35),
    .hps_0_hps_io_hps_io_gpio_inst_GPIO41 (hps_gpio_GPIO41),
    .hps_0_hps_io_hps_io_gpio_inst_GPIO42 (hps_gpio_GPIO42),
    .hps_0_hps_io_hps_io_gpio_inst_GPIO43 (hps_gpio_GPIO43),
    .hps_0_hps_io_hps_io_gpio_inst_GPIO44 (hps_gpio_GPIO44),
    .hps_0_f2h_stm_hw_events_stm_hwevents (stm_hw_events),
    .clk_clk                                (fpga_clk_50),
    .hps_0_h2f_reset_reset_n                (hps_fpga_reset_n),
    .reset_reset_n                          (hps_fpga_reset_n),
    .hps_0_f2h_cold_reset_req_reset_n       (~hps_cold_reset),
    .hps_0_f2h_warm_reset_req_reset_n       (~hps_warm_reset),
    .hps_0_f2h_debug_reset_req_reset_n      (~hps_debug_reset),
    .uart_0_rxd                               (hps_uart0_rxd),
    .uart_0_txd                               (hps_uart0_txd)
);

// Debounce logic to clean out glitches within 1ms
debounce debounce_inst (
    .clk                                    (fpga_clk_50),
    .reset_n                                (hps_fpga_reset_n),
```

图 3-61　添加信号

（9）对工程进行编译，生成新的.sof 文件，如图 3-62 所示。

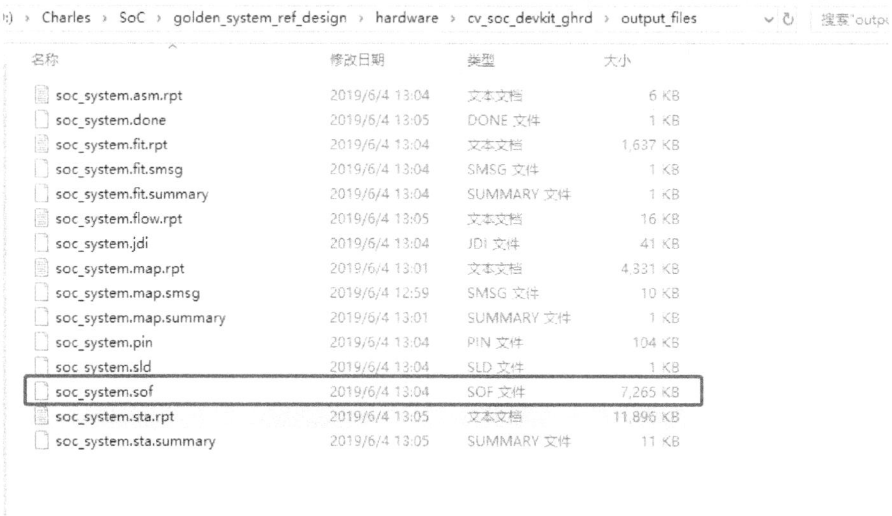


图 3-62　生成新的.sof 文件

注意：这里采用的是 HPS 自带的 UART IP，所以不需要分配引脚。

### ⊙ 3.6.4  生成 Preloader Image

通常，在开发 SoC FPGA 时会用 Quartus Prime 对硬件工程进行编译、仿真、综合，直到生成.sof 文件。在生成.sof 文件的同时，会生成 hps_isw_handoff 文件，而这个文件就是用来生成 Preloader 源码的配置文件。

#### 1．需要生成 Preloader Image 的情况

有两种情况需要生成 Preloader Image，具体如下：

（1）第一次开发工程。

（2）对已开发完成的工程进行二次开发，而且在开发过程中修改了 Qsys 系统中 HPS 组件的相关参数，如总线位宽、时钟频率等。

如果在二次开发过程中并没有修改 Qsys 系统中 HPS 组件的参数，只是修改了 HPS 三个总线上的外设，则不需要重新生成 Preloader Image，只需要更新设备树文件。

#### 2．生成 Preloader 源码

下面详细介绍如何生成 Preloader 源码。

（1）打开 SoC EDS Command Shell，输入命令"bsp-editor&"并按回车键。

（2）在弹出的"BSP Editor"窗口中选择"File"→"New HPS BSP"菜单命令，新建 HPS BSP，如图 3-63 所示。

图 3-63　新建 HPS BSP

（3）在弹出的对话框中设置好 hps_isw_handoff 文件的路径，然后单击"OK"按钮，如图 3-64 所示。

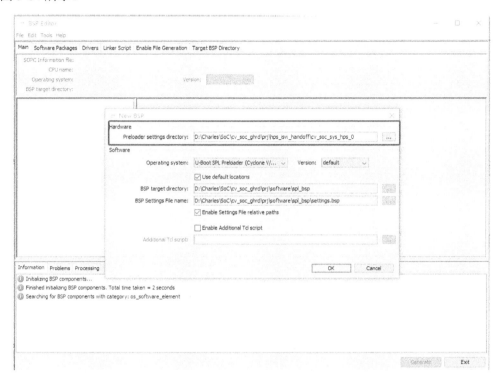

图 3-64　设置 hps_isw_handoff 文件的路径

（4）如图 3-65 所示，设置启动位置（这里选择"BOOT_FROM_SDMMC"，即从 SD 卡启动），其他选项保持默认。

注意：一定要记住"FAT_LOAD_PAYLOAD_NAME"栏中所设置的名称，在制作系统镜像时要用到。

（5）单击"Generate"按钮，生成 Preloader 和 u-boot 源码。

（6）打开工程对应的\software\spl_bsp\generated 目录，可以看到生成的文件，如图 3-66 所示。

（7）打开上述文件就可以看到相应的代码。例如，打开 pll_config.h 文件，可以看到 HPS 的时钟设置，如图 3-67 所示。

图 3-65 设置启动位置

图 3-66 生成的文件

# 第 3 章
基于 FPGA 的 SoC 设计

```
pll_config.h
 79  #define CONFIG_HPS_SDRPLLGRP_DDRDQCLK_PHASE (4)
 80  #define CONFIG_HPS_SDRPLLGRP_S2FUSER2CLK_CNT (5)
 81  #define CONFIG_HPS_SDRPLLGRP_S2FUSER2CLK_PHASE (0)
 82
 83  #define CONFIG_HPS_CLK_OSC1_HZ (25000000)
 84  #define CONFIG_HPS_CLK_OSC2_HZ (25000000)
 85  #define CONFIG_HPS_CLK_F2S_SDR_REF_HZ (0)
 86  #define CONFIG_HPS_CLK_F2S_PER_REF_HZ (0)
 87  #define CONFIG_HPS_CLK_MAINVCO_HZ (1600000000)
 88  #define CONFIG_HPS_CLK_PERVCO_HZ (1000000000)
 89  #define CONFIG_HPS_CLK_SDRVCO_HZ (800000000)
 90  #define CONFIG_HPS_CLK_EMAC0_HZ (1953125)
 91  #define CONFIG_HPS_CLK_EMAC1_HZ (1953125)
 92  #define CONFIG_HPS_CLK_USBCLK_HZ (12500000)
 93  #define CONFIG_HPS_CLK_NAND_HZ (50000000)
 94  #define CONFIG_HPS_CLK_SDMMC_HZ (200000000)
 95  #define CONFIG_HPS_CLK_QSPI_HZ (3125000)
 96  #define CONFIG_HPS_CLK_SPIM_HZ (200000000)
 97  #define CONFIG_HPS_CLK_CAN0_HZ (12500000)
 98  #define CONFIG_HPS_CLK_CAN1_HZ (12500000)
 99  #define CONFIG_HPS_CLK_GPIODB_HZ (32000)
100  #define CONFIG_HPS_CLK_L4_MP_HZ (100000000)
101  #define CONFIG_HPS_CLK_L4_SP_HZ (100000000)
102
103  #define CONFIG_HPS_ALTERAGRP_MPUCLK (1)
104  #define CONFIG_HPS_ALTERAGRP_MAINCLK (3)
105  #define CONFIG_HPS_ALTERAGRP_DBGATCLK (3)
106
107  #endif /* _PRELOADER_PLL_CONFIG_H_ */
108
```

图 3-67　pll_config.h 文件中的部分代码

（8）至此，成功生成 Preloader 源码，接下来对其进行编译。

### 3．编译 Preloader 源码

（1）如果生成 Preloader 源码后没有关闭 SoC EDS，就回到 SoC EDS Command Shell，切换到当前所用工程目录，如图 3-68 所示。

图 3-68　切换到当前所用工程目录

（2）输入命令"make"，在该目录下生成 preloader-mkpimage.bin 文件，如图 3-69 所示。

图 3-69　生成 preloader-mkpimage.bin 文件

（3）preloader-mkpimage.bin 文件所在的文件目录如图 3-70 所示。

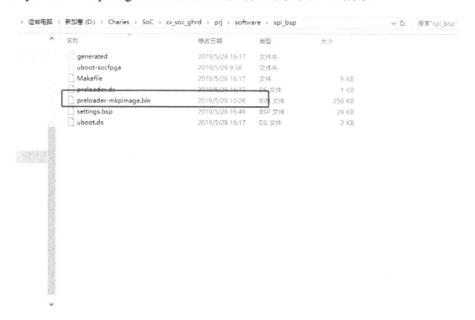

图 3-70　preloader-mkpimage.bin 文件所在的文件目录

（4）输入命令"mkpimage -hv 0 -o preloader.img u-boot-spl.bin"，生成用于更新系统镜

像的 preloader.img 文件，如图 3-71 所示。与此同时，在 software\spl_bsp\uboot-socfpga\spl 目录下会生成 u-boot-spl.bin 文件，如图 3-72 所示。

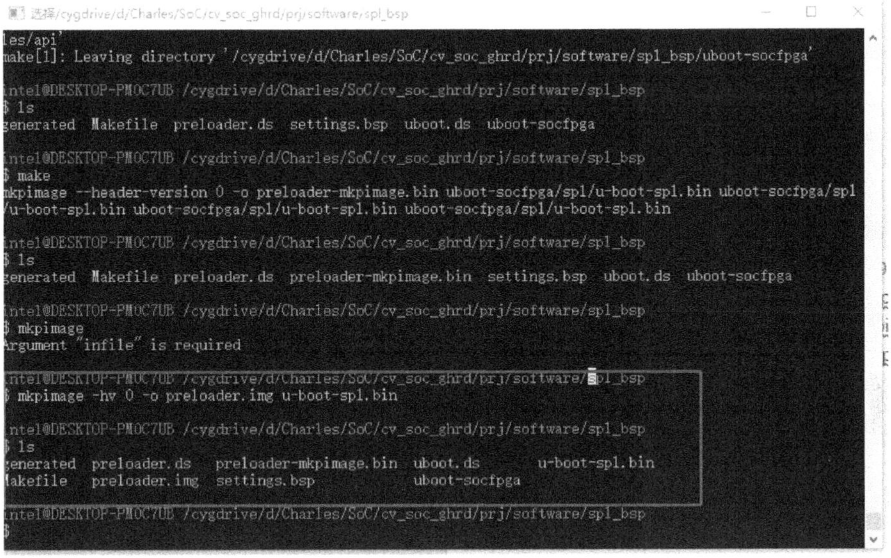

图 3-71 生成 preloader.img 文件

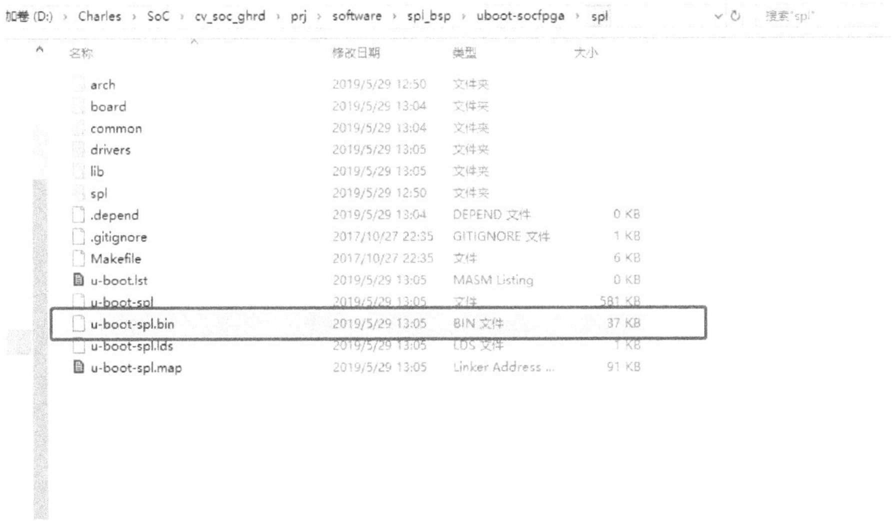

图 3-72 生成 u-boot-spl.bin 文件

（5）至此，Preloader 源码编译完成。

## 3.6.5 编译生成 u-boot 文件

（1）打开 SoC EDS Command Shell，切换到工程目录\software\spl_bsp 下，如图 3-73 所示。

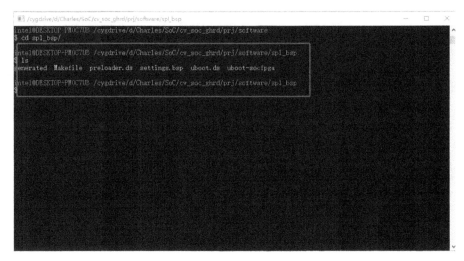

图 3-73 切换到工程目录\software\spl_bsp 下

（2）输入命令"make uboot"，开始编译 u-boot 文件，编译时间约为 10 分钟，如图 3-74 所示。

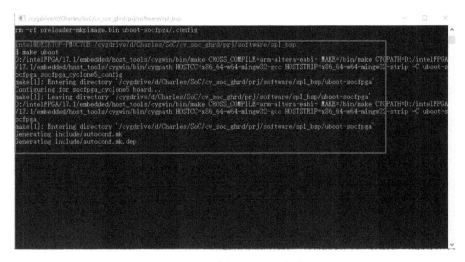

图 3-74 编译 u-boot 文件

# 第3章 基于FPGA的SoC设计

（3）如果在上一步中提示"Nothing to be done for 'uboot'"，则说明之前已经编译过u-boot文件。这时需要先输入清除命令"make clean"，再输入"make uboot"进行编译，如图3-75所示。

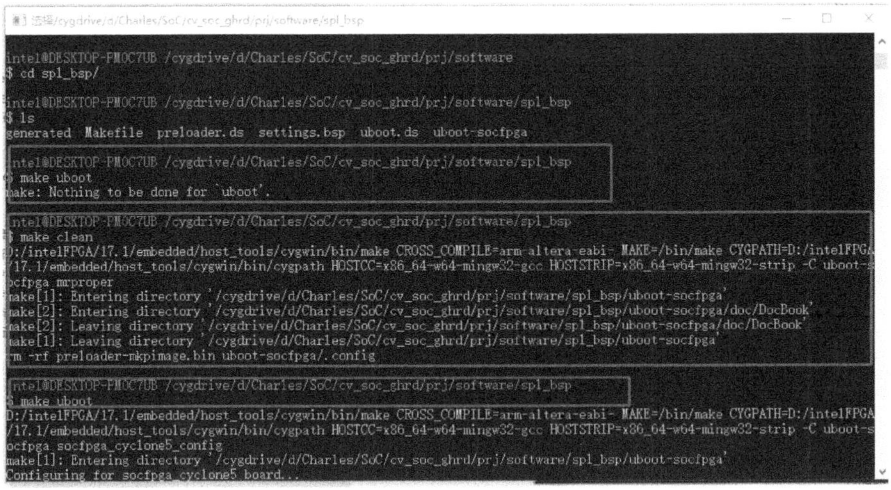

图3-75 输入清除命令

（4）编译成功后会显示图3-76中的内容。

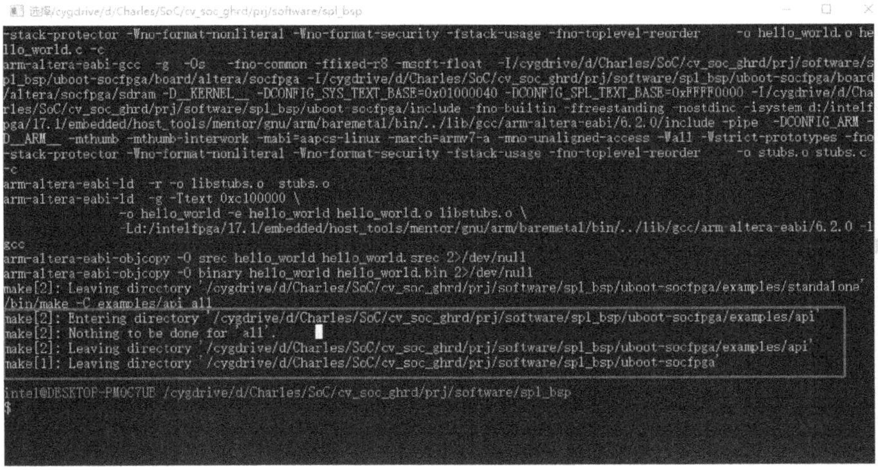

图3-76 u-boot文件编译成功

（5）在工程目录\software\spl_bsp下有一个名为uboot-socfpga的文件夹，在该文件夹中有编译生成的u-boot.img文件，如图3-77和图3-78所示。

203

图 3-77　uboot-socfpga 文件夹

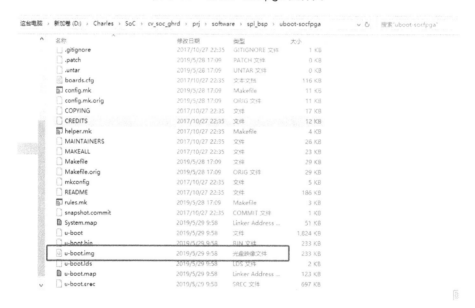

图 3-78　编译生成的 u-boot.img 文件

## ▶ 3.6.6　生成 Root Filesystem

Root Filesystem 是 Linux 系统中的根文件系统，简称 Rootfs。Rootfs 其实是针对特定操作系统架构的一种实现形式。下面介绍生成 Root Filesystem 的详细操作步骤。

(1）首先需要安装 Ubuntu 虚拟机，这里使用的版本是 Ubuntu 16.04。

(2）从以下地址下载 gcc-linaro-arm-linux-gnueabihf-4.9-2014.09_linux.tar.xz 文件：http://releases.linaro.org/archive/14.09/components/toolchain/binaries/。

(3）输入命令"tar -xvf gcc-linaro-arm-linux-gnueabihf-4.9-2014.09_linux.tar.xz"，解压缩该文件。

(4）运行环境变量配置脚本，确保新打开的 Shell 环境变量配置正确，命令如下：export CROSS_COMPILE=文件路径/gcc-linaro-arm-linux-gnueabihf-4.9-2014.09_linux/bin/arm-linux-gnueabihf-。

(5）输入命令"mkdir software"，在当前目录下创建一个名为 software 的新文件夹。

(6）输入命令"cd software"，进入该文件夹，然后输入以下命令获取 buildroot 代码：git clone https://github.com/buildroot/buildroot。

(7）切换到兼容当前 Linaro Toolchain 的版本，输入以下命令：

① cd buildroot/

② git checkout 2015.08.x

③ cd ..

(8）输入命令"make -C buildroot ARCH=ARM R2_TOOLCHAIN_EXTERNAL_PATH=安装路径/gcc-linaro-arm-linux-gnueabihf-4.9-2014.09_linux nconfig"，打开配置窗口，如图 3-79 所示。

图 3-79　打开配置窗口

(9)下面开始配置各选项。

① 首先进入"Target options"选项,然后进入"Target Architecture"选项,选择"ARM (little endian)",如图 3-80 和图 3-81 所示。

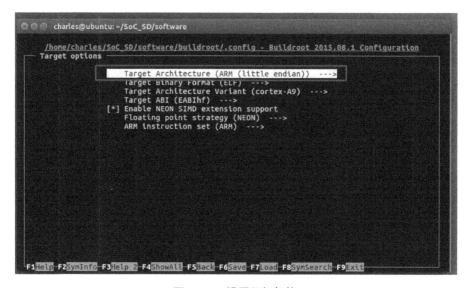

图 3-80　设置目标架构

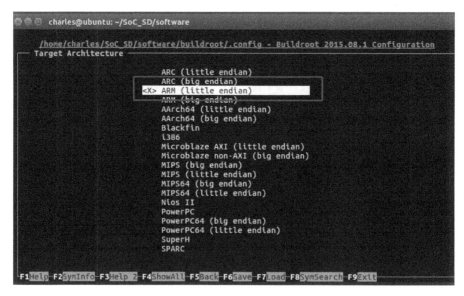

图 3-81　设置目标处理器

② 返回上级目录，进入"Target Architecture Variant"选项，选择"cortex-A9"，如图 3-82 和图 3-83 所示。

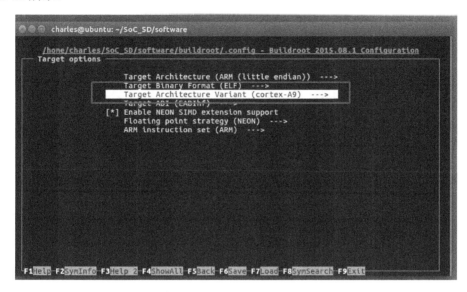

图 3-82　进入"Target Architecture Variant"选项

图 3-83　选择"cortex-A9"

③ 返回上级目录，进入"Target ABI"选项，选择"EABIhf"，如图 3-84 所示。

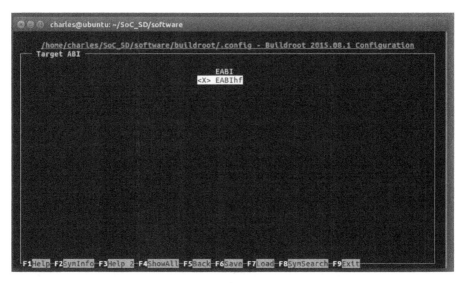

图 3-84 选择 "EABIhf"

④ 返回上级目录，选中 "Enable NEON SIMD extension support" 选项，如图 3-85 所示。

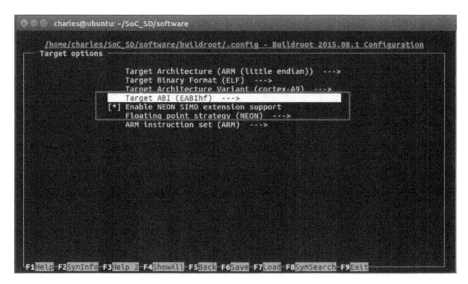

图 3-85 选中 "Enable NEON SIMD extension support" 选项

⑤ 进入 "Floating point strategy" 选项，选择 "NEON"，如图 3-86 所示。

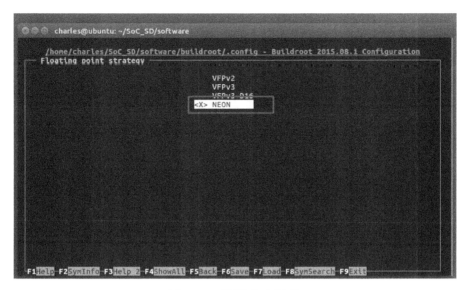

图 3-86 选择"NEON"

⑥ 返回上级目录,选项"Target Binary Format"和"ARM instruction set"不做任何修改。

⑦ 返回一级目录,接下来配置"Toolchain"选项,进入"Toolchain type"选项,选择"External toolchain",如图 3-87 所示。

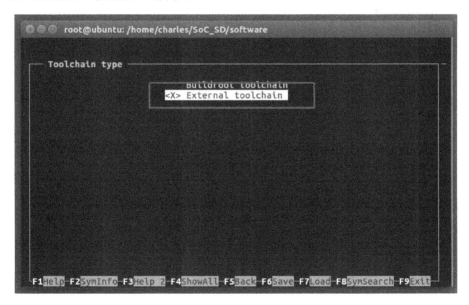

图 3-87 选择"External toolchain"

⑧ 返回上级目录，进入"Toolchain"选项，选择"Linaro ARM 2014.09"，如图 3-88 所示。

图 3-88　配置"Toolchain"选项

⑨ 返回上级目录，进入"Toolchain origin"选项，选择"Pre-installed toolchain"，如图 3-89 所示。

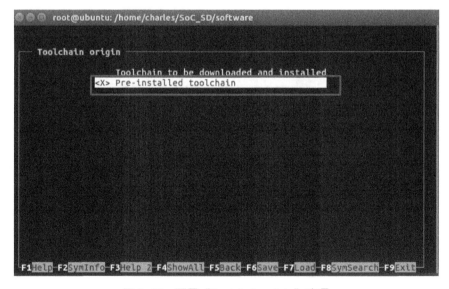

图 3-89　配置"Toolchain origin"选项

⑩ 返回上级目录，选中"Copy gdb server to the Target"选项，如图 3-90 所示。

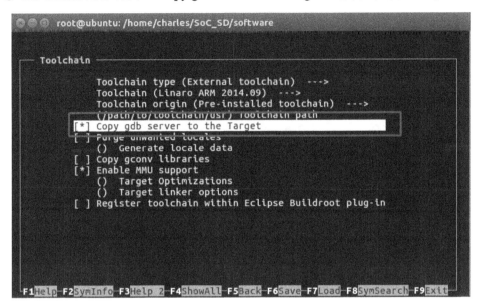

图 3-90 选中"Copy gdb server to the Target"选项

⑪ 返回一级目录，进入"System configuration"选项，设置"System hostname"和"Root password"，如图 3-91 和图 3-92 所示。

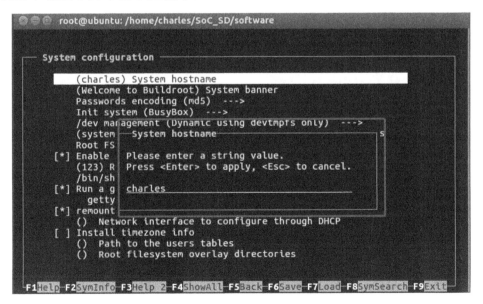

图 3-91 设置"System hostname"

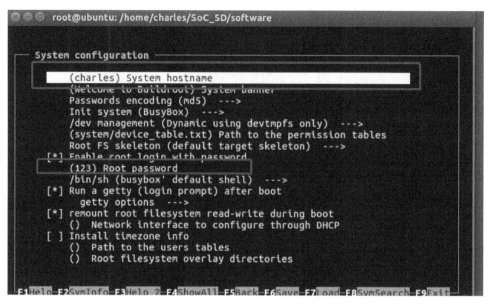

图 3-92 设置 "Root password"

⑫ 返回一级目录，进入 "Kernel" 选项，取消选中 "Linux Kernel"，如图 3-93 所示。

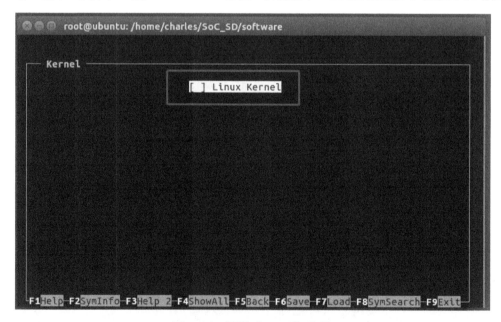

图 3-93 配置 "Kernel" 选项

⑬ 返回一级目录，进入 "Target packages" 选项，再进入 "Debugging,profiling and benchmark"选项,选中"valgrind",如图 3-94 和图 3-95 所示。

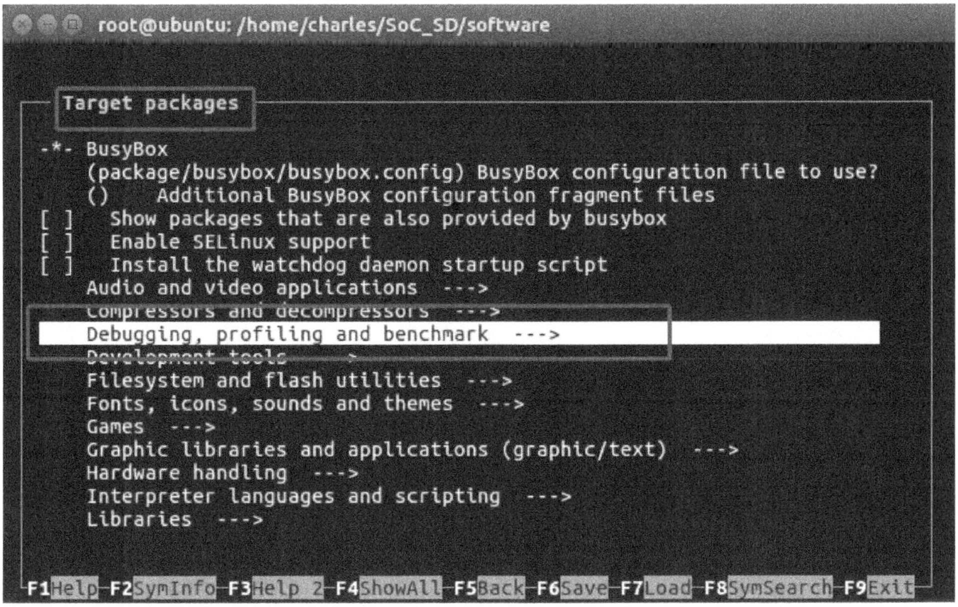

图 3-94 进入 "Debugging, profiling and benchmark" 选项

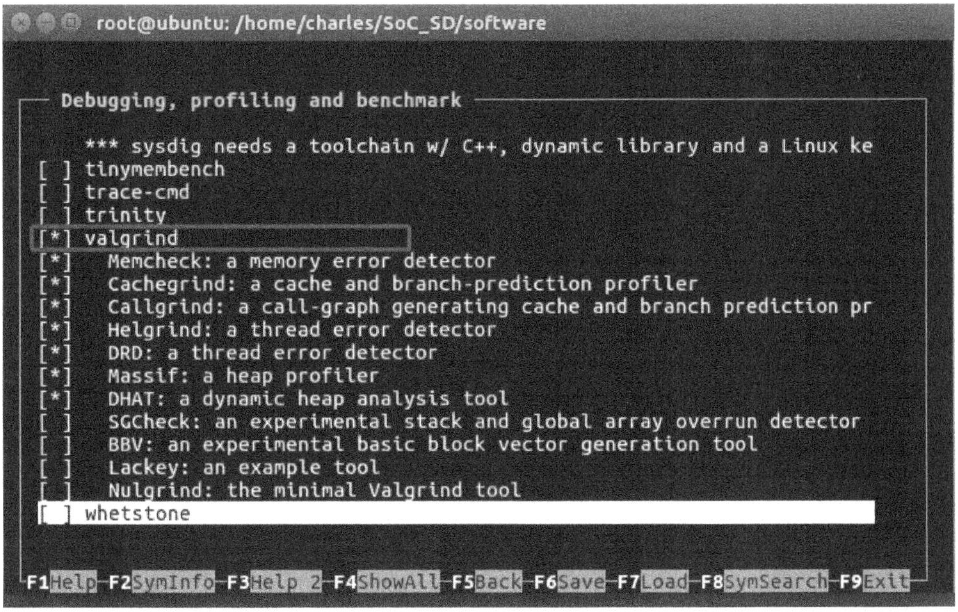

图 3-95 选中 "valgrind"

⑭ 配置结束，按 F6 键保存配置文件（这里命名为 config.config），如图 3-96 所示。

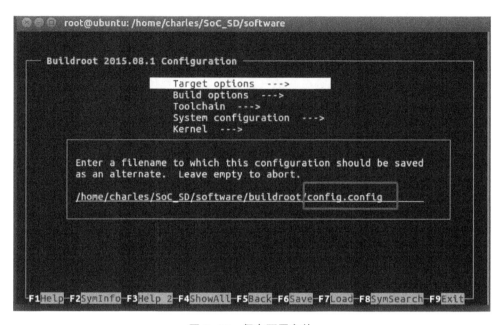

图 3-96　保存配置文件

⑮ 输入命令"cd buildroot/"，进入该目录下查看配置文件是否已经保存，如图 3-97 所示。

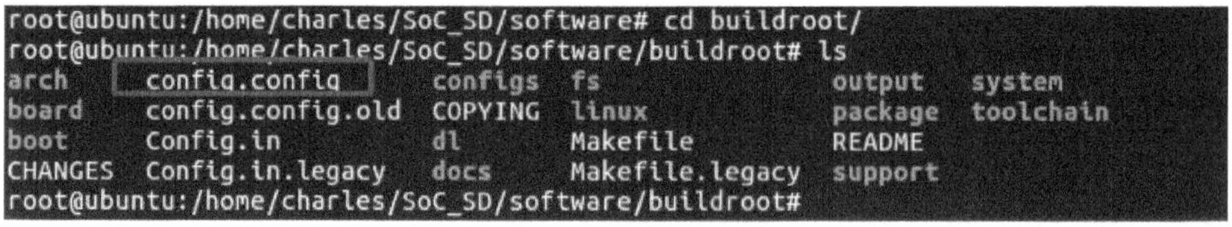

图 3-97　查看配置文件

⑯ 输入命令"cd .."，返回到 software 文件夹，输入命令"make -C buildroot BR2_TOOLCHAIN_EXTERNAL_PATH=安装路径/gcc-linaro-arm-linux-gnueabihf-4.9-2014.09_linux all"，编译 Root Filesystem，如图 3-98 所示。

⑰ 编译完成之后，将生成 rootfs.tar 文件，如图 3-99 所示。

图 3-98 编译 Root Filesystem

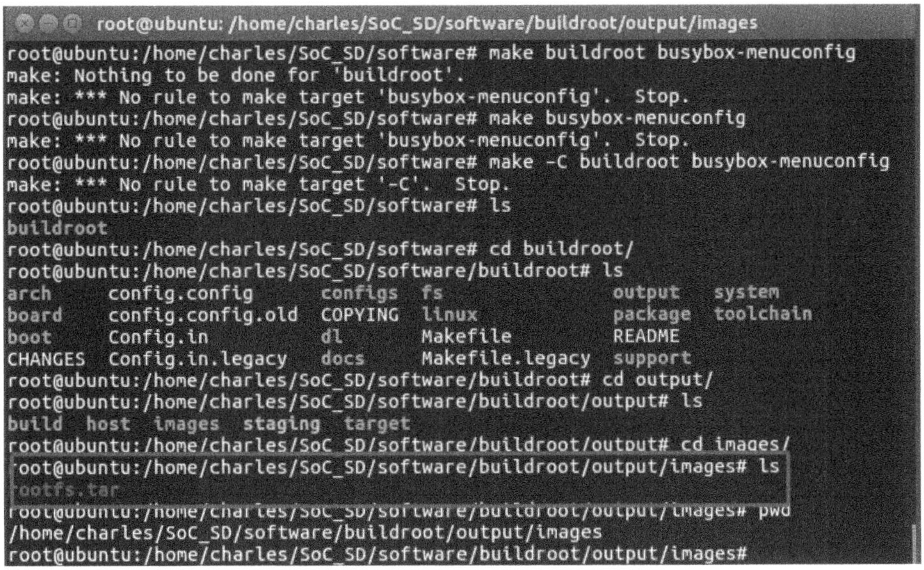

图 3-99 生成 rootfs.tar 文件

## ⊙ 3.6.7 配置和编译 Linux 内核

本节主要介绍如何配置和编译 Linux 内核，需要用到的文件有：

- linux-socfpga 源码包。
- gcc-linaro-arm-linux-gnueabihf-4.9-2014.09_linux 交叉编译器。

详细的配置和编译步骤如下：

（1）在 Ubuntu 虚拟机中打开网站 https://github.com/altera-opensource/linux-socfpga 并下载和解压缩源码包，如图 3-100 所示。

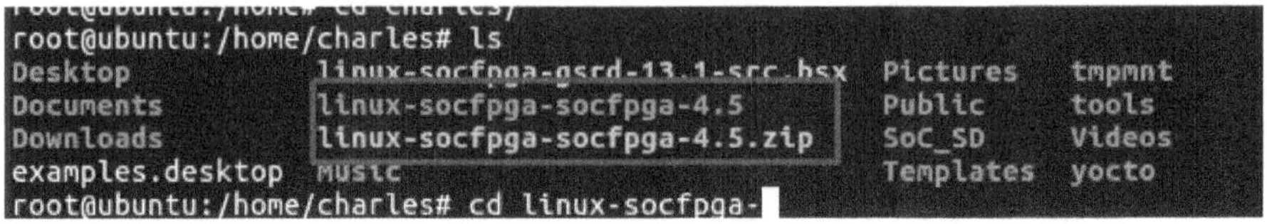

图 3-100　下载和解压缩源码包

（2）输入命令" export CROSS_COMPILE=安装路径/gcc-linaro-arm-linux-gnueabihf-4.9-2014.09_linux/bin/arm-linux-gnueabihf-"，配置交叉编译环境，如图 3-101 所示。

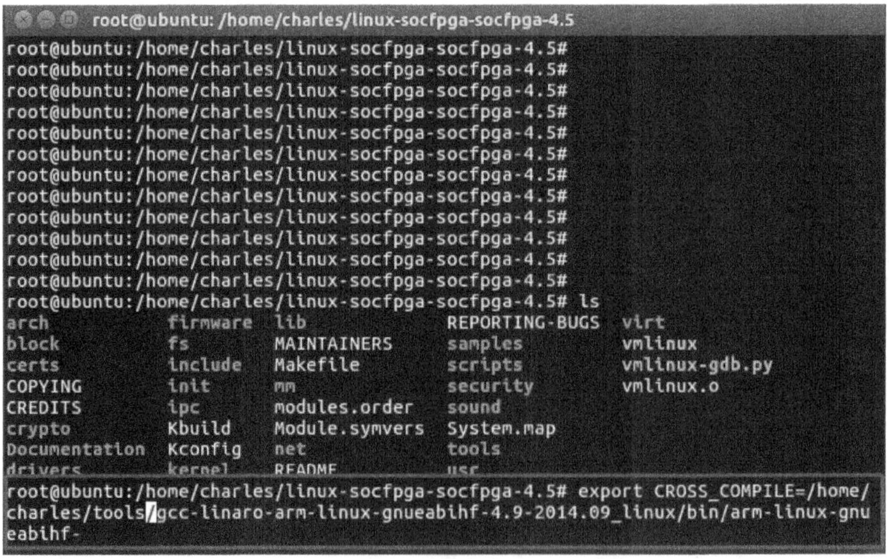

图 3-101　配置交叉编译环境

注意：一般情况下，嵌入式系统的资源少而珍贵，所以不在嵌入式系统本地进行程序的编写、编译与调试。开发者通常在 PC 和笔记本电脑上进行软件开发，称之为宿主机，宿主机可以是 Linux 系统，也可以是 Windows 系统。开发者在宿主机上编写和编译程序，然后通过接口（如串口、网口等）将程序下载到嵌入式系统中运行。而所谓的交叉编译，是指在宿主机上使用某个特定的编译器为嵌入式系统编写和编译程序，而编译成功的程序不在宿主机上运行，而在嵌入式系统中运行。若不进行交叉编译，则编译的结果仅能在宿主机上运行，而不能在嵌入式系统中运行。

（3）输入命令"cd linux-socfpga-socfpga-4.5"，进入该文件夹。输入命令"make ARCH=arm socfpga_defconfig"，生成配置脚本，如图 3-102 所示。

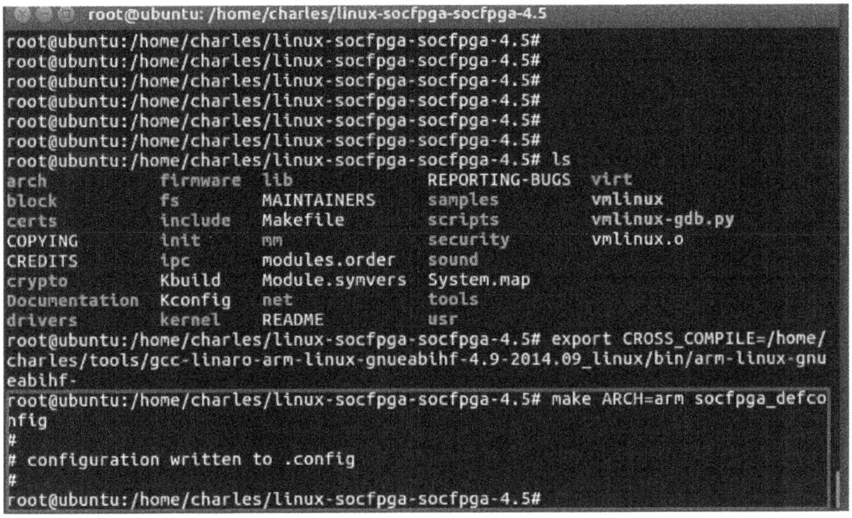

图 3-102　生成配置脚本

（4）输入命令"make ARCH=arm menuconfig"，弹出图 3-103 所示的窗口。

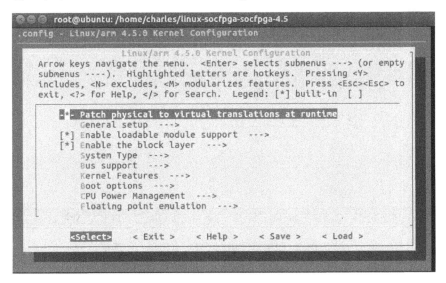

图 3-103　内核配置窗口

（5）进入"General setup"选项，取消选中"Automatically append version information to the version string"，如图 3-104 所示。

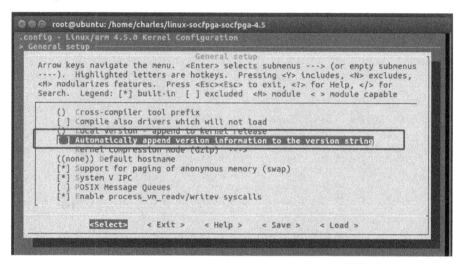

图 3-104　配置"General setup"选项

（6）返回一级目录，进入"Enable the block layer"选项，选中"Support for large (2TB+) block devices and files"，如图 3-105 所示。

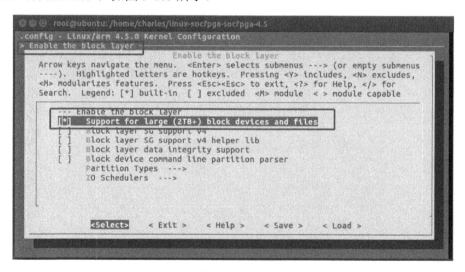

图 3-105　配置"Enable the block layer"选项

（7）保存当前的配置，如图 3-106 所示。

图 3-106 保存内核配置

（8）输入命令"make ARCH=arm LOCALVERSION= zImage"，编译 Linux 内核，如图 3-107 所示。

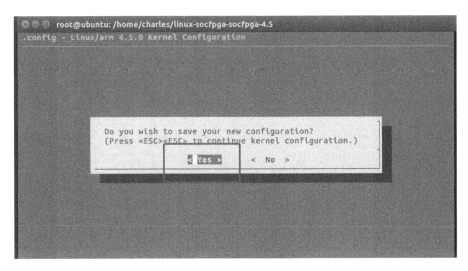

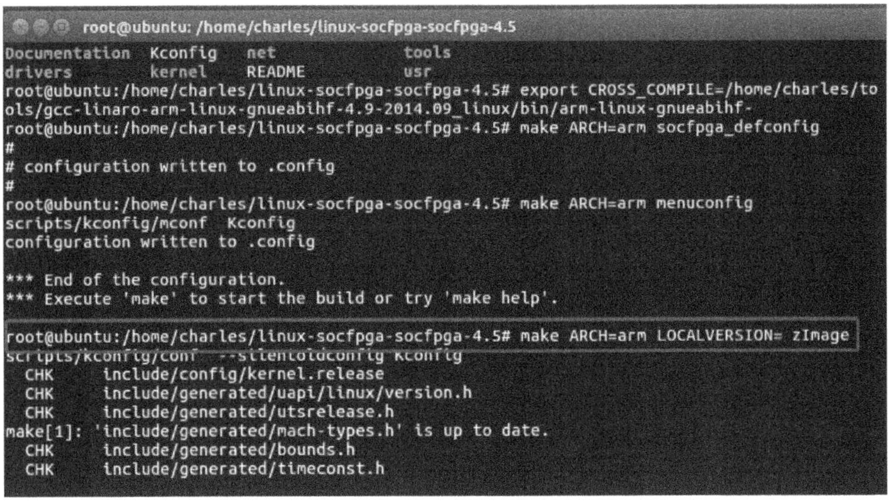

图 3-107 编译 Linux 内核

（9）编译完成后，生成内核文件 zImage，内核文件位置如图 3-108 所示。

（10）至此，SoC FPGA 所需的 Linux 内核编译完成。

图 3-108 内核文件位置

如果需要在内核中添加设备驱动，如添加 UART 驱动，则要在"Device Drivers"中进行设置，设置完成后保存配置并重新编译内核即可，如图 3-109 所示。

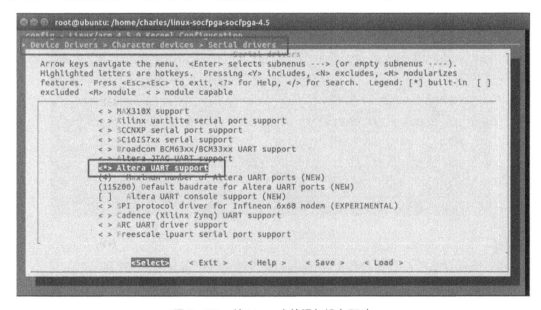

图 3-109 给 Linux 内核添加设备驱动

注意：在 SoC FPGA Linux 内核中添加设备驱动很重要，如果没有添加设备驱动，SoC FPGA Linux 系统启动后就无法识别对应的设备。在这种情况下，即使连接了对应的设备，也无法正常传输设备信息。

## 3.6.8 系统镜像制作及刻录方法

本节将详细介绍 SoC FPGA Linux 系统镜像制作及刻录方法。

### 1. 制作系统镜像所需的文件

通常情况下，SoC FPGA Linux 系统镜像有三个分区，见表 3-6。

表 3-6 SoC FPGA Linux 系统镜像分区

| 分区 | 用途 |
| --- | --- |
| FAT32 | 保存 Linux 内核文件、FPGA bitshream、u-boot 引导脚本及 Linux 设备树文件 |
| EXT3 | 保存 Linux Rootfs |
| RAW(A2) | 保存 Preloader、u-boot 文件 |

每个分区中的文件见表 3-7。

表 3-7 每个分区中的文件

| 分区 | 文件 |
| --- | --- |
| FAT32 | u-boot.scr、zImage、socfpga.dtb、socfpga.rbf |
| EXT3 | rootfs |
| RAW(A2) | preloader-mkpimage.bin、u-boot.img |

注意：有些资料说 RAW(A2)分区中只有 preloader-mkpimage.bin，而 u-boot.img 在 FAT32 分区中，这个说法是错误的。一定要注意 RAW(A2)分区中保存的是 preloader-mkpimage.bin 和 u-boot.img 两个文件，而 FAT32 分区中没有 u-boot.img。如果按照错误信息进行操作，系统会卡在 Preloader 处。

### 2. 制作步骤

（1）打开 Ubuntu 虚拟机，然后打开终端，输入命令"mkdir xxx"，创建一个文件夹，将制作系统镜像所需的文件放入该文件夹中，如图 3-10 所示。

（2）前面已经介绍了其他文件的编译和生成方法，这里介绍 u-boot.scr 文件的生成方法。

① u-boot.scr 是个引导脚本，由 u-boot.script 文件生成，u-boot.script 文件的内容如下所示。文件中的 SoC_system.rbf 及 SoC_system.dtb 应根据实际情况修改名称，其余的不要修改。

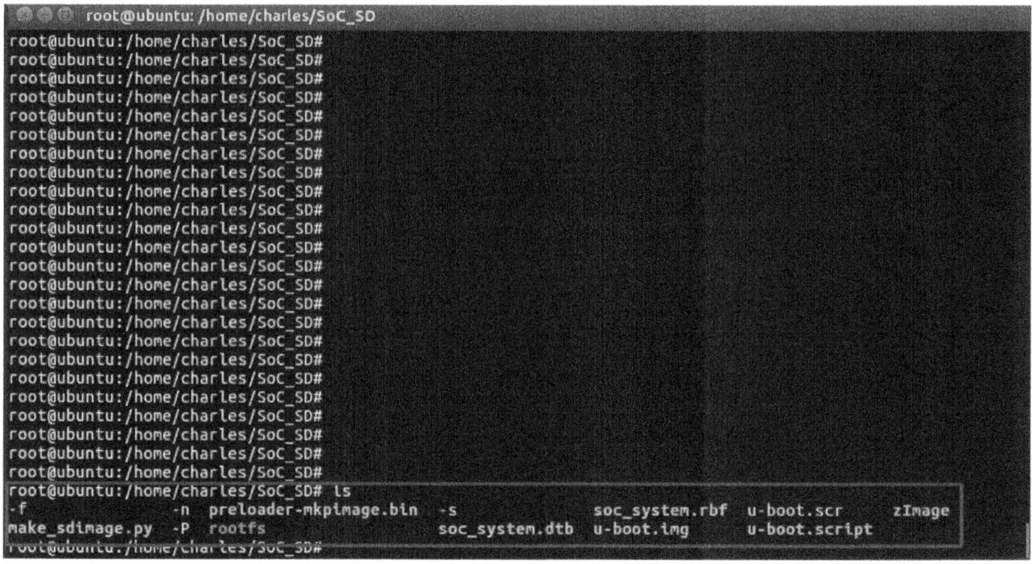

# FPGA 进阶开发与实践

图 3-110　将制作系统镜像所需的文件放入文件夹中

```
echo -- Programming FPGA --
fatload mmc 0:1 $fpgadata SoC_system.rbf;
fpga load 0 $fpgadata $filesize;
run bridge_enable_handoff;

echo -- Setting Env Variables --
setenv fdtimage SoC_system.dtb;
setenv mmcroot /dev/mmcblk0p2;
setenv mmcload 'mmc rescan;${mmcloadcmd} mmc 0:${mmcloadpart} ${loadaddr} ${bootimage};${mmcloadcmd} mmc 0:${mmcloadpart} ${fdtaddr} ${fdtimage};';
setenv mmcboot 'setenv bootargs console=ttyS0,115200 root=${mmcroot} rw rootwait; bootz ${loadaddr} - ${fdtaddr}';

run mmcload;
run mmcboot;
```

② 将 u-boot.script 文件放在计算机中的一个英文目录下，打开 SoC EDS Command Shell，并切换到 u-boot.script 文件所在目录，如图 3-111 所示。

③ 输入命令"mkimage -A arm -O linux -T script -C none -a 0 -e 0 -n "u-boot.script" -d u-boot.script u-boot.scr"（注意：双引号中的内容应根据实际文件名称进行修改，这里为 u-boot.script），按回车键，生成 u-boot.scr 文件，如图 3-112 所示。

# 第 3 章
## 基于 FPGA 的 SoC 设计

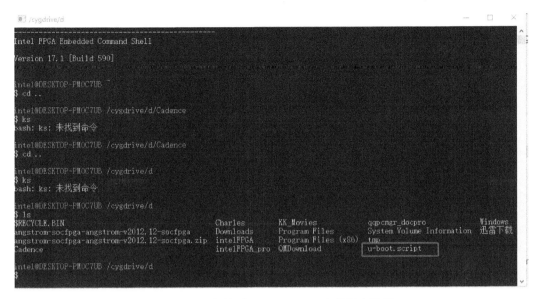

图 3-111 切换到 u-boot.script 文件所在目录

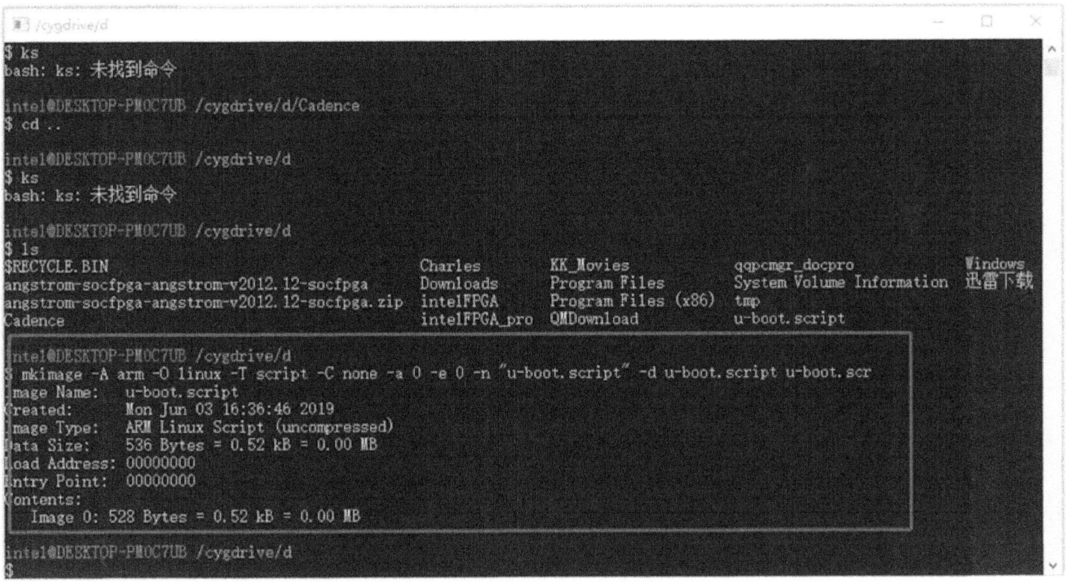

图 3-112 生成 u-boot.scr 文件

④ 在 Ubuntu 虚拟机环境下输入命令 "mkimage -A arm -O linux -T script -C none -a 0 -e 0 -n "u-boot.script" -d u-boot.script u-boot.scr",也可以生成 u-boot.scr 文件,如图 3-113 所示。

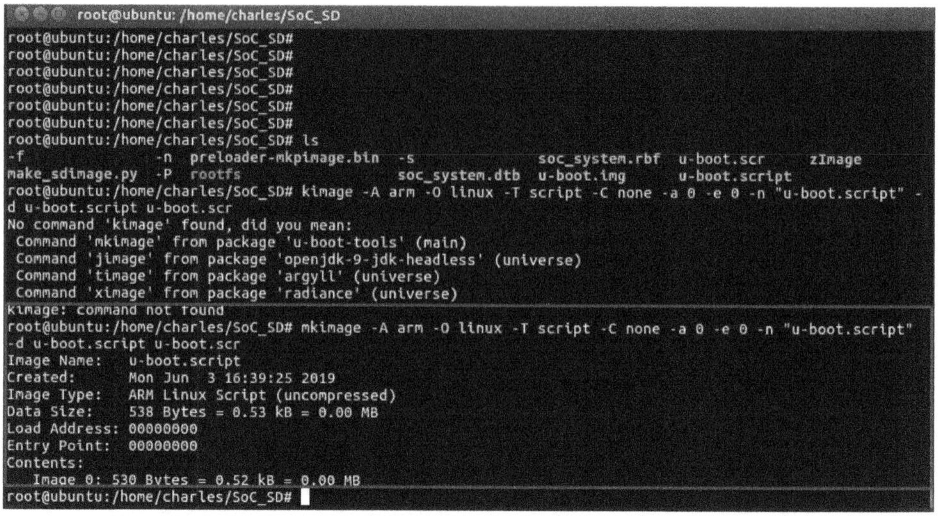

```
root@ubuntu:/home/charles/SoC_SD# ls
-f                  -n preloader-mkpimage.bin  -s            soc_system.rbf  u-boot.scr     zImage
make_sdimage.py  -P rootfs                     soc_system.dtb  u-boot.img     u-boot.script
root@ubuntu:/home/charles/SoC_SD# kimage -A arm -O linux -T script -C none -a 0 -e 0 -n "u-boot.script" -d u-boot.script u-boot.scr
No command 'kimage' found, did you mean:
  Command 'mkimage' from package 'u-boot-tools' (main)
  Command 'jimage' from package 'openjdk-9-jdk-headless' (universe)
  Command 'timage' from package 'argyll' (universe)
  Command 'ximage' from package 'radiance' (universe)
kimage: command not found
root@ubuntu:/home/charles/SoC_SD# mkimage -A arm -O linux -T script -C none -a 0 -e 0 -n "u-boot.script" -d u-boot.script u-boot.scr
Image Name:   u-boot.script
Created:      Mon Jun  3 16:39:25 2019
Image Type:   ARM Linux Script (uncompressed)
Data Size:    538 Bytes = 0.53 kB = 0.00 MB
Load Address: 00000000
Entry Point:  00000000
Contents:
   Image 0: 530 Bytes = 0.52 kB = 0.00 MB
root@ubuntu:/home/charles/SoC_SD#
```

图 3-113　在 Ubuntu 虚拟机环境下生成 u-boot.scr 文件

上述命令中每个参数的意义如下。

-A：set architecture to 'arch'（设置框架为'arch'）。

-O：set operating system to 'os'（设置操作系统为'os'）。

-T：set image type to 'type'（设置镜像类型为'type'）。

-C：set compression type 'comp'（设置压缩类型为'comp'）。

-a：set load address to 'addr' (hex)（设置加载地址为'addr'）。

-e：set entry point to 'ep' (hex)（设置进入点为'ep'）。

-n：set image name to 'name'（设置镜像名为'name'）。

-d：use image data from 'datafile'使用 datafile 作为镜像数据。

-x：set XIP (execute in place)（设置执行位置）。

（3）将 u-boot.scr 文件放入用于生成系统镜像的文件夹中，打开终端，以根用户权限输入以下命令：

```
./make_sdimage.py \
 -f \
 -P preloader-mkpimage.bin,u-boot.img,num=3,
    format=raw,size=10M,type=A2 \
 -P rootfs/*,num=2,format=ext3,size=1500M \
 -P zImage,u-boot.scr,SoC_system.rbf,SoC_system.dtb,num=1,
    format=fat32, size=500M \
 -s 2G \
 -n sdimage.img
```

开始制作系统镜像，如图 3-114 所示。

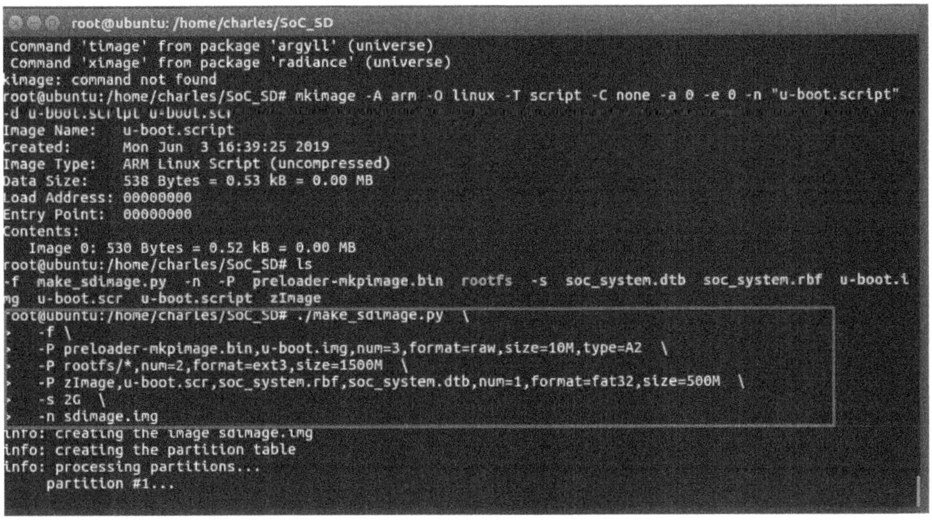

图 3-114 开始制作系统镜像

注意：这里-P 代表一个分区，num 代表分区编号，format 代表分区的格式，size 代表分区的大小，-n 代表生成镜像的名称（这里命名为 sdimage.img），-s 代表系统镜像的大小。make_sdimage.py 文件可以英特尔官网上下载。

（4）系统镜像制作完成后，在当前目录中多了一个 sdimage.img 文件，该文件就是用于刻录的系统镜像，如图 3-115 所示。

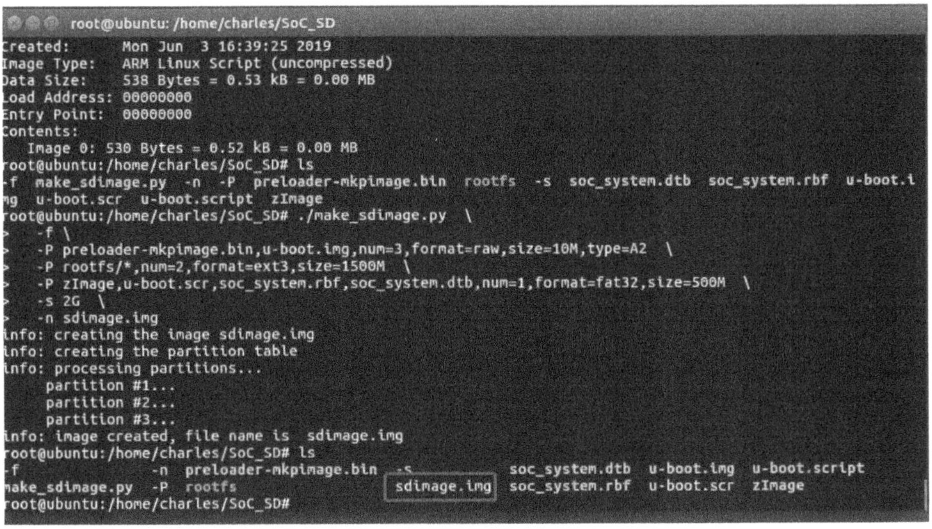

图 3-115 系统镜像

（5）至此，系统镜像制作完成。

### 3. 将系统镜像刻录到 SD 卡中并启动系统

（1）将生成的 sdimage.img 文件复制到用户主机中。

（2）从网上下载并安装 Win32 Disk Imager，将待烧录的 SD 卡插到计算机上，打开该软件，设置好系统镜像位置和目标盘符，如图 3-116 所示。

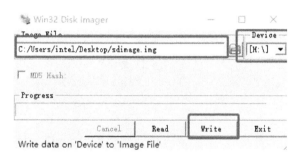

图 3-116　设置系统镜像位置和目标盘符

（3）单击"Write"按钮，刻录系统镜像。刻录完成后，Windows 系统会提示需要格式化磁盘。注意：这个时候千万不要格式化，因为 Windows 系统无法识别 EXT3 和 RAW(A2) 格式的磁盘，所以才会有这个提示。

（4）将 SD 卡插入开发板，并插好 USB-UART 线。在 Windows 系统的设备管理器中查看 COM 编号（这里为 COM5），如图 3-117 所示。

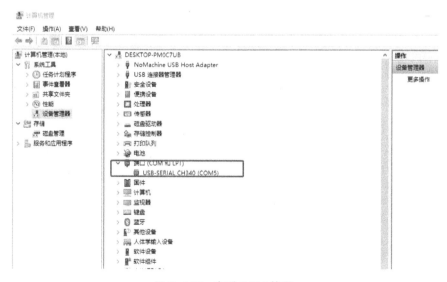

图 3-117　查看 COM 编号

(5) 打开串口调试软件 PuTTY, 按图 3-118 进行设置。

图 3-118　设置 PuTTY 软件参数

(6) 单击"打开"按钮,此时弹出的窗口中没有显示任何内容,如图 3-119 所示。这是因为板卡没有通电。

图 3-119　弹出的窗口中无内容

（7）给板卡通电，上述窗口中开始显示系统启动信息，如图 3-120 所示。

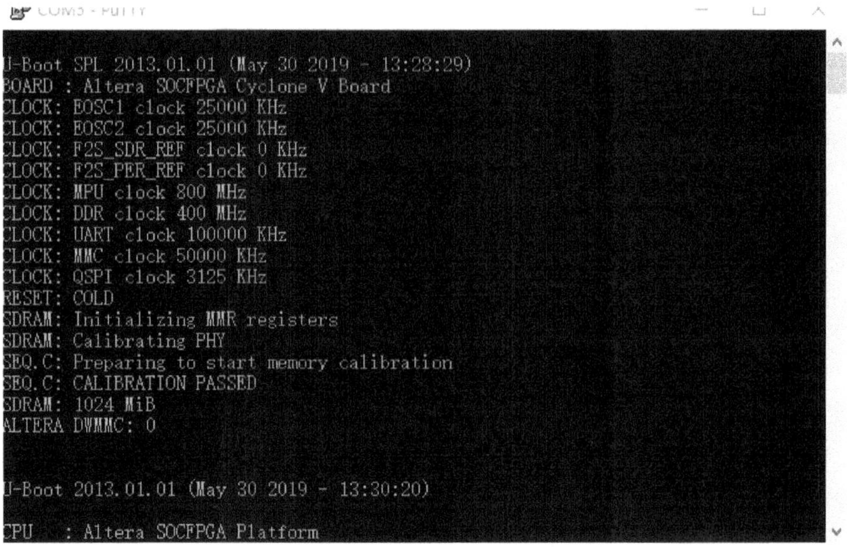

图 3-120　显示系统启动信息

（8）系统启动完成后，上述窗口中显示登录提示信息，如图 3-121 所示。

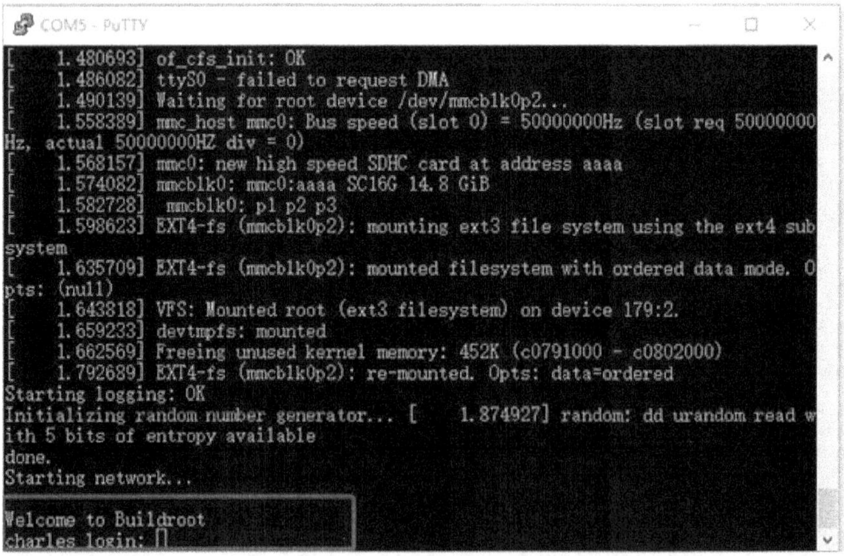

图 3-121　显示登录提示信息

（9）这里以根用户登录，所以输入"root"，如图 3-122 所示。

图 3-122 以根用户登录

（10）接下来需要输入密码。本书中给根用户设置的密码为 123，输入该密码后即登录成功，如图 3-123 所示。

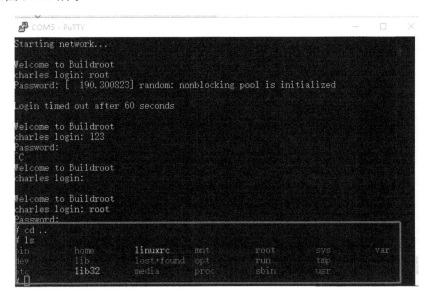

图 3-123 登录成功

（11）输入命令"cd .."切换到根目录，再输入命令"cd dev/"，进入 dev 目录，然后输入命令"ls"，即可查看当前的 Linux 系统中已经挂载了哪些设备，如图 3-124 所示。

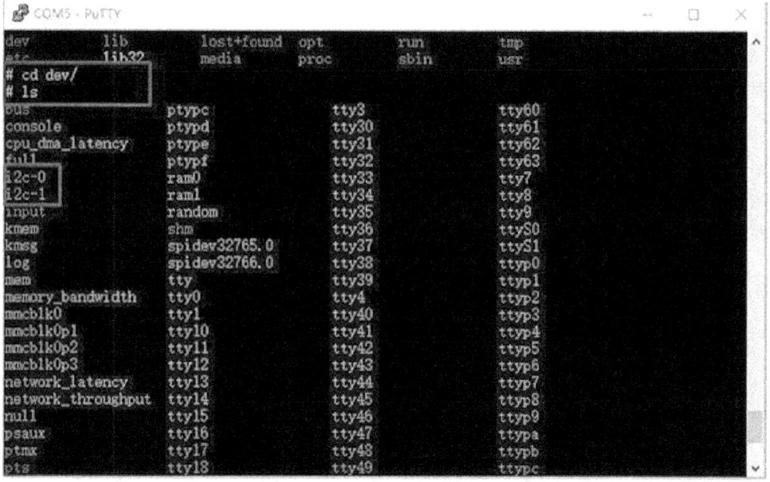

# FPGA 进阶开发与实践

图 3-124　查看系统中挂载的设备

（12）至此，系统镜像刻录及系统启动完成。

## ⊙ 3.6.9　DS-5 程序的编写、调试及运行

本节将详细介绍英特尔 SoC FPGA 的软件开发方法，英特尔 SoC FPGA 的软件开发需要使用 SoC EDS Command Shell 及 DS-5 软件工具。

（1）打开 SoC EDS Command Shell 并输入"eclipse&"，调出 DS-5 软件工具，如图 3-125 所示。

图 3-125　使用 SoC EDS Command Shell 调出 DS-5 软件工具

# 第 3 章
## 基于 FPGA 的 SoC 设计

（2）在弹出的对话框中设置工作空间（这里设置为 D:\Charles\SoC），设置好后单击"OK"按钮，如图 3-126 所示。

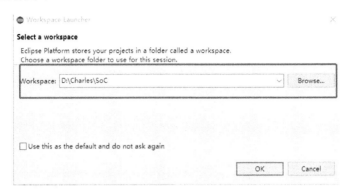

图 3-126　设置工作空间

（3）这时在 DS-5 软件工具中没有打开任何工程。选择"File"→"New"→"C Project"菜单命令，新建工程，如图 3-127 所示。

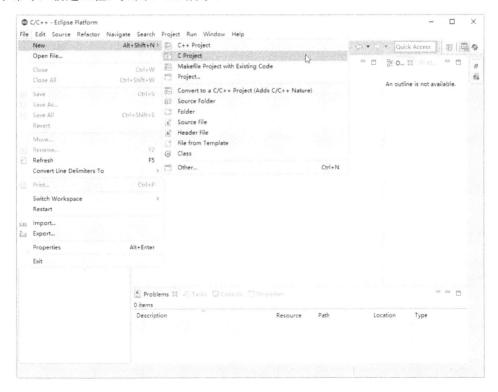

图 3-127　新建工程

（4）在弹出的对话框中给工程命名，这里以"hello_world"命名，然后在"Toolchains"栏中选择"GCC 4.x [arm-linux-gnueabihf](DS-5 built-in)"，如图 3-128 所示。

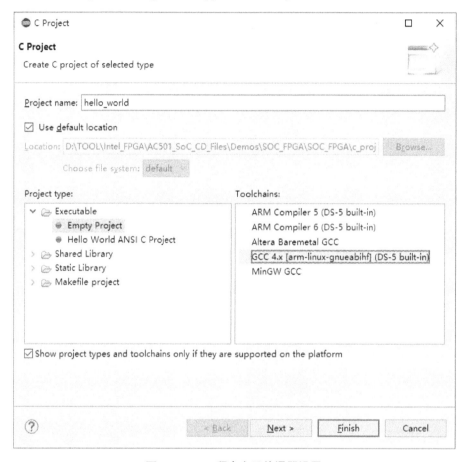

图 3-128　工程命名及编译器设置

注意："Toolchains"栏中的"ARM Compiler 5(DS-5 built-in)""ARM Compiler 6(DS-5 built-in)""Altera Baremetal GCC"是用来编译裸机程序的，而本书中编译的程序需要在 Linux 系统中运行，所以这里选择"GCC 4.x[arm-linux-gnueabihf] (DS-5 built-in)"。

（5）选择"File"→"New"→"Source File"菜单命令，新建 C 文件，如图 3-129 所示。

（6）在弹出的对话框中填写文件名称"main.c"，如图 3-130 所示。

（7）双击打开 main.c 文件，编写代码，如图 3-131 所示。

（8）在"Project Explorer"窗口中右击工程文件，在弹出的快捷菜单中选择"Build Project"命令，如图 3-132 所示。

图 3-129　新建 C 文件

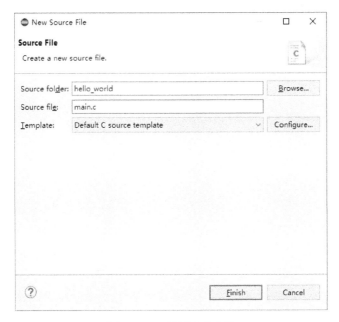

图 3-130　填写文件名称

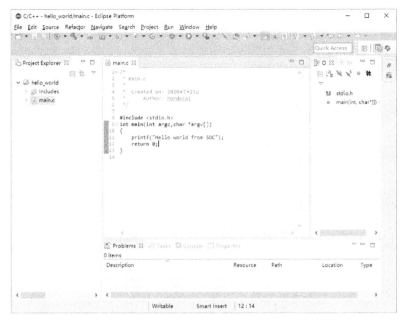

图 3-131　编写代码

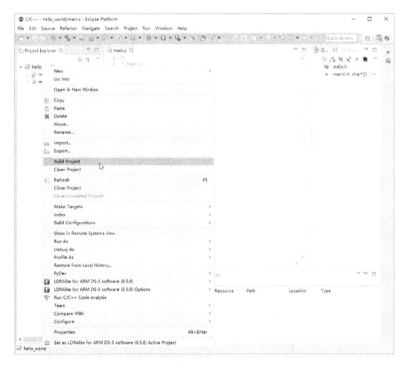

图 3-132　选择"Build Project"命令

(9)操作完成后,在"Project Explorer"窗口中可以看到已经生成了二进制文件"hello_world–[arm/le]",如图 3-133 所示。

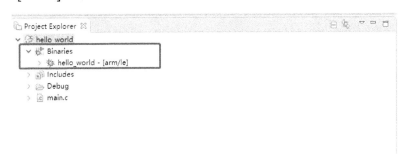

图 3-133　生成二进制文件

(10)生成的二进制文件保存在图 3-134 所示的文件夹中。

图 3-134　二进制文件的保存位置

(11)将生成的二进制文件复制到 SD 卡的 FAT 分区中,如图 3-135 所示。

图 3-135　将二进制文件复制到 SD 卡中

(12)将 SD 卡插入开发板卡槽,使用串口调试软件 PuTTY 设置好对应的 COM。给板卡通电,输入用户名和密码,进入 Linux 系统。输入命令"cd ..",回到根目录,然后输入命令"fdisk –l",查看 FAT 分区的 Device Boot,如图 3-136 所示。

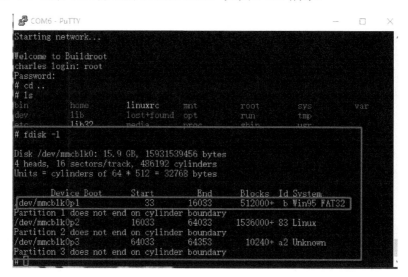

图 3-136  查看 FAT 分区的 Device Boot

(13)输入命令"mount -t vfat /dev/mmcblk0p1 /mnt",将 FAT 分区挂载到 mnt 文件夹下。分别输入命令"cd mnt/"和"ls",查看当前文件夹中的文件,如图 3-137 所示。

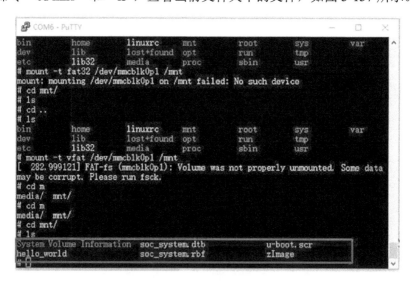

图 3-137  查看文件

(14)输入命令"./hello_world",运行该程序,输出结果"Say hello world from charles!",如图 3-138 所示。

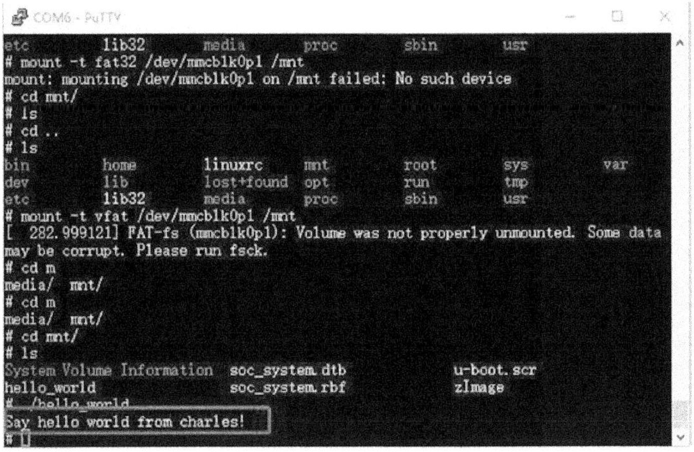

# 第 3 章
基于 FPGA 的 SoC 设计

图 3-138 运行程序

## 3.7 Linux 相关知识

### 3.7.1 安装 Ubuntu 虚拟机

在开发 SoC FPGA 系统时，通常需要编译 Linux 内核，而编译 Linux 内核需要 Linux 环境，本书中使用的是 Ubuntu 16.04 桌面版。本节将介绍如何在 Windows 系统中安装 Ubuntu 虚拟机，进而使用 Linux 环境。

（1）从网站 https://mirrors.aliyun.com/ubuntu-releases/xenial 下载 Ubuntu 16.04 桌面版镜像文件。

（2）打开 VMware Workstation 软件，创建新的虚拟机，如图 3-139 所示。

图 3-139 创建新的虚拟机

（3）在弹出的对话框中选择"自定义（高级）"并单击"下一步"按钮，如图 3-140 所示。

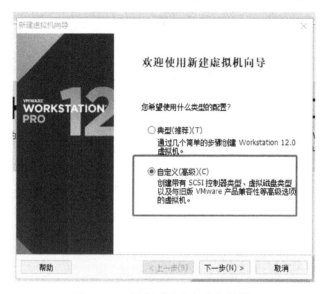

图 3-140　选择"自定义（高级）"

（4）在弹出的对话框中直接单击"下一步"按钮，然后在图 3-141 所示的对话框中选择已下载的镜像文件并单击"下一步"按钮。

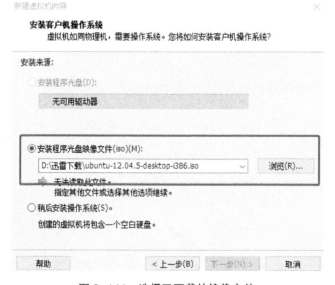

图 3-141　选择已下载的镜像文件

# 第 3 章
基于 FPGA 的 SoC 设计

（5）在图 3-142 所示的对话框中设置用户名及密码。

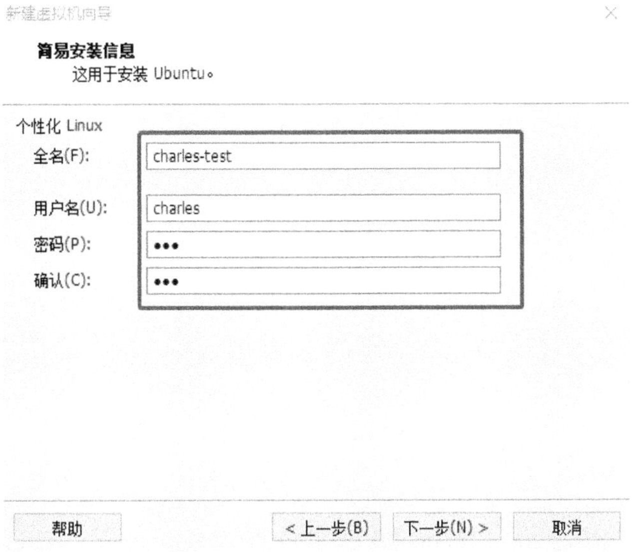

图 3-142　设置用户名及密码

（6）在图 3-143 所示的对话框中设置虚拟机名称及位置。

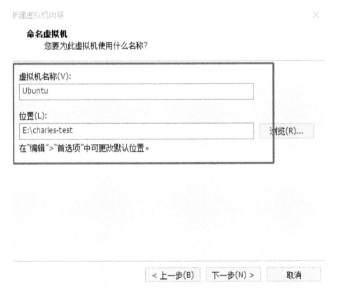

图 3-143　设置虚拟机名称和位置

（7）在图 3-144 所示的对话框中配置虚拟机处理器，这里将处理器数量设置为"1"。

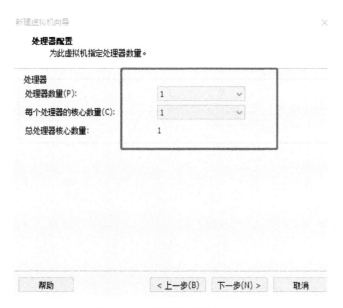

图 3-144　配置虚拟机处理器

（8）在图 3-145 所示的对话框中配置虚拟机内存。

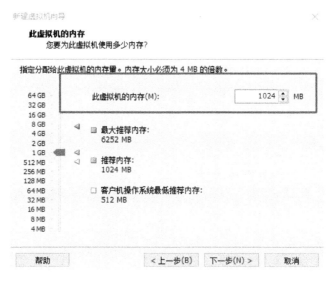

图 3-145　配置虚拟机内存

（9）一直单击"下一步"按钮，直到显示设置虚拟机磁盘容量，这里设置为 30GB，如图 3-146 所示。

第 3 章
基于 FPGA 的 SoC 设计

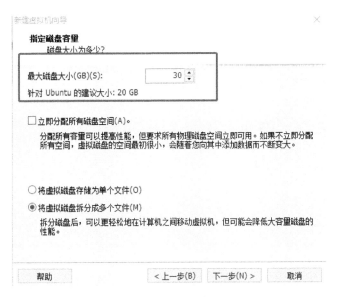

图 3-146　设置磁盘容量

（10）一直单击"下一步"按钮，直到虚拟机创建完成，此时 VMware Workstation 中会显示该虚拟机，如图 3-147 所示。

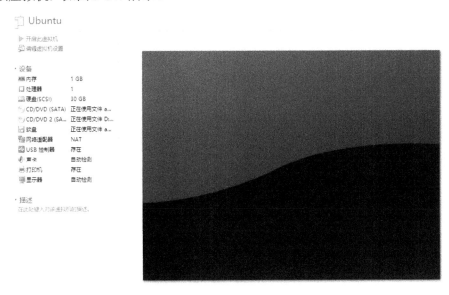

图 3-147　虚拟机创建完成

（11）单击"开启此虚拟机"，即可开始使用。

### 3.7.2 下载 Linux 系统源码

在安装完 Ubuntu 虚拟机，并且下载了 Linux 系统源码之后，才能编译生成 Linux 内核。下载 Linux 系统源码有以下两种方法。

（1）在浏览器中打开 https://github.com/altera-opensource/linux-socfpga/tree/socfpga-5.0 并单击"Clone or download"按钮，在弹出的小窗口中单击"Download ZIP"按钮，如图 3-148 所示。

图 3-148　通过浏览器下载 Linux 系统源码

（2）使用 Ubuntu 虚拟机下载 Linux 系统源码。

① 打开 Ubuntu 虚拟机，然后打开终端，如图 3-149 所示。

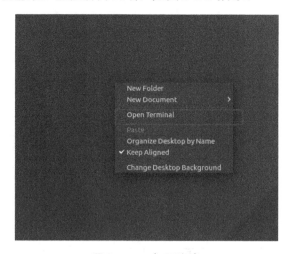

图 3-149　打开终端

② 输入命令"ping www.intel.com",查看虚拟机是否联网,如图 3-150 所示。

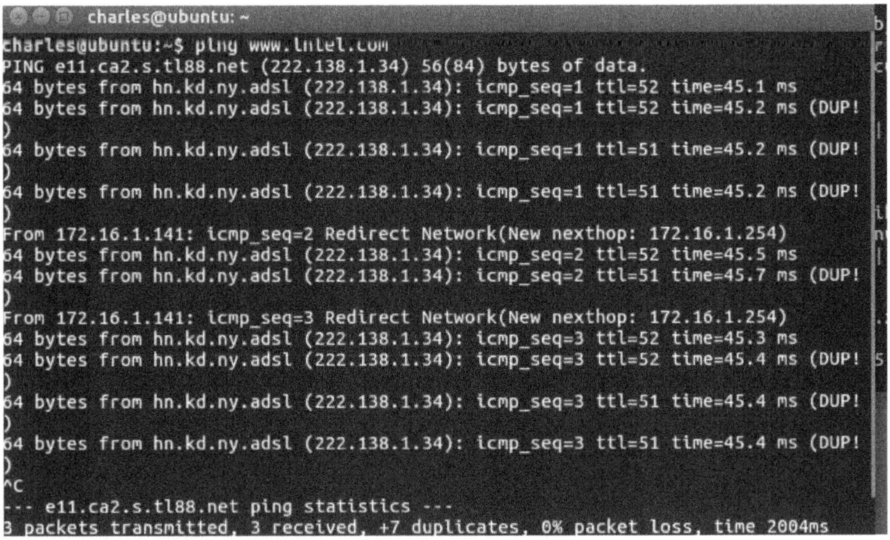

图 3-150　查看虚拟机是否联网

③ 如果虚拟机没有联网,则单击图 3-151 中的网络图标进行设置。

图 3-151　单击网络图标

④ 在弹出的对话框中选择"网络适配器"并选中"NAT 模式"或者"桥接模式",如图 3-152 所示。

⑤ 虚拟机网络设置好后,打开终端并输入命令"git clone https://github.com/altera-opensource/linux-socfpga.git",下载 Linux 系统源码,如图 3-153 所示。

图 3-152 设置虚拟机网络

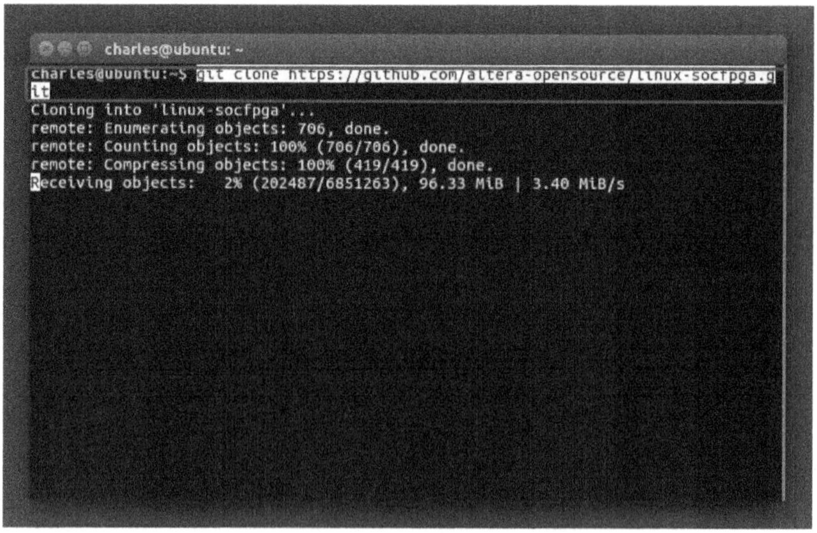

图 3-153 利用虚拟机下载 Linux 系统源码

## 3.8 常见问题

### 1．Linux 内核编译问题

问题描述：

error: unrecognized command line option '-fstack-protector-strong'

解决办法：

（1）在 Kernel 目录下输入命令"make menuconfig"。

（2）取消选中"General setup"中的"Optimize very unlikely/likely branches"选项，如图 3-154 所示。

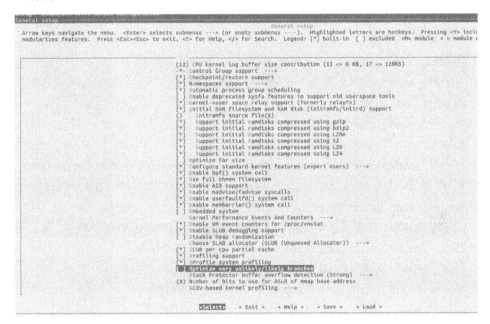

图 3-154　取消选中"General setup"中的"Optimize very unlikely/likely branches"选项

（3）将子选项"Stack Protector buffer overflow detection"设置为"None"。

### 2．在 Ubuntu 系统中安装 ia32-libs

第一种方法：

（1）输入命令"sudo –i"，切换到 root 权限。

（2）输入命令"cd /etc/apt/sources.list.d"，进入 apt 源列表。

（3）输入命令"echo "deb http://archive.ubuntu.com/ubuntu/ raring main restricted universe multiverse" > ia32-libs-raring.list"，添加 Ubuntu 13.04 的源。

（4）输入命令"apt-get update"和"apt-get install ia32-libs"，更新源并安装 ia32-libs。

（5）输入命令"rm ia32-libs-raring.list"和"apt-get update"。

第二种方法：

（1）输入命令"$sudo apt-get install ia32-libs"。

（2）如果提示没有可用的软件包，则输入命令"$sudo apt-get install libc6:i386 libgcc1:i386 gcc-4.6-base:i386 libstdc++5:i386 libstdc++6:i386"，安装替代的软件包。

### 3. VMware Workstation 无法连接到虚拟机

解决办法：打开任务管理器，关闭 VMware Workstation 开头的任务。

### 4. 在 Ubuntu 系统中对文件进行读写操作

解决办法：输入命令"sudo nautilus"，在弹出的窗口中对相应的文件进行读写操作。

### 5. u-boot 编译问题

问题描述：

tar: Error opening archive: Failed to open'/cygdrive/c/intelFPGA/18.0/embedded/host_tools/altera/preloader/uboot-socfpga.tar.gz'

make: *** [uboot-socfpga/.untar] Error 1

解决办法：

（1）找到 Quartus 安装目录下\embedded\ip\altera\preloader\src\Makefile.template 文件，将该文件替换成 https://forums.intel.com/s/topic/0TO0P000000MWKBWA4/programmable-devices?language=en_US&tabset-e9607=2 中的文件。

（2）找到 Quartus 安装目录下\embedded\host_tools\cygwin\etc\fstab 文件，做以下修改。

① 添加"#none /cygdrive cygdrive binary,posix=0,user 0 0"。

② 添加"none /cygdrive cygdrive binary,posix=0,user,noacl 0 0"。

最后在 SoC EDS 中执行命令"export PATH=/bin:$PATH"。

## 3.9 基于 FPGA 的 SoC 设计实验

### 3.9.1 实验一：生成 Preloader 源码

（1）打开 SoC EDS Command Shell，输入命令"bsp-editor&"并按回车键。

（2）在弹出的窗口中选择"File"→"New HPS BSP"菜单命令，新建 HPS BSP，如图 3-155 所示。

（3）在弹出的对话框中设置好 hps_isw_handoff 文件的路径，然后单击"OK"按钮，如图 3-156 所示。

# 第 3 章
## 基于 FPGA 的 SoC 设计

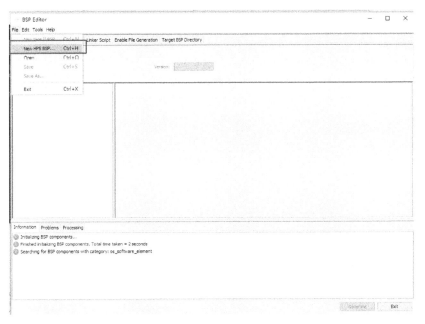

图 3-155　新建 HPS BSP

图 3-156　设置 hps_isw_handoff 文件的路径

（4）设置启动位置，如图 3-157 所示。

图 1-157　设置启动位置

备注：注意这里 FAT_LOAD_PAYLOAD_NAME 项目，一定要记住自己所设置的名字，在制作 SD 系统镜像时要用到。

（5）单击"Generate"按钮，生成 Preloader 和 u-boot 源码。

（6）打开工程对应的\software\spl_bsp\generated 目录，可以看到相关文件已经成功生成，如图 3-158 所示。

图 3-158　查看生成的文件

（7）打开文件就可以看到相应的代码，pll_config.h 文件中的部分代码如图 3-159 所示，可以看到 HPS 相应的时钟设置。

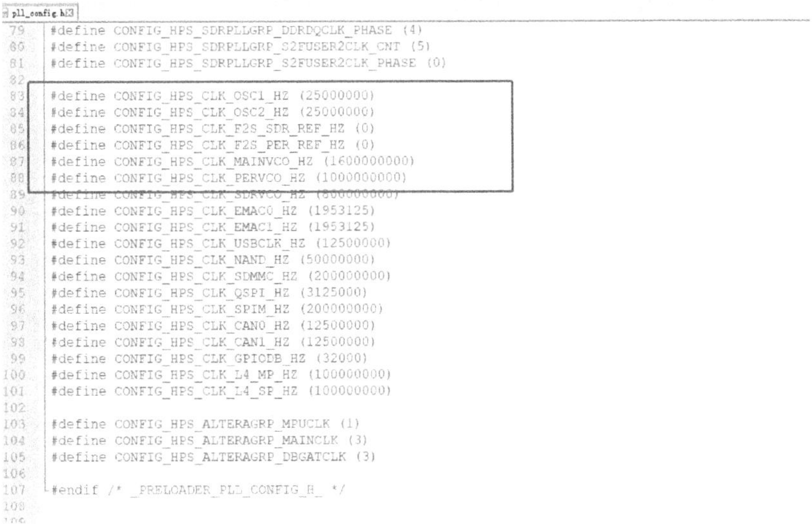

```
#define CONFIG_HPS_SDRPLLGRP_DDRDQCLK_PHASE (4)
#define CONFIG_HPS_SDRPLLGRP_S2FUSER2CLK_CNT (5)
#define CONFIG_HPS_SDRPLLGRP_S2FUSER2CLK_PHASE (0)

#define CONFIG_HPS_CLK_OSC1_HZ (25000000)
#define CONFIG_HPS_CLK_OSC2_HZ (25000000)
#define CONFIG_HPS_CLK_F2S_SDR_REF_HZ (0)
#define CONFIG_HPS_CLK_F2S_PER_REF_HZ (0)
#define CONFIG_HPS_CLK_MAINVCO_HZ (1600000000)
#define CONFIG_HPS_CLK_PERVCO_HZ (1000000000)
#define CONFIG_HPS_CLK_SDRVCO_HZ (800000000)
#define CONFIG_HPS_CLK_EMAC0_HZ (1953125)
#define CONFIG_HPS_CLK_EMAC1_HZ (1953125)
#define CONFIG_HPS_CLK_USBCLK_HZ (12500000)
#define CONFIG_HPS_CLK_NAND_HZ (50000000)
#define CONFIG_HPS_CLK_SDMMC_HZ (200000000)
#define CONFIG_HPS_CLK_QSPI_HZ (3125000)
#define CONFIG_HPS_CLK_SPIM_HZ (200000000)
#define CONFIG_HPS_CLK_CAN0_HZ (12500000)
#define CONFIG_HPS_CLK_CAN1_HZ (12500000)
#define CONFIG_HPS_CLK_GPIODB_HZ (32000)
#define CONFIG_HPS_CLK_L4_MP_HZ (100000000)
#define CONFIG_HPS_CLK_L4_SP_HZ (100000000)

#define CONFIG_HPS_ALTERAGRP_MPUCLK (1)
#define CONFIG_HPS_ALTERAGRP_MAINCLK (3)
#define CONFIG_HPS_ALTERAGRP_DBGATCLK (3)

#endif /* _PRELOADER_PLL_CONFIG_H_ */
```

图 3-159　pll_config.h 文件中的部分代码

## 3.9.2　实验二：编译 Preloader 源码

本实验将对实验一中的 Preloader 源码进行编译。

（1）打开 SoC EDS Command Shell，使用 ed 命令切换到工程目录 soft-ware/spl_bspF，如图 3-160 所示。

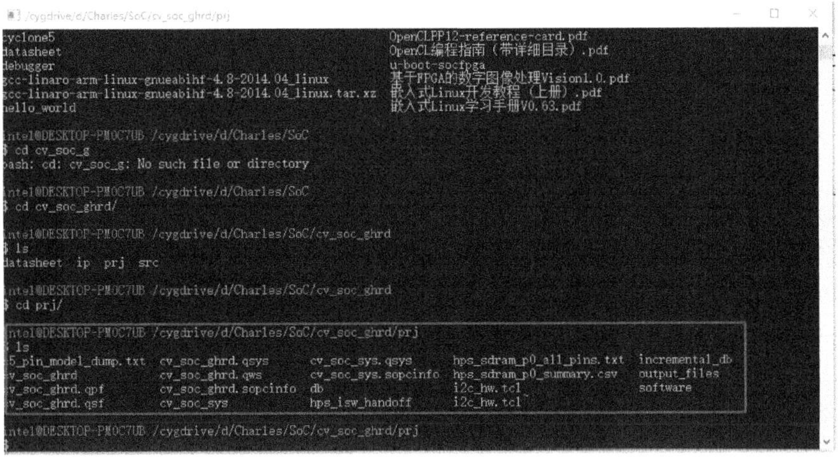

```
intel@DESKTOP-PM0C7UB /cygdrive/d/Charles/SoC
$ cd cv_soc_g
bash: cd: cv_soc_g: No such file or directory

intel@DESKTOP-PM0C7UB /cygdrive/d/Charles/SoC
$ cd cv_soc_ghrd/

intel@DESKTOP-PM0C7UB /cygdrive/d/Charles/SoC/cv_soc_ghrd
$ ls
datasheet  ip  prj  src

intel@DESKTOP-PM0C7UB /cygdrive/d/Charles/SoC/cv_soc_ghrd
$ cd prj/

intel@DESKTOP-PM0C7UB /cygdrive/d/Charles/SoC/cv_soc_ghrd/prj
$ ls
c5_pin_model_dump.txt  cv_soc_ghrd.qsys       cv_soc_sys.qsys        hps_sdram_p0_all_pins.txt  incremental_db
cv_soc_ghrd            cv_soc_ghrd.qws        cv_soc_sys.sopcinfo    hps_sdram_p0_summary.csv   output_files
cv_soc_ghrd.qpf        cv_soc_ghrd.sopcinfo   db                     i2c_hw.tcl                 software
cv_soc_ghrd.qsf        cv_soc_sys             hps_isw_handoff        i2c_hw.tcl

intel@DESKTOP-PM0C7UB /cygdrive/d/Charles/SoC/cv_soc_ghrd/prj
```

图 3-160　切换到当前所用工程目录

（2）输入命令"make"，在工程目录下生成 preloader-mkpimage.bin 文件，如图 3-161 所示。

图 3-161　生成 preloader-mkpimage.bin 文件

（3）图 3-162 显示了 preloader-mkpimage.bin 文件所在的文件目录。

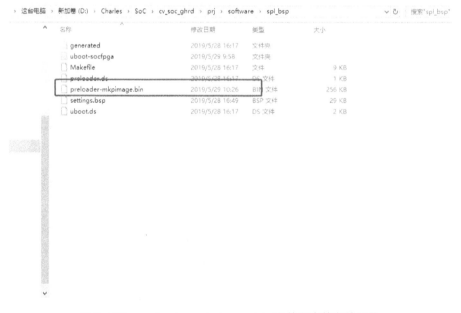

图 3-162　preloader-mkpimage.bin 文件所在的文件目录

# 第 3 章
基于 FPGA 的 SoC 设计

（4）在生成 preloader-mkpimage.bin 文件的同时也会在该目录下生成 u-boot-spl.bin 文件，输入命令"mkpimage -hv 0 -o preloader.img u-boot-spl.bin"，生成用于更新系统镜像的 preloader.img 文件，如图 3-163 所示。同时，在\software\spl_bsp\uboot-socfpga\spl 目录下会生成 u-boot-spl.bin 文件，如图 3-164 所示。

图 3-163　生成 preloader.img 文件

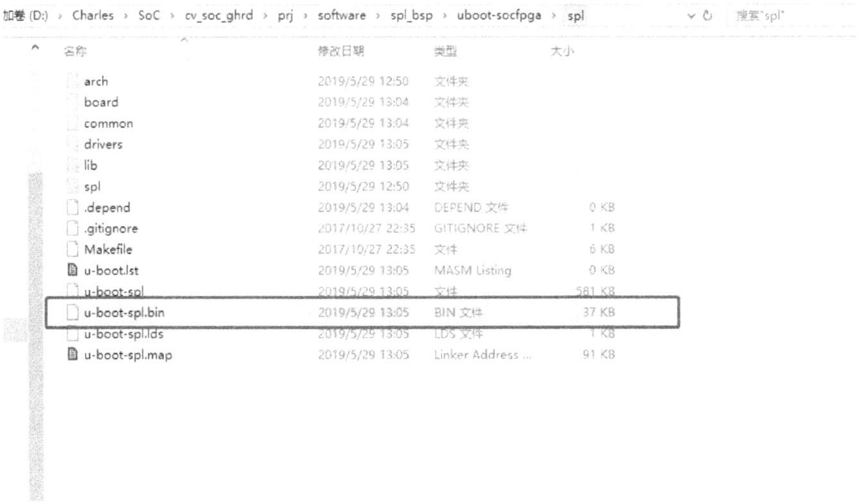

图 3-164　生成 u-boot-spl.bin 文件

（5）至此，编译和生成 Preloader 完成。

### 3.9.3 实验三：编译生成 u-boot 文件

本实验介绍如何编译和生成 u-boot，首先需要对工程全编译。

（1）打开 SoC EDS Command Shell，使用 Cd 命令切换到工程目录\software\spl_bsp，如图 3-165 所示。

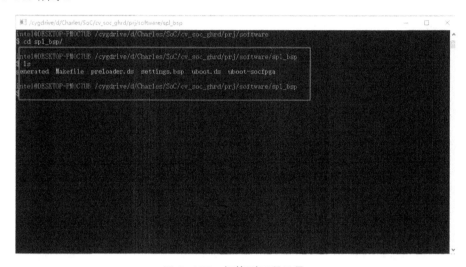

图 3-165 切换到工程目录

（2）如图 3-166 所示，输入命令"make uboot"，如果没有出现错误，接着就会开始编译 u-boot，编译时间约为 10 分钟（时间长短视计算机配置而定）。

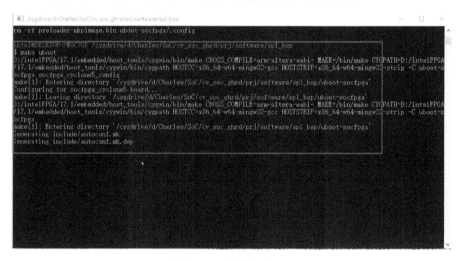

图 3-166 编译 u-boot

# 第 3 章
## 基于 FPGA 的 SoC 设计

（3）如果在上一步中提示"Nothing to be done for 'uboot'"，则说明之前已经编译过 u-boot，需要先输入清除命令"make clean"，再输入"make uboot"进行编译，如图 3-167 所示。

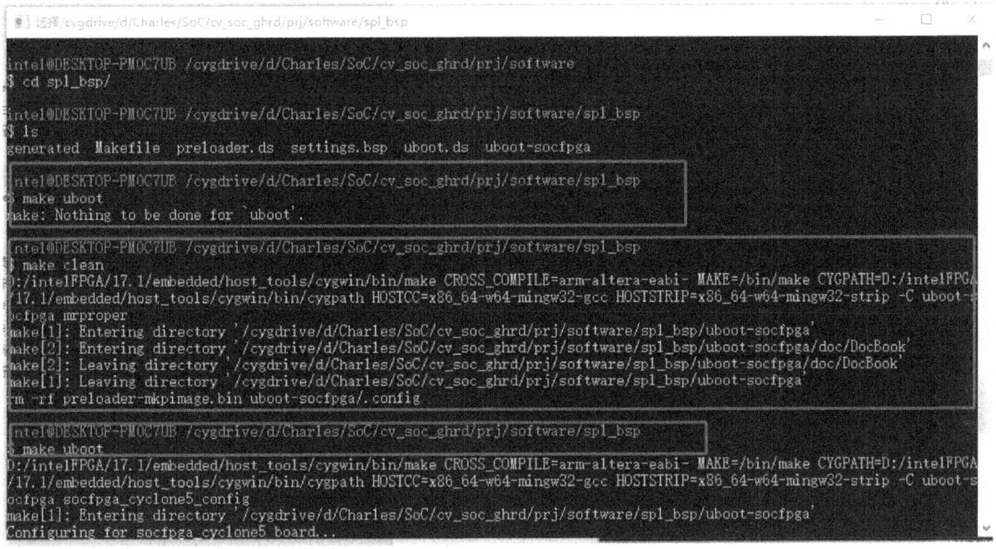

图 3-167　输入清除命令

（4）编译成功后将显示图 3-168 中的内容。

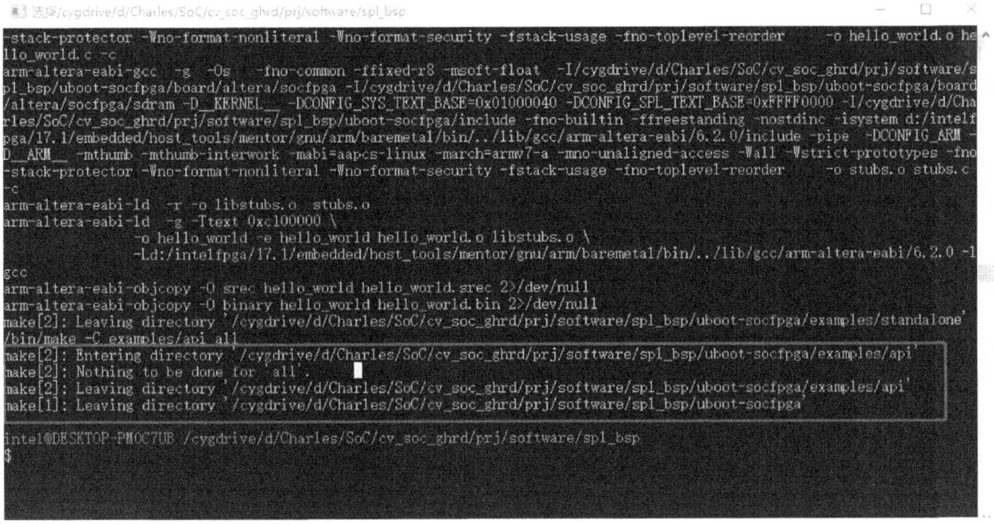

图 3-168　编译成功

(5) 在工程目录\software\spl_bsp 下有一个名为 uboot-socfpga 的文件夹，在该文件夹中有编译生成的 u-boot.img 文件，如图 3-169 和图 3-170 所示。

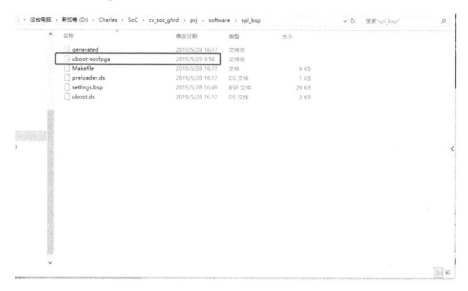

图 3-169　uboot-socfpga 文件夹

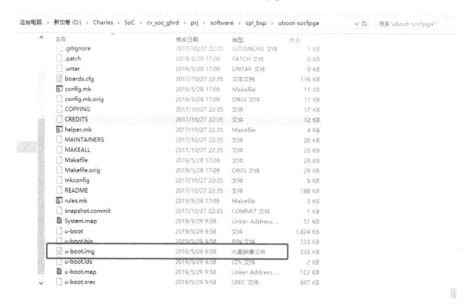

图 3-170　编译生成的 u-boot.img 文件

(6) 至此，u-boot 编译和生成完成。

## 3.9.4 实验四：配置和编译 Linux 内核

本实验主要介绍如何配置和编译 Linux 内核文件。

（1）在 Ubuntu 虚拟机中打开网站 https://github.com/altera-opensource/linux-socfpga 并下载和解压缩源码包，如图 3-171 所示。

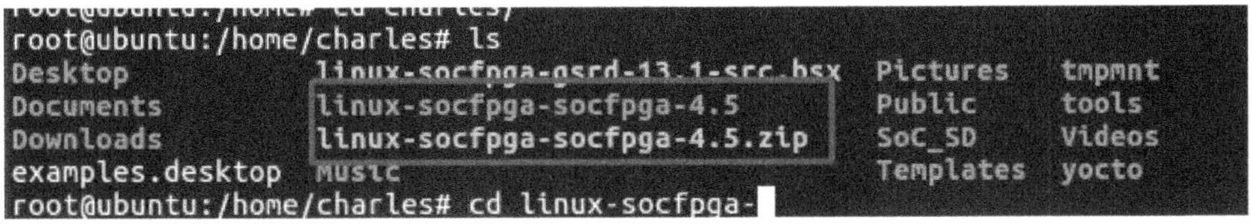

图 3-171 下载和解压缩源码包

（2）输入命令"export CROSS_COMPILE=安装路径/gcc-linaro-arm-linux-gnueabihf-4.9-2014.09_linux/bin/arm-linux-gnueabihf-"，配置交叉编译环境，如图 3-172 所示。

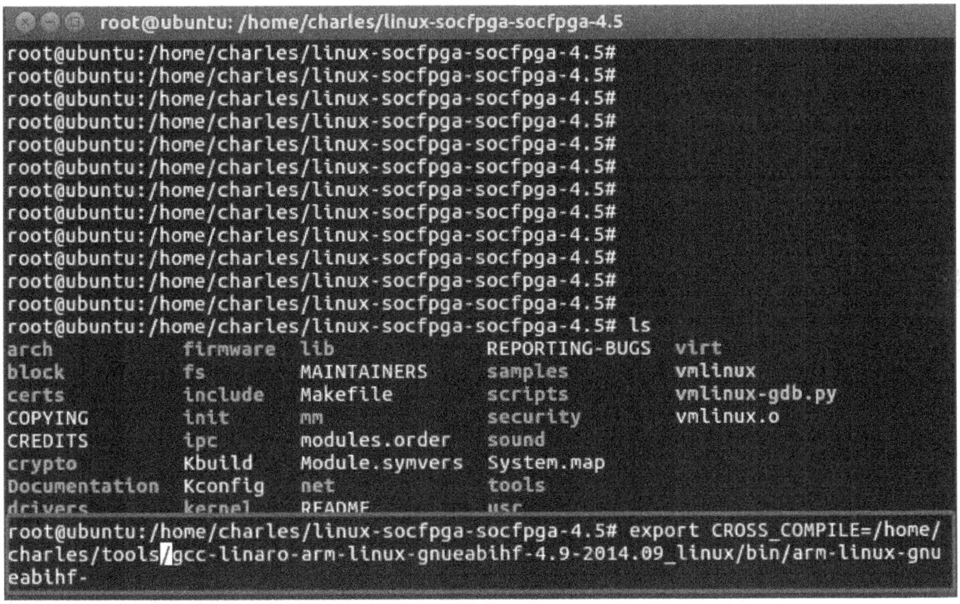

图 3-172 配置交叉编译环境

（3）输入命令"cd linux-socfpga-socfpga-4.5"，进入该文件夹，再输入命令"make ARCH=arm socfpga_defconfig"，生成配置脚本，如图 3-173 所示。

（4）输入命令"make ARCH=arm menuconfig"，弹出内核配置窗口，如图 3-174 所示。

（5）进入"General setup"选项，取消选中"Automatically append version information to the version string"，如图 3-175 所示。

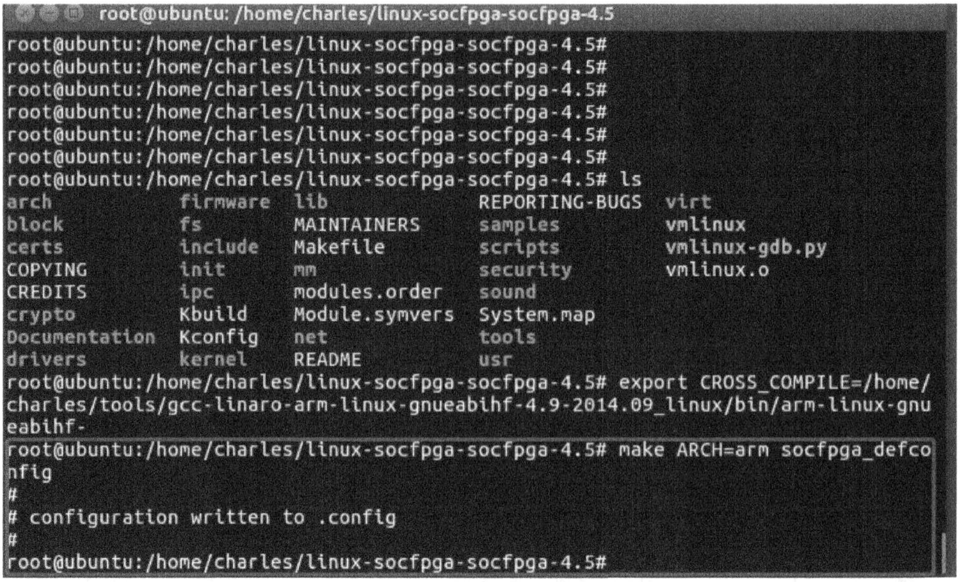

图 3-173 生成配置脚本

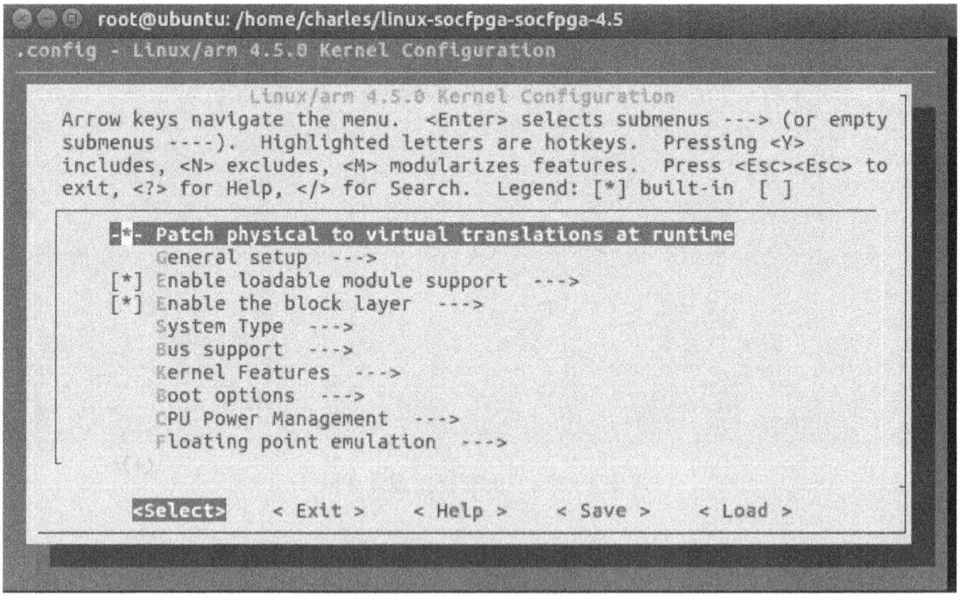

图 3-174 内核配置窗口

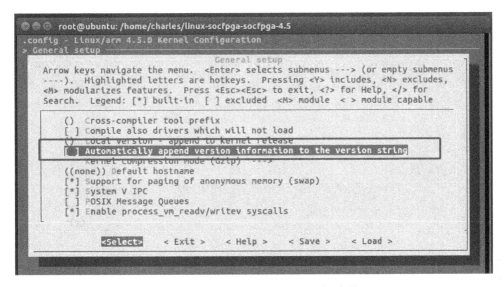

图 3-175　配置"General setup"选项

（6）返回一级目录，进入"Enable the block layer"选项，选中"Support for large (2TB+) block devices and files"，如图 3-176 所示。

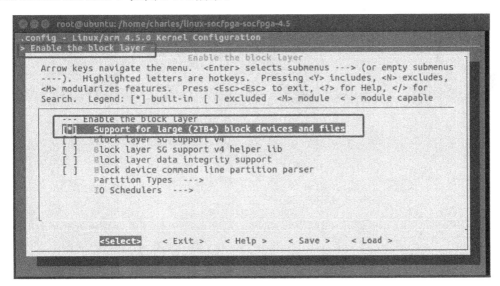

图 3-176　配置"Enable the block layer"选项

（7）保存当前配置，如图 3-177 所示。

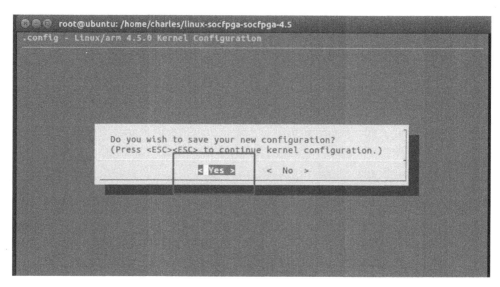

图 3-177 保存当前配置

(8) 输入命令 "make ARCH=arm LOCALVERSION= zImage" 开始编译 Linux 内核，如图 3-178 所示。

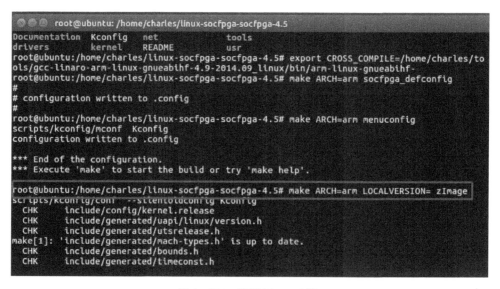

图 3-178 编译 Linux 内核

(9) 编译完成后，生成内核文件 zImage，如图 3-179 所示。

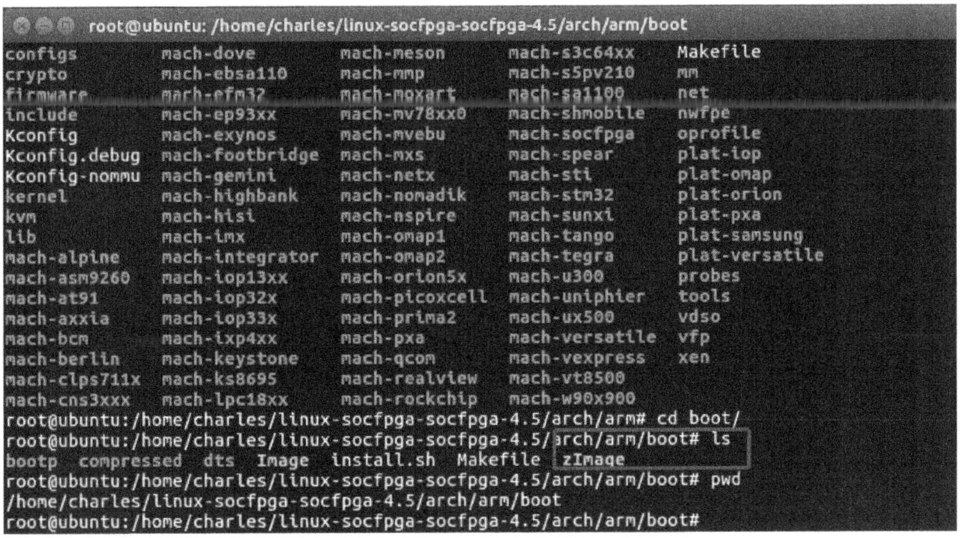

图 3-179 生成内核文件

（10）至此，SoC FPGA 所需的 Linux 内核编译完成。如果需要在 Linux 内核中添加设备驱动，如添加 UART 驱动，则要在"Device Drivers"中进行设置，设置完成后保存配置并重新编译 Linux 内核即可，如图 3-180 所示。

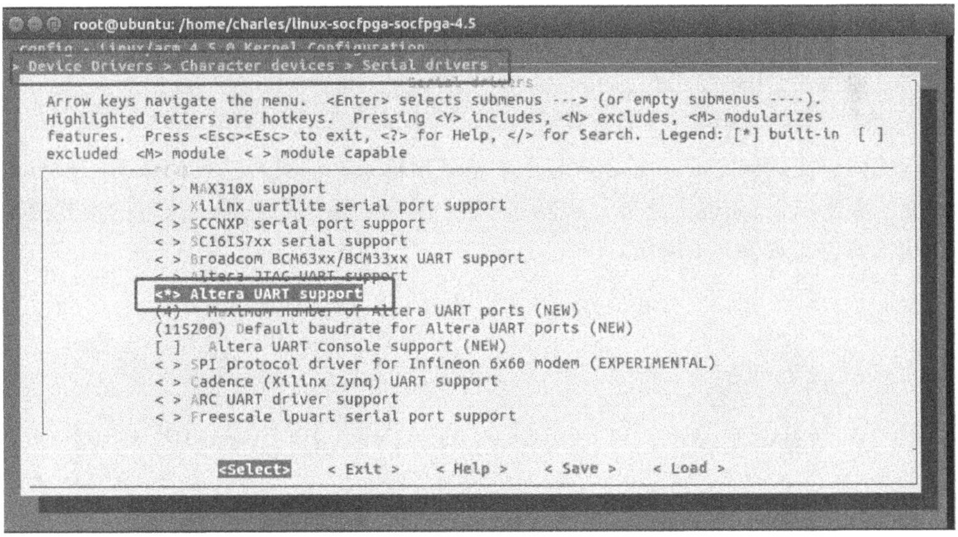

图 3-180 在 Linux 内核中添加设备驱动

# 第 4 章

# 基于 FPGA 的 HLS 技术与应用

## 4.1 HLS 简介

HLS（High-Level Synthesis）即高层次综合，是指使用高级编程语言进行硬件开发，目前主要应用在 FPGA 开发领域。HLS 的主要特点是利用高级编程语言（如 C/C++语言）实现算法，从而解决问题和节省开发时间。本章主要介绍 HLS 优化方法。

## 4.2 优化的依据

所有的代码在优化之前，都必须有一个度量指标来标识对应的代码或者可执行程序的性能基准。英特尔 HLS 也不例外。英特尔 HLS 的度量指标是以编译报告的形式提供的。HLS 代码编译结果如图 4-1 所示。

图 4-1　HLS 代码编译结果

在 test.prj 文件夹中有一个 reports 文件夹，如图 4-2 所示。

# 第 4 章
## 基于 FPGA 的 HLS 技术与应用

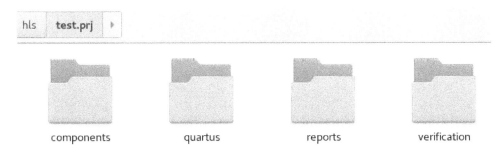

图 4-2  test.prj 文件夹中的内容

reports 文件夹中包含编译报告，如图 4-3 所示。

图 4-3  reports 文件夹中的内容

使用浏览器打开 report.html，即可查看相关信息，如图 4-4～图 4-7 所示。

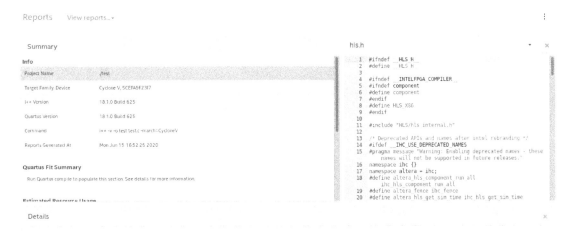

图 4-4  报告摘要

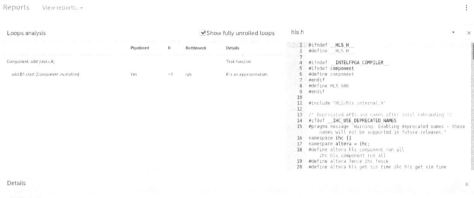

图 4-5 循环分析

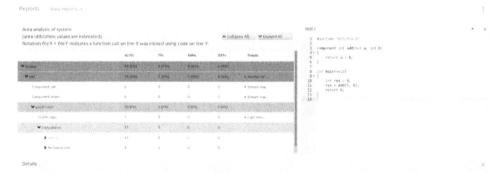

图 4-6 资源分析

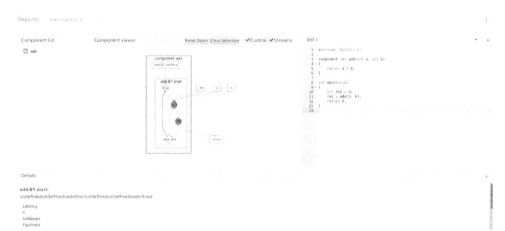

图 4-7 图示分析

有了编译报告作为依据，才能高效而准确地进行性能优化。

## 4.3 循环优化

在很多著名的算法当中，循环操作是不可或缺的部分，它可以简化开发工作。但是，循环操作越多，对算法性能的影响就越大。因此，通过对循环操作进行优化，能有效地提升算法性能。

### 4.3.1 并行与管道

绝大多数循环操作都是以串行的方式执行的，这种执行方式比较浪费时间，并且影响算法性能，如图4-8所示。

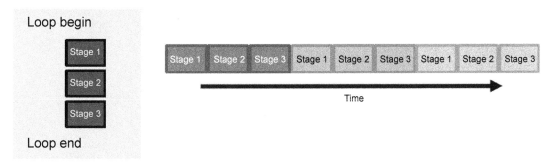

图 4-8 串行执行的循环操作

如果循环体当中的每次操作与上一次及下一次操作都没有任何关联，那么可以认为，所有操作可以同时执行。但是，由于循环操作本身的实现机制，在实际的执行过程中，只有本次操作完成之后才可以进行下一次操作。因此，产生了针对串行执行的两种优化方法，即将串行执行转换为并行（Unroll）执行或者管道（也称流水线，Pipeline）执行，如图4-9所示。

并行分为以下几种。

（1）数据并行：即对不同的数据进行处理，如GPU上常用的SIMD（Single Instruction Multiple Data，单指令多数据）。

（2）线程并行：即多线程并发执行，如常用的pthreads。

（3）指令并行：即同一时间执行多条指令，如超标量处理器。

（4）管道并行：即多条指令都在执行当中，但是不同时间执行指令的不同部分。目前大多数处理器都支持这种方式。

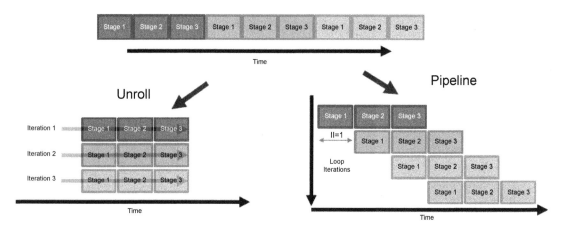

图 4-9 针对串行执行的两种优化方法

其中，数据并行是最为理想的循环执行方式；不过大多数情况下，由于存在各种各样的数据依赖关系，常采用管道并行的循环执行方式。以下面的 HLS 代码为例：

```
float array[M];
for(int i=0; i< n;i++)
{
    for (int j = 0; j < M-1; j++)
    {
        array[j] = array[j+1];
    }
    array[M-1] = a[i]; // 移位寄存器array，它是下一次循环的依赖

    // 此时，外部循环的下一次迭代已经启动了
    // 会自动生成移位寄存器的副本
    for (int j = 0; j<M; j++)  // 减少array
    {
        answer[i] += array[j] * coefs[j];
    }
}
```

上述代码已经过管道优化，管道优化前后的对比如图 4-10 所示。

由图 4-10 可以看出，管道优化的结果和多线程的执行方式比较类似。如果在循环当中调用一个 component 修饰的函数（即一个 HLS 模块），则每次的调用行为都是一次新的迭代，而且允许以管道的方式处理模块的多次执行。

英特尔 HLS 可为任何应用或功能构建自定义并行管道，以提高计算性能；并且可以在 FPGA 上形成前馈数据路径，利用 FPGA 的并行性，并行处理相关的指令；除此之外，英特尔 HLS 还可以在 FPGA 上对算法或数据的依赖关系进行检测，最大限度地保证计算的并

行性。

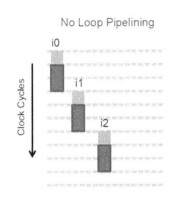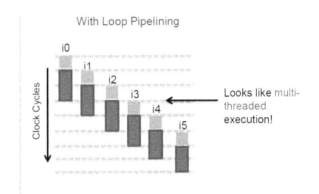

图 4-10　管道优化前后的对比

在英特尔 HLS 中利用管道对循环进行优化，可以大幅提升算法性能，这主要体现在以下几个方面。

（1）可以在当前迭代运行的同时，开始新的迭代而无须等待。

（2）可以充分利用数据通路。

（3）在理想情况下，每个时钟周期内都有新的迭代产生，可快速执行计算任务。

（4）当存在嵌套循环，且内部循环无法在每个周期都启动时，管道执行方式允许内部、外部的迭代交错运行。

### 4.3.2　性能度量

由前面的介绍可知，通过对循环操作进行优化（如管道优化或者并行的方式），可以提升算法性能。那么，对比如何度量呢？在软件开发领域，通常使用算法复杂度 $O(n)$ 进行度量；而在 FPGA 开发领域，则使用启动时间间隔（Initiation Interval，Ⅱ）进行度量。

（1）Ⅱ 表示的是每次迭代之间的时钟间隔。

（2）在理想情况下，Ⅱ 值为 1。

（3）如果出现 Ⅱ 值非常大的情况，则说明对应的代码或者算法在 FPGA 中不能被展开或者管道化。也就是说，对应的算法或者代码的时钟延迟非常大，性能损耗严重，需要进行优化。

因此，针对循环操作的优化，最关键的就是最小化 Ⅱ 值，使得对应的循环尽可能地被展开或者管道化。下面以图 4-11 所示的循环分析为例。

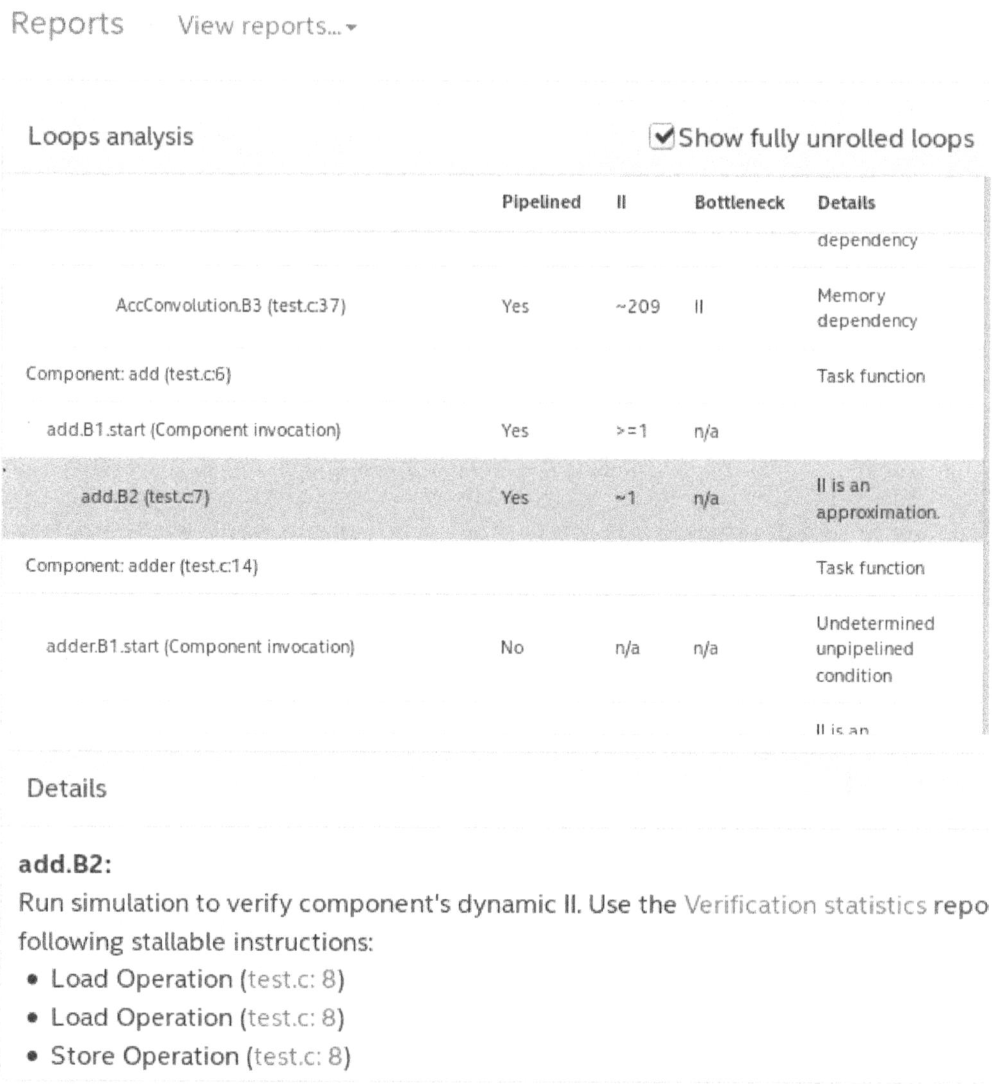

## Reports   View reports... ▼

### Loops analysis                                             ☑ Show fully unrolled loops

| | Pipelined | II | Bottleneck | Details |
|---|---|---|---|---|
| | | | | dependency |
| AccConvolution.B3 (test.c:37) | Yes | ~209 | II | Memory dependency |
| Component: add (test.c:6) | | | | Task function |
| add.B1.start (Component invocation) | Yes | >=1 | n/a | |
| **add.B2 (test.c:7)** | **Yes** | **~1** | **n/a** | **II is an approximation.** |
| Component: adder (test.c:14) | | | | Task function |
| adder.B1.start (Component invocation) | No | n/a | n/a | Undetermined unpipelined condition |
| | | | | II is an |

### Details

**add.B2:**
Run simulation to verify component's dynamic II. Use the Verification statistics repo following stallable instructions:

- Load Operation (test.c: 8)
- Load Operation (test.c: 8)
- Store Operation (test.c: 8)

图 4-11  循环分析（一）

图 4-11 中的深色部分显示，II 值约等于 1，说明对应的代码在 FPGA 中的运行性能比较好，延迟很低，接近理想情况。与此相反的情况如图 4-12 所示。

在图 4-12 中，虽然对循环已经进行了管道化，但是，由于存在内存依赖关系，导致 II 值比较大，使之成为对应的代码的性能瓶颈。因此，开发人员应根据编译报告的提示，对代码进行相应的优化。

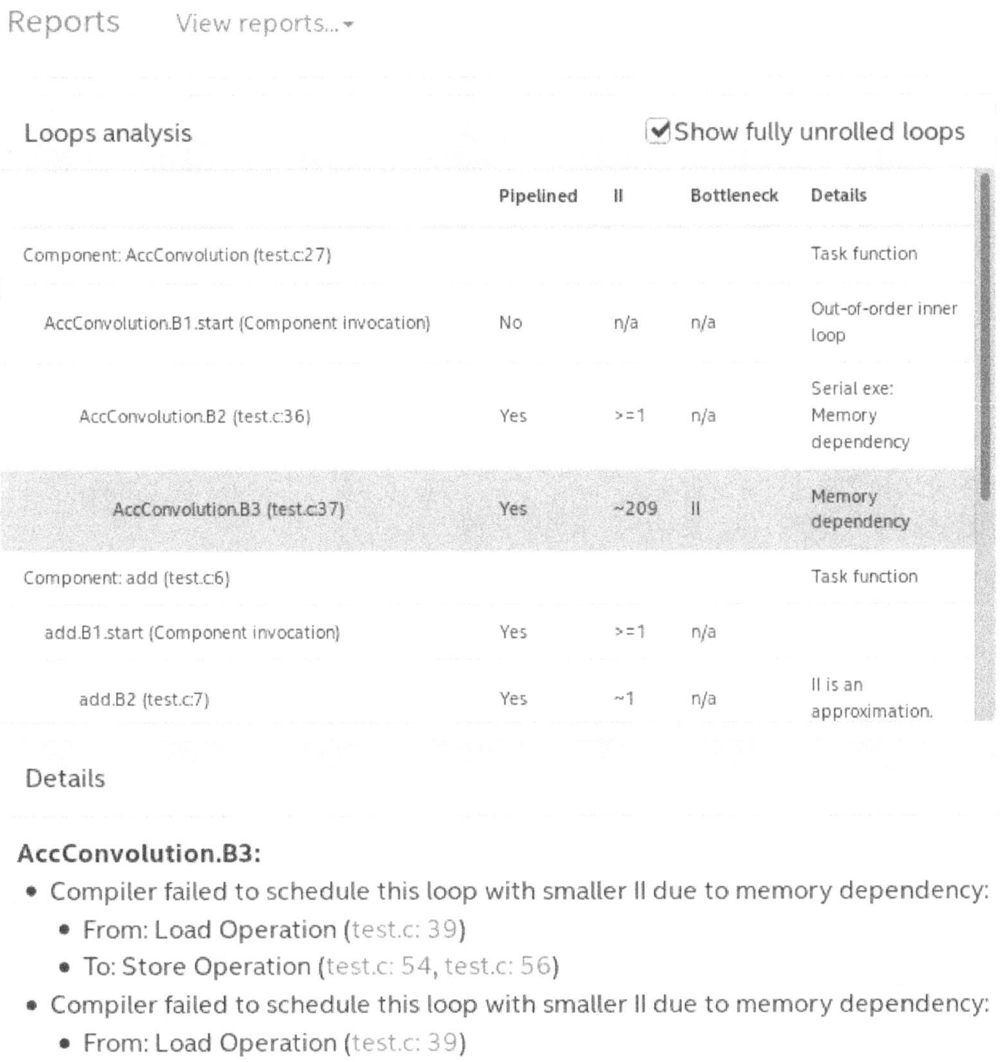

## Reports    View reports... ▼

### Loops analysis    ☑ Show fully unrolled loops

| | Pipelined | II | Bottleneck | Details |
|---|---|---|---|---|
| Component: AccConvolution (test.c:27) | | | | Task function |
| AccConvolution.B1.start (Component invocation) | No | n/a | n/a | Out-of-order inner loop |
| AccConvolution.B2 (test.c:36) | Yes | >=1 | n/a | Serial exe: Memory dependency |
| AccConvolution.B3 (test.c:37) | Yes | ~209 | II | Memory dependency |
| Component: add (test.c:6) | | | | Task function |
| add.B1.start (Component invocation) | Yes | >=1 | n/a | |
| add.B2 (test.c:7) | Yes | ~1 | n/a | II is an approximation. |

### Details

**AccConvolution.B3:**
- Compiler failed to schedule this loop with smaller II due to memory dependency:
  - From: Load Operation (test.c: 39)
  - To: Store Operation (test.c: 54, test.c: 56)
- Compiler failed to schedule this loop with smaller II due to memory dependency:
  - From: Load Operation (test.c: 39)

图 4-12　循环分析（二）

常见的影响循环展开或管道化的原因主要是算法当中存在依赖关系，这种依赖关系通常有两种情况：内存依赖，即内存的加载依赖于上一次迭代的存储操作，当前的内存操作不能在上一次迭代所依赖的内存操作之前发生；数据依赖，即当前循环的变量依赖于上一次循环迭代的计算结果。这两种依赖关系都会导致循环展开和管道化不成功，或者导致计算延迟增大，即II值比较大。

### 4.3.3 循环依赖

在循环操作中存在内存依赖或数据依赖，都会导致操作延迟。例如，下面的代码中就存在内存依赖。

```
for(...){
    A[x] = A[y];
}
```

这样的代码会导致 II 值比较大，因为 A[x] 的值依赖于 A[y]，对应的硬件必须等到对应的依赖关系完成之后才能生成。假设上述代码总共需要迭代 N 次，那么其执行完成的时钟延迟就是 N 个时钟周期。这显然不符合人们对性能的要求。所以，减少类似的依赖关系，是提升性能的有效方法。

**1. 消除依赖**

消除依赖是指通过算法优化或者一些技巧，将循环中的内存依赖、数据依赖进行消除，从而达到减小 II 值的目的。先看一段未经优化的代码：

```
int sum = 0;
for(i=0;i<N;i++){
    for(j=0;j<N;j++){
        sum+=A[i*N+j];
    }
    sum += B[i];
}
```

在上述代码中，外层循环在每个时钟周期都会启动，而每一次内层循环都需要上一次外层循环中的 sum，导致整个循环成为串行结构，无法在 FPGA 中并行执行。

下面对这段代码进行修改，具体如下：

```
int sum = 0;
for(i=0;i<N;i++){
    int sum2 = 0;
    for(j=0;j<N;j++){
        sum2+=A[i*N+j];
    }
    
    sum += sum2;
    sum += B[i];
}
```

这里增加了一个局部变量 sum2，使内层循环与外层循环之间不再存在依赖关系，从而使串行执行流程变成了并行或者管道化执行流程，降低了代码在 FPGA 中运行的延迟。

## 2. 将依赖放宽

同样，先看一段未经优化的代码：

```
float mul = 1.0f;
for(i=0;i<N;i++){
    mul = mul * A[i];
}
```

假设执行一次浮点乘法需要 6 个时钟周期（即 II 值为 6），而每次的乘法结果又需要上一次迭代的结果，即存在数据依赖，这导致该循环的时钟延迟至少为 $6×N$ 个时钟周期。下面采用将依赖放宽的方式来降低时钟延迟，代码如下所示：

```
#define M 6
float mul = 1.0f;
float mul_copies[M];
for(i=0;i<M;i++){
    mul_copies[i] = 1.0f;
}

for(i=0;i<N;i++){
    float cur = mul_copies[M-1] * A[i];

    #pragma unroll
    for(j=M-1;j>0;j--){
        mul_copies[j] = mul_copies[j-1];
    }
    mul_copies[0] = cur;
}

#pragma unroll
for(i=0;i<M;i++){
    mul = mul * mul_copies[i];
}
```

代码优化的逻辑如下：

（1）对于优化之前的代码，其编译之后的 II 值为 6，所以尝试使用 6 次循环来降低时钟延迟。

（2）使用一个包含 6 个元素的数组进行数据缓存，输出 mul 的副本。这种方式通常称为移位寄存器。

（3）利用移位寄存器，将计算的结果移动到寄存器底部，其他元素依次上移。

（4）将所有的副本归并到最终的结果当中。

基于移位寄存器的优化思路如图 4-13 所示。

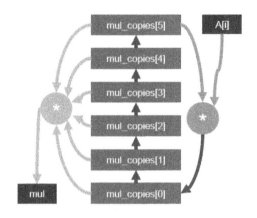

图 4-13 基于移位寄存器的优化思路

上述代码经过优化后进行编译，其 II 值可以降低到接近 1。

### 3. 降低循环依赖的相关性

除了将依赖放宽，还可以通过降低循环依赖的相关性来减小 II 值。先看一段未经优化的代码：

```
double sum = 0;
for(i=0;i<N;i++){
    sum += input[i];
}
```

上述代码中存在的问题如下：

（1）一个操作需要多个周期，导致存在数据依赖。

（2）编译得到的 II 值为 11。

同样，使用移位寄存器来解决这些问题，代码如下所示：

```
#define II_CYCLES 12

double shift_reg[II_CYCLES+1];
for(i=0;i<II_CYCLES+1;i++){
    shift_reg[i] = 0;
}

for(i=0;i<N;i++){
    shift_reg[II_CYCLES] = shift_reg[0] + input[i];

    #pragma unroll
    for(j=0;j<II_CYCLES;j++){
        shift_reg[j] = shift_reg[j+1];
```

```
    }
}

double sum = 0;
#pragma unroll
for(i=0;i<II_CYCLES;i++){
    sum += shift_reg[i];
}
```

代码优化思路如下：

（1）由于优化前的II值为11，因此创建一个包含13个元素的移位寄存器（数组）。

（2）使用输入元素和移位寄存器的底部元素进行操作，并将结果存储到移位寄存器的顶部。

（3）将移位寄存器中的其他元素依次下移。

（4）重复上述操作，并将最终的结果归并到一个元素中。

经过优化后，最终的II值为1。

4．利用本地内存

除了上述操作，还可以通过控制内存来降低代码的时钟延迟。在FPGA中，本地内存的访问路径比系统内存的访问路径短，因此访问系统内存可能会带来比较大的延迟。以下面的代码为例：

```
component void mycomp(int *restric A){
    for(int i=1;i<N;i++){
        A[N-i] = A[i];
    }
}
```

由于变量A是通过数据总线传递过来的，属于系统内存，因此，每次循环迭代都会对系统内存进行读写操作，造成延迟比较大。针对上述代码，可以使用本地内存的方式来进行改写，具体如下：

```
component void mycomp(int *restric A){
    int B[N];
    int i = 0;
    for(i=1;i<N;i++){
        B[i] = A[i];
    }

    for(i=1;i<N;i++){
        B[N-i] = B[i];
    }
```

```
for(i=0;i<N;i++){
    A[i] = B[i];
}
```

在 HLS 当中，定义在函数内部的变量使用的一定是本地内存，其读写速度比系统内存要快。利用这个特性，首先将 A 从系统内存转移到本地内存，然后在本地内存进行比较复杂的计算，计算完毕之后，再将结果从本地内存转移到系统内存，而不用每次都从系统内存读取数据并进行计算。这减少了对系统内存的访问，缩短了访问路径，从而提高了性能，降低了延迟。

### 4.3.4 明确循环的退出条件

影响循环操作性能的因素很多，其中就包括循环的退出条件。与普通的软件代码或者 CPU 的执行流程不一样，HLS 在 FPGA 中执行循环操作时，在循环启动之前，就需要评估循环的退出条件。如果退出条件不够明确，或者编译器无法确定退出条件，那么这样的循环是不能被展开或者被管道化的。以下面的代码为例：

```
while(input[i++]<N){
    …
}
```

虽然 N 的值是确定的，但是 input[i++]的值只有在运行时才能确定，并且其值需要根据 i++的变化进行相关的内存操作才能被索引。因此，这样的循环操作代码无法在 HLS 中被展开或者被管道化，必须对其进行修改。明确循环的退出条件可以帮助 HLS 编译器对代码进行优化，提升计算性能，以下面的代码为例：

```
int i = 0;
while(i < N){
    c[i] = a[i] + b[i];
    i++;
}
```

这里，i 同样是变量，同样在运行时才能确定具体的数值，但是，由于 i 的边际 N 已经确定，i 的变化规律也已经确定，所以，HLS 编译器可以根据以上信息判断出对应的循环操作需要执行多少次，即循环的退出条件或者循环的次数对于编译器而言是确定的，这样的代码可以很好地进行管道化，从而提升性能。

### 4.3.5 线性操作

除内存依赖、数据依赖之外，分支判断也会导致循环操作的管道化失败，以下面的代码为例：

```
for(i=0;i<N;i++){
```

```
    if((i&3) == 0){
       for(...)
           ...
    }else{
       for(...)
           ...
    }
}
```

由于存在一个 if-else 判断结构，所以每次执行外层循环时，都要先执行一次判断操作，然后执行内层循环，形成一个非线性的执行流程，进而导致对应的循环操作无法在 FPGA 中被管道化或者展开，其编译报告中会提示图 4-14 所示的信息。

```
NOT pipelined due to:
  Loop structure: loop contains divergent inner loops.
  Making all inner loops unconditional should fix this problem.
```

图 4-14　非线性操作编译报告中的提示信息

针对上述问题，一种可能的解决思路如下：保持两条不同的执行路径，在最后的时刻根据条件进行选择，以尽可能减少非线性操作带来的影响。例如，可对上述代码做以下修改：

```
for(i=0;i<N;i++)
{
 for(...)
     res1=...
 for(...)
     res2=...
 if((i&3)==0)
     result = res1;
 else
     result = res2;
}
```

## 4.3.6　循环展开

除了管道化，在英特尔 HLS 当中，还可以使用预编译指令#pragma unroll <N>对循环进行展开，使之完全并行化。其中，N 表示展开系数。以下面的代码为例：

```
#pragma unroll
for(i=0;i<4;i++){
    array[i] = i;
}
```

预编译指令的作用是将下方的 for 循环结构完全展开，使之并行化。上述代码等同于下面的代码：
```
array[0] = 0;
array[1] = 1;
array[2] = 2;
array[3] = 4;
```
注意，上面的代码虽然看起来和普通的串行代码没什么两样，但是，在 FPGA 中执行时，每行代码是在同一时刻执行的，即它们是完全并行的。

循环展开的优点包括：

（1）直接利用 FPGA 硬件，对循环的内部逻辑进行复制。

（2）编译器会重新分析所有的依赖关系，并且允许编译器进行最大程度的代码优化。

（3）尽可能降低模块的延迟。

（4）尽可能提高资源利用率。

下面通过一系列示例说明如何进行循环展开。

首先看一段代码：
```
accum = 0;
for (i=0;i<4;i++){
    accum += data[i];
}

sum_out = accum;
```

上述代码比较简单，就是求 4 个值的和。如果上述代码在 CPU 中执行，或者在 FPGA 中执行，但是不进行展开，那么其执行流程如下：每次迭代都执行一次累加操作，4 次迭代之后，再执行一次存储操作，如图 4-15 所示。

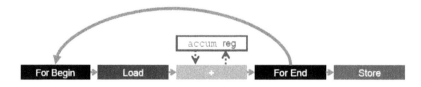

图 4-15　串行执行流程

很明显，其中累加操作延迟比较大。如果上述代码是一个循环体的内部结构，累加操作和存储操作会消耗过多的时间，导致代码的延迟比较大。下面使用 unroll 指令对上述循环进行展开，展开系数设定为 2。
```
accum = 0;
#pragma unroll 2
for (i=0;i<4;i++){
    accum += data[i];
```

```
    }
    sum_out = accum;
```

上述代码在 FPGA 中执行时,变成了每次迭代时,同时执行 2 次循环,也就是说,执行效率提升了 1 倍,其执行流程如图 4-16 所示。

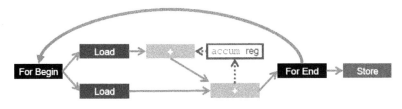

图 4-16　展开系数为 2 时的执行流程

如果设定展开系数为 4,则代码如下所示:

```
accum = 0;
#pragma unroll 4
for (i=0;i<4;i++){
    accum += data[i];
}

sum_out = accum;
```

由于循环本身只有 4 次操作,而设定的展开系数也为 4,所以上述代码是完全展开的。上述代码等效于下面的代码:

```
accum = 0;
#pragma unroll
for (i=0;i<4;i++){
    accum += data[i];
}

sum_out = accum;
```

将循环完全展开,相当于将原本需要在 4 个时钟周期内处理的问题,拉平到 1 个时钟周期内完成,其执行流程如图 4-17 所示。

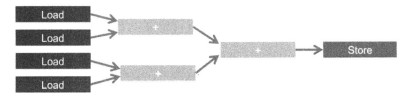

图 4-17　展开系数为 4 时的执行流程

从上面的示例可以看出，循环展开可以极为有效地降低循环操作造成的时钟延迟。

使用 unroll 指令进行循环展开时，展开系数 N 表示利用 FPGA 硬件将对应的循环操作逻辑复制 N 次；如果不标记展开系数，则表示完全展开，但是要注意，由于是使用硬件资源进行操作的复制，所以完全展开可能会消耗比较多的资源。

通常将展开系数 N 设置成总的循环迭代次数的因数，这样可以节省硬件资源，以下面的代码为例：

```
#pragma unroll 32
for(i=0;i<64;i++){
    ...
}
```

在上述代码中，总的循环迭代次数是 64，展开系数是 32。

循环展开虽然可以解决循环操作带来的时钟延迟问题，但并不是所有的情况都可以使用循环展开，例如：

（1）循环边界不明确导致循环无法展开。

（2）控制条件复杂导致循环无法展开，如复杂的数组索引，或者退出条件在编译时未知。

（3）FPGA 硬件资源不够导致循环无法展开。

（4）嵌套循环无法展开。

以下情况下，通常可以采用循环展开：

（1）高速计算时以面积换取速度。

（2）初始化寄存器阵列。

（3）操作移位寄存器。

（4）访问的内存可以合并。

如果需要禁用循环展开，则要将展开系数设置为 1，示例如下：

```
#pragma unroll 1
for(i=0;i<64;i++){
    ...
}
```

## 4.3.7 嵌套循环

嵌套循环比普通的循环复杂，但是也存在时钟延迟，同样可以进行优化。在编写嵌套循环时，需要注意以下事项：

（1）内层循环通常是影响性能的关键部分。

（2）通常情况下，应将绝大多数计算工作置于内层循环中。

（3）应尽可能使内层循环的 II 值接近 1。

## 4.4 代码优化

HLS 代码优化的总体原则如下：
（1）避免指针别名。
（2）最小化内存依赖。
（3）将嵌套循环改为单层循环。

### 4.4.1 避免指针别名

所谓指针别名，是指多个不同的指针指向相同的内容。以下面的函数定义为例：
```
component void func(int * a, int * b)
```
在调用上述函数时，会出现如下情况：
```
int source[] = {1,2,3,4,5};
func(source, source);
```
由于传递到函数 func() 中的 a 和 b 都是数组 source 的首地址，所以 a 和 b 就互为指针别名。指针别名会使编译器认为指针所代表的变量之间存在依赖关系，这会极大地限制循环的管道化，并且会增加循环的启动时间间隔。

通常情况下，应避免使用指针别名，从根源上消除指针别名。可以利用关键字 restrict 对指针别名进行限制。例如，可以利用该关键字将上述函数定义修改为如下形式：
```
component void func(int * restrict a, int * restrict b)
```
在调用该函数时，如果 a 和 b 的参数指向相同的内容，就会出现编译错误，从而提醒开发者避免指针别名的问题。

但是，如果遇到必须使用指针别名的情形，则应在保证算法或函数功能实现的前提下，尽可能降低指针别名带来的时钟延迟。

### 4.4.2 最小化内存依赖

除前面已经提到过的循环依赖关系解决思路之外，在实际应用当中，还有一些内存或数据依赖的问题需要注意。其中，指针和数组的用法非常关键。

由于 HLS 最终的运行目标是 FPGA，而不是 CPU，因此内存寻址、地址计算等操作会导致 HLS 性能下降。例如，应避免使用以下代码：
```
int t = *(A++);
*A = t;
```
对于数组，则需要避免复杂的数组索引操作，具体如下：

（1）避免在数组索引当中出现非常量。例如，避免使用类似 A[k+i] 的操作，其中 i 为迭代索引，k 为编译期间数值未知的变量。

（2）避免在同一个索引操作当中使用多个索引变量。例如，在二维数组中，A[i+j]就不如 A[i][j]高效。

（3）避免使用非线性索引操作。例如，A[i&c]就属于非线性索引操作，会影响性能。

这里再次强调，应尽可能在循环中使用常量作为退出的边界条件，避免使用复杂的循环退出条件，因为复杂的条件会导致编译器无法有效地分析循环的性能并采取合适的优化措施，从而导致性能下降。

### 4.4.3 将嵌套循环改为单层循环

很多算法使用嵌套循环，而嵌套循环本身就是消耗资源和影响性能的操作。因此，在设计时，最好把嵌套循环改成单层循环。例如，原来的代码如下所示：

```
for(i=0;i<N;i++){
    for(j=0;j<M;j++){
        ...
    }
}
```

最好将其修改为如下形式：

```
for(i=0;i<N*M;i++){
    ...
}
```

如果由于算法的限制，无法将嵌套循环修改为单层循环，可以考虑使用 loop_coalesce 指令，例如：

```
#pragma loop_coalesce
for(i=0;i<N;i++){
    for(j=0;j<M;j++){
        ...
    }
}
```

## 4.5 指令优化

除前面介绍的优化方法外，还可以采用预编译指令从编译器层面对代码性能进行优化。在 HLS 中，预编译指令通常用 pragma 进行修饰，常用的预编译指令包括 unroll、loop_coalesce、ivdep、ii、max_concurrency 等。

## 4.5.1 ivdep 指令

ivdep 指令通常用于移除循环当中的内存依赖，它通过断言的方式指明对应的内存或者数组在访问时，并不会产生依赖关系。该指令只能用于循环，其作用在于从加载和存储的指令当中移除相关的约束，它非常适合数组和指针，可以有效地降低 II 值。但是，使用该指令时，开发者必须保证代码功能的正确性，因为 ivdep 是从编译器层面进行优化操作的，并不能从功能和逻辑上保证优化之后的代码是正确的。

下面简单介绍 ivdep 指令的使用方法，代码如下：

```
#pragma ivdep
for(i=1;i<N;i++){
    A[i] = A[i-X[i]];
}
```

在上述代码中，X[i]在编译时是无法预知的，如果没有 ivdep 指令，编译器会假设这些循环操作之间存在依赖关系，并且依赖关系是跨越循环的；使用 ivdep 指令后，编译器会假设读取循环当中的内存不存在依赖关系，从而加速代码的执行过程。

ivdep 指令有多种使用方法。例如，忽略所有的数组内存依赖：

```
#pragma ivdep
for(i=1;i<N;i++){
    A[i] = A[i-X[i]];
    B[i] = B[i-Y[i]];
}
```

在上述代码中，数组 A 和 B 的依赖关系都会被忽略。

例如，只忽略 A 数组的内存依赖关系：

```
#pragma ivdep array(A)
for(i=1;i<N;i++){
    A[i] = A[i-X[i]];
    B[i] = B[i-Y[i]];
}
```

在上述代码中，B 数组的内存依赖关系依然存在，不会被忽略。

例如，只移除循环的前 32 次操作的内存依赖，后续操作的依赖关系保持不变：

```
#pragma ivdep safelen(32)
for(i=1;i<N;i++){
    ...
}
```

除此之外，ivdep 指令还有很多高级用法。例如，移除结构体当中的数组属性的依赖关系：

```
#pragma ivdep array(S.A)
```

```
for(i=1;i<N;i++){
    S.A[i] = S.A[i-X[i]];
}
```

例如,移除结构体当中的指针的依赖关系:
```
#pragma ivdep array(S->A)
for(i=1;i<N;i++){
    S->A[i] = S->A[i-X[i]];
}
```

例如,移除指针的依赖关系:
```
int *ptr = select ? A:B;
#pragma ivdep array(ptr)
for(i=1;i<N;i++){
    A[i] = A[i-X[i]];
    B[i] = B[i-Y[i]];
}
```

ivdep 指令可以大幅降低 II 值,但是在使用过程中一定要注意,不能破坏代码的功能,或者导致代码出现异常的结果。

### 4.5.2 loop_coalesce 指令

针对嵌套循环,HLS 编译器也提供了优化指令,即 loop_coalesce 指令。该指令可以直接指示编译器将对应的嵌套循环合并成单层循环,这有助于减少循环操作带来的资源消耗,以及降低面积消耗与组件的时钟延迟。其使用方法如下所示:

```
#pragma loop_coalesce
for(...){
 for(...){
     ...
 }
}
```

在默认情况下,loop_coalesce 指令会将所有的嵌套循环进行合并。如果有特殊要求,也可以设定合并的级别,例如:

```
#pragma loop_coalesce 2
for(A){
 for(B){
     for(C){
         ...
     }
 }
 for(D){
```

```
        ...
      }
    }
```

在上述代码中,将 loop_coalesce 指令的参数设置为 2,在 A、B、C 和 D 这几个循环当中,只有 A、B 和 D 这 3 个循环会被合并,而循环 C 则会被忽略。

### 4.5.3 ii 和 max_concurrency 指令

除了上述指令,比较常用的还有 ii 和 max_concurrency 指令。

ii 指令的作用在于强制指定循环迭代的启动时间间隔,其使用方法如下所示:

```
#pragma ii 4
for(i=0;i<N;i++){
  ...
}
```

上述代码表示,强制设置循环体的迭代启动时间间隔为 4 个时钟周期。

max_concurrency 指令用于限制循环的并行度,其使用方法如下所示:

```
#pragma max_concurrency 2
for(i=0;i<N;i++){
  ...
}
```

在上述代码中,利用 max_concurrency 指令,将循环的并行度限制在 2 以内,即每次执行 2 条循环迭代的操作指令。

循环并行可以有效提升代码的性能,但会消耗大量的资源。如果 FPGA 中的资源较少,无法满足循环并行的需求,则可能导致编译失败,即对应的代码无法在 FPGA 中运行。在这种情形下,就需要使用 max_concurrency 指令限制并行度。

## 4.6 内存优化

除前面介绍的优化方法外,常见的优化方法还包含内存优化。

### 4.6.1 本地内存

在 HLS 中,本地内存通常是使用片上内存资源实现的,片上内存的性能比片外内存好得多。本地内存系统可以根据应用的需求进行配置,配置的条件依赖于数据的类型和使用方式;而且,可以通过定制化,使得 Bank(一种 FPGA 的物理划分方式,包含多种硬件资源)之间的连接数最小。

需要注意的是,在 HLS 的模块代码中,本地内存是不能进行动态分配的,只能进行静态分配。

除了片上内存，HLS 有时也使用 FPGA 的嵌入式内存块来实现本地内存。这些内存块通常是以 20KB 的大小组合起来的，并且可以进行深度和宽度的配置，支持多种操作模式和校验位。

在使用本地内存时，要注意以下事项：

（1）内存的大小在编译之前就必须确定。

（2）比较大的数组可以使用本地内存实现，而数据量小的数组则直接使用寄存器实现。

（3）本地内存使用关键字 hls_memory 进行修饰。

本地内存的使用可参考下面的代码：

```
component int func(int ind1, int ind2, int val)
{
hls_memory int array[1024];
array[ind1] = val;  // 对应写操作，即ST
return array[ind2]; // 对应读操作，即LD
}
```

从 FPGA 的角度来看，上述代码的操作和内存分配图如图 4-18 所示。

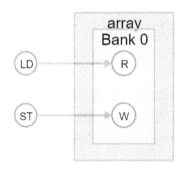

图 4-18　操作和内存分配图

### ⊙ 4.6.2　内存架构

组件、本地内存及 M20K 模块（即 FPGA 的嵌入式内存块）之间的访问和连接关系如图 4-19 所示。

针对这些复杂的访问操作，编译器通常使用内存切分、聚合、baking、复制、双端口等方式，来优化组件的管道、内连与内存系统之间的交互。

**1. 互连**

内存的互连包含访问仲裁到内存端口的连接关系，如图 4-20 所示。

图 4-19　组件、本地内存及 M20K 模块之间的访问和连接关系

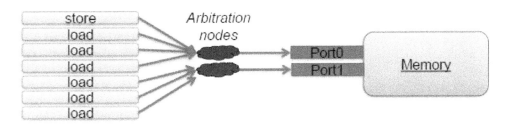

图 4-20　内存的互连

如果不对互连进行优化，共享的内存端口将极大地降低模块的性能：管道对仲裁节点的并发访问将导致管道处于阻塞状态，除非访问的是排他性的仲裁节点，或者管道本身属于互斥管道。

无阻塞（无延迟）的内存访问，是高性能的本地内存的理想模式，即并发的内存访问请求的是没有冲突和争用的内存区域。

端口共享经常会用到仲裁机制。如果出现读写操作超出共享端口能力上限的情况，则仲裁机制更是必不可少，如下所示：

```
component int func(int ind1, int ind2,
 int ind3, int val1, int val2)
{
 hls_memory int array[1024];
 array[ind1] = val1;
 array[ind1+1] = val1;
 array[ind2+1] = val2;
 array[ind2] = val2;
 return array[ind3];
}
```

在上述代码中，除了 hsl_memory 语句，return 语句是读操作（LD），其他的语句都是写操作（ST）。假设 FPGA 内存共享端口只有 2 个，则上述代码在 FPGA 中的执行逻辑大致如图 4-21 所示。

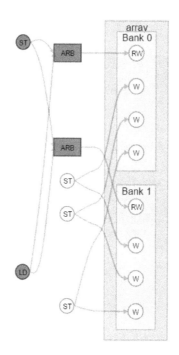

图 4-21 共享端口的仲裁

由于模块代码是并行执行的,代码当中的 4 个写操作和 1 个读操作会同时竞争 2 个共享端口,这会导致共享端口处于阻塞状态,从而导致代码出现时钟延迟。

高效的片上内存系统通常具有如下特点:

(1)读写操作都是无阻塞或无延迟的,即拥有确定的时钟延迟,并且访问延迟非常低,资源消耗少。

(2)采用线性的无仲裁互连。

(3)可以高效地进行任务调度。

高效的内存读写如图 4-22 所示。

而效率低下的内存系统中通常存在比较大的读写延迟,如图 4-23 所示。

默认情况下,编译器会针对不同的地址空间,遍历多个本地内存的配置项,并根据相关标准选择它所认为的"最优解",包括:

(1)Bank 的数量。

(2)Bank 的宽度。

(3)硬件电路复制的可能性。

(4)利用启发式函数设置优先级。

# 第 4 章
## 基于 FPGA 的 HLS 技术与应用

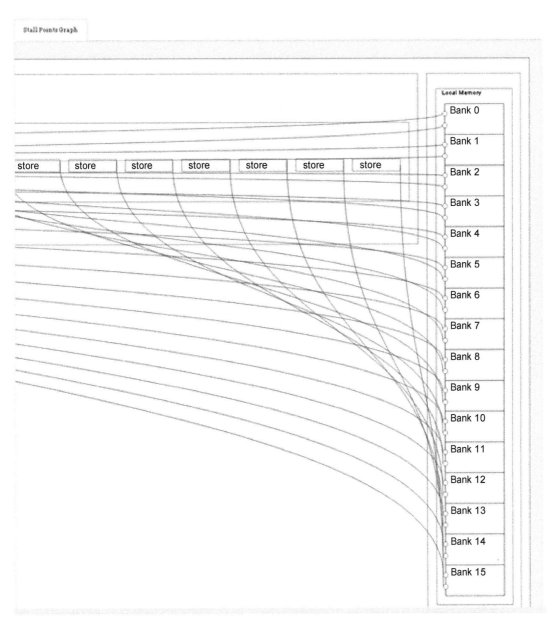

图 4-22 高效的内存读写

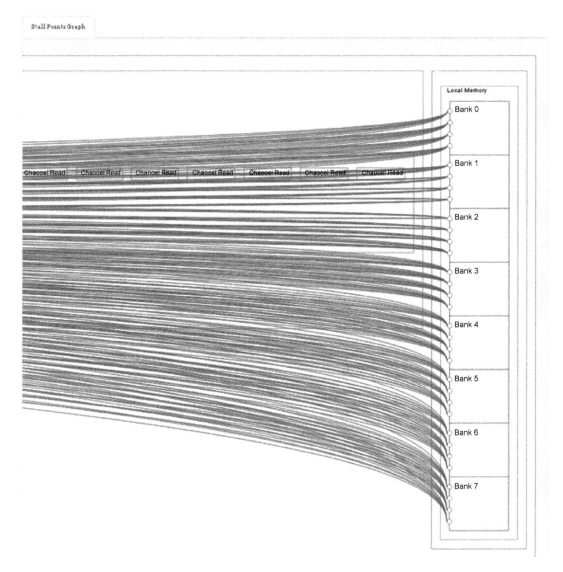

图 4-23 效率低下的内存读写

### 2. 双端口

双端口模式也称双泵模式,即以 2 倍组件时钟频率的运行时内存创建更多的虚拟端口。通常情况下的内存端口交互如图 4-24 所示。

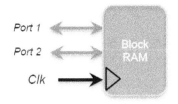

图 4-24 内存端口交互

而双端口交互则出现了变化，如图 4-25 所示。

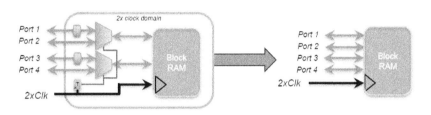

图 4-25 双端口交互

对比两图可以看出，在双端口模式下，FPGA 中的读写操作出现了成倍的增长，这可以极大地提升系统的性能。

通常情况下，编译器会根据 FPGA 器件资源，自动实现双端口的内存访问模式，如图 4-26 所示。

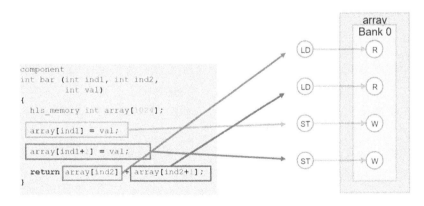

图 4-26 双端口的内存访问模式

在未使用双端口进行优化时，并发的读写内存会经过仲裁节点，从而触发等待时间，造成时钟延迟；而在双端口模式下，所有的操作都是无延迟的，因此系统性能比较好。

### 3. 复制

复制是双端口模式下的一种优化方法，即将双端口模式的电路进行复制，使原本以一个电路结构运行的算法或者模块，扩展为多个相同的电路结构并行运行，如图 4-27 所示。

图 4-27 复制

从图 4-27 当中可以看出，复制后的系统性能比较好。但是，在使用这种方法时需要注意，存储操作必须连接到每一个被复制的 RAM 当中，并且不能产生争用。

复制操作同样是由编译器自行实现的，整个实现过程对用户完全透明。但是，复制操作可能会造成内存系统被整体复制而产生大量的对 M20K 模块的需求。

### 4. 静态聚合

所谓静态聚合，是指针对连续的内存访问，编译器通过一定的方式，将同一时间发生的同一类型的内存操作进行合并。静态聚合可以使 FPGA 使用更少的内存交互端口操作数据，并且可以减少内存争用。示例代码如下所示：

```
array[ind1] = val;
array[ind1+1] = val;
```

上述存储操作在同一时刻发生，中间没有其他操作。编译器遇到这种代码时，会自动将代码中的内存操作进行合并。假设 array 是一个 int 数组，如果没有进行内存合并，那么上述 2 行代码将产生 2 次 32 位数据的存储操作，这 2 次操作会同时请求 2 个内存操作端口；而在聚合模式下，上述 2 次操作将变为 1 次 64 位数据的存储操作，只会产生 1 个 64 位宽度的内存操作端口请求。相比之下，聚合模式虽然要求的端口位宽变大了，但是请求的次数变少了，端口不复存在，性能自然可以得到保障。

而下面的代码由于操作发生的时间不同，则无法进行聚合：

```
array[ind1] = val;
res = array[ind2];
array[ind2] = val
```

### 5. 内存切分

每个变量都有自己的内存空间，内存地址和端口都不同。如果编译器可以区分对不同变量的访问，则可以自动进行内存切分，以此提高性能。不过，编译器只会在它能证明指针指向一个数组时切分内存（数组）。内存切分提供了独立的互连、专用的负载和存储，减少了内存争用。

内存切分可以简化 Bank 分析、依赖分析和本地内存系统，降低内存使用量。不过，需要注意的是，指针和动态访问可能会破坏内存切分，例如：

```
int tmp1[20];
int tmp2[20];

for(i=0;i<20;i++){
    int *temp = (i%2) ? tmp1:tmp2;
    *C += temp[i];
}
```

在上述代码中，指针 temp 可以访问 tmp1 和 tmp2，因此，编译器在编译时，会将 tmp1 和 tmp2 的内存区域进行合并。为了保证内存切分顺利实现，可以对上述代码做如下修改：

```
int tmp1[20];
int tmp2[20];

for(i=0;i<20;i++){
    *C += (i%2) ? tmp1[i]:tmp2[i];
}
```

### 4.6.3 本地内存的属性

HLS 编译器提供了多种函数，用于控制本地内存的属性，以获得更好的性能。常用的本地内存属性见表 4-1。

表 4-1 常用的本地内存属性

| 属性名称 | 说明 |
| --- | --- |
| hls_singlepump | 单端口内存 |
| hls_doublepump | 双端口内存 |
| hls_bankwidth(N) | 设置 Bank 的位宽 |
| hls_numbanks(N) | 设置 Bank 的数量 |
| hls_bankbits(…) | 允许进行 Bank 的连续位数 |
| hls_numports_readonly_writeonly(m,n) | 指定实现局部变量的内存必需的 m 个读端口和 n 个写端口 |
| hls_merge("mem_name","depth or width") | 允许合并 2 个或更多的本地变量在本地内存中作为一个单一的合并内存系统，以指定的深度或宽度实现 |

使用这些属性，可以配置本地内存系统。不过，它们通常在已经确认编译器无法针对

代码进行相应优化时采用。它们的使用方法如下所示：

```
hls_doublepump
hls_numbanks(2)
hls_bankwidth(4)
hls_numports_readonly_writeonly(4,1)
int lmem[128];
```

hls_numbanks 和 hls_bankwidth 通常配合使用。假设有一个一维整型数组 lmem[4]，数据长度为 4 位，其内存分配会随 hls_numbanks 和 hls_bankwidth 的参数不同而不同，如图 4-28 所示：

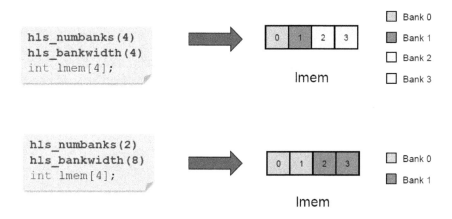

图 4-28　一维数组的内存分配

对于二维数组 lmem[2][4]，其内存分配如图 4-29 所示。

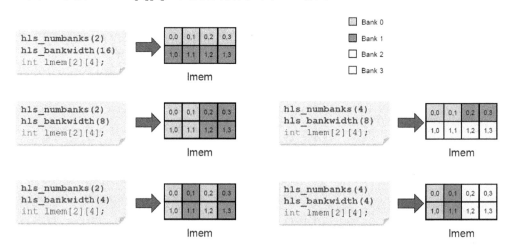

图 4-29　二维数组的内存分配

不同的内存分配会造成代码的性能存在差异。因此，在实际使用中，可以利用 Bank 的数量和宽度，对代码进行性能优化。例如：

```
int lmem[8][4];

#pragma unroll
for(i=0;i<4;i+=2){
    lmem[i][x] = ...;
}
```

上述代码没有经过任何优化，由于存在并行的数组存储操作，可能会产生内存端口的竞争，其对应的电路结构如图 4-30 所示。

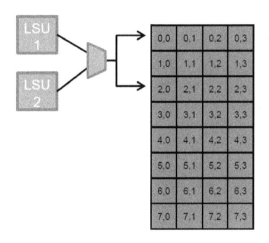

图 4-30　未优化代码的电路结构

从上述电路结构中可以看出，在一次访问过程中，访问了不同的资源区域，即不同的 Bank，这会导致仲裁节点和时钟延迟的出现。下面利用 Bank 的数量及宽度，对上述代码进行优化，优化之后的代码如下：

```
hls_numbanks(8)
hls_bankwidth(16)
int lmem[8][4];

#pragma unroll
for(i=0;i<4;i+=2){
    lmem[i][x] = ...;
}
```

上述代码对应的电路结构如图 4-31 所示。

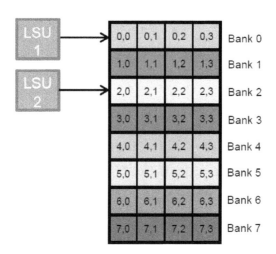

图 4-31 优化之后的电路结构

优化之后，数组存储操作分别处于不同的 Bank 中，不同的操作之间并不存在冲突与竞争关系，因而不会出现仲裁节点，也不存在时钟延迟。

除 Bank 的数量和宽度之外，常用的还有内存合并等操作。例如，按照深度进行内存合并：

```
component int depth_manual(bool use_a, int raddr,
    int raddr2, int waddr, int waddr2, int wdata)
{
    hls_merge("mem_name", "depth") int a[128];
    hls_merge("mem_name", "depth") int b[128];

    int rdata;
    if(use_a){
        a[waddr] = wdata;
        rdata = a[raddr];
    }else{
        b[waddr2] = wdata;
        rdata = b[raddr2];
    }

    return rdata;
}
```

上述代码有一个比较明显的特点：数组 a 和 b 不可能被同时访问。由于这个特点，基于深度的内存合并允许变量 a 和 b 共享 Bank、内存、时钟及端口，并且不会产生仲裁节点，节省了大量资源。上述代码的逻辑结构如图 4-32 所示。

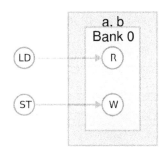

图 4-32　基于深度的内存合并

而基于宽度的内存合并则是另外一种使用场景，代码如下所示：

```
component int width_manual(int raddr,
    int waddr, int wdata)
{
    hls_merge("mem_name", "width") int a[128];
    hls_merge("mem_name", "width") int b[128];

    int rdata = 0;
    a[waddr] = wdata;
    b[waddr] = wdata;

    rdata += a[raddr];
    rdata += b[raddr];

    return rdata;
}
```

在上述代码中，a 和 b 通常一起被访问。因此，针对 a 和 b 的内存读写可以通过基于宽度的内存合并被聚合在一起，同样不存在仲裁节点，也节省了资源，提升了性能。上述代码的逻辑结构如图 4-33 所示。

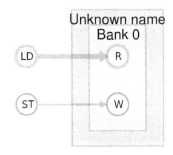

图 4-33　基于宽度的内存合并

除上述常用属性之外，还有一些其他的内存属性，具体见表 4-2。

表 4-2　其他的内存属性

| 属性名称 | 说明 |
| --- | --- |
| hls_register | 强制使用寄存器实现本地内存 |
| hls_memory | 强制使用嵌入式内存块实现本地内存 |
| hls_simple_dual_port_memory | 指定简单的双端口配置，单泵，1个读端口，1个写端口 |
| hls_init_on_reset | 组件被重置时，强制重置组件内部的静态变量 |
| hls_init_on_powerup | 强制静态变量在电源启动时重置，而不是在组件被重置时 |

### 4.6.4　静态变量

HLS 中也有静态变量，并且和 C/C++语言中的静态变量作用相同，在组件运行的过程中，静态变量一直有效。和 C/C++语言中的静态变量不同的是，HLS 中的静态变量通常默认值为 0；默认情况下，当组件被重置时，静态变量会被重置为默认值，而且静态变量的初始化需要额外的逻辑。

例如：

```
component int counter(int x)
{
    static int counter_arr[ARR_SIZE];
    return counter_arr[x]++;
}

component int counter_reset(int x)
{
    hls_init_on_reset static int counter_arr[ARR_SIZE];
    return counter_arr[x]++;
}

component int counter_powerup(int x)
{
    hls_init_on_powerup static int counter_arr[ARR_SIZE];
    return counter_arr[x]++;
}
```

上述代码中的 hls_init_on_reset 表示对应的静态变量在组件被重置时，会被重置为 0，并且需要额外的逻辑来处理静态变量的初始化操作；而 hls_init_on_powerup 则表示对应的静态变量跟随 FPGA 的比特流文件初始化而初始化，并且不需要额外的逻辑操作。

测试通常是在软件环境下进行的，无法完全模拟硬件的情况。为此，HLS 专门提供了下面的静态变量重置函数。注意，该函数只能在测试程序中使用。
```
int ihc_hls_sim_reset(void)
```

### 4.6.5 寄存器的使用

寄存器是内存系统中最快的存储设备，而且对它的基本操作通常都是无延迟的。由于这些特点，在存储单个变量及数据量小的数组时，使用寄存器可以很好地保证模块的性能。

在实际使用中，单个变量数据，如常见的 float、int 等数据类型，大多使用寄存器实现；复合数据类型，如数组、结构体等，在默认情况下不使用寄存器实现，但是也可以通过一定的方法转换成用寄存器实现。以数组为例，如果在编译的过程中可以确定数组元素，并且数组的数据量比较小，就可以使用寄存器实现，参见下面的代码：

```
component void func(...)
{
    float pdata[4];
    ...
}
```

上述代码中的数组 pdata 就是利用寄存器实现的。在现行的 HLS 标准中，小于 64B 的复合数据类型在默认情况下都是使用寄存器实现的，例如：

```
component void func(...)
{
    int temp[5];
    ...
}
```

上述代码中的 temp 只有 20B，所以在默认情况下，该数组被转换成一个 160bit 的寄存器。除了变量数据，常量数据（即运行时保持不变的数据）同样是使用寄存器实现的。

## 4.7 接口优化

前面提到了 HLS 的多种接口和使用场景。不过，HLS 的接口不仅仅是针对不同的使用场景的，也可以用于对代码进行性能优化。本节以向量加法为例，介绍不同的接口对代码性能的影响。

### 4.7.1 标准接口

示例代码如下：
```
component void vector_add(
    int * a, int * b, int * c, int N)
```

```
{
    #pragma unroll 8
    for(int i=0;i<N;i++){
        c[i] = a[i] + b[i];
    }
}
```

上述代码编译之后,可以得到图 4-34 所示的编译结果。

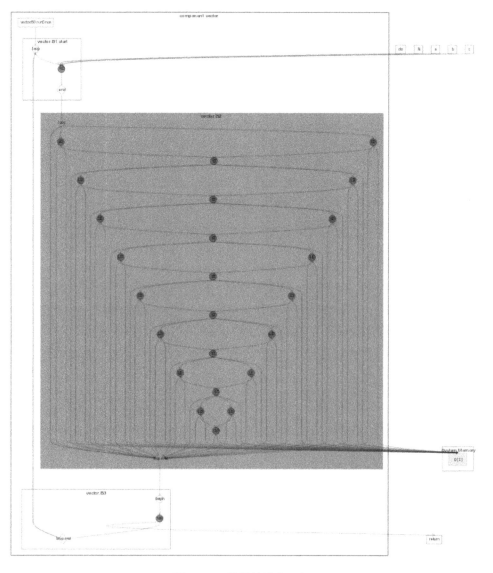

图 4-34 编译结果(一)

上述代码的性能较差,时钟延迟非常大。每次迭代都有 16 个读取操作和 8 个存储操作,导致出现仲裁节点。而且,a、b 和 c 由于没有使用 restrict,有可能指向相同的内存空间,导致存在比较严重的内存依赖。

### 4.7.2　Avalon MM Master 接口

针对上节中的代码,首先使用独立的地址空间将 a、b 和 c 分开,然后设置固定的数据传输宽度对代码进行优化,最后进行内存对齐,即使用 Avalon MM Master 接口进行改写。改写之后的代码如下:

```
component void vector_add(
    ihc::mm_master<int, ihc::aspace<1>, ihc::dwidth<8*8*sizeof(int)>,
ihc::align<8*sizeof(int)> > &a,
    ihc::mm_master<int, ihc::aspace<2>, ihc::dwidth<8*8*sizeof(int)>,
ihc::align<8*sizeof(int)> > &b,
    ihc::mm_master<int, ihc::aspace<3>, ihc::dwidth<8*8*sizeof(int)>,
ihc::align<8*sizeof(int)> > &c,
    int N)
{
    #pragma unroll 8
    for(int i=0;i<N;i++){
        c[i] = a[i] + b[i];
    }
}
```

上述代码编译之后,可得到图 4-35 所示的编译结果。

从编译结果中可以看出,代码的时钟延迟得到了极大的改善,只剩读写操作有部分延迟。相比之前的代码而言,修改后的代码虽然也是每次迭代有 8 次内存访问,但是,这些内存访问都被聚合到了一个比较宽的内存访问端口中,并且移除了可能存在的仲裁节点,从而解决了存取的等待与时钟延迟。

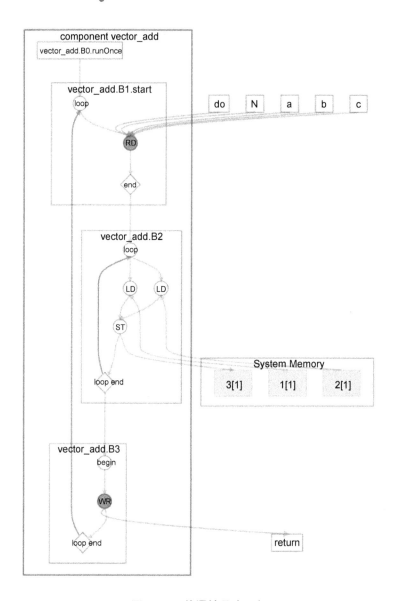

图 4-35 编译结果（二）

### ⨀ 4.7.3 Avalon MM Slave 接口

对于 4.7.1 节中的代码，还可以使用 Avalon MM Slave 接口进行改写。改写之后的代码如下：

```
component void vector_add(
    hls_avalon_slave_memory_argument(1024*sizeof(int)) int * a,
```

```
        hls_avalon_slave_memory_argument(1024*sizeof(int)) int * b,
        hls_avalon_slave_memory_argument(1024*sizeof(int)) int * c,
        int N)
{
    #pragma unroll 8
    for(int i=0;i<N;i++){
        c[i] = a[i] + b[i];
    }
}
```

上述代码编译之后的结果如图 4-36 所示。

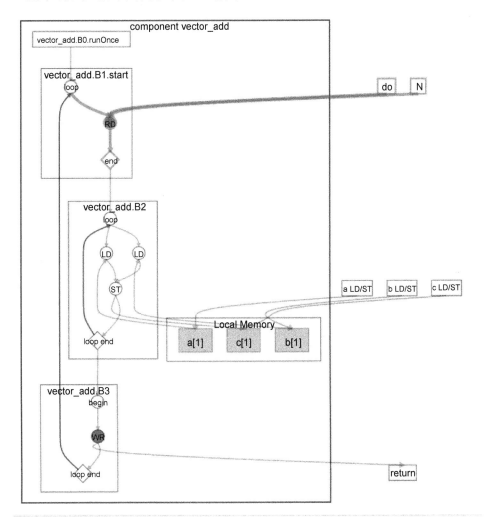

图 4-36 编译结果（三）

Avalon MM Slave 接口也可以极大地改善代码当中的内存仲裁及时钟延迟。

## 4.7.4 流式接口

本节利用流式接口对 4.7.1 节中的代码进行改写，改写之后的代码如下：

```
struct int_v8{
    int data[8];
};

component void vector_add(
    ihc::stream_in<int_v8> &a,
    ihc::stream_in<int_v8> &b,
    ihc::stream_out<int_v8> &c,
    int N)
{
    for(int i=0;i<(N/8);i++){
        int_v8 av = a.read();
        int_v8 bv = b.read();
        int_v8 cv;
        #pragma unroll
        for(int j=0;j<N;j++){
            cv.data[j] = av.data[j] + bv.data[j];
        }
        c.write(cv);
    }
}
```

在上述代码中，重新定义了一个复合数据类型 int_v8，该数据类型可以一次性传递 8 个整型数据。在流式接口中，直接使用了这个复合数据类型，保证了数据传递是按照 8 个整型数据的大小一次性完成的，提高了数据传输效率。上述代码的编译结果如图 4-37 所示。

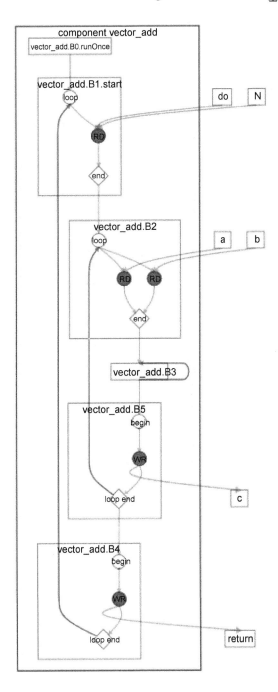

图 4-37 编译结果（四）

由编译结果可以看出，流式接口也可以很好地提升代码的性能。

### 4.7.5 不使用指针的标准接口

上述几种优化方式使用的都是特殊接口，本节采用不使用指针的标准接口对 4.7.1 节中的代码进行改写。改写后的代码如下：

```
struct int_v8{
   int data[8];
};

component int_v8 vector_add(
   int_v8 a, int_v8 b,
   int N)
{
   int_v8 c;
   for(int i=0;i<N;i++){
      c.data[i] = a.data[i] + b.data[i];
   }
   return c;
}
```

上述代码中抛弃了指针，而是使用复合数据类型作为参数，一次性传递 8 个整型数据，看起来和流式接口有些类似。上述代码编译之后的结果如图 4-38 所示。

由上述代码可以看出，仅仅将指针变更为复合数据类型，就可以将代码的性能优化到和流式接口接近的程度。

对比各种接口的使用可知：

（1）接口在很大程度上影响 HLS 模块代码的性能。

（2）接口类型应根据具体情况进行选择。

（3）Avalon MM 接口和流式接口的性能不一定就比标准接口好。

# 第 4 章
## 基于 FPGA 的 HLS 技术与应用

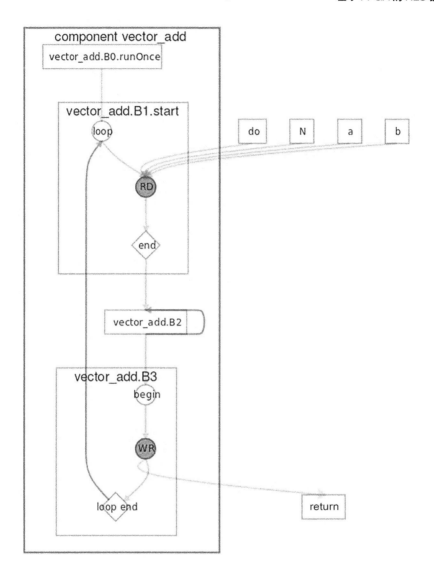

图 4-38　编译结果（五）

## 4.8　数据类型优化

在 FPGA 中，所有的数据类型都是通过电路结构实现的，不同的数据类型对应的电路结构不同，即占用的资源是不同的。数据类型占用资源多，则用于计算的资源就少，计算性能就低；数据类型占用资源少，则用于计算的资源就多，计算性能自然就高。因此，针对不同的应用场景，选择合适的数据类型，是一件比较重要的事情。

除了常用的数据类型，英特尔 HLS 还提供了两种特殊的数据类型：任意精度的整数（ac_int）和任意精度的定点数（ac_fixed）。

相比其他的数据类型而言，这两种特殊的数据类型可以根据需要调整精度，能够在没有明显的精度损失的前提下，以最小的数据位宽进行操作，因此可以改善数据处理性能，降低硬件资源消耗。

### 4.8.1 任意精度的整数

在 HLS 中，ac_int 数据类型有两种声明方式。
（1）直接使用基于模板的声明，例如：
```
#include "HLS/ac_int.h"

ac_int<7, true> a; // 7位有符号整数
ac_int<3, false> b; // 3位无符号整数
```
（2）使用内置的 typedef 声明，例如：
```
#include "HLS/ac_int.h"

int14 c; // 14位有符号整数
uint17 d; // 17位无符号整数
```
需要注意的是，第二种声明方式最多可以声明 63 位数据，即 int63 或者 uint63。

### 4.8.2 任意精度的定点数

计算机中常用的数据表示格式有两种：定点格式和浮点格式。如果一个数的小数点的位置是固定的，则这个数是定点格式的，称为定点数；如果一个数的小数点的位置是不固定的，则这个数是浮点格式的，称为浮点数。一般来说，定点格式可表示的数值范围有限，对硬件资源的需求较少；而浮点格式可表示的数值范围很大，但对硬件资源的需求较多。

由于 FPGA 的硬件资源有限，在不影响精度的前提下，使用定点数进行计算，消耗的硬件资源较少，效率较高，速度较快，性能更好。

HLS 中的定点数声明如下：
```
ac_fixed<N,I,signed,Q,O>
```
其中，N 表示数据的总位宽；I 表示用于存放整数部分的位宽，可以为负数；N-I 表示用于存放小数部分的位宽，即小数的位数；signed 表示是否有符号，true 为有符号，false 为无符号；Q 表示量化模式，为可选项；O 表示溢出模式，为可选项。

定点数的数值范围是根据 N 和 I 的值，以及是否有符号来决定的。例如：
```
ac_fixed<4,6,false> fixed_a_num
```

上述代码表示对应的数据总位宽为 4，整数部分的位宽为 6，那么它表示的数值范围是多少呢？先来看看数据在计算机中的存储格式。

在计算机中，数据是以二进制的形式存储的。通常情况下，一个数据为 8 位，即 8bit，如图 4-39 所示。

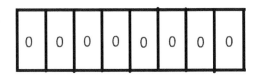

图 4-39　计算机中的数据存储格式

上述代码中的 fixed_a_num 总共有 4 位，整数部分占据了 6 位，并且是无符号数。根据上述条件，很明显，fixed_a_num 的最小值为 0，那么最大值是多少呢？由于其整数部分占据了 6 位，小数部分为 4-6 即-2 位，这意味着没有小数部分，因此，按照从低到高的顺序排列，fixed_a_num 占据了 8 位数据的低 6 位，如图 4-40 所示。

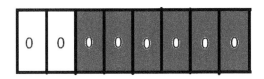

图 4-40　fixed_a_num 占据的数据位

但是，实际上 fixed_a_num 只有 4 位，因此还需要去掉最后 2 位，fixed_a_num 实际占据的数据位如图 4-41 所示。

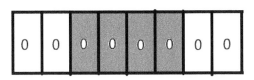

图 4-41　fixed_a_num 实际占据的数据位

将图 4-41 中深色部分的 0 替换 1，得到的结果是 60。因此，fixed_a_num 的取值范围是 0~60。

定点数的使用与浮点数差别不大，需要重点注意进位及溢出的问题，具体使用方法可参考下列代码：

```
#include "HLS/hls.h"
#include "HLS/ac_fixed.h"
#include "HLS/ac_fixed_math.h"
```

```
component ac_fixed<9,2,true> func(ac_fixed<10, 3, true> x)
{
    ac_fixed<9,2,true> sin_ret = sin_fixed(x);
    ac_fixed<9,2,true> cos_ret = cos_fixed(x);
    return sqrt_fixed(sin_ret*sin_ret + cos_ret * cos_ret);
}
```

### 4.8.3 特殊数据类型与普通数据类型之间的转换

特殊数据类型与普通数据类型是可以相互转换的,它们的转换依赖于 HLS 提供的标准函数,这些标准函数见表 4-3。

表 4-3 数据类型转换标准函数

| to_int() | to_uint() |
|---|---|
| to_long() | to_ulong() |
| to_int64() | to_uint64() |
| to_double() | to_ac_int() |

上述函数使用示例如下:
```
ac_fixed<4,6,false> fixed_a_num = 10;
ac_int<4,false> ac_int_val = fixed_a_num.to_ac_int();
int normal_val = ac_int_val.to_int();
```
在使用特殊数据类型时,一定要注意数据的进位及溢出,例如:
```
int15 s_adder(int14 a, int 14 b)
{
    return (a + b);
}

int28 s_multiplier(int14 a, int14 b)
{
    return (a * b);
}
```

## 4.9 浮点运算优化

在 FPGA 中,与整型数据及定点数相比,浮点数消耗的硬件资源更多;而且,由于存在浮点舍入的问题,浮点运算是不满足数学交换律的,即:

```
(a+b) + c != a + (b+c)
```

在默认情况下，HLS 编译器会遵循用户指定的顺序执行代码，并且在操作过程中会适当地进行舍入保留。

如果对结果的精度要求不是很高，可以采取以下两种方式：第一种是乱序执行，即按照数学交换律执行，使用指令--fp-relaxed 进行编译；第二种是删除中间舍入和转换，使用指令--fpc 进行编译。

在默认情况下，浮点数的计算过程是顺序执行的，例如：

```
result = (((A*B) + C) + (D*E)) + (F*G)
```

其执行过程如图 4-42 所示。

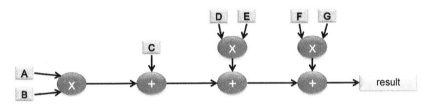

图 4-42 浮点运算的默认执行过程

从图 4-42 中可以看出，整个执行过程是一个长的执行链，比较影响模块的执行效率。下面在编译指令中加入乱序执行的指令，即：

```
i++ --fp-relaxed file.cpp
```

在这种情况下，根据代码的优先级，HLS 编译器会对其进行重新排序，将顺序执行的结构，调整为一个树状流水线结构，如图 4-43 所示。

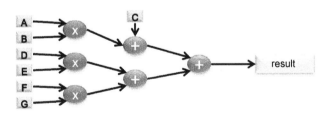

图 4-43 树状流水线结构

树状流水线结构缩短了浮点运算链，提高了模块的执行效率，而且占用的硬件资源较少，在对浮点运算结果的精度要求不高的情况下，是一种比较好的选择。

## 4.10 其他优化建议

在 FPGA 中,所有的计算操作都是通过硬件电路实现的,由于硬件资源的限制,HLS 的编译结果没有那么精确。

在 FPGA 中,双精度浮点运算的结果比单精度浮点运算的结果精确不了多少,但是占用的资源却呈指数级增长。因此,通常情况下并不推荐使用双精度浮点运算,而是尽量使用单精度浮点运算。在 HLS 中,单精度和双精度浮点运算可以参考下面的代码:

```
float y = 3.14f;    // 单精度浮点数
float x = 1.0/y;    // 双精度浮点运算
float z = 1.0f/y;   // 单精度浮点运算
```

另外,在 HLS 中要尽量避免使用复杂的函数和操作,如除法和取模操作,除加、乘、绝对值和比较之外的大多数浮点计算,以及不同数据类型的转换操作。这些复杂的函数和操作需要大量的硬件资源去实现,这会增大 II 值,降低模块的计算性能,增大时钟延迟。

因此,推荐使用简单的函数和操作,这样可以占用最少的硬件资源,而且对模块的性能影响最小。常见的简单函数和操作包括逻辑运算、位运算、2 的常数次除法,以及整数的加法和乘法等。

## 4.11 基于 FPGA 的 HLS 实验

本节中的实验基于英特尔 Arria 10 FPGA PAC,采用 ModelSimProSetup-17.1.0.240-linux.run 和 a10_gx_pac_ias_1_2_pv,相关的开发 SDK 安装于/opt/inteldevstack 目录,使用 CentOs7.4 作为测试平台。首先需要开启操作系统的内存大页支持:

```
echo 80 > /sys/kernel/mm/hugepages/hugepages-2048kB/nr_hugepages
```

其次,ModelSimProSetup-17.1.0.240-linux.run 属于 32 位软件,因此必须安装一些 32 位的依赖软件:

```
yum install /lib/ld-linux.so.2 libX11-1.6.5-2.el7.i686
libXext-1.3.3-3.el7.i686 libXft.so.2 libncurses.so.5 glibc-static.i686
glibc-devel-2.17-260.el7_6.6.i686 -y
```

另外,在进行实验之前,需要设置一些环境变量,以便使用 FPGA 资源。代码如下:

```
export PATH=/opt/inteldevstack/intelFPGA_pro/modelsim_ase/bin:$PATH
source /opt/inteldevstack/intelFPGA_pro/hls/init_hls.sh
```

所有的示例代码都放在 examples.tar.gz 中,需要将代码文件上传到服务器中:

```
scp examples.tar.gz root@xxx:/root
ssh root@xxx
cd /root;tar -zxvf examples.tar.gz
```

## 4.11.1 实验一：简单的乘法器

本实验将通过 HLS 实现一个简单的乘法器，实验步骤如下。

（1）登录 Linux 开发环境：

```
ssh root@xxx.xxx.xxx.xxx
```

（2）进入代码目录：

```
cd /root/examples/mult
```

查看代码：

```c
#include "HLS/hls.h"
#include "HLS/stdio.h"
#include "assert.h"
#include <stdlib.h>

#define ELEMENTS 10

int mymult(int a, int b)
{
    return a*b;
}

int main()
{
    srand(0);
    int a[ELEMENTS];
    int b[ELEMENTS];
    int result[ELEMENTS];
    for (int i=0; i<ELEMENTS; ++i)
    {
        a[i]=rand()%10;
        b[i]=rand()%10;
        result[i]=mymult(a[i],b[i]);
    }
    for (int i=0; i<ELEMENTS; ++i)
    {
```

```
                    printf("%d*%d=%d\n", a[i], b[i], result[i]);
                    assert (result[i]==a[i]*b[i]);
        }
        return 0;
}
```

（3）编译和运行代码，如图 4-44 所示。

```
            mult]# make
g++ -I/opt/inteldevstack/intelFPGA_pro/hls/bin/../include mult.cpp -o gpp
i++ -march=x86-64 mult.cpp -o emu
i++ --component mymult -march=Arria10 mult.cpp -o fpga
i++ -ghdl --component mymult -march=Arria10 mult.cpp -o fpga_ghdl
./gpp
3*6=18
7*5=35
3*5=15
6*2=12
9*1=9
2*7=14
0*9=0
3*6=18
0*6=0
2*6=12
```

图 4-44　编译和运行代码

（4）执行 x86 仿真。

编译完成之后，会在当前目录下生成图 4-45 所示的文件。

```
            mult]# ls
emu  fpga  fpga_ghdl  fpga_ghdl.prj  fpga.prj  gpp  Makefile  mult.cpp
            mult]#
```

图 4-45　编译结果

执行 x86 仿真，如图 4-46 所示。

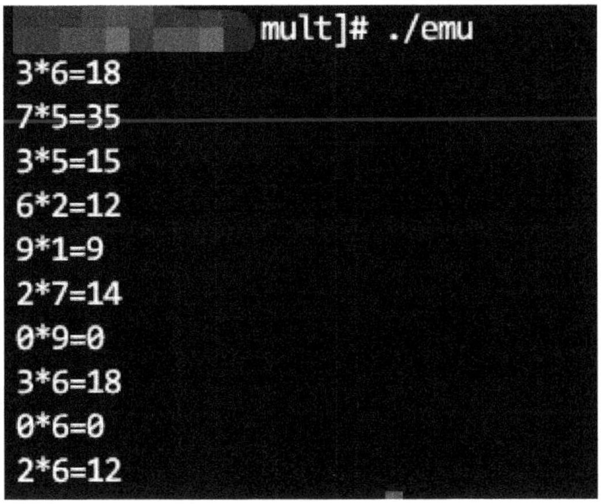

图 4-46 执行 x86 仿真

（5）执行联合仿真，如图 4-47 所示。

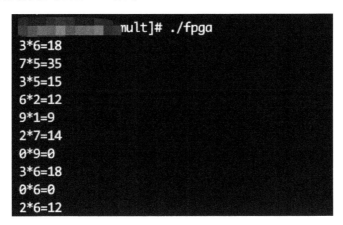

图 4-47 执行联合仿真

（6）使用排队函数进行操作。

对代码进行修改，具体如下：

```
#include "HLS/hls.h"
#include "HLS/stdio.h"
#include "assert.h"
#include <stdlib.h>

#define ELEMENTS 10

int mymult(int a, int b)
```

```
{
    return a*b;
}

int main()
{
    srand(0);
    int a[ELEMENTS];
    int b[ELEMENTS];
    int result[ELEMENTS];
    for (int i=0; i<ELEMENTS; ++i)
    {
        a[i]=rand()%10;
        b[i]=rand()%10;
        ihc_hls_enqueue(&(result[i]),&mymult,a[i],b[i]);
    }
    ihc_hls_component_run_all(mymult);
    for (int i=0; i<ELEMENTS; ++i)
    {
        printf("%d*%d=%d\n", a[i], b[i], result[i]);
        assert (result[i]==a[i]*b[i]);
    }
    return 0;
}
```

对代码进行编译和仿真：

```
make emu && make fpga && make fpga_ghdl
./emu
./fpga
./fpga_ghdl
```

（7）查看编译报告。

使用浏览器打开 report.html 文件，即可查看编译报告，如图 4-48 所示。

图 4-48 显示的是报告摘要页面，可以通过顶部的下拉菜单切换到以下页面。

① 循环分析（Loop Analysis）页面，其中包含如何优化组件中的循环的信息。
② 资源区域分析（Area Analysis of Source）页面，在这里可以查看资源消耗情况。
③ 组件查看器（Component Viewer）和组件内存查看器（Component Memory Viewer）。
④ 验证统计（Verification Statistics）页面，在这里可以查看与性能有关的信息。

（8）将生成的组件集成到 FPGA 工程中。

在 Quartus Prime 中打开软件工程 mult_proj.qpf，下面在这个工程中添加新建的组件。

选择 "Tools" → "Platform Designer" 菜单命令，如图 4-49 所示。

# 第 4 章
基于 FPGA 的 HLS 技术与应用

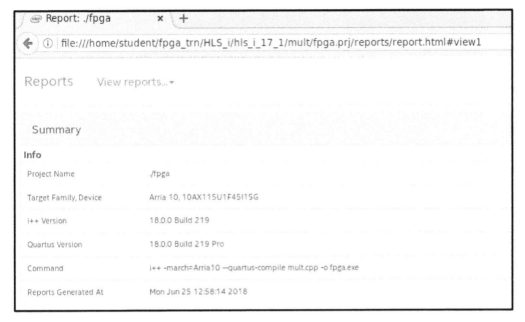

图 4-48 编译报告

图 4-49 选择"Platform Designer"菜单命令

在弹出的"Open System"对话框中新建系统,然后在弹出的保存对话框中以"multsys.qsys"命名并保存这个系统,如图4-50所示。

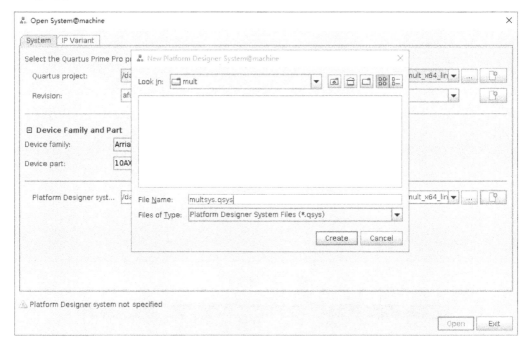

图4-50 保存系统

如图4-51所示,打开"System Contents"选项卡,完成以下操作。

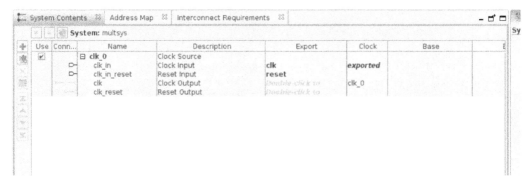

图4-51 "System Contents"选项卡

① 选择"Tools"→"Options"菜单命令。
② 在弹出的对话框中添加组件的搜索路径,如图4-52所示。

图 4-52 添加组件的搜索路径

③ 单击"Finish"按钮。

打开"IP Catalog"选项卡,选择对应的组件(mymult),如图 4-53 所示。

图 4-53 选择对应的组件

单击"Add"按钮,添加组件,如图 4-54 所示。

图 4-54　添加组件

检查"Signals & Interfaces"和"Block Symbol"选项卡,单击"Finish"按钮,将组件"mymult_0"重命名为"mymult",如图 4-55 所示。

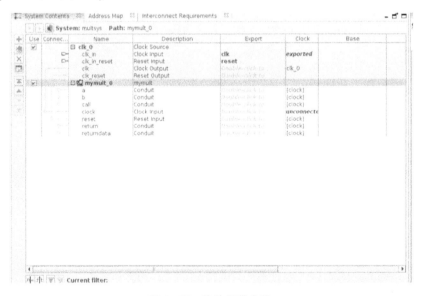

图 4-55　修改组件名称

在"Connections"栏中,单击 mymult 和 clk_in 之间的连接点,将 mymult 的时钟输入连接到 clk_in,将 mymult 的重置输入连接到 clk_reset,如图 4-56 所示。

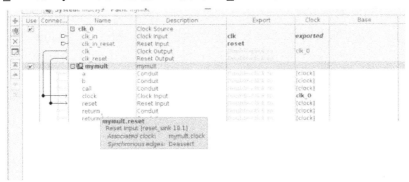

图 4-56　组件连线

在"Export"栏中双击相应选项以导出以下信号:
① a。
② b。
③ call。
④ return。
⑤ returndata。

设置完成后的系统如图 4-57 所示。

图 4-57　设置完成后的系统

在 Platform Designer 界面的底部单击"Generate HDL"按钮,如果有提示则保存系统,然后单击"Generate"按钮,操作完成后单击"Close"按钮,关闭 Platform Designer 界面。在 Quartus Prime 工作界面中找到"Project Navigator"窗口,单击"mult_proj",打开 Verilog 文件 mult_proj.v,这个顶层文件实例化了包含组件的 Platform Designer 系统。选择"Processing"→"Start"→"Start Analysis & Elaboration"菜单命令,编译工程,如图 4-58 所示。

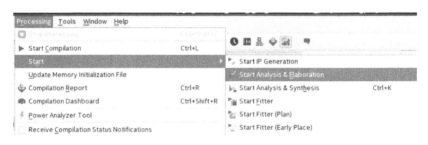

图 4-58 编译工程

## ⊙ 4.11.2 实验二:接口

本实验中将练习使用 HLS 组件中可用的各种接口,以便读者了解接口是如何影响资源利用率和性能的。本实验中将使用各种接口执行一个简单的向量加法操作,实验步骤如下。

(1) 登录 Linux 开发环境:

```
ssh root@xxx.xxx.xxx.xxx
```

(2) 进入对应的目录:

```
cd /root/examples/interfaces
```

(3) 编译代码,并生成编译报告。

完整的代码如下:

```
#include "HLS/hls.h"
#include "assert.h"
#include "HLS/stdio.h"
#include <stdlib.h>

#define ELEMENTS 128

void mycomp(int *a, int *b, int *c, int N)
{
    for (int i=0; i<N; ++i)
    {
        c[i]=a[i]+b[i];
```

```cpp
        }
    }

    int main()
    {
        int a[ELEMENTS], b[ELEMENTS], c[ELEMENTS];
        srand(0);
        for (int i=0; i<ELEMENTS; ++i)
        {
            a[i]=rand() % 10;
            b[i]=rand() % 10;
        }

        mycomp(a, b, c, ELEMENTS);

        for (int i=0; i<ELEMENTS; ++i)
        {
            printf("%d + %d = %d\n", a[i], b[i], c[i]);
            assert(c[i] == a[i] + b[i]);
        }
        return 0;
    }
```

下面进行编译：

  i++ -march=Arria10 --component mycomp -o interface interface.cpp

默认代码所使用的接口是所有共享 Avalon MM 接口的指针。

（4）打开编译报告，查看相关分析数据，可以看到循环的启动时间间隔非常大，这是由于在相同的 Avalon MM Master 接口上循环展开仲裁导致大量读写操作造成的（图4-59～图4-61）。

**Estimated Resource Usage**

| Component Name | ALUTs | FFs | RAMs | DSPs |
|---|---|---|---|---|
| mycomp | 1066 | 1530 | 4 | 0 |
| Total | 1066 (0%) | 1530 (0%) | 3 (0%) | 0 (0%) |
| Available | 854400 | 1708800 | 2713 | 1518 |

图 4-59　资源分析

**Verification statistics**

| | Invocations | Latency (min,max,avg) | II (min,max,avg) | Details |
|---|---|---|---|---|
| mycomp | 1 | 2567,2567,2567 | n/a,n/a,n/a | Click for details |
| Explicit component invocations | 1 | 2567,2567,2567 | n/a,n/a,n/a | Click for details |
| Enqueued component invocations | 0 | n/a,n/a,n/a | n/a,n/a,n/a | Click for details |

图 4-60　模块性能静态分析

**Loops analysis**　　　　　　　　　　　　　　　　　☑ Show fully unrolled loops

| | Pipelined | II | Bottleneck | Details |
|---|---|---|---|---|
| Component: mycomp (interface.cpp:9) | | | | Task function |
| mycomp.B1.start (Component invocation) | No | n/a | n/a | Out-of-order inner loop |
| mycomp.B2 (interface.cpp:10) | Yes | ~64 | II | Memory dependency |

图 4-61　循环分析

（5）修改代码，使用模板类创建 mm_a、mm_b 和 mm_c，并分别使用 sizeof(int)*ELEMENTS 将它们设置为 a、b 和 c，然后通过引用将它们传递给组件函数，修改之后的代码如下：

```cpp
#include "HLS/hls.h"
#include "assert.h"
#include "HLS/stdio.h"
#include <stdlib.h>

#define ELEMENTS 128

void mycomp(ihc::mm_master<int, ihc::aspace<1> >&a,
    ihc::mm_master<int, ihc::aspace<2> > &b,
    ihc::mm_master<int, ihc::aspace<3> > &c,
    int N)
{
    for (int i=0; i<N; ++i)
    {
        c[i]=a[i]+b[i];
    }
}
```

```cpp
    int main()
    {
        int a[ELEMENTS], b[ELEMENTS], c[ELEMENTS];

        ihc::mm_master<int, ihc::aspace<1> > mm_a(a, sizeof(int)*ELEMENTS);
        ihc::mm_master<int, ihc::aspace<2> > mm_b(b, sizeof(int)*ELEMENTS);
        ihc::mm_master<int, ihc::aspace<3> > mm_c(c, sizeof(int)*ELEMENTS);

        srand(0);
        for (int i=0; i<ELEMENTS; ++i)
        {
            a[i]=rand() % 10;
            b[i]=rand() % 10;
        }

        mycomp(mm_a, mm_b, mm_c, ELEMENTS);

        for (int i=0; i<ELEMENTS; ++i)
        {
            printf("%d + %d = %d\n", a[i], b[i], c[i]);
            assert(c[i] == a[i] + b[i]);
        }
        return 0;
    }
```

然后进行编译：

```
i++ -march=Arria10 --component mycomp -o interface interface.cpp
```

最后查看编译报告，如图 4-62 和图 4-63 所示。

**Estimated Resource Usage**

| Component Name | ALUTs | FFs | RAMs | DSPs |
| --- | --- | --- | --- | --- |
| mycomp | 670 | 806 | 0 | 0 |
| Total | 670 (0%) | 806 (0%) | 0 (0%) | 0 (0%) |
| Available | 854400 | 1708800 | 2713 | 1518 |

图 4-62　优化之后的资源分析

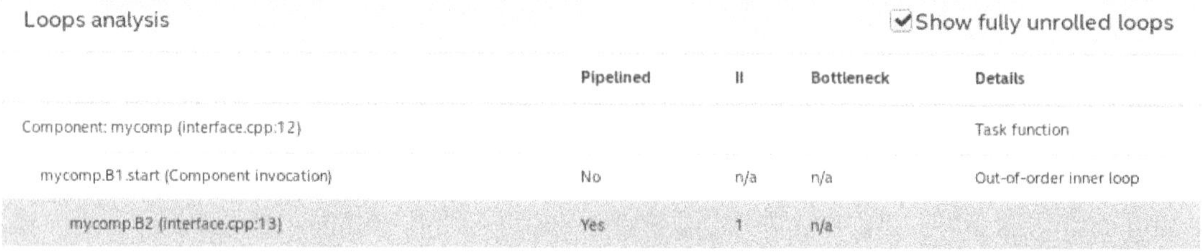

| Loops analysis | | | | Show fully unrolled loops |
| --- | --- | --- | --- | --- |
| | Pipelined | II | Bottleneck | Details |
| Component: mycomp (interface.cpp:12) | | | | Task function |
| mycomp.B1.start (Component invocation) | No | n/a | n/a | Out-of-order inner loop |
| mycomp.B2 (interface.cpp:13) | Yes | 1 | n/a | |

图 4-63　优化之后的循环分析

（6）再次修改代码，尝试加入更多的并行操作来提高性能。修改的内容主要如下：

① 添加#pragma unroll 8，将循环展开 8 倍，创建 8 个加法操作。

② 修改 a、b、c 的接口模板，将 dwidth 设置为 8*8*sizeof(int)，将 align 设置为 8*sizeof(int)。修改之后的代码如下：

```cpp
#include "HLS/hls.h"
#include "assert.h"
#include "HLS/stdio.h"
#include <stdlib.h>

#define ELEMENTS 128

void mycomp(
        ihc::mm_master<int, ihc::aspace<1>, ihc::dwidth<8*8*sizeof(int)>,
                ihc::align<8*sizeof(int)>, ihc::awidth<9> >&a,
        ihc::mm_master<int, ihc::aspace<2>, ihc::dwidth<8*8*sizeof(int)>,
                ihc::align<8*sizeof(int)>, ihc::awidth<9> >&b,
        ihc::mm_master<int, ihc::aspace<3>, ihc::dwidth<8*8*sizeof(int)>,
                ihc::align<8*sizeof(int)>, ihc::awidth<9> >&c,
        int N)
{
    #pragma unroll 8
    for (int i=0; i<N; ++i)
    {
        c[i]=a[i]+b[i];
    }
}
```

```cpp
int main()
{
    int a[ELEMENTS], b[ELEMENTS], c[ELEMENTS];
    ihc::mm_master<int, ihc::aspace<1>,
ihc::dwidth<8*8*sizeof(int)>,
          ihc::align<8*sizeof(int)>, ihc::awidth<9> > mm_a(a,
sizeof(int)*ELEMENTS);
    ihc::mm_master<int, ihc::aspace<2>,
ihc::dwidth<8*8*sizeof(int)>,
          ihc::align<8*sizeof(int)>, ihc::awidth<9> > mm_b(b,
sizeof(int)*ELEMENTS);
    ihc::mm_master<int, ihc::aspace<3>,
ihc::dwidth<8*8*sizeof(int)>,
          ihc::align<8*sizeof(int)>, ihc::awidth<9> > mm_c(c,
sizeof(int)*ELEMENTS);
    srand(0);
    for (int i=0; i<ELEMENTS; ++i)
    {
        a[i]=rand() % 10;
        b[i]=rand() % 10;
    }

    mycomp(mm_a, mm_b, mm_c, ELEMENTS);

    for (int i=0; i<ELEMENTS; ++i)
    {
        printf("%d + %d = %d\n", a[i], b[i], c[i]);
        assert(c[i] == a[i] + b[i]);
    }
    return 0;
}
```

对上述代码进行编译，编译完成之后查看编译报告，如图 4-64 和图 4-65 所示。

**Estimated Resource Usage**

| Component Name | ALUTs | FFs | RAMs | DSPs |
|---|---|---|---|---|
| mycomp | 1281 | 1442 | 0 | 0 |
| Total | 1281 (0%) | 1442 (0%) | 0 (0%) | 0 (0%) |
| Available | 854400 | 1708800 | 2713 | 1518 |

图 4-64　资源分析

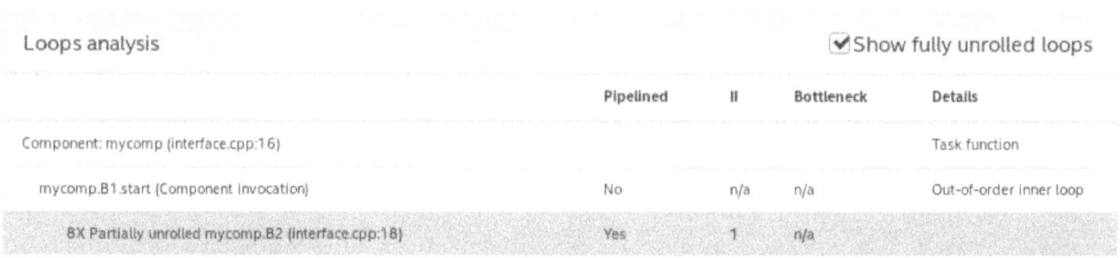

| Loops analysis | | | | Show fully unrolled loops |
| --- | --- | --- | --- | --- |
| | Pipelined | II | Bottleneck | Details |
| Component: mycomp (interface.cpp:16) | | | | Task function |
| mycomp.B1.start (Component invocation) | No | n/a | n/a | Out-of-order inner loop |
| 8X Partially unrolled mycomp.B2 (interface.cpp:18) | Yes | 1 | n/a | |

图 4-65　循环分析

（7）再次修改代码，使用从属内存参数进行性能优化，修改的内容主要如下：

① 使用 hls_avalon_slave_memory_argument 分配 a、b 和 c 指针大小为 ELEMENTS*sizeof(int)。

② 在 main 函数中删除 mm_a、mm_b 和 mm_c，并传递 a、b 和 c 到组件函数。

修改之后的代码如下：

```
#include "HLS/hls.h"
#include "assert.h"
#include "HLS/stdio.h"
#include <stdlib.h>

#define ELEMENTS 128

void mycomp(hls_avalon_slave_memory_argument(ELEMENTS*sizeof(int)) int *a,
    hls_avalon_slave_memory_argument(ELEMENTS*sizeof(int)) int *b,
    hls_avalon_slave_memory_argument(ELEMENTS*sizeof(int)) int *c,
    int N)
{
    #pragma unroll 8
    for (int i=0; i<N; ++i)
    {
        c[i]=a[i]+b[i];
    }
}

int main()
{
    int a[ELEMENTS], b[ELEMENTS], c[ELEMENTS];

    srand(0);
```

```
        for (int i=0; i<ELEMENTS; ++i)
        {
            a[i]=rand() % 10;
            b[i]=rand() % 10;
        }

        mycomp(a, b, c, ELEMENTS);

        for (int i=0; i<ELEMENTS; ++i)
        {
            printf("%d + %d = %d\n", a[i], b[i], c[i]);
            assert(c[i] == a[i] + b[i]);
        }
        return 0;
    }
```

编译上述代码，并查看编译报告，如图 4-66 和图 4-67 所示。

**Estimated Resource Usage**

| Component Name | ALUTs | FFs | RAMs | DSPs |
|---|---|---|---|---|
| mycomp | 1272 | 1236 | 39 | 0 |
| Total | 1271 (0%) | 1236 (0%) | 39 (1%) | 0 (0%) |
| Available | 854400 | 1708800 | 2713 | 1518 |

图 4-66 资源分析

**Loops analysis** ☑ Show fully unrolled loops

| | Pipelined | II | Bottleneck | Details |
|---|---|---|---|---|
| Component: mycomp (interface.cpp:12) | | | | Task function |
| mycomp.B1.start (Component invocation) | No | n/a | n/a | Out-of-order inner loop |
| 8X Partially unrolled mycomp.B2 (interface.cpp:14) | Yes | 1 | n/a | |

图 4-67 循环分析

（8）继续修改代码，使用流式接口对代码进行性能优化，修改的内容主要如下：
① 使用已定义的 struct int_8 一次处理 8 个整数。
② 为 a、b 和 c 创建三个流式接口。
修改之后的代码如下：
```
#include "HLS/hls.h"
```

```c
#include "assert.h"
#include "HLS/stdio.h"
#include <stdlib.h>

#define ELEMENTS 128

struct int_8{
    int data[8];
};

void mycomp(ihc::stream_in<int_8>& a,
        ihc::stream_in<int_8>& b,
        ihc::stream_out<int_8>& c,
        int N) {

    for (int j=0; j<(N/8); ++j)
    {
        int_8 av=a.read();
        int_8 bv=b.read();

        int_8 cv;

        #pragma unroll 8
        for (int i=0; i<8; ++i)
        {
            cv.data[i]=av.data[i]+bv.data[i];
        }
        c.write(cv);
    }
}

int main()
{
    int a[ELEMENTS], b[ELEMENTS], c[ELEMENTS];
    ihc::stream_in<int_8> as;
    ihc::stream_in<int_8> bs;
    ihc::stream_out<int_8> cs;

    srand(0);
    for (int i=0; i<ELEMENTS; ++i)
    {
```

```
            a[i]=rand() % 10;
            b[i]=rand() % 10;
    }
    for (int i=0; i<ELEMENTS/8; ++i)
    {
            int_8 av;
            int_8 bv;
            for (int j=0; j<8; j++)
            {
                    av.data[j]=a[i*8+j];
                    bv.data[j]=b[i*8+j];
            }
            as.write(av);
            bs.write(bv);
    }

    mycomp(as, bs, cs, ELEMENTS);

    for (int i=0; i<ELEMENTS/8; ++i)
    {
            int_8 cv=cs.read();
            for (int j=0; j<8; j++)
                    c[i*8+j]=cv.data[j];
    }

    for (int i=0; i<ELEMENTS; ++i)
    {
            printf("%d + %d = %d\n", a[i], b[i], c[i]);
            assert(c[i] == a[i] + b[i]);
    }
    return 0;
}
```

对上述代码进行编译,并查看编译报告,如图 4-68 和图 4-69 所示。

**Estimated Resource Usage**

| Component Name | ALUTs | FFs | RAMs | DSPs |
| --- | --- | --- | --- | --- |
| mycomp | 694 | 165 | 0 | 0 |
| Total | 694 (0%) | 165 (0%) | 0 (0%) | 0 (0%) |
| Available | 854400 | 1708800 | 2713 | 1518 |

图 4-68 资源分析

| Loops analysis | Pipelined | II | Bottleneck | Details | ☑ Show fully unrolled loops |
| --- | --- | --- | --- | --- | --- |
| Component: mycomp (interface.cpp:15) | | | | Task function | |
| mycomp.B1.start (Component invocation) | Yes | >=1 | n/a | | |
| mycomp.B2 (interface.cpp:17) | Yes | ~1 | n/a | II is an approximation. | |
| Fully unrolled loop (interface.cpp:25) | n/a | n/a | n/a | Unrolled by #pragma unroll | |

图 4-69 循环分析

（9）继续修改代码，使用标量接口，修改之后的代码如下：

```c
#include "HLS/hls.h"
#include "assert.h"
#include "HLS/stdio.h"
#include <stdlib.h>

#define ELEMENTS 128

struct int_8 {
    int data[8];
};

int_8 mycomp(int_8 a, int_8 b)
{

    int_8 cv;
    #pragma unroll 8
    for (int i=0; i<8; ++i)
    {
        cv.data[i]=a.data[i]+b.data[i];
    }
    return cv;
}

int main()
{
    int a[ELEMENTS], b[ELEMENTS], c[ELEMENTS];

    srand(0);
    for (int i=0; i<ELEMENTS; ++i)
```

```
        {
                a[i]=rand() % 10;
                b[i]=rand() % 10;
        }
        for (int i=0; i<ELEMENTS/8; ++i)
        {
                int_8 av;
                int_8 bv;
                for (int j=0; j<8; j++)
                {
                        av.data[j]=a[i*8+j];
                        bv.data[j]=b[i*8+j];
                }
                int_8 cv=mycomp(av, bv);

                for (int j=0; j<8; j++)
                {
                        c[i*8+j]=cv.data[j];
                }
        }

        for (int i=0; i<ELEMENTS; ++i)
        {
                printf("%d + %d = %d\n", a[i], b[i], c[i]);
                assert(c[i] == a[i] + b[i]);
        }
        return 0;
}
```

编译上述代码，并查看编译报告，如图 4-70 和图 4-71 所示。

**Estimated Resource Usage**

| Component Name | ALUTs | FFs | RAMs | DSPs |
| --- | --- | --- | --- | --- |
| mycomp | 269 | 2 | 0 | 0 |
| Total | 269 (0%) | 2 (0%) | 0 (0%) | 0 (0%) |
| Available | 854400 | 1708800 | 2713 | 1518 |

图 4-70 资源分析

| Loops analysis | | | | Show fully unrolled loops |
| --- | --- | --- | --- | --- |
| | Pipelined | II | Bottleneck | Details |
| Component: mycomp (interface.cpp:13) | | | | Task function |
| mycomp.B1.start (Component invocation) | Yes | ~1 | n/a | II is an approximation. |
| Fully unrolled loop (interface.cpp:17) | n/a | n/a | n/a | Unrolled by #pragma unroll |

图 4-71 循环分析

通过上述操作可以看出，接口能以多种方式影响组件的性能及资源利用率，使用 HLS 可以通过多种方式优化性能。

### ⊙ 4.11.3 实验三：循环优化

本实验将利用组件流水线和循环展开实现移动平均算法。在本实验中，将数据转移到移动平均 HLS 组件中的移位寄存器中，并在移位寄存器中执行 N 个元素的移动平均。实验步骤如下。

（1）登录 Linux 开发环境：

```
ssh root@xxx.xxx.xxx.xxx
```

（2）进入对应的目录：

```
cd /root/examples/movav
```

（3）编译代码。

示例代码如下：

```
#include "HLS/hls.h"
#include "HLS/stdio.h"
#include <stdlib.h>

#define T 1024
#define N 64

int moving_avg_sum(int a)
{
    static int array[N];
    static int curr_index = 0;
    int sum = 0;
    array[curr_index] = a;
    for (int i = 0; i < N; ++i)
```

```c
        {
                sum += array[i];
        }
        curr_index = (curr_index + 1) % N;
        return (sum / N);
}

int moving_avg_sum_golden(int a)
{
        static int array[N];
        static int curr_index = 0;
        int sum = 0;
        array[curr_index] = a;
        for (int i = 0; i < N; ++i)
        {
                sum += array[i];
        }
        curr_index = (curr_index + 1) % N;
        return (sum / N);
}

int main()
{
        int results[T];
        int results_ref[T];
        srand(0);

        for(int i = 0; i < T; ++i)
        {
                int x = rand() % 256;
                ihc_hls_enqueue(&results[i], moving_avg_sum, x);
                results_ref[i] = moving_avg_sum_golden(x);
        }

        ihc_hls_component_run_all(moving_avg_sum);

        bool passed = true;
        for (int i = 0; i < T; ++i)
        {
                if (results[i] != results_ref[i])
                {
```

```
                        passed = false;
                        printf("At index %4d, %d != %d\n", i, results[i], results_ref[i]);
                    }
                }
                if (passed)
                {
                    printf("PASSED\n");
                }
                else
                {
                    printf("FAILED\n");
                }
                return 0;
            }
```

对上述代码进行编译：

```
i++ -march=Arria10 --component moving_avg_sum -o moving_avg moving_avg.cpp
```

（4）查看编译报告，如图 4-72 和图 4-73 所示。

**Estimated Resource Usage**

| Component Name | ALUTs | FFs | RAMs | DSPs |
|---|---|---|---|---|
| moving_avg_sum | 552 | 502 | 1 | 0 |
| Total | 552 (0%) | 501 (0%) | 1 (0%) | 0 (0%) |
| Available | 854400 | 1708800 | 2713 | 1518 |

图 4-72　资源分析

**Loops analysis**　　　　　　　　　　　　　　　　　　　　　　☑ Show fully unrolled loops

| | Pipelined | II | Bottleneck | Details |
|---|---|---|---|---|
| Component: moving_avg_sum (moving_avg.cpp:9) | | | | Task function |
| moving_avg_sum.B1.runOnce (Unknown location) | Yes | 1 | n/a | |
| moving_avg_sum.B3.start (Component invocation) | Yes | >=1 | n/a | |
| moving_avg_sum.B4 (moving_avg.cpp:14) | Yes | 1 | n/a | |

图 4-73　循环分析

# 第 4 章
## 基于 FPGA 的 HLS 技术与应用

（5）使用移位寄存器对上述代码进行改写，改写的步骤如下。

① 保留变量 sum 和 array[N]，删除 curr_index。

② 保持 sum 不变。

③ 在变量声明之后，从 sum 中减去 array 数组的顶部元素：

```
sum -= array[N-1]
```

④ 不是向上循环，而是从 N-1 向下循环到 1 并向上移动数组元素的值：

```
#pragma unroll
for(int i=N-1; i>0; --i)
array[i] = array[i-1];
```

⑤ 在移位循环之后，将 a 的值赋给数组的底部元素。

⑥ 将 a 添加到 sum 中。

⑦ 返回值保持不变（sum/N）。

修改之后的代码如下：

```
#include "HLS/hls.h"
#include "HLS/stdio.h"
#include <stdlib.h>

#define T 1024
#define N 64

int moving_avg_sum(int a)
{
    static int array[N];
    static int sum = 0;
    sum -= array[N-1];
    #pragma unroll
    for (int i = N - 1; i > 0; --i)
    {
        array[i] = array[i-1];
    }
    array[0] = a;
    sum += a;
    return (sum / N);
}

int moving_avg_sum_golden(int a)
{
    static int array[N];
    static int curr_index = 0;
```

```
            int sum = 0;
            array[curr_index] = a;
            #pragma unroll
            for (int i = 0; i < N; ++i)
            {
                    sum += array[i];
            }
            curr_index = (curr_index + 1) % N;
            return (sum / N);
    }

    int main()
    {
            int results[T];
            int results_ref[T];
            srand(0);

            for(int i = 0; i < T; ++i)
            {
                    int x = rand() % 256;
                    ihc_hls_enqueue(&results[i], moving_avg_sum, x);
                    results_ref[i] = moving_avg_sum_golden(x);
            }

            ihc_hls_component_run_all(moving_avg_sum);

            bool passed = true;
            for (int i = 0; i < T; ++i)
            {
                    if (results[i] != results_ref[i])
                    {
                            passed = false;
                            printf("At index %4d, %d != %d\n", i, results[i], results_ref[i]);
                    }
            }

            if (passed)
            {
                    printf("PASSED\n");
            }
```

```
        else
        {
            printf("FAILED\n");
        }
        return 0;
    }
```

对上述代码进行编译,并查看编译报告,如图 4-74 和图 4-75 所示。

**Estimated Resource Usage**

| Component Name | ALUTs | FFs | RAMs | DSPs |
|---|---|---|---|---|
| moving_avg_sum | 271 | 217 | 1 | 0 |
| Total | 271 (0%) | 217 (0%) | 1 (0%) | 0 (0%) |
| Available | 854400 | 1708800 | 2713 | 1518 |

图 4-74 资源分析

**Loops analysis**                                                    ☑ Show fully unrolled loops

| | Pipelined | II | Bottleneck | Details |
|---|---|---|---|---|
| Component: moving_avg_sum (moving_avg.cpp:9) | | | | Task function |
| moving_avg_sum.B1.start (Component invocation) | Yes | ~1 | n/a | II is an approximation. |
| Fully unrolled loop (moving_avg.cpp:14) | n/a | n/a | n/a | Unrolled by #pragma unroll |

图 4-75 循环分析

# 第 5 章

# 基于 FPGA 的 OpenCL 技术与应用

## 5.1 OpenCL 简介

近几年崛起的机器学习、深度学习、人工智能、工业仿真等技术对计算性能的要求越来越高，已经远远超过了 CPU 等传统处理器的性能上限；而 CPU 等传统处理器本身也存在一些计算性能瓶颈，如并行度不高、带宽不够、时延大等。在这种情形下，并行计算如火如荼地发展起来。

CPU 注重的是控制，难以承载大量的并行计算。而 FPGA 及其他异构芯片与 CPU 不同，它们本身就是一个庞大的计算阵列，因此天然具备高并行性的基础。但是，这些芯片毕竟不是专门为中央控制而设计的，因此它们只适合大数据量的高速并行计算，对于控制逻辑并不擅长。

在上述背景下，使用 CPU 做控制，使用 FPGA 或者其他芯片做计算，就成为提高计算性能的必然选择。通常，在一个系统当中既有 CPU，又有 GPU、FPGA 或者其他芯片，这种系统被称为异构计算系统。

异构计算系统将 CPU 从繁重的计算工作中解放出来，使之集中于控制层面，由其他的异构芯片负责简单但是繁重的计算工作，发挥自身的并行性优势，从整体上提高应用程序的计算和处理能力。这种架构是大数据、云计算和人工智能时代的必然选择。

CUDA 是异构并行计算的代表，尤其是在图形图像及人工智能领域，已经是名副其实的业界翘楚。但是，CUDA 是 NVIDIA 公司的商业产品，并且和 NVIDIA 公司的 GPU 系列产品进行了深度绑定，无法应用于其他设备。微软的 C++ AMP 及 Google 的 RenderScript 也都是针对各自的产品所做的方案，不具备普适性。如果每个厂商对异构计算都有不同的解决方案或者整合框架，那么对于实际应用及工业界而言，无疑是一个灾难。

# 第 5 章
## 基于 FPGA 的 OpenCL 技术与应用

OpenCL 的诞生就是为了解决这些问题。OpenCL 的全称是 Open Computing Language，即开放计算语言，它是一套异构计算的标准化框架，最初由 Apple 公司设计，后续由 Khronos Group 维护，覆盖 CPU、GPU、FPGA 及其他多种处理器芯片，支持 Windows、Linux 及 macOS 等主流平台。它可以使软件开发人员尽情地利用硬件的优势，实现整体产品的运行加速。

OpenCL 具有以下特点。

（1）高性能：OpenCL 是一个底层的 API，能够很好地映射到更底层的硬件上，充分发挥硬件的并行性，获得更好的性能。

（2）适应性强：既抽象了当前主流的异构并行计算硬件架构的共性，又兼顾了不同硬件的特点。

（3）开放开源：其开发和维护是开放的，不会被一家厂商控制，能够获得最广泛的硬件支持。

（4）支持范围广：目前，英特尔、AMD、ARM、NVIDIA 等半导体厂商，以及 Adobe、华为等软件巨头，都不同程度地支持 OpenCL，为 OpenCL 的发展助力，因此 OpenCL 的生态发展比较良好。

由于硬件的并行度越来越高，需要处理的数据量越来越大，对实时性的要求越来越高，OpenCL 在多个领域得到了广泛重视和大规模推广。

## 5.2 OpenCL 环境搭建

本书选用英特尔 Arria 10 FPGA 作为 OpenCL 的开发设备，在开发之前，先对 OpenCL 环境搭建做简要说明。

（1）系统要求。

操作系统：CentOS 7.4 x64。

软件包：a10_gx_pac_ias_1_2_pv_dev_installer.tar.gz。

软件包下载地址：https://www.intel.com/content/www/us/en/programmable/products/boards_and_kits/dev-kits/altera/acceleration-card-arria-10-gx/getting-started.html。

（2）安装环境，如图 5-1 所示。代码如下：

```
tar -zxvf a10_gx_pac_ias_1_2_pv_dev_installer.tar.gz
cd a10_gx_pac_ias_1_2_pv_dev_installer
./setup.sh
```

```
YOU AND ALTERA, AND TO THE MAXIMUM EXTENT PERMITTED BY APPLICABLE LAW,
ALL SUCH THIRD PARTY LICENSES SHALL BE SUBJECT TO PARAGRAPH 6
(DISCLAIMER OF WARRANTIES); PARAGRAPH 10 (LIMITATION OF LIABILITY);
AND PARAGRAPH 11 (CHOICE OF LAW/VENUE). ALTERA OFFERS NO WARRANTIES
(WHETHER EXPRESS OR IMPLIED); INDEMNIFICATION; AND/OR SUPPORT OF ANY
KIND WITH RESPECT TO THIRD PARTY MATERIALS, EXCEPT THAT WE WILL PASS
THROUGH TO YOU, IF AND TO THE EXTENT AVAILABLE, ANY WARRANTIES
EXPRESSLY PROVIDED TO US BY THIRD PARTY LICENSORS RELATING TO SUCH
THIRD PARTY MATERIALS.
Do you accept this license? (Y/n): y

Enter the path you want to extract the Intel PAC with Intel Arria10 GX FPGA release package [default: /root/inteldevstack]:

INSTALLDIR=/root/inteldevstack

-----------------------------------------------------------------
- Install the Extra Packages for Enterprise Linux (EPEL)
```

图 5-1 安装环境

（3）设置环境变量，代码如下：

```
source /root/inteldevstack/init_env.sh && source /root/inteldevstack/intelFPGA_pro/hld/init_opencl.sh && export ALTERAOCLSDKROOT=$INTELFPGAOCLSDKROOTs
```

（4）初始化并检测环境，如图 5-2 所示。代码如下：

```
aocl program acl0 /root/inteldevstack/a10_gx_pac_ias_1_2_pv/opencl/hello_world.aocx
aocl diagnose
```

```
--------------------------------------------------------------
Device Name:
acl0

Package Pat:
/opt/inteldevstack/a10_gx_pac_ias_1_2_pv/opencl/opencl_bsp

Vendor: Intel Corp

Physical Dev Name    Status           Information

pac_a10_f400000      Passed           PAC Arria 10 Platform (pac_a10_f400000)
                                      PCIe 00:09.0
                                      FPGA temperature = 35 degrees C.

DIAGNOSTIC_PASSED
--------------------------------------------------------------
Call "aocl diagnose <device-names>" to run diagnose for specified devices
Call "aocl diagnose all" to run diagnose for all devices
```

图 5-2 初始化并检测环境

（5）测试 PCIe 吞吐率，如图 5-3 所示。代码如下：

# 第 5 章
## 基于 FPGA 的 OpenCL 技术与应用

```
aocl diagnose all
```

```
Block_Size Avg       Max      Min      Fnd-Fnd (MB/s)
   524288  2986.61  3282.30  2451.20  2672.44
  1048576  2987.31  3200.19  2646.64  2877.16
  2097152  2604.13  3188.69  2245.49  2539.10
  4194304  2678.83  3109.53  2335.82  2652.75
  8388608  3462.79  3965.90  3216.41  3443.99
 16777216  4296.60  4756.60  4084.02  4281.44
 33554432  4803.08  5128.38  4544.05  4793.49
 67108864  5139.56  5395.64  4971.43  5134.72
134217728  5374.85  5512.88  5243.57  5372.96
268435456  5386.60  5386.60  5386.60  5386.60

Write top speed = 6319.31 MB/s
Read top speed = 5512.88 MB/s
Throughput = 5916.10 MB/s

DIAGNOSTIC_PASSED
```

图 5-3　测试 PCIe 吞吐率

（6）查看当前支持的加速卡，如图 5-4 所示。代码如下：

```
aoc -list-boards
```

```
Board list:
  pac_a10
    Board Package: /opt/inteldevstack/a10_gx_pac_ias_1_2_pv/opencl/opencl_bsp
```

图 5-4　查看当前支持的加速卡

## 5.3　OpenCL 基本架构

OpenCL 本质上是为异构计算（并行计算）服务的，其基本架构如图 5-5 所示。

（1）异构设备（芯片）由上下文连接。
（2）OpenCL 分为程序（主机端）和内核（设备端）。
（3）主机（Host）和设备（Device）之间可以通过一定的机制进行内存的相互访问。
（4）通过命令队列发送命令到 OpenCL 设备中执行。

为了简单地描述 OpenCL 的架构和执行流程，通常将 OpenCL 的执行流程划分为 3 个模型：平台模型、执行模型和存储模型。

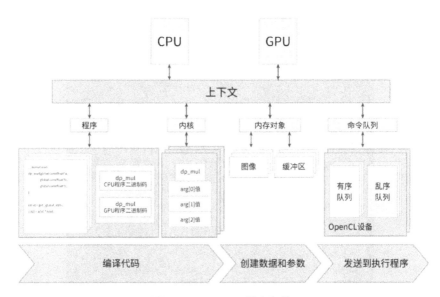

图 5-5 OpenCL 基本架构

### 5.3.1 平台模型

OpenCL 平台模型由一个主机和若干个设备组成，这些设备可以是 CPU、GPU、DSP、FPGA 等，它们组成了异构并行计算平台。每个设备中包含一个或者多个计算单元（Computing Unit，CU），每个计算单元中又包含若干个处理单元（Processing Element，PE），内核（Kernel）就在各个 PE 中并行运行。平台模型如图 5-6 所示。

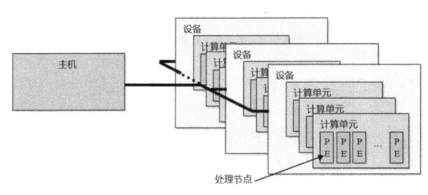

图 5-6 平台模型

### 5.3.2 执行模型

执行模型表示 OpenCL 执行过程中的定义。执行模型通常分为两部分：主机端和设

# 第 5 章
## 基于 FPGA 的 OpenCL 技术与应用

备端。

（1）OpenCL 程序包含主机端程序和设备端内核。

（2）主机端将内核提交到设备端，并承担 IO 操作。

（3）设备端在处理单元中执行计算。

（4）内核通常是一些简单的函数，但是计算量非常大。

执行模型中包含 3 个重要的概念：上下文、命令队列和内核。其中，上下文负责关联 OpenCL 设备、内核对象、程序对象和存储器对象；命令队列实现主机和设备的交互，包括内核入队、存储器入队、主机和设备间的同步、内核的执行顺序等；而内核则是真正执行任务的实体。

（1）OpenCL 运行时，主机发送命令到设备上执行，系统会创建一个整数索引空间（NDRange）。对应索引空间中的每个点，将分别执行内核的一个实例。

（2）执行内核的一个实例称为一个工作项，工作项由它在索引空间中的坐标来标识，这些坐标就是工作项的全局 ID。

（3）多个工作项组成一个工作组，每个工作项在工作组中有一个 ID，称之为局部 ID。

（4）工作组 ID 和局部 ID 可以唯一确定一个工作项的全局 ID。

如图 5-7 所示，假设有一个 12×12 的二维索引空间，它被划分成 9 个 4×4 的工作组，那么工作项全局 ID 的计算公式如下：

$$G_x = W_x \times L_x + L_x$$
$$G_y = W_y \times L_y + L_y$$

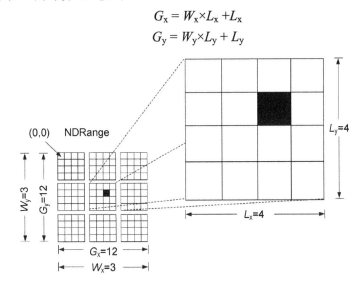

图 5-7 索引空间

### 5.3.3 存储模型

存储模型表示 OpenCL 执行过程中设备和主机之间的内存交互。OpenCL 总共定义了 5 种不同的内存区域。

（1）主机内存：仅对主机可见。

（2）全局内存：允许读写所有工作组中的所有工作项。

（3）常量内存：在执行一个内核期间保持不变，对于工作项是只读的内存区域。

（4）局部内存：针对局部工作组，可用于工作组之间的内存共享。

（5）私有内存：某个工作项的私有内存区域，对其他工作项不可见。

内存关系图如图 5-8 所示。

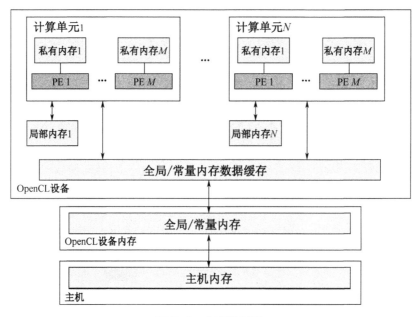

图 5-8　内存关系图

### 5.3.4 执行流程

OpenCL 的执行流程如下：

（1）搜索并选择 OpenCL 平台。

（2）搜索并选择 OpenCL 设备。

（3）创建主机和设备通信的上下文和命令队列。

（4）创建程序对象和内核对象。

（5）将内核对象送入设备执行。

（6）获得执行结果并清理环境。

## 5.4 OpenCL 主机端程序设计

### 5.4.1 OpenCL 平台

OpenCL 程序开发的第一步就是选择 OpenCL 平台。OpenCL 平台指的是 OpenCL 设备和 OpenCL 框架的组合。一个异构计算平台中可以同时存在多个 OpenCL 平台。例如，在一台 Linux 服务器上，可以同时存在英特尔 CPU、NVIDIA GPU，以及英特尔 FPGA 或者其他异构芯片。因此，在使用 OpenCL 进行开发时，必须显式地指定所要使用的 OpenCL 平台。在 OpenCL API 中，提供了一个专门的函数，用来查询和获取 OpenCL 平台，具体如下：

```
cl_int clGetPlatformIDs(cl_uint num_entries,
                        cl_platform_id * platforms,
                        cl_uint * num_platforms)
```

上述函数通常需要调用两次：第一次调用时，将 platforms 设置为 NULL，由 num_platforms 获得系统当中可用的 OpenCL 平台数量；第二次调用时，根据第一次调用获得的平台数量进行平台空间的分配，并对平台进行初始化。

OpenCL 只是一个标准，不同厂商的不同硬件对此有不同的实现，因此 OpenCL 平台的基本信息也存在区别。为了能够清楚地知道平台的基本信息，判别使用的平台，OpenCL API 提供了一个函数，用于明确 OpenCL 平台的基本信息，具体如下：

```
cl_int clGetPlatformInfo (cl_platform_id platform,
                          cl_platform_info param_name,
                          size_t param_value_size,
                          void *param_value,
                          size_t *param_value_size_ret)
```

其中，cl_platform_info 表示的是需要查询的平台的详细属性。该函数通常也需要调用两次：第一次调用时，获得属性值的长度；第二次调用时，根据获得的长度分配内存空间，进行属性字符串的存放。

cl_platform_info 的取值见表 5-1。

对于 OpenCL 平台而言，最重要的就是支持的版本、性能和扩展列表。英特尔 Arria 10 FPGA 的 OpenCL 平台属性见表 5-2。

表 5-1　cl_platform_info 的取值

| cl_platform_info 的取值 | 返回类型 | 描述 |
|---|---|---|
| CL_PLATFORM_PROFILE | char [] | 平台是 FULL_PROFILE 还是 EMBEDDED_PROFILE |
| CL_PLATFORM_VERSION | char [] | 平台支持的 OpenCL 版本 |
| CL_PLATFORM_NAME | char [] | 平台名称 |
| CL_PLATFORM_VENDOR | char [] | 平台的供应商 |
| CL_PLATFORM_EXTENSIONS | char [] | 平台支持的扩展列表 |

表 5-2　英特尔 Arria 10 FPGA 的 OpenCL 平台属性

| 属性 | 值 |
|---|---|
| CL_PLATFORM_PROFILE | EMBEDDED_PROFILE |
| CL_PLATFORM_VERSION | OpenCL 1.0 Intel(R) FPGA SDK for OpenCL(TM), Version 17.1 |
| CL_PLATFORM_NAME | Intel(R) FPGA SDK for OpenCL(TM) |
| CL_PLATFORM_VENDOR | Intel(R) Corporation |
| CL_PLATFORM_EXTENSIONS | cl_khr_byte_addressable_store cles_khr_int64 cl_intelfpga_live_object_tracking<br>cl_intelfpga_compiler_mode<br>cl_khr_icd<br>cl_khr_3d_image_writes |

### 5.4.2　OpenCL 设备

OpenCL 设备依赖于 OpenCL 平台，一个 OpenCL 平台中可以有多个 OpenCL 设备。

（1）每个平台可能关联不同的设备。

（2）不同的设备对 OpenCL 的支持不同。

（3）不同设备的 OpenCL 实现不同。

（4）常见的 OpenCL 设备有 CPU、GPU、加速卡（Accelerator，也称 PAC）。OpenCL 平台通常设置了默认设备。

CPU 虽然是同构设备，但是也可以作为 OpenCL 设备使用，前提是 OpenCL 平台支持。显然，对于英特尔 Arria 10 FPGA，所谓的 OpenCL 设备指的就是这些 FPGA 芯片或者加速卡。

OpenCL 分为主机端和设备端，要想在设备中运行代码，必须先找到要使用的设备。OpenCL API 提供了一个函数，用来查找设备，具体如下：

```
cl_int clGetDeviceIDs(cl_platform_id platform, cl_device_type device_type, cl_uint num_entries,
    cl_device_id *devices, cl_uint *num_devices)
```

其中，cl_device_type 表示设备类型，devices 表示查找到的设备列表，num_devices 表示设备数量。cl_device_type 的取值见表 5-3。

表 5-3 cl_device_type 的取值

| cl_device_type 的取值 | 描述 |
|---|---|
| CL_DEVICE_TYPE_CPU | CPU |
| CL_DEVICE_TYPE_GPU | GPU |
| CL_DEVICE_TYPE_ACCELERATOR | 加速卡 |
| CL_DEVICE_TYPE_DEFAULT | 与平台关联的默认 OpenCL 设备 |
| CL_DEVICE_TYPE_ALL | 平台支持的所有 OpenCL 设备 |

特别需要注意的是，英特尔 FPGA 属于加速卡类型的设备。

和 OpenCL 平台函数类似，获取设备列表通常也需要调用两次上述函数。第一次调用时，获得设备的数量；第二次调用时，根据第一次调用获得的数量，初始化设备内存空间，并获得设备列表。具体操作如下：

```
    cl_int err = 0;
    cl_uint num_devices = 0;
    cl_device_id * devices = NULL;
    err = clGetDeviceIDs(platform, CL_DEVICE_TYPE_ACCELERATOR, 0, NULL,
&num_devices);
    if(CL_SUCCESS != err)
    {
     exit(-1);
    }
    devices = (cl_device_id*)malloc(
     sizeof(cl_device_id)* num_devices);
    err = clGetDeviceIDs(platform, CL_DEVICE_TYPE_ ACCELERATOR, num_devices,
devices, NULL);
```

通过上述方式，可以获得指定平台上有多少设备，以及对应的设备列表。但是，这些设备是什么厂商的，有什么特点，有多少硬件资源，目前是不知道的。而这些详细信息对于 OpenCL 内核的性能及优化有重大意义。因此，有时需要获取这些详细信息。

OpenCL API 提供了如下函数来获取设备的详细信息：

```
    cl_int clGetDeviceInfo(cl_device_id device, cl_device_info param_name,
size_t param_value_size,
     void * param_value, size_t * param_value_size_ret)
```

其中，device 表示要查询的设备，param_name 表示设备属性的名称，param_value_size 表示设备属性的长度，param_value 表示设备属性。该函数和之前介绍的函数类似，通常情况下，需要调用两次。不过，如果设备属性为数值类型的，则只需要调用一次。具体可参见下面的示例：

```
cl_uint compute_units = 0;
cl_int err = clGetDeviceInfo(deviceid, CL_DEVICE_MAX_COMPUTE_UNITS,
            sizeof(cl_uint), &compute_units, NULL);
if(CL_SUCCESS != err)
{
 exit(-1);
}
printf("%d\n", compute_units);
```

上述代码用于获取一个设备的最大计算单元数量，由于最大计算单元数量是数值类型的，因此，只需要调用一次函数。如果是其他类型的属性，就需要调用两次函数。具体可参见如下代码：

```
cl_int err = clGetDeviceInfo(deviceid,
            CL_DEVICE_NAME, 0, NULL, &size);
if(CL_SUCCESS != err)
{
            exit(-1);
}
char *device_info = (char*)malloc(sizeof(char) * size + 1));
err = clGetDeviceInfo(deviceid, CL_DEVICE_NAME,
            size, device_info, NULL);
if(CL_SUCCESS != err)
{
 exit(-1);
}
device_info[size] = '\0';
printf("%s: %s\n", device_info_name, device_info);
```

OpenCL 设备的属性多达几十个，很多属性对 OpenCL 内核程序的性能有非常大的影响。常用设备属性见表 5-4。

表 5-4 常用设备属性

| cl_device_info | 描述 |
| --- | --- |
| CL_DEVICE_ADDRESS_BITS | 返回数据类型：cl_unit<br>默认的设备地址空间以无符号数 bit 位来表征，目前支持 32 或 64 位 |
| CL_DEVICE_AVAILABLE | 返回数据类型：cl_bool<br>有可用设备返回 CL_TRUE，无可用设备返回 CL_FALSE |

续表

| cl_device_info | 描述 |
|---|---|
| CL_DEVICE_COMPILER_AVAILABLE | 返回数据类型：cl_bool<br>有可用编译器返回 CL_TRUE，无可用编译器返回 CL_FALSE。仅对嵌入式平台会返回 L_FALSE 值 |
| CL_DEVICE_DOUBLE_FP_CONFIG | 返回数据类型：cl_device_fp_config<br>描述的是 OpenCL 设备可选的双精度浮点数支持能力<br>这是针对 bit 位元域的 |

英特尔 Arria 10 FPGA 的设备属性如图 5-9 所示。

```
CL_DEVICE_PREFERRED_VECTOR_WIDTH_CHAR: 4
CL_DEVICE_PREFERRED_VECTOR_WIDTH_SHORT: 2
CL_DEVICE_PREFERRED_VECTOR_WIDTH_INT: 1
CL_DEVICE_PREFERRED_VECTOR_WIDTH_LONG: 1
CL_DEVICE_PREFERRED_VECTOR_WIDTH_FLOAT: 1
CL_DEVICE_PREFERRED_VECTOR_WIDTH_DOUBLE: 0
CL_DEVICE_PREFERRED_VECTOR_WIDTH_HALF: 0
CL_DEVICE_NATIVE_VECTOR_WIDTH_CHAR: 4
CL_DEVICE_NATIVE_VECTOR_WIDTH_SHORT: 2
CL_DEVICE_NATIVE_VECTOR_WIDTH_INT: 1
CL_DEVICE_NATIVE_VECTOR_WIDTH_LONG: 1
CL_DEVICE_NATIVE_VECTOR_WIDTH_DOUBLE: 0
CL_DEVICE_NATIVE_VECTOR_WIDTH_HALF: 0
CL_DEVICE_MAX_CLOCK_FREQUENCY: 1000
```

图 5-9 英特尔 Arria 10 FPGA 的设备属性

这些属性分别表示英特尔 FPGA 的位宽、时钟频率等。详细的设备信息可参考 https://www.khronos.org/registry/OpenCL/sdk/1.0/docs/man/xhtml/clGetDeviceInfo.html 中的内容。

### 5.4.3 OpenCL 上下文

OpenCL 主要由两部分组成：一部分运行在 CPU 上，通常称之为主机端；另一部分运行在 OpenCL 设备上，通常称之为设备端。而主机端和设备端联合工作是需要相互通信和协调的。在 OpenCL 框架中，这个通信和协调的工作就是由 OpenCL 上下文来负责的。

OpenCL 上下文可以说是 OpenCL 应用的核心，它负责关联 OpenCL 应用所需要使用的设备，沟通 CPU 和 OpenCL 设备的内存读写，将设备的命令放到命令队列中，管理 OpenCL 内核，为内核提供容器等。

OpenCL 上下文主要有如下特点：
（1）上下文管理的所有设备必须来自同一平台。

（2）如果使用不同平台的 OpenCL 设备，则必须为每个平台独立创建上下文。
（3）上下文可以同时管理同一平台的不同设备。
（4）可以用多个上下文管理多个设备。

上下文关系如图 5-10 所示。

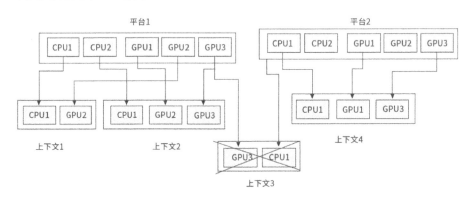

图 5-10　上下文关系

创建 OpenCL 上下文，需要使用下列函数：

```
cl_context clCreateContext (const cl_context_properties *properties,
        cl_uint num_devices,
        const cl_device_id *devices,
        void (*pfn_notify)(const char *errinfo,
            const void *private_info, size_t cb,
            void *user_data),
        void *user_data,
        cl_int *errcode_ret)
```

其中，properties 表示上下文的属性；devices 表示 OpenCL 设备列表；pfn_notify 和 user_data 构成一个回调函数，用于报告上下文生命周期中出现的错误信息；errcode_ret 表示函数的返回状态，即成功或失败。

需要注意的是，OpenCL 有多个标准，本书中使用的英特尔 FPGA 支持 OpenCL 1.0 标准。而在 OpenCL 1.0 标准中，properties 只支持 CL_CONTEXT_PLATFORM，表示 OpenCL 平台的 ID。properties 的使用方法如下：

```
properties[]={属性名称，属性值，0}
```

（1）properties 的最后一个参数必须为 0。
（2）需要将属性值强制转换为 cl_context_properties 类型。
（3）可以直接将 properties 设定为 NULL。

示例代码如下：

```
    cl_context context = NULL;
    cl_context_properties properties[] = {CL_CONTEXT_PLATFORM,
(cl_context_properties)(*platformids), 0};
    context = clCreateContext(properties, num_device, devices, NULL, NULL,
&err);
```

除了使用上述显式指定设备的方式创建上下文，OpenCL 还提供了另一种方式进行上下文的创建，即根据设备类型创建上下文，具体如下：

```
    cl_context clCreateContextFromType (const cl_context_properties
*properties,
                    cl_device_type device_type,
                    void (*pfn_notify)(const char *errinfo,
                       const void *private_info, size_t cb,
                         void *user_data),
                    void *user_data,
                    cl_int *errcode_ret)
```

该函数会使用第一个搜索到的设备进行上下文的创建。

上下文的详细信息也是比较重要的，如上下文关联了多少设备，对应的设备 ID 是什么，上下文的属性及引用计数等。获取上下文详细信息的 OpenCL API 函数如下：

```
    cl_int clGetContextInfo (cl_context context,
                cl_context_info param_name,
                size_t param_value_size,
                void *param_value,
                size_t *param_value_size_ret)
```

其中，param_name 表示上下文属性名称。上下文属性列表见表 5-5。

表 5-5　上下文属性列表

| 属性 | 返回值 | 描述 |
| --- | --- | --- |
| CL_CONTEXT_REFERENCE_COUNT | cl_uint | 返回上下文引用计数 |
| CL_CONTEXT_NUM_DEVICES | cl_uint | 返回上下文的设备数 |
| CL_CONTEXT_DEVICES | cl_device_id[] | 返回上下文的设备列表 |
| CL_CONTEXT_PROPERTIES | cl_context_properies[] | 返回 clCreateContext 或 clCreateFromType 中指定的 properties |

## 5.4.4　OpenCL 命令队列

OpenCL 上下文中包含内存、程序和内核对象，而对这些对象的操作是通过命令队列来实现的。命令是主机发送给设备的消息，用于通知设备执行相关操作。主机和设备之间的内存同步和内存搬运,都需要命令队列的参与。命令队列如图 5-11 所示。

图 5-11 命令队列

创建一个命令队列的 OpenCL API 函数如下:

```
cl_command_queue clCreateCommandQueue (cl_context context,
            cl_device_id device,
            cl_command_queue_properties properties,
            cl_int *errcode_ret)
```

其中,properties 表示命令队列的属性,其值可以为 0,也可以为表 5-6 中的内容。

图 5-6 命令队列的属性

| 属性 | 描述 |
| --- | --- |
| CL_QUEUE_OUT_OF_ORDER_EXEC_MODE_ENABLE | 决定命令队列中的命令是有序或无序执行。设置为使能后,命令队列中的队列无序执行,否则命令顺序执行 |
| CL_QUEUE_PROFILING_ENABLE | 使能或非使能命令执行测试分析功能。设置后使能测试分析功能,或者关闭测试分析功能 |

和其他对象一样,OpenCL 命令队列也有一些详细信息需要注意。查询 OpenCL 命令队列的详细信息可以使用下面的函数:

```
cl_int clGetCommandQueueInfo (cl_command_queue command_queue,
        cl_command_queue_info param_name,
        size_t param_value_size,
        void *param_value,
        size_t *param_value_size_ret)
```

其中,param_name 表示命令队列的属性名称。cl_command_queue_info 取值见表 5-7。

表 5-7 队列属性取值

| cl_command_queue_info | 返回类型与信息描述 |
| --- | --- |
| CL_QUEUE_CONTEXT | 返回值类型:cl_context<br>当命令队列创建后返回指定的 context 上下文 |
| CL_QUEUE_DEVICE | 返回值类型:cl_device_id<br>当命令队列创建后返回指定的 OpenCL 设备 ID |

续表

| cl_command_queue_info | 返回类型与信息描述 |
|---|---|
| CL_QUEUE_REFERENCE_COUNT | 返回值类型：cl_uInt<br>返回命令队列引用计数值<br>引用计数值以 CL_QUEUE_REFERENCE_COUNT 来返回，不适合在程序中作其他使用，因为其会立即失效，通常用于识别内存泄漏问题 |
| CL_QUEUE_PROPERTIES | 返回值类型：cl_command_queue_properties<br>返回当前命令队列属性值，这个值是在 clCreateCommandQueue 创建命令队列时参数指定的 |

## 5.4.5 OpenCL 程序对象

### 1. 创建程序对象

程序对象与内核对象是 OpenCL 的核心，内核对象就是在 OpenCL 设备上执行的函数，而程序对象就是内核对象的容器，一个程序对象可以包含多个内核对象，内核对象由程序对象创建和管理。概括地说，程序对象有如下特点：

（1）包含内核函数集合。
（2）为关联设备编译内核。
（3）可由 OpenCL 源码文本创建。
（4）可以使用程序二进制代码创建。

程序对象可由源码文本创建，也可以使用程序二进制代码创建，这主要取决于下面两个设备属性。

（1）CL_DEVICE_COMPILER_AVAILABLE：设备是否有编译器。
（2）CL_DEVICE_LINKER_AVAILABLE：设备是否有链接器。

这两个设备属性说明了 OpenCL 源码是否可以直接在设备上被编译为可执行的二进制文件。对于不确定的平台，一定要查询这两个设备属性，从而判断是否可以由源码文本直接创建程序对象。以英特尔 FPGA 为例，查询这两个设备属性，如图 5-12 所示。

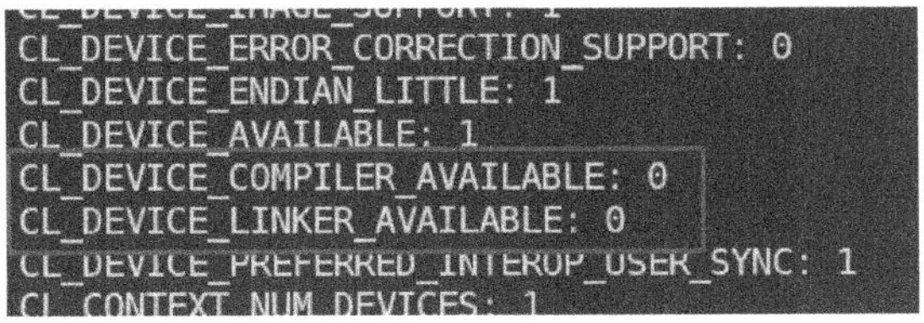

图 5-12 查询设备属性

对于英特尔 FPGA 而言，将 OpenCL 源码转换为可以在设备上执行的二进制代码时间比较长，因此，在英特尔 FPGA 上，不支持由 OpenCL 源码文本直接创建程序对象的操作。需要通过离线编译器将 OpenCL 源码文本编译为可执行的二进制文件，再通过 OpenCL API 加载二进制文件，才能创建程序对象。

英特尔 FPGA 的 OpenCL 编译器为 Quartus 开发套件所包含的 AOC 系列软件，通过该系列软件可将 OpenCL 源码编译为 aocx 格式的二进制文件。在下面的讲解中，如果没有特殊说明，OpenCL 二进制文件全部指的是 aocx 文件；而且，内核编译工具默认为英特尔 FPGA 的 Quartus 开发套件所包含的 AOC 系列软件。

OpenCL API 提供的由二进制文件创建程序对象的函数如下：

```
cl_program clCreateProgramWithBinary (cl_context context,
                    cl_uint num_devices,
                    const cl_device_id *device_list,
                    const size_t *lengths,
                    const unsigned char **binaries,
                    cl_int *binary_status,
                    cl_int *errcode_ret)
```

其中，num_devices 表示的是设备的数量，device_list 表示设备列表。一般情况下，对于同一平台上同一类型的设备，加载的 OpenCL 二进制文件的内容是相同的。但是，也可以根据需要，将不同的二进制文件加载到不同的设备中。

另外，binaries 表示的是二进制文件的内容。对于所有的二进制文件，需要将其读取为 unsigned char 类型的数据之后，送入内核程序中进行处理。

例如，首先读取二进制文件的内容：

```
FILE * binary_file = NULL;
if (NULL == (binary_file = fopen("device/hello.aocx", "rb")))
{
        printf("Cannot open fpga binary file\n");
        return -1;
}
fseek(binary_file, 0, SEEK_END);
size_t binary_lenth = ftell(binary_file);
unsigned char * binary_context = NULL;
if (NULL == (binary_context = (unsigned char *)malloc(
        sizeof(unsigned char) * binary_lenth + 1)))
{
        printf("Cannot allocate more memory for binary context\n");
        fclose(binary_file);
        return -1;
}
```

```
rewind(binary_file);
fread(binary_context, sizeof(unsigned char),
     binary_lenth, binary_file);
binary_context[binary_lenth] = '\0';
fclose(binary_file);
```

读取完成之后，就要利用读取到的内容进行程序对象的创建。如果是针对单个设备进行程序对象的创建，可以使用下面的方式：

```
cl_program program = clCreateProgramWithBinary(context, 1, &device,
     &binary_lenth, (const unsigned char **)(&binary_context),
     NULL, &err);
```

如果是针对同一类型的多个设备进行创建，可以采用如下方式：

```
for(; index < num_devices; index++)
{
     binarys[index] = binary;
     array[index] = binary_len;
}
cl_int err = 0;
programobj = clCreateProgramWithBinary(
     ctxt, num_devices, deviceids, array,
     (const unsigned char**)binarys, NULL, &err);
```

**2．构建和编译程序对象**

OpenCL 是跨平台的工业标准，只有在选择设备对象之后，才能确定运行环境。一旦确定了运行环境，就需要在运行的设备上构建和编译程序对象。OpenCL API 提供了一个函数用于在设备上构建和编译程序对象，具体如下：

```
cl_int clBuildProgram (cl_program program,
          cl_uint num_devices,
          const cl_device_id *device_list,
          const char *options,
          void (*pfn_notify)(cl_program, void *user_data),
          void *user_data)
```

其中，options 表示的是编译器的选项。由于英特尔 FPGA 中的二进制文件全部是离线编译的，因此 options 可以设置为 NULL。pfn_notify 表示回调函数，user_data 表示回调函数的传入参数。

这个构建和编译的过程，实际上就是将二进制文件烧写到 OpenCL 设备中，而对应到英特尔 FPGA 的 OpenCL 平台，实际上就是执行类似 aocl program acl0 xxx.aocx 这样的指令。只有经过上述操作，程序对象才能真正地在 OpenCL 设备上运行起来。

### 3. 程序对象的信息

和其他对象一样，程序对象的信息也可以进行查询和读取，这些信息既包含程序本身的详细信息，也包含程序对象在 OpenCL 设备上的编译信息。OpenCL API 提供的程序对象信息查询函数如下：

```
cl_int clGetProgramInfo (cl_program program,
         cl_program_info param_name,
         size_t param_value_size,
         void *param_value,
         size_t *param_value_size_ret)
```

程序对象的信息见表 5-8。

表 5-8 程序对象的信息

| cl_program_info | 返回类型 | 描述 |
| --- | --- | --- |
| CL_PROGRAM_REFERENCE_COUNT | cl_uint | 返回程序的引用计数值 |
| CL_PROGRAM_CONTEXT | cl_context | 返回用于创建程序的上下文 |
| CL_PROGRAM_NUM_DEVICES | cl_uint | 返回程序关联的设备个数 |
| CL_PROGRAM_DEVICES | cl_device_id[] | 返回程序关联的设备列表 |
| CL_PROGRAM_SOURCE | char[] | 以字符串形式返回程序源码 |
| CL_PROGRAM_BINARIES_SIZES | size_t | 返回每个目标二进制代码的字节个数 |
| CL_PROGRAM_BINARIES | unsigned char*[] | 返回程序关联的二进制数组 |
| CL_PROGRAM_NUM_KERNELS | size_t | 返回程序中的内核函数个数 |
| CL_PROGRAM_KERNEL_NAMES | char[] | 返回程序中内核函数的名称，名称以分号分隔 |

需要注意的是，由于英特尔 FPGA 的 OpenCL 平台仅支持离线编译，即仅支持由二进制文件构建程序对象，因此，表 5-8 中与源码相关的内容是无法在英特尔 FPGA 的 OpenCL 平台上正常运行的。通过这个查询函数可以获得程序对象所包含的设备列表、内核个数，以及每个内核的名称。在无法获知二进制代码明确名称的情况下，可以用该函数获得内核的名称，以便进行下一步操作。

不仅可以对程序对象本身的属性信息进行查询，也可以对程序对象的构建信息进行查询。查询程序对象的构建信息，需要使用如下函数：

```
cl_int clGetProgramBuildInfo (cl_program program,
         cl_device_id device,
         cl_program_build_info param_name,
         size_t param_value_size,
         void *param_value,
         size_t *param_value_size_ret)
```

其中，param_name 表示构建信息属性名称，最常用的是编译日志，它对于排查运行错误非常有用。构建信息属性列表见表 5-9。

表 5-9 构建信息属性列表

| cl_program_build_info | 返回类型 | 信息描述 |
| --- | --- | --- |
| CL_PROGRAM_BUILD_STATUS | cl_build_status | 返回程序建立的状态，返回值包含以下：<br>CL_BUILD_NONE：无程序建立<br>CL_BUILD_ERROR：当最后一次调用 clBuildProgram，创建程序产生错误时<br>CL_BUILD_SUCCESS：当最后一次调用 clBuildProgram，正确创建程序时<br>CL_BUILD_PROGRESS：当最后一次调用 clBuildProgram，正确创建程序还未执行完成时 |
| CL_PROGRAM_BUILD_OPTIONS | char[] | 返回使用 clBuildProgram 创建程序时的可配置选项值<br>如果创建程序返回值为 CL_BUILD_NONE 时，此时返回空字符串 |
| CL_PROGRAM_BUILD_LOG | char[] | 返回 clBuildProgram 调用时的执行 log 日志 |

### 5.4.6 OpenCL 内核对象

程序对象实际上只是一个容器，其中可以容纳多个内核对象。内核对象才是真正可以在 OpenCL 设备上运行的函数，也就是说，OpenCL 的功能是由内核对象实现的。

例如：

```
__kernel void adder(__global float * restrict a,
    __global float * restrict b, __global float * restrict result)
{
    int tid = get_global_id(0);
    result[tid] = a[tid] + b[tid];
}
```

上述函数需要编译为 OpenCL 平台可识别的二进制文件（即 aocx 文件），才能在 OpenCL 设备上运行。在 OpenCL API 中，由于内核对象是依赖于程序对象的，因此需要先创建程序对象，再创建内核对象。内核对象的创建函数如下：

```
cl_kernel clCreateKernel (cl_program program,
        const char *kernel_name,
        cl_int *errcode_ret)
```

其中，kernel_name 表示的是内核对象名称，这个名称必须包含在程序对象（program）所查询的内核对象名称中，否则无法正常创建内核对象。

和其他对象一样，内核对象也有自己的属性。在不确定内核信息的情况下，可以使用

OpenCL API 提供的函数，对内核对象的属性进行查询。查询函数如下：

```
cl_int clGetKernelInfo (cl_kernel kernel,
            cl_kernel_info param_name,
            size_t param_value_size,
            void *param_value,
            size_t *param_value_size_ret)
```

其中，param_name 表示内核对象属性名称。内核对象属性见表 5-10。

表 5-10 内核对象属性

| cl_kernel_info | 返回类型 | 信息描述 |
| --- | --- | --- |
| CL_KERNEL_FUNCTION_NAME | char[] | 返回 OpenCL kernel 的函数名 |
| CL_KERNEL_NUM_ARGS | cl_uint | 返回 OpenCL kernel 的参数 |
| CL_KERNEL_REFERENCE_COUNT | cl_uint | 返回 OpenCL kernel 的引用计数值 |
| CL_KERNEL_CONTEXT | cl_context | 返回 OpenCL kernel 相关的 ocntext 上下文 |
| CL_KERNEL_PROGRAM | cl_program | 返回 OpenCL kernel 的创建项目 |

### 1．OpenCL 内存对象

通过上面的介绍可知，内核对象实际上就是可以在 OpenCL 设备上运行的函数，而这些函数都是有参数和返回值的。对内核对象的操作，包括函数参数的传递和返回值的接收等，都需要使用内存对象。

内存对象也称缓冲区，实际上就是内存资源，它包括主机上的内存资源和设备上的内存资源（加速卡通常配备了 DDR3 内存资源）。

OpenCL API 提供了创建内存对象的函数，具体如下：

```
cl_mem clCreateBuffer (cl_context context,
            cl_mem_flags flags,
            size_t size,
            void *host_ptr,
            cl_int *errcode_ret)
```

其中，size 表示分配的内存大小；host_ptr 表示主机端的内存指针，该内存指针用来传递内核参数，或者用来接收内核返回结果；flags 表示内存属性。OpenCL 1.0 支持的内存属性具体如下。

（1）CL_MEM_READ_WRITE：默认模式，内核可以读写。

（2）CL_MEM_WRITE_ONLY：内核只能写入。

（3）CL_MEM_READ_ONLY：内核只能读取。

（4）CL_MEM_USE_HOST_PTR：直接使用 host_ptr 引用的内存作为内存对象。

（5）CL_MEM_ALLOC_HOST_PTR：在主机上分配内存。

（6）CL_MEM_COPY_HOST_PTR：在设备上分配内存，并从 host_ptr 引用的内存复制

数据。

创建内存对象的示例如下：

```
int *input = (int *)malloc(sizeof(int) * SIZE);
for (int i = 0; i != SIZE; ++i)
{
 input[i] = rand();
}
cl_mem in_buffer = clCreateBuffer(context,
    CL_MEM_READ_ONLY | CL_MEM_COPY_HOST_PTR,
    sizeof(int) * SIZE, input, &err);
```

通过以上方式，就创建了一个内存对象，并且将内存对象与数组参数关联了起来。

内存对象创建之后，就可以用于建立内核参数列表，包括传入参数和传出参数。设定内核参数需要使用 OpenCL API 中的如下函数：

```
cl_int clSetKernelArg (cl_kernel kernel,
           cl_uint arg_index,
           size_t arg_size,
           const void *arg_value)
```

内核是可以在 OpenCL 设备上运行的函数，而函数的参数多种多样，并且函数参数的个数也各不相同。因此，在向内核传递参数时，必须注意参数传递的顺序和参数类型。

例如，内核的代码如下：

```
__kernel void adder(__global float * restrict a,
    __global float * restrict b, __global float * restrict result)
{
        size_t index = 0;

        #pragma unroll
        for(index=0; index < 10; index++)
        {
                result[index] = a[index] + b[index];
        }
}
```

在该内核中，需要传入 3 个参数：a、b 和 result，其中 result 为返回值接收参数。根据上面所讲述的内容，需要先创建内存对象，再对内核进行参数设置。设置内核参数的参考代码如下：

```
    cl_mem a_buffer = clCreateBuffer(ctxt,
CL_MEM_READ_ONLY|CL_MEM_COPY_HOST_PTR,
        sizeof(float) * 10, adder_a_input, err);
    cl_mem b_buffer = clCreateBuffer(ctxt,
CL_MEM_READ_ONLY|CL_MEM_COPY_HOST_PTR,
```

```
            sizeof(float) * 10, adder_b_input, err);
    cl_mem c_buffer = clCreateBuffer(ctxt, CL_MEM_WRITE_ONLY,
            sizeof(float) * 10, NULL, err);
    err = clSetKernelArg(kernel, 0, sizeof(cl_mem), &a_buffer);
    err |= clSetKernelArg(kernel, 1, sizeof(cl_mem), &b_buffer);
    err |= clSetKernelArg(kernel, 2, sizeof(cl_mem), &c_buffer);
```

通过上述代码设置好内核参数后，就可以在 OpenCL 设备上执行内核。

### 2. OpenCL 内核执行

OpenCL API 提供了两个执行内核的函数。其中之一如下所示：

```
    cl_int clEnqueueNDRangeKernel (cl_command_queue command_queue,
            cl_kernel kernel,
            cl_uint work_dim,
            const size_t *global_work_offset,
            const size_t *global_work_size,
            const size_t *local_work_size,
            cl_uint num_events_in_wait_list,
            const cl_event *event_wait_list,
            cl_event *event))
```

（1）work_dim：表示执行全局工作项的维度，其值通常只有 1、2 和 3。一般来说，其值最小为 1，最大为 OpenCL 设备的 CL_DEVICE_MAX_WORK_ITEM_DIMENSIONS。在英特尔 FPGA OpenCL 平台上，work_dim 的最大值为 1。

（2）global_work_offset：全局工作项 ID 的偏移量。大多数情况下，设置为 NULL。

（3）global_work_size：指定全局工作项的大小。

（4）local_work_size：指定一个工作组中工作项的大小。

上述函数是 OpenCL 内核执行最常用的函数。OpenCL API 还提供了一个简化的内核执行函数，这个函数只能在特定条件下使用，具体如下：

```
    cl_int clEnqueueTask (cl_command_queue command_queue,
            cl_kernel kernel,
            cl_uint num_events_in_wait_list,
            const cl_event *event_wait_list,
            cl_event *event)
```

该函数与之前的函数相比，基本参数中少了关于维度的参数。调用该函数，实际上相当于采用如下方式：

```
    clEnqueueNDRangeKernel(queue, kernel, 1, NULL, NULL, NULL,
    num_events_in_wait_list, event_wait_list, event)
```

### 3. OpenCL 内核执行结果

和其他编程语言不同的是，用 OpenCL 标准语言编写成的内核代码不能有任何返回值，即返回类型必须是 void。如果需要获得内核的返回值，必须将返回值当作一个参数，放在内核参数列表中；并且，在内核函数中，返回值必须是一个指针。因此，获取内核执行结果，就是从设备内存（缓冲区）中将结果读取出来。

OpenCL API 提供了读取设备内存的函数，具体如下：

```
cl_int clEnqueueReadBuffer (cl_command_queue command_queue,
            cl_mem buffer,
            cl_bool blocking_read,
            size_t offset,
            size_t cb,
            void *ptr,
            cl_uint num_events_in_wait_list,
            const cl_event *event_wait_list,
            cl_event *event)
```

其中，buffer 表示 OpenCL 设备缓冲区（内存对象），blocking_read 表示是否以阻塞模式进行读取，offset 表示内存偏移量，cb 表示读取的内存大小，ptr 表示 OpenCL 主机缓冲区。从上述内容可以看出，读取内核执行结果，实际上就是将执行结果从设备缓冲区搬运到主机缓冲区。具体示例如下：

```
err = clEnqueueReadBuffer(queue, c_buffer, cl_true,
    0, sizeof(float) * 10, adder_c_output, 0, NULL, NULL);
size_t index = 0;
while(index < 10)
{
    printf("%f\n", adder_c_output[index++]);
}
```

### ⊙ 5.4.7　OpenCL 对象回收与错误处理

前面提到的所有对象使用完毕之后，必须及时回收，以防出现内存泄漏等问题。OpenCL 对象有统一的回收方式：clRelease<ObjectType>。示例如下：

```
clReleaseKernel(kernel)
clReleaseComandqueue(queue)
clReleaseMemObject(buffer)
clReleaseProgram(program)
clReleaseContext(context)
```

回收对象时应注意顺序。不同对象之间的关系如下：

（1）内核对象依赖于程序对象。
（2）程序对象依赖于设备和上下文。
（3）命令队列依赖于设备和上下文。
（4）内存对象依赖于上下文。

(5)上下文依赖于设备和平台。

除此之外,在之前的代码中还有很多类似下列代码的操作:

```
err = clSetKernelArg(kernel, 0, sizeof(cl_mem), &a_buffer);
err |= clSetKernelArg(kernel, 1, sizeof(cl_mem), &b_buffer);
err |= clSetKernelArg(kernel, 2, sizeof(cl_mem), &c_buffer);
```

上述代码用于处理错误。由于 OpenCL 主要在主机和设备之间进行通信,而主机和设备可能出现各种问题和错误,因此必须处理错误,以保证 OpenCL 编程顺利进行。在 OpenCL 中,所有的错误都用状态码表示,具体见表 5-11。

表 5-11 状态码

| 状态码 | 值 | 描述 |
| --- | --- | --- |
| CL_SUCCESS | 0 | 命令成功执行,没有出现错误 |
| CL_DEVICE_NOT_FOUND | -1 | 未发现与条件匹配的 OpenCL 设备 |
| CL_DEVICE_NOT_AVAILABLE | -2 | OpenCL 设备不可用 |
| CL_COMPILER_NOT_AVAILABLE | -3 | OpenCL 编译器不可用 |
| CL_MEM_OBJECT_ALLOCATION_FAILURE | -4 | 无法为内存对象分配空间 |
| CL_OUT_OF_RESOURCES | -5 | 设备上没有足够的资源 |
| CL_OUT_OF_HOST_MEMORY | -6 | 主机上没有足够的内存 |
| CL_PROFILING_INFO_NOT_AVAILABLE | -7 | 无法得到性能评测信息或者命令队列不支持性能评测 |
| CL_MEM_COPY_OVERLAP | -8 | 两个缓冲区在同一个内存区域重叠 |
| CL_IMAGE_FORMAT_MISMATCH | -9 | 未采用相同的图像格式 |
| CL_IMAGE_FORMAT_NOT_SUPPORTED | -10 | 不支持指定的图像格式 |
| CL_BUILD_PROGRAM_FAILURE | -11 | 无法为程序构建可执行代码 |
| CL_MAP_FAILURE | -12 | 内存区域无法映射到主机内存 |
| CL_MISALIGNED_SUB_BUFFER_OFFSET | -13 | 上下文中没有设备关联的缓冲初始值为 CL_DEVICE_MEM_BASE_ADDR_ALIGN |
| CL_EXEC_STATUS_ERROR_FOR_EVENTS_IN_WAIT_LIST | -14 | 由 clWaitForEvent() 返回,事件列表中任意事件的执行状态为一个复数 |
| CL_COMPILE_PROGRAM_FAILURE | -15 | 编译程序源码出错 |
| CL_LINKER_NOT_AVAILABLE | -16 | 链接器不可用 |
| CL_LINK_PROGRAM_FAILURE | -17 | 链接程序失败 |
| CL_DEVICE_PARTITION_FAILED | -18 | 设备分割失败 |
| CL_KERNEL_ARG_INFO_NOT_AVAILABLE | -19 | 给定内核的参数信息无效 |
| CL_INVALID_VALUE | -30 | 命令的一个或多个参数值不合法 |
| CL_INVALID_DEVICE_TYPE | -31 | 传入的设备类型不合法 |
| CL_INVALID_PLATFORM | -32 | 传入的平台不合法 |
| CL_INVALID_DEVICE | -33 | 传入的设备不合法 |

续表

| 状态码 | 值 | 描述 |
|---|---|---|
| CL_INVALID_CONTEXT | -34 | 传入的上下文不合法 |
| CL_INVALID_QUEUE_PROPERTIES | -35 | 设备不支持命令队列属性 |
| CL_INVALID_COMMAND_QUEUE | -36 | 传入的命令队列不合法 |
| CL_INVALID_HOST_PTR | -37 | 主机指针不合法 |
| CL_INVALID_MEM_OBJECT | -38 | 传入的内存对象不合法 |
| CL_INVALID_IMAGE_FORMAT_DESCRIPTOR | -39 | 传入的图像格式描述符不合法 |
| INVALID_IMAGE_SIZE | -40 | 设备不支持这个图像大小 |
| CL_INVALID_SAMPLER | -41 | 传入的采样工具不合法 |
| CL_INVALID_BINARY | -42 | 传入了非法的二进制程序 |
| CL_INVALID_BUILD_OPTIONS | -43 | 一个或多个构建选项不合法 |
| CL_INVALID_PROGRAM | -44 | 传入的程序不合法 |
| CL_INVALID_PROGRAM_EXECUTABLE | -45 | 程序执行失败 |
| CL_INVALID_KERNEL_NAME | -46 | 程序中不存在指定的内核 |
| CL_INVALID_KERNEL_DEFINITION | -47 | 程序源码中定义的内核不合法 |
| CL_INVALID_KERNEL | -48 | 传入的内核不合法 |
| CL_INVALID_ARG_INDEX | -49 | 参数索引指示的参数对于内核不合法 |
| CL_INVALID_ARG_VALUE | -50 | 内核参数值为 NULL |
| CL_INVALID_ARG_SIZE | -51 | 参数大小与数据类型不匹配 |
| CL_INVALID_KERNEL_ARGS | -52 | 一个或多个内核未赋值 |
| CL_INVALID_WORK_DIMENSION | -53 | 工作维度值不合法 |
| CL_INVALID_WORK_GROUP_SIZE | -54 | 局部或全局工作组大小不合适 |
| CL_INVALID_WORK_ITEM_SIZE | -55 | 一个或多个工作项大小超过了设备支持的最大值 |
| CL_INVALID_GLOBAL_OFFSET | -56 | 全局偏移量超出了所支持的界限 |
| CL_INVALID_EVENT_WAIT_LIST | -57 | 提供的等待事件大小不合法或者其中包含非法事件 |
| CL_INVALID_EVENT | -58 | 传入的事件不合法 |
| CL_INVALID_OPERATION | -59 | 执行命令导致出现一个不合法的操作 |
| CL_INVALID_GL_OBJECT | -60 | 不是一个有效的 OpenGL 内存对象 |
| CL_INVALID_BUFFER_SIZE | -61 | 指定的缓冲区大小越界 |
| CL_INVALID_MIP_LEVEL | -62 | 为 OpenCL 纹理指定的 mipmap 级别对于 OpenCL 对象不合法 |
| CL_INVALID_GLOBAL_WORK_SIZE | -63 | 传入的全局工作大小不合法 |
| CL_INVALID_PROPERTY | -64 | 不支持的上下文属性名称 |
| CL_INVALID_IMAGE_DESCRIPTOR | -65 | 图像格式描述符的值不合法 |
| CL_INVALID_COMPILER_OPTIONS | -66 | 编译选项不合法 |
| CL_INVALID_LINKER_OPTIONS | -67 | 链接选项不合法 |

*续表*

| 状态码 | 值 | 描 述 |
|---|---|---|
| CL_INVALID_DEVICE_PARTITION_COUNT | −68 | 设备分割数量不合法 |
| CL_INVALID_PIPE_SIZE | −69 | 管道包大小不合法 |
| CL_INVALID_DEVICE_QUEUE | −70 | 内核参数类型（queue_t）与传入参数类型不一致 |

需要注意的是，表 5-11 中列出的是 OpenCL 标准状态码，而英特尔 FPGA 只支持 OpenCL 1.0 标准，因此其中有部分状态码对于英特尔 FPGA 并不适用，请注意甄别。

## 5.5 OpenCL 设备端程序设计

### 5.5.1 基本语法和关键字

OpenCL C 语言专门用于编写 OpenCL 内核（设备）程序。和其他编程语言相比，它主要有如下特点。

（1）基于 C99 标准，并进行了扩展。

（2）语法结构和 C 语言相似，支持标准 C 语言的所有关键字和大部分语法结构。

一段简单的 OpenCL C 代码如下：

```
__kernel void adder(__global float * a,
     __global float * b, __global float * result)
{
     int tid = get_global_id(0);
     result[tid] = a[tid] + b[tid];
}
```

和 C 语言不同的是，OpenCL C 语言扩展了 C99 标准，并且添加了很多关键字和保留字。OpenCL C 代码的编写规则如下。

（1）内核函数必须以 __kernel 或者 kerne 作为修饰符。

（2）内核函数没有返回值，统一以 void 作为函数的返回类型。

（3）以指针的方式传递函数执行结果。

**1. 地址空间修饰符**

地址空间修饰符有以下 4 个。

（1）__global 或者 global（全局地址空间）。

（2）__local 或者 local（局部地址空间）。

（3）__constant 或者 constant（常量地址空间）。

（4）__private 或者 private（私有地址空间）。

如果内核函数的参数声明为指针，则该参数只能指向全局、局部及常量地址空间。

全局地址空间（__global 或者 global）表示在全局内存中分配的内存对象，使用该修饰符修饰的内存区域允许读写一个内核的所有工作组的所有工作项。全局地址空间的内存对象可以声明为一个标量、矢量或者用户自定义结构的指针，可以作为函数参数及函数内声明的变量。示例代码如下：

```
__kernel void my_kernel(__global float * a, __global float * res)
{
    global float *p;      // 合法
    global float num;     // 非法
}
```

常量地址空间（__constant 或者 constant）和 C 语言中的常量类型（const）类似，可以用于修饰函数参数，也可以直接申请和分配。其用法也基本和 C 语言中的常量类型相同，示例代码如下：

```
__kernel void my_kernel(__constant float * a, __global float * res)
{
    __constant float *p = a;        // 合法
    __constant float b;             // 非法
    __constant float r = 9.0;       // 合法
}
```

局部地址空间（__local 或者 local），即在局部内存中分配的变量。通常情况下，读取局部内存比读取全局内存要快，因此，在进行 OpenCL 性能优化时，经常会使用局部地址空间对代码进行优化。

局部地址空间可以作为函数的参数及函数内部声明的变量，但是变量声明必须在内核函数的作用域中，且声明的变量不能直接初始化。示例代码如下：

```
__kernel void my_kernel(__local float * a, __global float * res)
{
    __local float c = 1.0; // 非法，不能直接初始化
    __local float b;       // 合法
    b = 9.0;
}
```

私有地址空间（__private 或者 private）是针对某个工作项的变量，这些变量不能在任何工作项或者工作组之间共享。

## 2．访问限定符

OpenCL C 语言中的访问限定符用于限制对参数的各种操作，主要有以下 3 个。

（1）只读限制：__read_only 或者 read_only。

（2）只写限制：__write_only 或者 write_only。

（3）可读可写：__read_write 或者 read_write。

## 5.5.2 数据类型

和标准 C 语言相比，OpenCL C 语言扩展了常用的数据类型和数据结构。总体而言，OpenCL C 语言中有两大类数据：标量数据和矢量数据。

### 1. 标量数据

所谓的标量数据，实际上就是标准 C 语言中的数据类型，包括 int、float 等常见的数据类型。C 语言中的用户自定义数据也属于标量数据。需要注意的是，在标准 C 语言中，整数（int）和浮点数（float/double）的长度会随着平台的不同而变化；而在 OpenCL C 语言中，整数和浮点数的位数是固定的，不会因为选用的 OpenCL 设备不同而有所区别。

除标准 C 语言中的数据类型外，OpenCL C 语言中还定义了其他标量数据类型，具体见表 5-12。

表 5-12 其他标量数据类型

| 类型名称 | 类型说明 |
| --- | --- |
| half | 长度为 16 位的浮点数，必须符合 IEEE 754—2008 半精度存储格式 |
| ptrdiff_t | 有符号整数类型，表示两个指针相减的结果 |
| intptr_t | 有符号整数类型，任何指向 void 的合法指针均可转换为该类型 |
| uintptr_t | 无符号整数类型，任何指向 void 的合法指针均可转换为该类型 |

### 2. 矢量数据

和 C 语言不同的是，OpenCL C 语言还支持矢量数据。在 OpenCL C 语言中，矢量数据指多个标量数据的组合。OpenCL C 语言中的矢量数据类型见表 5-13。

表 5-13 矢量数据类型

| OpenCL 数据类型 | 描述 | API 数据类型 |
| --- | --- | --- |
| charn | 8 位二进制补码整数向量 | cl_charn |
| ucharn | 8 位无符号整数向量 | cl_ucharn |
| shortn | 16 位二进制补码整数向量 | cl_shortn |
| ushortn | 16 位无符号整数向量 | cl_ushortn |
| intn | 32 位二进制补码整数向量 | cl_intn |
| uintn | 32 位无符号整数向量 | cl_uintn |
| longn | 64 位二进制补码整数向量 | cl_longn |
| ulongn | 64 位无符号整数向量 | cl_ulongn |
| floatn | 浮点型向量 | cl_floatn |

在 OpenCL C 语言中，有很多地方都需要使用矢量数据；对于优化 OpenCL 性能而言，

使用矢量数据也是一个非常有效的手段。

一般说来，每家厂商的 OpenCL 设备都对矢量数据类型的最优宽度做了规定，可以通过查询 OpenCL 设备的属性信息获得相关数据。在英特尔 FPGA 平台上，矢量数据类型的推荐宽度如图 5-13 所示。

```
CL_DEVICE_PREFERRED_VECTOR_WIDTH_CHAR: 4
CL_DEVICE_PREFERRED_VECTOR_WIDTH_SHORT: 2
CL_DEVICE_PREFERRED_VECTOR_WIDTH_INT: 1
CL_DEVICE_PREFERRED_VECTOR_WIDTH_LONG: 1
CL_DEVICE_PREFERRED_VECTOR_WIDTH_FLOAT: 1
CL_DEVICE_PREFERRED_VECTOR_WIDTH_DOUBLE: 0
CL_DEVICE_PREFERRED_VECTOR_WIDTH_HALF: 0
CL_DEVICE_NATIVE_VECTOR_WIDTH_CHAR: 4
CL_DEVICE_NATIVE_VECTOR_WIDTH_SHORT: 2
CL_DEVICE_NATIVE_VECTOR_WIDTH_INT: 1
CL_DEVICE_NATIVE_VECTOR_WIDTH_LONG: 1
CL_DEVICE_NATIVE_VECTOR_WIDTH_DOUBLE: 0
CL_DEVICE_NATIVE_VECTOR_WIDTH_HALF: 0
```

图 5-13 矢量数据类型的推荐宽度

需要注意的是，图 5-13 中的 0 并不是表示该矢量数据类型的宽度为 0，而是说明英特尔 FPGA 不支持对应的矢量数据类型。

1）矢量数据的初始化

以矢量数据 float4 为例，其初始化方式如下：

（1）float4 = (float, float, float, float)

（2）float4 = (float, float2, float)

（3）float4 = (float2, float, float)

（4）float4 = (float, float, float2)

（5）float4 = (float2, float2)

（6）float4 = (float)

示例代码如下：

```
float2 f2 = (float2)(5,6);
float2 f3 = (float2)(7,8);
float4 f4_1 = (float4)(1,2,3,4);
float4 f4_2 = (float4)(f2, f3);
float4 f4_3 = (float4)(9); // 表示矢量数据f4_3全部由数字9进行填充
float4 f4_4 = (float4)(1, 2, f2);
float4 f4_5 = (float4)(f3, 10, 11);
float4 f4_6 = (float4)(13, f3, 20);
```

2）矢量数据的索引方式

针对矢量数据，OpenCL C 语言中提供了以下几种索引方式。

- 数值索引方式。
- 字母索引方式。
- 特殊索引方式。

(1) 数值索引方式。

数值索引方式与访问 C 语言中的数组类似,即通过数值索引获得矢量数据的分量。使用这种索引方式时,在数值索引前必须添加 s 或者 S,具体使用方式如下:

```
char16 msg = (char16)('a', 'b', 'c', 'd', 'e', 'f', 'g',
    'h', 'i', 'j', 'k', 'l', 'm', 'n', 'o', 'p')
// msg.s0 表示msg中的a
// msg.sa 表示msg中的j,即第10位数据
// msg.se 表示msg中的p,即第16位数据
```

还可以同时访问多个分量:

```
char8 e = msg.s23456789; // 表示访问msg中第3~10位,即e=cdefghij
```

数值索引方式最多可以访问 16 个分量,即索引值最大为 se。

(2) 字母索引方式。

字母索引方式和数值索引方式类似,区别在于字母索引方式分别使用 x、y、z、w 表示矢量数据的第 1、2、3 和 4 个分量,具体使用方式如下:

```
char a = msg.y; // a的值为b
char4 b = msg.xyzw; // b的值为abcd
char4 c = msg.zwyx; // c的值为cdba
```

需要注意的是,字母索引方式最多能访问 4 个分量。

(3) 特殊索引方式。

特殊索引方式可以分为访问矢量数据的高半部分、低半部分、偶数部分和奇数部分。示例代码如下:

```
char8 hi = msg.hi; // msg的高半部分,表示第9~16位数据
char8 low = msg.lo; // msg的低半部分,表示第1~8位数据
char8 odd = msg.odd; // msg的偶数部分
char8 even = msg.even; // msg的奇数部分
```

需要注意的是,数值索引方式和字母索引方式不能同时使用,下面的代码便是错误的示例。

```
char4 err = mgs.s8xyz
```

除使用索引方式对矢量数据进行访问之外,还可以使用索引方式对矢量数据进行修改,具体如下:

```
msg.s6 = 'z';
msg.y = 'q';
```

3) 矢量数据的运算

矢量数据支持标准的四则运算，也支持比较运算和三目运算符。示例如下：
```
float8 v8 = (float8)(1,2,3,4,5,6,7,8);
float4 v4_high = v8.hi;
float4 v4_low = v8.lo;
float v4_sum = v4_high + v4_low;  // 相当于（1+5, 2+6, 3+7, 4+8）
float v4_mul = v4_high * v4_low;  // 相当于（1×5, 2×6, 3×7, 4×8）
float v4_mul_2 = v4_high * 3;     // 相当于（5×3, 6×3, 7×3, 8×3）
float4 res = (v4_high > v4_low) ? v4_high:v4_low;  // 相当于下面的代码
/*
    res.x = (v4_high.x > v4_low.x) ? v4_high.x:v4_low.x;
    res.y = (v4_high.y > v4_low.y) ? v4_high.y:v4_low.y;
    res.z = (v4_high.z > v4_low.z) ? v4_high.z:v4_low.z;
    res.w = (v4_high.w > v4_low.w) ? v4_high.w:v4_low.w;
*/
```
正确使用矢量数据，是提升 OpenCL C 程序性能的一个重要手段。

### 5.5.3 维度和工作项

维度和工作项对于 OpenCL C 语言编程和性能优化都非常重要。
（1）工作项是 OpenCL 执行具体内核任务的最小单元。
（2）工作项的数量是在调用 clEnqueueNDRangeKernel 时人为设定的。
（3）每个工作项有独立的 ID。
（4）每个工作项执行相同的代码。
OpenCL C 语言中提供了一系列函数来获取工作项和工作组的相关信息，具体见表 5-14。

表 5-14 用于获取工作项和工作组信息的函数

| 函数 | 描述 |
| --- | --- |
| get_work_dim | 获取工作维度 |
| get_global_size | 获取全局大小 |
| get_global_id | 获取全局 ID |
| get_local_size | 获取局部大小 |
| get_local_id | 获取局部 ID |
| get_num_groups | 获取工作组数量 |
| get_group_id | 获取工作组 ID |

由于面对的是大数据量和高并行性的计算，因此，OpenCL C 语言中还提供了大量的与数学计算相关的常量和内置函数，具体见表 5-15 和表 5-16。

表 5-15 数学函数

| acos | acosh | acospi | asin |
|---|---|---|---|
| asinh | asinpi | atan | atan2 |
| atanh | atanpi | atan2pi | cbrt |
| ceil | copysign | cos | cosh |
| cospi | erfc | erf | exp |
| exp2 | exp10 | expm1 | fabs |
| fdim | floor | fma | fmax |
| fmin | fmod | fract | frexp |
| hypot | ilogb | ldexp | lgamma |
| lgamma_r | log | log2 | log10 |
| log1p | logb | mad | modf |
| nan | nextafter | pow | pown |
| powr | remainder | remquo | rint |
| rootn | round | rsqrt | sin |
| sincos | sinh | sinpi | sqrt |
| tan | tanh | tanpi | tgamma |
| trunc | | | |

表 5-16 数字常量

| 常量 | 描述 | 常量 | 描述 |
|---|---|---|---|
| M_E_F<br>M_E | e 的值 | M_PI_4_F<br>M_PI_4 | π/4 的值 |
| M_LOG2E_F<br>M_LOG2E | $\log_2 e$ 的值 | M_1_PI_F<br>M_1_PI | 1/π 的值 |
| M_LOG10E_F<br>M_LOG10E | $\log_{10} e$ 的值 | M_2_PI_F<br>M_2_PI | 2/π 的值 |
| M_LN2_F<br>M_LN2 | $\log_e 2$ 的值 | M_2_SQRTPI_F<br>M_2_SQRTPI | 2/sqrt(π) 的值 |
| M_LN10_F<br>M_LN10 | $\log_e 10$ 的值 | M_SQRT2_F<br>M_SQRT2 | sqrt(π) 的值 |
| M_PI_F<br>M_PI | π 的值 | M_SQRT1_2_F<br>M_SQRT1_2 | 1/sqrt(π) 的值 |
| M_PI_2_F<br>M_PI_2 | π/2 的值 | | |

其他内置函数的详细内容可参考 OpenCL 1.0 的标准文档（https://www.khronos.org/registry/OpenCL/sdk/1.0/docs/man/xhtml/）。

### 5.5.4 其他注意事项

（1）OpenCL 应用分为主机端和设备端，主机端的代码可以使用 C/C++语言或者其他编程语言编写，而设备端的代码只能使用 OpenCL C 语言编写。

（2）用 OpenCL C 语言编写的内核函数必须以 __kernel 或者 kernel 作为前置修饰符。

（3）内核函数的参数不能使用指向指针的指针。

（4）内核函数的返回类型必须是 void。

（5）内核函数不能使用 bool、half、size_t、ptrdiff_t、intptr_t、uintptr_t 及 event_t 作为参数。

（6）内核函数不支持递归。

## 5.6 OpenCL 常用优化方法

### 5.6.1 单工作项优化

**1．单工作项**

所谓的单工作项，是指只在一个计算单元上运行的工作项，即使用 clEnqueueTask 函数执行的工作项。在 OpenCL 平台上，单工作项通常也被称为任务。

单工作项几乎都有一个外部循环，内核中的循环由英特尔 FPGA OpenCL 编译器实现并行化。需要注意的是，有些优化方法仅针对英特尔 FPGA 平台，在其他平台上可能无法正常使用。

**2．循环流水线化**

离线编译器（Altera Offline Compiler，AOC）可以将每个循环流水线化（管道化），以此达到加速的效果。AOC 实施循环流水线化操作时，会对内核代码进行分析和判断。

（1）分析每个循环之间的依赖关系。

（2）对循环操作进行调度，必要时会对硬件（寄存器）进行复制。

（3）尽可能迅速地启动下一个循环。

下面的示例显示了 AOC 是如何进行循环流水线化操作的。

```
float array[M];
for(int i=0; i< n;i++)
{
    for (int j = 0; j < M-1; j++)
```

```
        {
            array[j] = array[j+1];
        }
        array[M-1] = a[i]; // 移位寄存器array,下一次循环的依赖

        // 此时,外部循环的下一次迭代已经启动
        // 会自动生成移位寄存器的副本

        for (int j = 0; j<M; j++) // 减少array
        {
            answer[i] += array[j] * coefs[j];
        }
    }
```

优化前后的循环对比如图 5-14 所示。

实际上,通过 AOC 对循环进行优化之后,就相当于执行多线程循环。

循环流水线化的优点如下:

(1) 循环流水线化可以实现流水线并行,并且可以在各个循环之间实现状态通信。

(2) 循环流水线化可以自动提取内核中的并行性。

(3) 内存访问可以同时被优化。

(4) 无须显式地将数据划分到多个工作组中。

(5) 可以方便快捷地移植基于 C 语言的算法、代码或者应用。C 语言中常见的循环操作可以直接或者做少量修改后用于内核函数,能大幅降低软件开发难度。

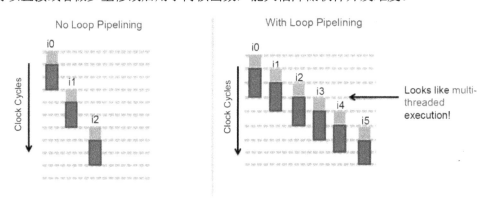

图 5-14 优化前后的循环对比

### 3. 指针优化

由于不同的指针可以指向同样的内容,因此容易出现指针别名的情况。例如:

```
// OpenCL C
__kernel void mykernel(__global float * a, __global float *b)

// C
mykernel.setArg(0, (void*)&global_buffer);
mykernel.setArg(1, (void*)&global_buffer);
```

在上述代码中，mykernel 需要 a 和 b 两个 float 类型的指针数据，这两个指针应指向不同的内容。但是，在设置参数时，统一使用 global_buffer 对这两个参数赋值。也就是说，b 相当于 a 指针的别名。这有可能导致循环无法并行化，降低内核性能。解决方法是采用 C99 标准的关键字 restrict 对参数进行限制。修改之后的代码如下：

```
// OpenCL C
__kernel void mykernel(__global float * restrict a, __global float * restrict b)
```

但是，一定要注意，如果必须使用指针别名，则不能使用关键字 restrict。

除避免指针别名之外，还要尽量避免指针运算。例如，下面的代码应避免在内核程序中使用。

```
int t = *(a++);
*a = t;
```

**4．编译报告**

所有的 OpenCL 内核程序编译完成之后，都会自动生成编译报告。通过该报告，可以分析内核性能、数据依赖等。编译报告 report.html 在编译目录下的 reports 文件夹中，如图 5-15 所示。打开该文件，可以查看详细内容，如图 5-16～图 5-18 所示。

图 5-15 编译报告

需要注意的是，使用不同版本的 SDK 和 BSP，得到的报告界面会有所不同。本书示例中采用的 SDK 版本为 17.1.1 Build 273，BSP 版本为 17.1。

图 5-16　报告摘要

图 5-17　选择查看循环分析

## 第 5 章
### 基于 FPGA 的 OpenCL 技术与应用

| Loops analysis | Pipelined | II | Bottleneck | Details | Show fully unrolled loops |
|---|---|---|---|---|---|
| Kernel: adder (adder.cl:3) | | | | Single work-item execution | |
| adder.B1 (adder.cl:7) | Yes | ~1 | n/a | II is an approximation | |

Details

**adder.B1:**
II is an approximation due to the following stallable instructions:
- Load Operation (adder.cl:9)
- Load Operation (adder.cl:9)
- Store Operation (adder.cl:9)

图 5-18　循环分析详情

编译报告中显示了每个内核中的循环流水线状态，以及循环迭代的启动时间间隔（II）等。其中，最小化 II 值是优化单工作项性能的关键点。II 值主要有以下 3 种情况。

（1）等于 1：表示每个时钟周期都会启动循环迭代，循环流水线性能比较好。

（2）大于 1：表示存在依赖关系，需要对循环做相应的修改，而且不会在依赖关系解决之前创建硬件流水线。

（3）没有数据（n/a）：这是最理想的情况，如图 5-19 所示。这表示循环完全被展开，说明这个循环在内核中是并行执行的，性能最好。

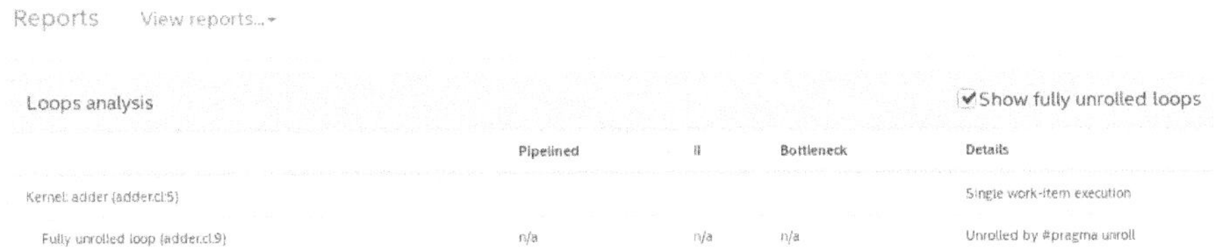

| Loops analysis | Pipelined | II | Bottleneck | Details | Show fully unrolled loops |
|---|---|---|---|---|---|
| Kernel: adder (adder.cl:5) | | | | Single work-item execution | |
| Fully unrolled loop (adder.cl:9) | n/a | n/a | n/a | Unrolled by #pragma unroll | |

图 5-19　最理想的情况

循环依赖主要有内存依赖和数据依赖两种情况。内存依赖，即当前的内存操作依赖于上一个循环的操作结果；数据依赖，即当前循环的变量依赖于上一个循环的计算结果。这两种情况都会导致循环流水线化不成功或者延时。

除这两种常见的依赖关系之外，还有其他一些复杂的依赖关系，同样会影响内核中的循环执行效率。

### 5. 单工作项设计原则

单工作项设计应遵循以下几个原则。
（1）避免使用指针别名。
（2）构造格式良好的循环。
（3）最小化循环依赖。
（4）避免复杂的循环退出条件。
（5）将嵌套循环转换为单层循环。
（6）将不必要的操作移出循环。
（7）在最深层定义临时变量。

## 5.6.2 循环优化

### 1. 明确循环退出条件

在流水线化的循环开始之前，应明确循环的退出条件，否则循环无法执行。串行循环的退出条件在循环结束之后定义。复杂的退出条件通常由内存操作或者其他复杂操作组成。

### 2. 循环线性化

循环流水线化要求循环是线性的，不能有非线性操作。非线性循环操作代码块会导致流水线化失败。例如：

```
for(unsigned i=0;i<N;i++)
{
    if((i&3)==0)
        for(...)
            ...
    else
        for(...)
            ...
}
```

在上述代码中，需要根据 i&3 的结果判断进入哪个分支。这种循环就不是线性的。最好对上述代码进行改写。一种可能的解决方法（数据量较小时）如下：

```
for(unsigned i=0;i<N;i++)
{
```

# 第5章
## 基于FPGA的OpenCL技术与应用

```
    for(...)
        res1=...
    for(...)
        res2=...
    if((i&3)==0)
        result = res1;
    else
        result = res2;
}
```

### 3. 嵌套循环的流水线化

嵌套循环本身就会影响代码的执行效率。在 OpenCL C 内核函数中，嵌套循环更会影响循环的流水线化，因为外层循环会被内层循环阻塞，使得外层循环可能在 FPGA 内部变成乱序执行。

循环的乱序执行取决于编译器的行为，编译器会检查循环迭代的独立性，如果将循环流水线化之后，功能不受影响，则循环仍会乱序执行；但是，如果乱序执行影响最终的正确结果，那么循环将不会被流水线化。

### 4. 最小化循环流水线延时

1) 消除依赖

以下面的代码为例：

```
int sum = 0;
for(unsigned i = 0; i< N; i++)
{
    for(unsigned j = 0; j < N; j++)
    {
        sum += a[i*N + j];
    }
    sum +=  b[i];
}
```

在上述代码中，内层循环中有 sum += a[i*N + j]这条语句，每一次循环中的 sum 都依赖于上一次循环的结果，并且 sum 在内层和外层循环中都有变化。这里本来可以利用硬件进行并行计算，结果变成了串行计算。可以对上述代码进行修改。修改之后的代码如下：

```
int sum = 0;
for(unsigned i = 0; i< N; i++)
{
    int sum2 = 0;
    for(unsigned j = 0; j < N; j++)
    {
        sum2 += a[i*N + j];
```

```
        }
        sum += sum2;
        sum += b[i];
    }
```

这里利用一个局部变量 sum2 接收内层循环的结果，内层循环中没有对外层循环变量的修改和引用，整个循环过程可以在硬件上并行执行。这是一种比较好的优化思路。

2）简化依赖

对于无法消除的依赖，可以通过其他方式进行简化，以尽可能降低依赖对并行的影响。例如：

```
float mul = 1.0f;
for(unsigned i=0; i<N; i++)
{
    mul = mul * A[i];
}
```

在上述代码中，mul 的值在每次循环中都会改变，并且每次都是乘法操作，对于 FPGA 的资源消耗是比较大的；而且在 FPGA 上，每个时钟周期内只能计算一次。因此，必须对上述代码进行优化。但是要注意，这里的优化是利用硬件电路所做的代码优化，和纯粹的软件代码优化不同。优化后的代码如下：

```
#define M 6
float mul = 1.0f;
float mul_copies[M];

#pragma unroll
for(unsigned i=0; i<M; i++)
{
    mul_copies[i] = mul;
}

for(unsigned i=0; i<N; i++)
{
    float cur = mul_copies[M-1] * A[i];
    #pragma unroll
    for(unsigned j=M-1; j>0; j--)
    {
        mul_copies[j]= mul_copies[j-1];
    }
    mul_copies[0] = cur;
}
#pragma unroll
```

```
for(unsigned i=0; i<M; i++)
{
    mul = mul * mul_copies[i];
}
```

上述代码由原来的几行扩展到20多行，这样做并不是为了增加代码的复杂度，而是为了充分利用FPGA硬件电路的性能。

（1）M表示迭代的次数，最好将其设置为优化前的II值。

（2）将mul替换为M个mul_copies（副本），利用这些副本构造移位寄存器。

（3）利用移位寄存器中的数据与数组A进行计算，将计算结果也放到移位寄存器中。

（4）将原来的mul与移位寄存器中的计算结果相乘，获得最终结果。

移位寄存器在OpenCL代码优化中被频繁使用，对应到FPGA硬件上，就是多个硬件寄存器。在原来的代码中，只利用了一个寄存器进行a×b的计算，所以，在一个时钟周期内只能计算一次结果；而移位寄存器的电路结构是并行的，也就是说，如果使用了N个移位寄存器，那么在一个时钟周期内就可以并行计算N个结果，从而达到优化内核性能的目的。

移位寄存器的应用比较广泛。例如，可以利用移位寄存器对下面的代码进行性能优化。

```
double sum = 0;
for(int i=0; i<N; i++)
{
    sum += input[i];
}
```

优化之后的代码如下：

```
#define M 12
double sum = 0;
double shift_reg[M];
for(int i=0; i<M; i++)
{
    shift_reg[i] = 0;
}

for(int i=0; i<N; i++)
{
    shift_reg[M] = shift_reg[0] + input[i];
    #pragma unroll
    for(int j=0; j<M; j++)
    {
        shift_reg[j] = shift_reg[j+1];
    }
}
```

```
}

#pragma unroll
for(int i=0; i<M; i++)
{
    sum+=shift_reg[i];
}
```

特别需要注意的是,利用移位寄存器做性能优化,针对的是硬件电路,而不是软件算法。

3)合理利用局部内存

绝大多数 OpenCL 程序都需要使用内存,而内存又分为全局内存、局部内存、私有内存等。其中,全局内存由于需要和主机端的内存打交道,因此,从访问路径来说,它离 OpenCL 内核程序是最远的。如果在内核程序中频繁使用全局内存,会导致性能下降。例如:

```
__constant int N = 18;
__kernel void mykernel(__global * restrict A)
{
    for(unsigned i=1;i<N; i++)
    {
        A[N-i] = A[i];
    }
}
```

上述代码编译之后,可获得图 5-20 所示的编译报告。

图 5-20 编译报告

从编译报告中可以看出,代码性能比较差。针对这种需要对全局内存进行操作的代码,可以合理利用局部内存进行性能优化。优化后的代码如下:

```
__constant int N = 18;
__kernel void adder(__global float * restrict a)
{
    __local int B[N];
    for(unsigned i=0; i<N; i++)
        B[i] = a[i];
```

```
        for(unsigned i=1; i<N; i++)
                B[N-i] = B[i];
        for(unsigned i=0; i<N; i++)
                a[i] = B[i];
}
```

优化之后的编译报告如图 5-21 所示，可以发现 II 值从 185 降低到 2，性能提升幅度相当大。

Loops analysis　　☑Show fully unrolled loops

| | Pipelined | II | Bottleneck | Details |
|---|---|---|---|---|
| Kernel: adder (adder.cl:3) | | | | Single work-item execution |
| adder.B1 (adder.cl:5) | Yes | ~1 | n/a | II is an approximation. |
| adder.B2 (adder.cl:7) | Yes | 2 | II | Memory dependency |
| adder.B3 (adder.cl:9) | Yes | ~1 | n/a | II is an approximation. |

图 5-21　优化之后的编译报告

4）合理利用编译指令

OpenCL C 语言本身是基于 C99 标准的，可以使用大量的编译指令，特别是宏定义。其中，ivdep 指令可以消除内存数组访问间的依赖关系。需要注意的是，ivdep 指令的使用是有限制的，具体如下：

（1）只能用于循环结构。

（2）能够实现的功能是从其他依赖的加载和存储指令中移除约束条件。

（3）针对的对象是 private、local 和 global 修饰的数组及指针。

（4）可以降低 II 值。

（5）功能必须由用户负责。

该指令的使用方法如下：

```
#pragma ivdep
for(unsigned i=1; i< N; i++)
{
    A[i] = A[i - X[i]];
}
```

在这个示例中，X[i]在编译时并不能明确其值，如果不使用 ivdep 指令，编译器就会认为循环过程中存在依赖关系。使用 ivdep 指令之后，编译器会认为循环过程中不存在依赖关系，从而尽可能地将循环并行化。

## 5.6.3 任务并行优化

除单工作项之外,更多的 OpenCL 内核程序是任务并行型的。因此,对并行任务进行优化也是提高性能的一种方法,其核心思想在于让足够多的 FPGA 资源一直运行,以资源换时间。主要优化思路如下:

(1)增加并行操作的数量。
(2)降低通信延时。
(3)提高操作效率。
(4)减少开销。

### 1. 任务并行执行模型

通过多个队列进行分配的任务可以并行执行。并行执行可以在相同或者不同的设备上实现。英特尔 FPGA OpenCL 套件会自动为每个内核分配计算单元,因此,不同的内核可以并行运行。任务并行执行模型如图 5-22 所示。

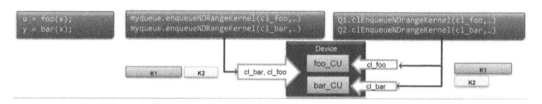

图 5-22 任务并行执行模型

任务并行执行模型主要有如下特点:

(1)主机端的管理程序通过命令队列执行任务。
(2)这些任务属于数据并行内核启动或者数据传输。
(3)允许多个任务通过多个队列并行执行。
(4)由 OpenCL 平台的运行时确定执行命令的确切时间。
(5)默认情况下,一个命令队列的执行和主机及其他队列中的命令的执行是异步的,不会相互影响。
(6)在英特尔 FPGA OpenCL 平台上,命令队列始终是按序执行的。

### 2. 流水线执行

对于并行执行的多个任务,也经常采用流水线作业,这些任务通常包括内存搬运、内核执行及主机端程序执行。流水线执行的核心思想是分而治之,将一个大问题划分为多个不同的小问题(内核),利用消费者/生产者模型并行执行这些内核,从而解决大问题。需要注意的是,在流水线执行中,任务之间可能存在数据依赖,而这些数据依赖是同步的。

流水线执行如图 5-23 所示。

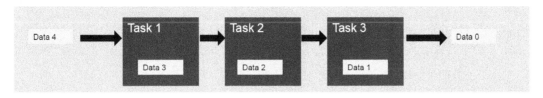

图 5-23　流水线执行

流水线执行可以尽可能地将内核程序并行执行，如图 5-24 所示。

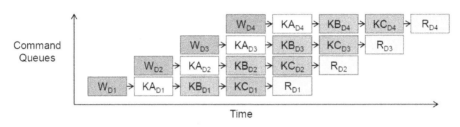

图 5-24　流水线执行示例

在图 5-24 中，3 个内核 KA、KB 和 KC 之间存在如下依赖关系：W→KA→KB→KC→R。通过流水线执行，极大地提高了内核的执行效率。

另外，如果将依赖关系保存在同一个命令队列中，可获得最佳的执行性能，如图 5-25 所示。

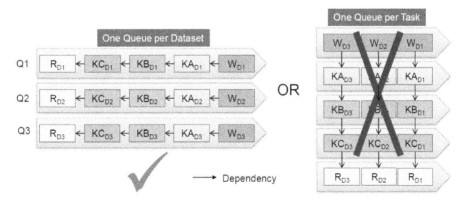

图 5-25　命令队列与依赖关系

流水线执行（主机端）代码如下：
```
cl_command_queue queues[10];
```

```
for(index=0;index<N;i++)
{
    queues[index].clEnqueueWriteBuffer(...);
    queues[index].clEnqueueNDRangeKernel(kernel_a, ...);
    queues[index].clEnqueueNDRangeKernel(kernel_b, ...);
    queues[index].clEnqueueNDRangeKernel(kernel_c, ...);
    queues[index].clEnqueueReadBuffer(...);
}
```

上述代码的执行流程如图 5-26 所示。

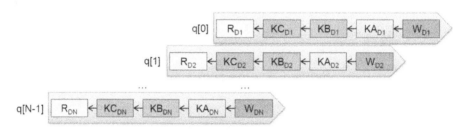

图 5-26　代码执行流程

#### 3．降低内核通信延时

采用流水线执行并行任务时，由于要执行多个内核，因此会涉及内核之间的通信。降低内核通信延时，也是提升内核性能的重要手段。

使用管道（Pipe）或通道（Channel）实现先进先出（FIFO）队列就是一种比较好的降低内核通信延时的手段。在英特尔 FPGA OpenCL 平台中，通常使用 FIFO 队列代替全局内存来实现内核计算单元之间的通信，如图 5-27 所示。

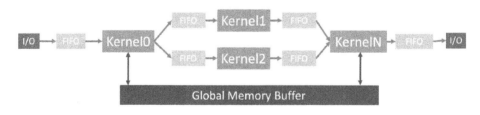

图 5-27　FIFO 队列的使用

需要注意的是，使用 FIFO 队列需要启用英特尔 FPGA OpenCL 的通道扩展功能。FIFO 队列可以与流式应用一起使用，如视频流的处理。

后面会详细介绍通道的使用，这里先通过两个例子来了解一下通道是如何提升 OpenCL 程序性能的。

1）通道对内核交互性能的提升

在不使用通道的情况下，如果内核与内核之间需要通信，通常使用全局内存进行中转，如图 5-28 所示。在这种情况下，主机端需要强制指定内核的执行顺序，Kernel 1 执行完毕之后，将结果写入全局内存，然后 Kernel 2 从全局内存中读取所需要的数据，整个过程是一个串行执行过程。

Kernel 1
Kernel 2

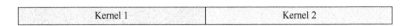

图 5-28　使用全局内存进行中转

如果采用通道作为内核交互的工具，则主机端无须控制内核的执行顺序，也无须使用全局内存。如图 5-29 所示，将 Kernel 1 的结果写入通道，而 Kernel 2 直接从通道中读取所需要的数据，整个过程是一个并行执行过程。

Kernel 1
Channel Access
Kernel 2

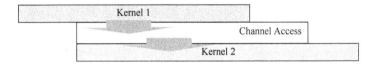

图 5-29　使用通道进行中转

2）通道对 I/O 性能的提升

在不使用通道的情况下，主机将数据发送给设备内核，由内核处理数据，然后将结果返回给主机。在这个过程中需要使用 PCIe 接口和全局内存，因此 PCIe 接口的带宽和全局内存的吞吐量就成为了性能瓶颈。全局内存下的 I/O 如图 5-30 所示。

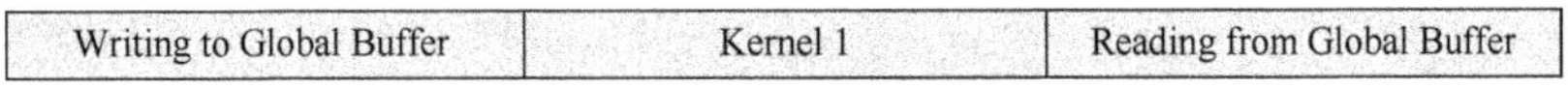

Writing to Global Buffer
Kernel 1
Reading from Global Buffer

图 5-30　全局内存下的 I/O

如果使用通道，那么内核可以直接通过网络接口接收数据，也就是说，网卡的处理速度就是 OpenCL 程序的处理速度。网卡的速度和带宽通常远大于 PCIe 接口的速度和带宽，因此，OpenCL 程序性能可得到大幅提升。使用通道的 I/O 如图 5-31 所示。

**4．通道与管道的使用**

本书内容主要针对英特尔 FPGA，因此这里的通道指的是英特尔 FPGA 的通道。

1）通道的定义

在使用通道之前，需要开启英特尔 FPGA 的通道扩展功能。需要注意的是，通道应在 OpenCL C 代码中开启，而不是在主机端代码中。

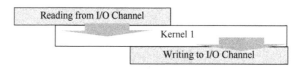

图 5-31　使用通道的 I/O

开启通道需要采用下面的代码，并且最好放在 OpenCL C 代码的第一行：

```
#pragma OPENCL EXTENSION cl_intel_channels: enable
```

通道的定义非常简单，在普通的变量定义前面添加关键字 channel 即可。但是，英特尔 FPGA 的 OpenCL 只支持内置的数据类型，包括结构体、char、short、int、long、float 及矢量数据类型；而且，数据类型应小于 1024 bit。通道定义可采用如下代码：

```
channel int a; // 定义一个int类型的通道
channel long b __attribute__((depth(8)));// 定义一个long类型的通道，这个通道拥有缓冲区
channel float4 c[2]; // 定义一个通道数组，数组的类型是char4，长度为2
```

2）通道函数

通道分为两种类型：阻塞式通道和非阻塞式通道。这两种通道的使用方法不同。

阻塞式通道有两个常用函数，具体如下：

```
void write_channel_intel(channel <type> channel_id, const <type> data);
<type> read_channel_intel(channel <type> channel_id);
```

每次写入数据都是向通道中添加一个数据块：

```
write_channel_intel(a_channel, (float4)x);
```

而每次读取数据都是从通道中移除一个数据块：

```
int x = read_channel_intel(b_channel);
```

如果通道已经满了，那么 wirte_channel_intel 将被阻塞；如果通道是空的，那么 read_channel_intel 将被阻塞。在使用的时候，务必注意读写通道可能带来的死锁问题，以及读写通道的数据类型匹配问题。

同样，非阻塞式通道也有两个常用函数，具体如下：

```
bool write_channel_intel(channel <type> channel_id, const <type> data);
<type> read_channel_intel(channel <type> channel_id, bool *valid);
```

非阻塞式通道函数的使用方法与阻塞式通道函数类似，但是，非阻塞式通道函数不会被阻塞。通道也不会被阻塞。非阻塞式通道使用 bool 值来判断操作是否成功，代码如下：

```
valid = write_channel_nb_intel(b_channel, x); // 将x以非阻塞方式写入通道
b_channel，如果valid为true，则写入成功，否则写入失败
int x = read_channel_nb_intel(a_channel, &valid); //以非阻塞方式从通道
a_channel读取数据，如果valid为true，表示读取成功，否则读取失败
```

非阻塞式通道通常用于 I/O 操作和任务分发。

3）I/O 通道

I/O 通道是英特尔 FPGA 支持的一种特殊通道，通常是和英特尔 FPGA PAC 相关联的硬件设备，可以是网卡、PCIe 总线及摄像头等设备。这些通道通常是已经定义好的，它们的定义在英特尔 FPGA 提供的板级支持包中。如果查看支持包中的 board_spec.xml，可以看到如下内容：

```
<channels>
        <interface name="udp_0" port="udp0_out" type="streamsource" width="256" chan_id="eth0_in"/>
        <interface name="price" port="tx" type="steamsink" width="32" chan_id="pcie_out" />
</channels>
```

I/O 通道的定义和普通通道的定义稍微有些区别，通常需要使用属性说明关键字 __attribute__。例如：

```
channel float data __attribute__((io("pice_out"))); // 定义一个名为data
```
的 float 类型通道，数据输出到 Intel FPGA PAC 上的 pcie_out 通道

```
channel QUDPWord udp_in_IO __attribute__((io("eth0_in")));// 定义一个名
```
为 udp_in_IO 的通道，对应 Intel PFGA PAC 上的 etho_in 通道

I/O 通道的使用方法和其他通道一样，例如：

```
data = read_channel_intel(udp_in_IO);
```

但是，I/O 通道毕竟是利用硬件实现的，因此在使用的时候要注意以下事项：

（1）网卡可能不是标准的，建议参照 BSP 的文档说明。
（2）I/O 通道的运行速率需要和内核的执行效率相匹配。
（3）如果允许丢弃部分数据，那么非阻塞式通道可能是非常有效的方式。
（4）BSP 可以将任意接口转换为 Avalon 流式接口（I/O）。

4）通道的执行顺序

由于通道的使用场景通常是针对多个内核的，因此要注意通道的执行顺序。如果是在内核中调用不同的通道，那么这些通道之间通常是没有依赖关系的，因此，编译器可以并行执行或者乱序执行相关操作，以提高内核的执行效率。

但是，如果内核与通道之间形成了闭环，就可能出现死锁问题。例如：

```
__kernel void productor(...)
{
    for(...){
        write_channel_intel(c0, ...);
        write_channel_intel(c1, ...);
    }
}

__kernel void consumer(...)
{
```

```
    for(...){
        val = read_channel_intel(c0);
        val2 = read_channel_intel(c1);
    }
}
```

在上述代码中，通过硬件优化，read 和 write 操作可能是同时执行的，而同时对 c0 进行读写会导致死锁问题。因此，必须指定执行顺序。可以使用 OpenCL C 语言中的 mem_fence 指定执行顺序。修改之后的代码如下：

```
__kernel void productor(...)
{
    for(...){
        write_channel_intel(c0, ...);
        mem_fence(CLK_CHANNEL_MEM_FENCE);
        write_channel_intel(c1, ...);
    }
}

__kernel void consumer(...)
{
    for(...){
        val = read_channel_intel(c0);
        mem_fence(CLK_CHANNEL_MEM_FENCE);
        val2 = read_channel_intel(c1);
    }
}
```

5）通道中的数据

写入通道中的数据，在内核的有效生命周期（即没有调用 clKernelRelease）内会一直存在；而且，这种持久性是跨工作组和 NDRange 调用的。

图 5-32　通道中的数据

以图 5-32 为例，每执行一次 NDRange 调用，Producer 会写入 10 个数据，而 Consumer 会读出 5 个数据。如果当前有两个 Consumer，则意味着第一个 Consumer 会读取 0～4，而第二个 Consumer 会读取 5～9。

## 第 5 章 基于 FPGA 的 OpenCL 技术与应用

6）工作项与通道的交互

在 NDRange 类型的内核中，OpenCL 并没有定义工作项的执行顺序，所有工作项都是乱序执行的。在使用通道时，英特尔 FPGA OpenCL SDK 中的 AOC 会强行为工作项排序：流水线架构允许每个时钟周期内对通道进行一次读写，这种读写是跨越不同工作项的，按照工作项和工作组的顺序执行线程；同时，要注意避免依赖线程的控制流，否则无法保证操作的确定性。

除了可以在 NDRange 类型的内核中使用通道，单工作项也可以使用通道。而且，NDRange 类型的内核和单工作项内核可以使用通道进行交互，例如：

```
__kernel void rng(int seed)
{
    int r = seed;
    while(true){
        r = rand(r);
        write_channel_intel(RAND, r);
    }
}

__kernel void sim(...)
{
    int gid = get_global_id(0);
    int rnd = read_channel_intel(RAND);
    out[gid] = do_sim(data, rnd);
}
```

7）非阻塞式通道的仲裁

有时需要从多个非阻塞式通道中选择所需要的数据，以图 5-33 中的两路选择器为例，对应的代码如下所示。

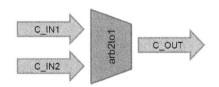

图 5-33 两路选择器

```
__kernel void arb2to1(...)
{
    bool valid = false;
    while(true){
        int d = read_channel_nb_intel(C_IN1, &valid);
```

```
            if(!valid)
                d = read_channel_nb_intel(C_IN2, &valid);
            if(valid)
                write_channel_intel(C_OUT, d);
        }
    }
```

8) 通道的限制

使用通道可以极大地提升 OpenCL C 程序的性能，但通道本身也存在一些限制，具体如下。

（1）通道可以有多个读端口，但只能有一个写端口。

（2）如果循环中包含通道或者管道，则对应的循环操作无法展开并行执行。

（3）带有通道的内核程序不能矢量化。

（4）带有通道的内核计算单元无法被复制。

（5）不支持对通道数组的 ID 进行动态索引，只支持静态索引。

9) 通道设计原则

（1）应提前确定是否需要将功能或者算法分割为多个利用通道连接起来的内核。

（2）在多线程内核上使用单线程内核，更容易进行相关推理。

（3）如果所有数据都作用于内核的同一个功能，那么最好将所有数据聚合到同一个通道中；反之，则最好分割为不同的通道。

（4）应尽量保证每个内核的通道数量合理。

（5）如果需要在循环中等待数据，则不要使用非阻塞式通道和流水线，因为这会造成大量的资源和时间浪费。

10) 通道示例

下面通过一个简单的示例了解通道的使用，如图 5-34 所示。

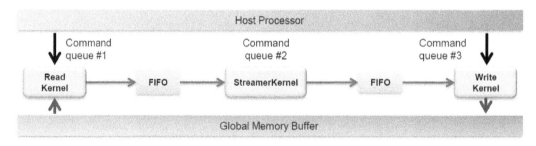

图 5-34　通道示例

（1）一个内核用于读取数据：将数据从 DDR 中读取到通道中。

（2）一个流式内核用于处理数据：从输入通道中读取数据，然后处理数据，最后将结果写入输出通道中。

（3）一个内核用于写入数据：将数据从输出通道中读出，然后写入 DDR 中。

（4）所有的队列和内核都是并行执行的。

该示例的内核代码如下：

```
#pragma opencl extension cl_intel_channels : enable    // 启用通道

channel uint c0 __attribute__((depth(128)));           // 定义一个缓冲区长
度为128的uint通道

__kernel void host_reader(__global const uint *src)   // NDRange内核从主
机端读取数据，然后发送到通道c0
{
    size_t gid = get_global_id(0);
    write_channel_intel(c0, src[gid]);
}

__kernel void streamer(write_only pipe uint p1 __attribute__((blocking)),
int N)  // 从c0读取数据并处理，然后发送到pipe p1
{
    uint i_data;
    for(unsigned i=0; i<N; i++)
    {
        i_data = read_channel_intel(c0);
        i_data = word_convert(i_data);
        write_pipe(p1, &i_data);
    }
}

__kernel void host_writer(__global uint *dest, read_only pipe uint p1
__attribute__((blocking)))  // 从pipe p1接收数据，并发送给主机端
{
    size_t gid = get_global_id(0);
    uint value = 0;
    read_pipe(p1, &value);
    dest[gid] = value;
}
```

11）使用乒乓缓冲的前馈模型

这里介绍一种常用的通道设计模型——使用乒乓缓冲的前馈模型。

在前馈模型中使用通道可以显著地提高 OpenCL 内核的性能和执行效率。如果需要在

前馈模型中处理大量数据，那么通常会使用乒乓缓冲。所谓的乒乓缓冲，是指使用通道作为辅助器，数据从生产者到消费者的传输过程直接在辅助器的缓冲区中进行。具体流程如下：

（1）管理者内核向生产者内核发送令牌，指示内存中的空闲区域。

（2）生产者内核将数据写入这些指定的区域。

（3）生产者内核将令牌发送给消费者内核，消费者内核利用令牌处理这些指定区域中的数据。

（4）消费者内核处理完毕之后，释放缓存，并将令牌返回给管理者内核。

整个过程如图 5-35 所示。

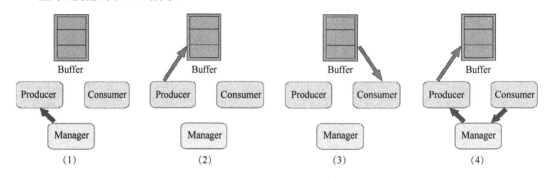

图 5-35 使用乒乓缓冲的执行过程

部分实现代码如下：

```
__kernel void producer(__global const uint * restrict src,
    __global volatile uint * restrict shared_mem,
    const uint iterations)
{
    int base_offset;
    for(uint gid=0;gid<iterations;gid++)
    {
        uint l_id = 0xff & gid;
        if(0 == l_id)
        {
            base_offset = read_channel_intel(req);
// 从管理者内核中读取令牌
        }
        shared_mem[base_offset + l_id] = src[gid];
// 向指定的空闲区域写入数据
        mem_fence(clk_global_mem_fence|clk_channel_mem_fence);
        if(255 == l_id)
```

```
            {
                write_channel_intel(c, base_offset);
// 向消费者内核发送令牌
            }
        }
}
```

（2）主机管道（Host Pipe）

使用管道可以提升主机和设备的交互性能。使用管道可以使主机和设备之间的数据交互绕开全局内存，这样可以更好地利用主机到设备的带宽。和通道一样，在英特尔 FPGA OpenCL 中使用管道需要先开启相应的功能。简单的内核代码如下：

```
#pragma OPENCL EXTENSION cl_intel_fpga_host_pipe : enable

__kernel void reader(__attribute__((intel_host_accessible))
    __read_only pipe ulong4 host_in){...}
__kernel void writer(__attribute__((intel_host_accessible))
    __write_only pipe ulong4 device_out){...}
```

主机端代码如下：

```
cl_mem read_pipe = clCreatePipe(ctxt, CL_MEM_HOST_READ_ONLY,...);
cl_mem write_pipe = clCreatePipe(ctxt, CL_MEM_HOST_WRITE_ONLY,...);
clReadPipeIntelFPGA(read_pipe, &val);
clWritePipeIntelFPGA(write_pipe, &val);
```

在大多数情况下，通道和管道的用法是相同的，目的都是提升 OpenCL 应用的性能。但是，有些管道不满足 OpenCL 标准；而通道更加适合 FPGA，有更好的实现机制。

### 5.6.4　NDRange 类型内核的优化

NDRange 类型的内核主要从 3 个方面进行优化：循环并行化、内核矢量化及内核计算单元的复制。

#### 1．循环并行化

循环并行化也称循环展开。普通的循环通常是串行执行的，而串行执行通常会阻塞管道，降低 OpenCL 应用的性能。循环展开可以同时执行多个循环迭代，减少循环中的迭代次数，提升循环性能。

不过，循环展开也会带来以下问题：

（1）计算单元的结构会被显著改变。

（2）会产生更多的资源消耗。

（3）需要更多的本地内存端口。

总体说来，循环展开实际上是一种用资源换性能的做法。循环展开需要使用预编译指令 unroll，用法如下：

```
#pragma unroll <N>
```

其中，N 是展开系数。如果 unroll 后面没有数字，则 AOC 会将循环完全展开；如果循环无法被展开，AOC 会给出相应的提示；如果要禁止循环展开，可以使用指令#pragma unroll 1。

下面以一个示例来说明 unroll 指令是如何提升循环性能的。代码如下：

```
accum = 0;
for(size_t i=0; i<4; i++)
{
    accum += data_in[(gid*4) + i];
}
sum_out[gid]=accum;
```

上面是一段普通的循环代码，每个工作项计算 4 个数字之和，每完成 4 次循环进行一次存储，其执行流程如图 5-36 所示。

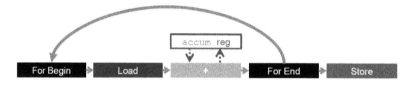

图 5-36　普通循环执行流程

使用 unroll 指令对上述代码进行修改，具体如下：

```
accum = 0;
#pragma unroll 2
for(size_t i=0; i<4; i++)
{
    accum += data_in[(gid*4) + i];
}
sum_out[gid]=accum;
```

这里将展开系数设为 2，表示是一次执行 2 条指令，具体流程如图 5-37 所示。

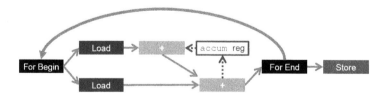

图 5-37　修改后的循环执行流程

对上述代码再次进行修改，具体如下：

```
accum = 0;
#pragma unroll
for(size_t i=0; i<4; i++)
{
    accum += data_in[(gid*4) + i];
}
sum_out[gid]=accum;
```

预编译指令 unroll 不设置任何参数，即将循环完全展开，结果是循环中的所有操作都是并行执行的，如图 5-38 所示。

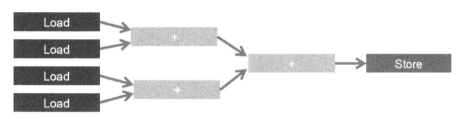

图 5-38 完全展开后的循环执行流程

循环展开和流水线的对比如图 5-39 所示。一般来讲，循环展开的性能更好，执行效率更高。

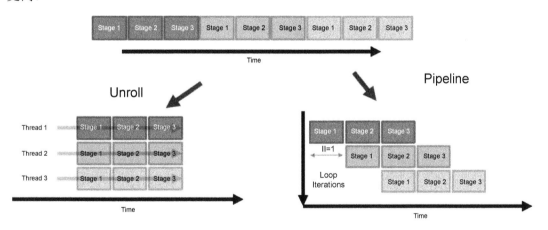

图 5-39 循环展开和流水线的对比

虽然循环展开可以有效地提升 OpenCL 应用的性能，不过，在实际使用中也存在一些限制和注意事项。

（1）循环边界不为常量，以及索引和退出条件都很复杂时，循环无法展开。

（2）应合理设置循环展开系数，使循环迭代次数可以均匀地进行划分。

（3）如果资源利用率过高，如超过 90%，那么编译器无法将循环完全展开。

（4）应避免使用嵌套循环，复杂的控制流会使循环展开操作变得非常困难。

### 2. 内核矢量化

除循环展开之外，合理地使用流水线也能提升 OpenCL 应用程序的性能。特别是拓宽流水线，将大大提高 OpenCL 应用程序的吞吐量，从而达到提升性能的目的。因为拓宽流水线之后，允许来自同一个工作组的多个工作项以单指令多数据（SIMD）的方式运行。所谓的单指令多数据，是指在一条指令中传递多条数据。单指令多数据实质上就是将标量操作转换为矢量操作。单指令单数据与单指令多数据的对比如图 5-40 所示。

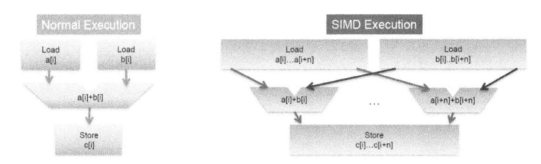

图 5-40　单指令单数据与单指令多数据的对比

内核矢量化可以通过手动方式进行，即手动修改内核代码。当然，也需要对主机端程序做相应的修改。例如，原始的内核代码如下：

```
__kernel void mykernel(...)
{
    size_t gid = get_global_id(0);
    result[gid] = in_a[gid] + in_b[gid];
}
```

对上述代码进行手动修改，具体如下：

```
__kernel void mykernel(__global const float * restrict in_a, __global const float * restrict in_b,
    __global float * restrict result)
{
    size_t gid = get_global_id(0);
    result[gid*4+0] = in_a[gid*4+0] + in_b[gid*4+0];
    result[gid*4+1] = in_a[gid*4+1] + in_b[gid*4+1];
    result[gid*4+2] = in_a[gid*4+2] + in_b[gid*4+2];
    result[gid*4+3] = in_a[gid*4+3] + in_b[gid*4+3];
}
```

经过简单修改后，在一条指令中可以执行 4 个加法操作，而原来只能执行 1 个加法操作。但是，这种手动方式存在以下缺点：一是手动修改容易出现错误，二是比较烦琐。可以利用之前介绍的矢量数据来完成内核矢量化操作。使用矢量数据修改之后的代码如下：

```
__kernel void mykernel(__global const float4 * restrict in_a, __global
const float4 * restrict in_b,
        __global float4 * restrict result)
{
    size_t gid = get_global_id(0);
    result[gid] = in_a[gid] + in_b[gid];
    /* 相当于下面的代码
        result[gid].x = in_a[gid].x + in_b[gid].x;
        result[gid].y = in_a[gid].y + in_b[gid].y;
        result[gid].z = in_a[gid].z + in_b[gid].z;
        result[gid].w = in_a[gid].w + in_b[gid].w;
    */
}
```

使用矢量数据之后，内核矢量化操作自动就执行了。需要说明的是，矢量数据在内存空间中是连续分布的，因此，对矢量数据的内存访问实际上是可以合并的，即对一个包含4个元素的矢量数据只需要访问一次。

除使用矢量数据完成内核矢量化操作之外，也可以使用一些特定的语法和属性，这种方式无须修改内核程序的内部实现，同样能实现对内存访问的合并，并且不需要对主机端程序做相关的修改。

对内核进行矢量化操作需要使用 num_simd_work_items 属性，而且需要指定 SIMD 参数，这个参数表示在同一工作组中并行执行的工作项的数量。使用这种方式，硬件会自动将内核进行矢量化，矢量化操作会作用于工作单元的第一维。具体使用方法可以参考如下代码：

```
    __attribute__((num_simd_work_items(4)))
    __attribute__((reqd_work_group_size(64,1,1)))
    __kernel void adder(__global float * restrict a, __global float * restrict b, __global float * restrict res)
    {
        size_t gid = get_global_id(0);
        res[gid] = a[gid] + b[gid];
    }
```

但是，自动矢量化也存在一些使用限制：

（1）num_simd_work_items 只能是 2、4、8 和 16。

（2）reqd_work_group_size 必须能被 num_simd_work_items 整除。

（3）如果控制流依赖于 get_global_id 或者 get_local_id，则对应的分支操作无法被矢量化，但是其他部分可以。

# FPGA进阶开发与实践

下面看一个矢量化操作的示例——利用矢量化操作加速矩阵乘法。代码如下：

```
#define BLOCK_SIZE 64
#define WIDTH 1024


__attribute__((reqd_work_group_size(BLOCK_SIZE,BLOCK_SIZE,1)))
__attribute__((num_simd_work_items(SIMD_WORK_ITEMS)))
__kernel void matriMul(__global float * restrict C,
    __global float * restrict A, __global float * restrict B)
{
    __local float A_local[BLOCK_SIZE][BLOCK_SIZE];
    __local float B_local[BLOCK_SIZE][BLOCK_SIZE];
    // Initalize x(gid(0)), y(gid(1)), local_x, local_y, aBegin, aEnd, aStep, bStep(Hiden)
        float C_sub = 0.0f;
        for(int a=aBegin, b=bBegin; a<=aEnd; a+=aStep, b+=bStep)
        {
            A_local[local_y][local_x] = A[a+WIDTH*local_y + local_x];
            B_local[local_y][local_x] = B[a+WIDTH*local_y + local_x];
            barrier(CLK_LOCAL_MEM_FENCE);
            #pragma unroll
            for(int k=0; k<BLOCK_SIZE; k++)
            {
                C_sub += A_local[local_y][k] * B_local[k][local_x];
            }
            barrier(CLK_LOCAL_MEM_FENCE);
        }
        C[get_global_id(1) *WIDTH + get_global_id(0)] = C_sub;
}
```

在上述代码中，SIMD_WORK_ITEMS 可以通过 aoc -D 的方式在编译时动态指定，设置不同 SIMD_WORK_ITEMS 的时间对比如图 5-41 所示。

| SIMD_WORK_ITEMS | Time (ms) |
|---|---|
| 1 | 151 |
| 2 | 63 |
| 4 | 53 |

Original design time: 11224 ms

图 5-41 时间对比

内核的 SIMD 矢量化操作可以显著提高内存的访问效率，同时降低全局内存的访问需求；另外，矢量化和循环展开可以有效提高计算带宽利用率，从整体上提高 OpenCL 应用的性能。

### 3. 内核计算单元的复制

在 OpenCL 应用中，计算单元是最小的执行组件。而默认情况下，每个内核只会创建一个计算单元，并且工作组是以序列的方式分发计算单元的。因此，如果能够一次创建和分发多个计算单元，就能够充分利用 FPGA 的资源来提升性能。

计算单元的分布如图 5-42 所示。

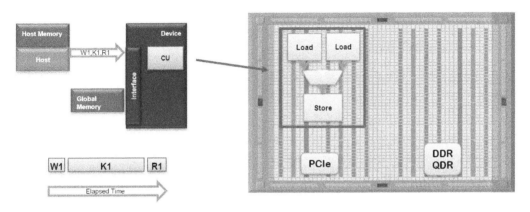

图 5-42 计算单元的分布

英特尔 FPGA OpenCL SDK 提供了一个内核属性来支持多个计算单元。使用 num_compute_units 可以指定计算单元的个数，num_compute_units(N)表示生成 N 个计算单元，而 num_compute_units(x,y,z)表示生成 x×y×z 个计算单元。这些计算单元的功能是相同的。内核使用计算单元没有限制，唯一的限制在于 FPGA 是否能提供足够的资源。

由相同的 NDRange 内核启动的工作组会被分配到可用的计算单元进行并行处理。工作组的数量至少应是计算单元的 3 倍，这样才能更好地发挥硬件的性能。

多个计算单元的使用方法如下：

```
__attribute__((nun_compute_units(3)))
__kernel void matriMul(...){...}
```

多个计算单元在 FPGA 内部的分布如图 5-43 所示。

但是，与内核矢量化操作相比，计算单元复制操作并没有明显优势：计算单元复制操作增加了对全局内存的访问次数，而内核矢量化操作则增大了全局内存访问的宽度，能一次性访问更多的内存；并且，计算单元复制操作可能会带来较低的访问效率。计算单元复制操作与内核矢量化操作的对比如图 5-44 所示。

在图 5-44 中，左边为计算单元复制操作，右边为内核矢量化操作。可以看出，内核矢量化操作减少了内存访问次数，但通过一次多读的方式来提高吞吐量。因此，一般情况下，应优先选择内核矢量化操作进行性能优化。

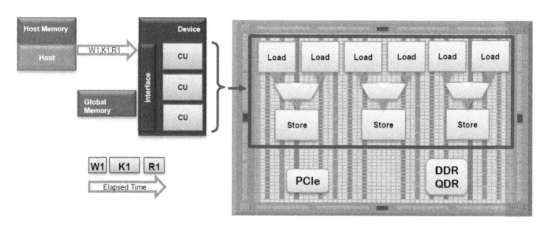

图 5-43　多个计算单元在 FPGA 内部的分布

图 5-44　计算单元复制操作与内核矢量化操作的对比

### 5.6.5　内存访问优化

**1. 内存分类**

OpenCL 中的内存主要分为全局内存（Global Memory）、常量内存（Gonstant Memory）、本地内存（Local Memory）、私有内存（Private Memory）和主机内存（Host Memory），内存访问优化主要就针对这几个内存。

全局内存具有以下特点：

- 它是片外内存（没有和 FPGA 整合在一起的内存），包括 DDR、QDR 和 HMC。
- 拥有非常大的存储空间。
- 非线性内存访问非常慢。

常量内存也称静态内存，具有以下特点：

- 对所有的工作组可见。

- 对常量内存的访问是通过共享缓存实现的。
- 它实际上是全局内存的一部分。

本地内存也称局部内存，具有以下特点：
- 它是片上内存，通常容量比较小。
- 在工作组内部是共享的。
- 相比于全局内存，拥有更高的传输带宽和更低的访问延时。

私有内存具有以下特点：
- 使用 FPGA 的寄存器或者片上内存。
- 仅对某个工作项可见。

内存关系图如图 5-45 所示。

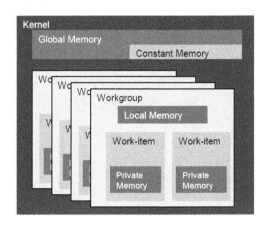

图 5-45　内存关系

### 2．内存访问优化的必要性

（1）在很多实际算法中，数据在内存中的移动往往是性能瓶颈。

（2）内存访问效率影响内核程序的总体性能，因此，通过内存访问优化，可以获得较大的性能收益。

（3）全局内存的最大带宽比本地内存的最大带宽小得多，因此内核性能的提高会导致对全局内存带宽需求的增加。

基于以上原因，需要对 OpenCL 中的内存访问进行优化，使 OpenCL 应用的性能越来越好。

在进行内存优化之前，需要对相关硬件有一定的了解。以英特尔 Arria 10 GX FPGA 为例，在官方提供的数据手册中给出了一系列数据，如图 5-46 所示。

# FPGA进阶开发与实践

如果没有数据手册，可以查看英特尔 FPGA OpenCL SDK 的描述文件。在该文件中可以看到图 5-47 所示的内容。

| OpenCL Memory | FPGA Memory | Latency | Throughput (GB / s) | Capacity (MB) |
|---|---|---|---|---|
| Global | DDR | 240 | 19.2 | ~2000 |
| Local | M20K Blocks<br>MLAB memory | 2 | ~8000 | ~66 |
| Private | Registers | 1 | ~240 | ~0.2 |

图 5-46 官方数据手册中提供的数据

```
<!-- DDR4-2133 -->
<global_mem name="DDR" max_bandwidth="34133" interleaved_bytes="1024" config_addr="0x018">
    <interface name="board" port="kernel_ddr4a" type="slave" width="512" maxburst="16" address="0x00000000" size="0x100000000" latency="240" addpipe="1"/>
    <interface name="board" port="kernel_ddr4b" type="slave" width="512" maxburst="16" address="0x100000000" size="0x100000000" latency="240" addpipe="1"/>
</global_mem>
```

图 5-47 描述文件中的内容

### 3．内存性能分析

可以在 OpenCL 的代码编译报告中查看内存分布、内存使用量和延时等信息。打开编译报告 report.html，切换到"System viewer"即可，如图 5-48 所示。

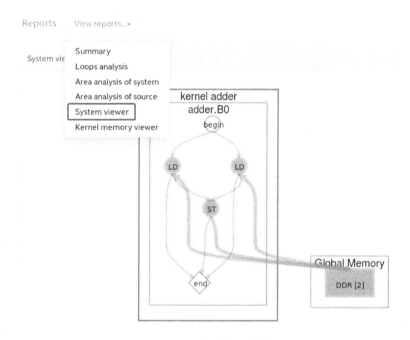

图 5-48 查看编译报告

编译报告中包含内核管道和内存之间加载和存储信息的节点图。选择其中的一个节点，可以查看节点的详细信息，如图 5-49 所示。

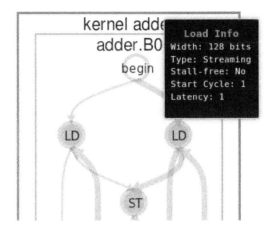

图 5-49　查看节点信息

在编译报告中还展示了本地内存和全局内存的连接信息，如图 5-50 所示。

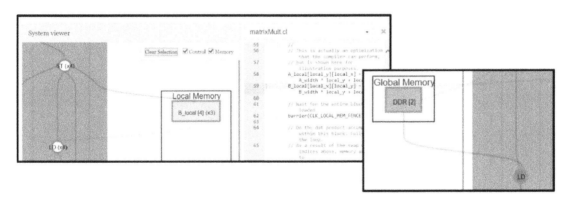

图 5-50　内存连接信息

在编译报告中还以表格的形式展示了资源分配情况。打开编译报告 report.html，切换到"Area analysis of system"即可，如图 5-51 所示。

合理地使用编译报告，可以快速诊断 OpenCL 应用的性能瓶颈，从而采取针对性的优化措施。

### 4．全局内存的优化

在 OpenCL 中，全局内存由关键字 __global 或者 global 修饰。全局内存通常用于主机和设备之间的数据传输及内核之间的通信，被所有工作组中的所有工作项共享。

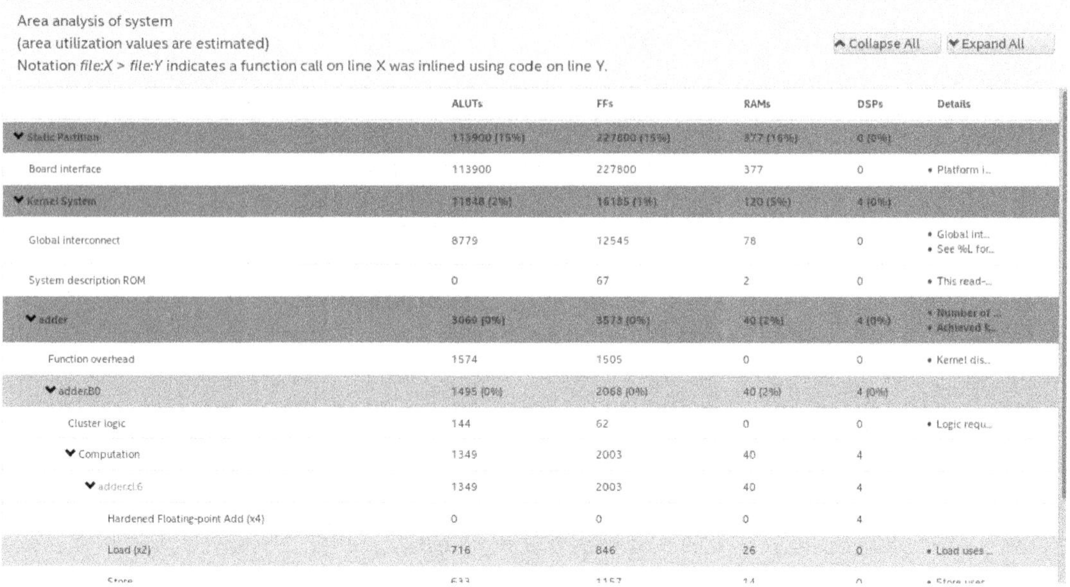

Area analysis of system
(area utilization values are estimated)
Notation *file:X* > *file:Y* indicates a function call on line X was inlined using code on line Y.

Collapse All | Expand All

| | ALUTs | FFs | RAMs | DSPs | Details |
|---|---|---|---|---|---|
| Static Partition | 113900 (15%) | 227800 (15%) | 377 (16%) | 0 (0%) | |
| Board interface | 113900 | 227800 | 377 | 0 | • Platform i... |
| Kernel System | 11848 (2%) | 16185 (1%) | 120 (5%) | 4 (0%) | |
| Global interconnect | 8779 | 12545 | 78 | 0 | • Global int...<br>• See %L for... |
| System description ROM | 0 | 67 | 2 | 0 | • This read-... |
| adder | 3060 (0%) | 3573 (0%) | 40 (2%) | 4 (0%) | • Number of ...<br>• Achieved f... |
| Function overhead | 1574 | 1505 | 0 | 0 | • Kernel dis... |
| adder.B0 | 1495 (0%) | 2068 (0%) | 40 (2%) | 4 (0%) | |
| Cluster logic | 144 | 62 | 0 | 0 | • Logic requ... |
| Computation | 1349 | 2003 | 40 | 4 | |
| adder.cl:6 | 1349 | 2003 | 40 | 4 | |
| Hardened Floating-point Add (x4) | 0 | 0 | 0 | 4 | |
| Load (x2) | 716 | 846 | 26 | 0 | • Load uses ... |
| Store | 633 | 1157 | 14 | 0 | • Store uses |

图 5-51　资源分配情况

通常，主机端的 cl_mem 对象都属于全局内存对象，使用 clEnqueueRead[Wirte]Buffer 函数传递的数据也属于全局内存对象。当然，在 OpenCL 内部，通过全局内存对象指针分配的数据也属于全局内存对象。例如：

```
__kernel void add(__global float * a, __global float *b,
    __global float *c)
{
    int i = get_global_id(0);
    c[i] = a[i] + b[i];
}
```

在上述代码中，a、b 和 c 都使用了关键字__global 进行修饰，因此都属于全局内存对象。

全局内存的控制器和设备驱动由板级支持包定义，全局内存的互连由内核编译器自行构建和编译，如图 5-52 所示。

内核编译器并不关心内存使用的技术或来源，需要考虑的内存特性也非常少。内核编译器会构建自定义的结构与内存控制器进行通信。以英特尔 Arria 10 FPGA 为例，打开其板级支持包中的描述文件 board_spec.xml，可以看到图 5-53 中的内容。

# 第 5 章
## 基于 FPGA 的 OpenCL 技术与应用

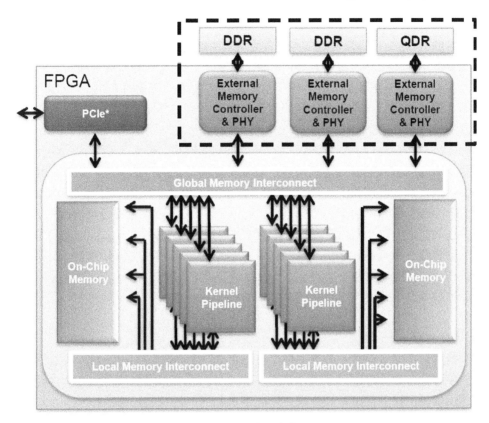

图 5-52 全局内存

```
<!-- DDR4-2133 -->
<global_mem name="DDR" max_bandwidth="34133" interleaved_bytes="1024" config_addr="0x018">
    <interface name="board" port="kernel_ddr4a" type="slave" width="512" maxburst="16" address="0x00000000" size="0x100000000" latency="240" addpipe="1"/>
    <interface name="board" port="kernel_ddr4b" type="slave" width="512" maxburst="16" address="0x100000000" size="0x100000000" latency="240" addpipe="1"/>
</global_mem>
```

图 5-53 板级支持包描述文件中的内容

上述内容透露了以下信息。

（1）接口数量：2。

（2）接口名称：DDR。

（3）最大带宽：34GB/s。

（4）数据宽度：512bit。

（5）最大峰值：16beats。

（6）延迟：240cycles。

内核编译器会根据代码生成相应的电路结构，这些电路结构会定义全局内存的互连关系；同时，内核编译器会对逻辑存储单元（LSU）进行选择，选择的依据就是适配执行宽度（数据总线），它会选择最合适的数据位宽并合并访问，以避免带宽浪费。

逻辑存储单元主要分为以下几类：峰值合并类型，这是全局内存中最常见的 LSU，会将特定的 LSU 进行分组来加载和存储峰值数据，其中用于加载的 LSU 可以缓存和复用相关的数据；流式类型，这是简化版的峰值合并类型，只支持完全线性访问；流水线类型，通常为本地内存所使用。

除此之外，与全局内存的互连还受到仲裁机制的约束。仲裁互连由内核编译器自动生成。主要是对物理接口的互连进行仲裁，可以指定高带宽的树形互连，或者高峰值的环状互连。仲裁的判断标准依赖于 LSU 的类型。仲裁互连由负载均衡分发到各个物理接口。

使用 __constant 修饰的内存虽然被称为常量内存，但实际上也是全局内存的一种。在进行内核编程的时候，对于无须修改的变量，通常建议使用关键字 __constant 进行修饰。被修饰的变量会被写入全局内存中，并且会在主机端做静态缓存，被所有的工作组共享。对于所有的工作组，这种变量是只读的，不可进行修改。如果硬件允许，还可将 __constant 修饰的常量参数放入片上内存中。常量内存被所有的常量参数所共享，其大小可在内核编译时动态设定。

1）连续内存访问

连续内存访问是提高内存效率的理想访问模式。编译器本身可以分析存取的访问模式，它会查找整个内核的顺序加载和存储操作，并且尽可能地引导内核访问全局内存的连续位置。这样可以提高访问速度，减少硬件资源需求。

连续内存的检测比较简单：在 NDRange 类型的内核中，使用全局工作项 ID 索引的元素属于连续内存；在 Single Work-item 类型的内核中，使用递增索引的元素属于连续内存。连续内存示例如图 5-54 所示。

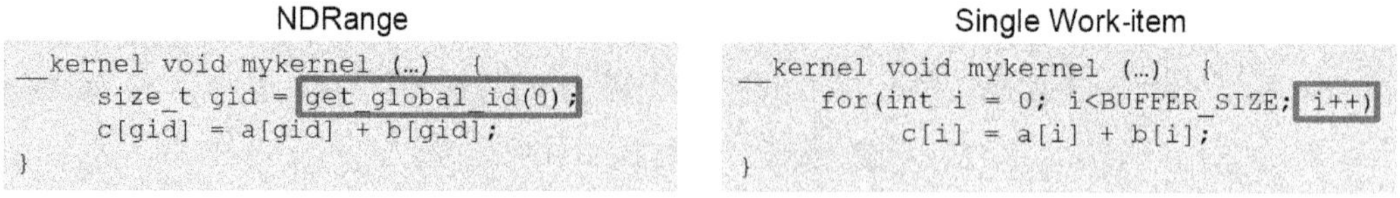

```
                NDRange                                     Single Work-item
__kernel void mykernel (…) {              __kernel void mykernel (…) {
    size_t gid = get_global_id(0);            for(int i = 0; i<BUFFER_SIZE; i++)
    c[gid] = a[gid] + b[gid];                     c[i] = a[i] + b[i];
}                                         }
```

图 5-54 连续内存示例

在实际应用中，通常以 4 字节（Byte）或者其倍数为单位分配内存。因此，确保内存中的数据以 4 字节及其倍数的方式对齐，可以极大地提高内存利用率；反之，如果内存没有对齐，会造成内存访问缓慢和硬件资源浪费。例如：

```
typedef struct{
    char r,g,b,alpha;
}Pixel;
```

上述代码定义了一个结构体来描述一个像素点,这个结构体包含 4 个 char 类型的数据,占用的内存空间为 4 字节。但是,由于该结构体中的元素全部为 char 类型(占据 1 字节),因此,该结构体在内存中是按照 1 字节进行内存对齐的,这会影响内存的性能。常用的优化方法主要有两种:第一种是使用联合,第二种是直接对齐。

使用联合的代码如下:

```
typedef struct{
        char r,g,b,alpha;
}Pixel_s;

typedef union{
        Pixel_s p;
        int not_used;
}Pixel;
```

在上述代码中,将真正需要使用的数据封装起来,再加入一个不使用的 int 类型数据,由于 int 类型占据 4 字节,因此 Pixel 类型的数据会被强制按照 4 字节进行对齐。

直接对齐需要使用 OpenCL 和 GCC 的扩展字段,具体代码如下:

```
typedef struct{
        char r,g,b,alpha;
}__attribute__((aligned(4))) Pixel;
```

通过使用 aligned 函数,强制将 Pixel 类型的数据按 4 字节进行对齐。

上述两种内存对齐方式不仅可以用在 OpenCL 内核代码中,也可以用在主机端的 C/C++ 代码中。

2)__constant 的使用

__constant 可以作为参数修饰符在函数中使用,也可以用于在内核文件中声明静态常量。将__constant 作为参数修饰符修饰函数中的参数时,具有如下一些特性。

(1)__constant 修饰的参数(内存)会驻留在片外内存中,但是内核(FPGA 设备)是通过片内缓存来访问这些内存数据的。

(2)_constant 修饰的参数通常被作为只读数据,提供给所有工作组访问(设备端);如果是从主机端访问,则和访问全局内存一样。

(3)缓存命中率可提高 100%。不过,如果缓存丢失,则会导致较大的性能损耗。如果无法命中缓存,则使用__global const 进行替代。

(4)__constant 会使用片上的常量缓存。FPGA 片上系统默认为所有的静态常量分配 16KB 内存空间,如果该空间不够,可以在编译时通过参数指定内存空间大小,如 aoc -const-cache-bytes 32768 mykernel.cl。

当__constant 用于声明静态常量时,每个由__constant 修饰的常量会直接在片上 ROM 中进行分配,这些常量不会被放到全局内存中,使用时会被直接连接到内核计算单元中,因此性能会有非常大的提升。

3）混合内存

在某些 OpenCL 设备及 FPGA 设备中，会提供多种全局内存（片外内存），包括 DDR、QDR 及 HMC 等。因此，从性能的角度考虑，根据访问的模式选择最优的缓冲内存类型是有很大好处的。内存的具体位置可以通过 buffer_location 进行设置，并且可以精确到每一个内核参数。下面通过具体的示例来介绍混合内存的使用。假设有一块 FPGA PAC，上面搭载了 DDR、QDR 和 HMC 三种不同类型的内存，示例代码如下：

```
__kernel void mykernel(
    __global int * x, // Default memory location, usually DDR
    __global __attribute__((buffer_location("DDR"))) int *y,
    __global __attribute__((buffer_location("QDR"))) int *z,
    __global __attribute__((buffer_location("HMC"))) int *w)
```

board_spec.xml 文件中的 global_mem 字段的 name 属性如图 5-55 所示。

```
<!-- DDR4-2400 -->
<global_mem name="DDR" max_bandwidth="19200" interleaved_bytes="1024" config_addr="0x018">
```

图 5-55　内存属性

在内核代码中可以直接根据属性决定全局内存的地址，但在主机端有些区别。默认情况下，当 OpenCL 执行内核时，会在设备内存中分配内存缓冲区，并且内存缓冲区会被分配到 BSP 设置的默认全局内存中。也就是说，如果有一块 FPGA PAC，其全局内存默认为 DDR，那么所有的内存都会在 DDR 中进行分配，内核代码中指定的内存类型可能无效。因此，需要在主机端做部分调整，允许申请异构内存（混合内存）。申请时，需要使用 CL_MEM_HETEROGENEOUS_INTEL 参数，示例代码如下：

```
cl_mem buffer = clCreateBuffer(context, CL_MEM_HETEROGENEOUS_INTEL, size, NULL, &err);
```

4）全局内存存储优化

全局内存地址可以被控制器设置为峰值交错或者分区模式。通常情况下，峰值交错是默认的模式，这种模式下的线性传输性能最好，对于内存 Bank 之间的负载均衡而言也是最优模式。峰值交错模式和分区模式如图 5-56 所示。

分区模式分配的内存是连续的，因此，从性能上考虑，通常会对全局内存进行手动分区。手动分区需要先关闭内存交错，然后将内存手动分配到内存库中，这一般通过控制内存带宽来实现。

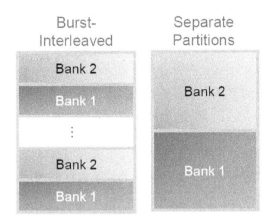

图 5-56 峰值交错模式和分区模式

关闭内存交错需要在编译时进行，指令如下：

```
aoc mykernel.cl -no-interleaving <memory_type>
```

其中，memory_type 表示内存类型，即前面提到的 DDR、QDR 及 HMC 等。另外，手动分区通常需要使用 CL_CHANNEL 参数，常用的 CL_CHANNEL 参数如图 5-57 所示。

| Flag | Bank Allocated |
|---|---|
| CL_CHANNEL_1_INTELFPGA | Allocates to lowest available memory region |
| CL_CHANNEL_2_INTELFPGA | Allocates to the second memory bank |
| CL_CHANNEL_n_INTELFPGA | Allocates to the $n^{th}$ bank (as long as the board supports it) |

图 5-57 常用的 CL_CHANNEL 参数

这些参数是在主机端指定的，主机端的示例代码如下：

```
cl_mem buffer = clCreateBuffer(context, CL_CHANNEL_2_INTELFPGA, size, 0, 0);
```

5）最小化全局内存访问

对于 FPGA 而言，全局内存的访问效率是最低的；但对于设备与主机的交互而言，它又是不可或缺的。因此，必须最小化全局内存访问。在使用全局内存时，通常需要注意以下几点。

（1）尽可能使用本地内存、常量内存及私有内存替代全局内存。

（2）在单工作项类型的内核中，最好使用移位寄存器替代全局内存或者本地内存。

（3）内核之间的联系最好使用生产者-消费者模式，或者使用通道和管道进行内核之间的数据传输。

（4）较小的参数应直接使用值传递，而不是指针。

(5) 尽可能使用 __constant 替代 __global const 修饰全局常量。

### 5. 本地内存的优化

本地内存是同一工作组中的工作项互连的最有效方式。与全局内存相比，本地内存的容量要小得多，但访问延时要低很多，随机访问本地内存只需要 2 个时钟周期，并且本地内存的带宽可达到 8TB/s。

1）片上内存

片上内存指的是搭载在 FPGA 上的内存，片上内存通常比较小。通常情况下，OpenCL 内存模型中的本地内存和部分私有内存使用的是片上内存资源。

2）本地内存分配

本地内存分配主要有两种方式：静态分配和动态分配。

静态分配，即在内核代码中直接分配本地内存，示例代码如下：

```
__kernel void mykernel(__global float * ina, ...){
    __local float ina_local[64];
    ina_local[get_local_id(0)] = ina[get_global_id(0)];
    barrier(CLK_LOCAL_MEM_FENCE);
    ...
}
```

上述代码的第一行是在本地内存空间中分配一段连续的内存，这种以数组形式声明的变量就是用于静态分配的；第二行是将全局内存转移到本地内存中，为后续的计算提供性能优化；第三行中的 barrier 函数用于同步，从而保证所有工作组中的工作项已经将数据加载到缓存中。

动态分配本地内存的示例代码如下：

```
__kernel void mykernel(__global float * ina, __local float * ina_local ...){
    ina_local[get_local_id(0)] = ina[get_global_id(0)];
    barrier(CLK_LOCAL_MEM_FENCE);
    ...
}
```

与静态分配相比，动态分配需要将 __local 添加到内核函数的参数修饰符中。除此之外，还需要对主机端的代码做部分修改，具体如下：

```
clKernelSetArg(kernel, 1, sizeof(float), NULL); //针对上述内核代码的第二个参数ina_local
```

如果必须在内核参数列表中使用本地内存，则要注意以下几点。

（1）需要在编译时设置内核本地参数指针的大小。

（2）默认情况下，每个本地内存参数会使用 16KB。

（3）在主机端调用 clKernelSetArg 时，设置的数据大小不能比静态分配的（内核本地内存参数的大小）大。

（4）内核的本地内存需要使用 local_mem_size 进行手动分配。

示例代码如下：

```
__kernel void mykernel(
    __local float * a, // allocate 16kB for a
    __attribute__((local_mem_size(1024))) __local float*b, //allocate 1kB for b
    __attribute__((local_mem_size(32768))) __local float*c // allocate 32kB for c
)
```

3）本地内存同步

OpenCL 设备对于一致性的要求并不是特别苛刻。在工作项中，对每个操作都进行了排序。但是，由于 OpenCL 本身是并行计算，多数情况下还是需要保持一定的一致性。因此，在工作组的工作项中，需要利用 barrier 使内存保持一致。然而，在工作组和工作组之间，内核执行完成之前，是没有任何手段来保证内存的一致性的；内核执行完成之后，可以通过全局性的同步手段保持一致性，这些手段包括有序的命令队列、事件及 clFinish 函数等。本地内存同步如图 5-58 所示。

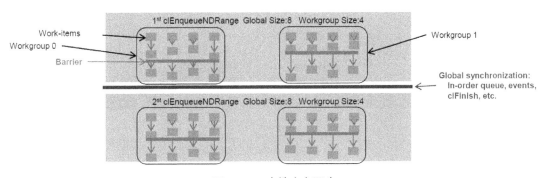

图 5-58　本地内存同步

内存栅栏（Memory Fence）是一种强制内存同步的技术或策略。使用内存栅栏，会强制所有在栅栏之前发出的读写操作在栅栏之后发出的读写操作之前完成。这种技术不仅可以用于本地内存，也可以用于全局内存和通道。内存栅栏的 API 函数主要有三个，它们都在内核代码中使用，具体如下：

```
void read_mem_fence(cl_mem_fence_flags flags) // 顺序读
void write_mem_fence(cl_mem_fence_flags flags) // 顺序写
void mem_fence(cl_mem_fence_flags flags) // 顺序读写
```

可用的 flags 如下：

```
CLK_LOCAL_MEM_FENCE
```

```
CLK_GLOBAL_MEM_FENCE
CLK_CHANNEL_MEM_FENCE // 仅针对Intel FPGA OpenCL
```

barrier 也是常用的内存同步技术。和内存栅栏不同的是，barrier 要求工作组中的所有工作项执行完当前工作之后，才能执行后续的工作。barrier 类似于 mem_fence，即在提交对内存的修改之前，屏蔽对内存的访问。不过，barrier 允许数据通过本地内存进行共享。一旦使用了 barrier，则工作组中的工作项必须全部使用 barrier，否则内核会被卡住而无法执行。

barrier 的 API 函数也是针对内核代码的，具体如下：

```
void barrier(cl_mem_fence_flags flags)
```

其 flags 参数和内存栅栏相同。

4）高效的内存系统

理想的内存系统应当是无货架模式的，即没有任何内存积压，内存访问有固定的延时，但是访问延时非常小，耗费的资源非常少。这种模式能使内部互连更加简单，不需要仲裁机制，并且在调度时更加有效。

内存从硬件上说就是一些电子元件，访问内存实际上是通过访问这些电子元件的对外接口实现的。内部互连也包含访问内存的对外接口（物理接口），由于内存的物理接口一般有多个，因此内存访问是存在仲裁机制的。内存访问仲裁如图 5-59 所示。

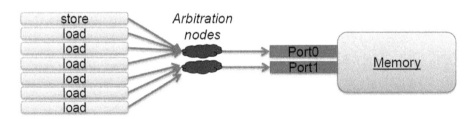

图 5-59　内存访问仲裁

如果不做优化，共享端口式的内存访问方式将极大地影响性能：仲裁并发访问有可能导致管道阻塞，除非进行互斥式访问；但是，如果采用互斥式访问，则无法提高并行性，同样不利于性能的提升。无货架式的本地内存访问方式可以提高内存效率，它可以满足并发的内存访问需求。

编译器会自动选择最合适的本地内存访问方式。针对每个地址空间，编译器会遍历多个本地内存配置，并根据以下条件选择最佳配置。

（1）Bank 的数量。

（2）Bank 的带宽，这决定了最大合并访问宽度。

（3）1 倍或 2 倍时钟内存。

（4）复制的可能性。

除此之外，编译器也会根据优先级选择使用启发式访问。

5）本地内存访问建议

- 某些优化技术，如循环展开，可能会导致更多的并发内存访问，而过多的内存访问会导致内存系统复杂化并降低访问性能。
- 使用本地内存时，建议直接通过 AOC 指令指定需要的本地内存的大小。对于函数作用域的本地数据，内存大小通常是固定的；对于通过指针传递的本地数据，通常使用 attribute 进行内存大小的设置。
- 对于英特尔 FPGA，应尽可能去除 GPU 特定的本地内存 Bank，以防止出现功能冲突。英特尔 FPGA 的 AOC 套件会自动屏蔽本地内存的 Bank 冲突，但是，本地内存在 FPGA 上的实现和在 GPU 上的实现存在非常大的差距，因此需要去掉 GPU 的特定代码。

通常，使用 attribute 强制编译器选择特定的本地内存配置；当编译器无法自动推断最佳实践时，通常也用 attribute 进行优化。例如：

```
int __attribute__((
    memory,
    numbanks(2),
    bankwidth(32),
    doublepump,
    numwriteports(1),
    numreadports(4)
)) local_mem[128];
```

常用的本地内存控制属性如图 5-60 所示。

| Attribute | Effect |
| --- | --- |
| register/memory | Controls whether a register or onchip memory implementation is used |
| numbanks(N) | Sets the number of banks |
| bankwidth(N) | Sets the bank width in bytes |
| singlepump/doublepump | Controls whether the memory is single- or double-pumped |
| numreadports(N) | Specifies that the memory must have N read ports |
| numwriteports(N) | Specifies that the memory must have N write ports |
| merge("label", "direction") | Forces two or more variables to be implemented in the same memory system |
| bank_bits(b0,b1,…,bn) | Forces the memory system to split into 2n banks, with {b0, b1, …, bn} forming the bank-select bits |

图 5-60　常用的本地内存控制属性

### 6. 私有内存的优化

与全局内存、本地内存不同的是，私有内存对于每个工作项而言是独一无二的。英特尔 FPGA OpenCL 的 AOC 套件在分配私有内存时，通常将私有内存放在 FPGA 的寄存器或者片上内存中。由于寄存器的访问速度是最快的，因此，私有内存的存取就是典型的无货架模式。私有内存通常用于存放单个变量或者数据量较小的数组。

通常将私有变量存放在片上内存中，例如：

```
__kernel void mykernel(__global int * restrict a, __global int * restrict b)
{
    int temp[20];
    for(unsigned i=0;i<20;i++){
        temp[i] = a[i];
    }
    ...
}
```

在上述代码中，temp 这个变量就被存放在片上内存中。需要注意的是，在内核代码中，如果不对变量添加任何修饰符，则该变量默认是私有变量。

私有内存可以在寄存器和片上内存间进行切换。如果私有变量所占用的内存小于 64B，那么这些变量通常会被转移到寄存器中。这是由内核编译器自动完成的。示例代码如下所示：

```
__kernel void mykernel(__global int * restrict a, __global int * restrict b)
{
    int temp[5];
    for(unsigned i=0;i<5;i++){
        temp[i] = a[i];
    }
    ...
}
```

在上述代码中，temp 数组是 int 类型，每个 int 类型的元素占据 4B，因此 temp 数组总共占据 4×5=20B，即 160bit，这远小于 64B，所以 temp 数组会被自动转移至寄存器中。

由于私有内存中 64B 以下的数据都会被转移到寄存器中，因此，移位寄存器可以用于操作 64B 以下的数据，通常用于操作 32B 的数据。

### 7. 主机内存访问优化

由于主机内存和设备（FPGA）内存分别处于不同的硬件上，因此，主机和设备之间的内存交互延迟比较严重。而主机内存优化的目标就是主机与设备之间的内存传输实现零复制。

在 SoC FPGA 设备上，ARM 的 CPU 与 FPGA 设备可以访问相同的内存，它们之间的内存交互天然就是零复制、低延时的。在这种情况下，应当优先选择使用共享内存，而不是 FPGA 的 DDR。标记内存区域为共享内存（缓冲区），需要使用关键字 volatile，具体代码如下：

```
__kernel void producer(__global volatile uint * restrict shared_mem)
```

另外，也可以通过在 Linux 内核的配置项中设置 CONFIG_CMA_SIZE_MBYTES 来控制分配可用的最大共享内存。

对于 SoC 系统，主机端申请或使用共享内存需要注意以下事项。

（1）不能直接使用 malloc 或者 new 操作函数申请共享内存。

（2）需要使用 clCreateBuffer 函数配合 CL_MEM_ALLOC_HOST_PTR 参数，创建物理上连续的共享内存，CPU 对这些共享内存是不进行缓存的。

（3）使用共享内存时，必须使用 clEnqueueMapBuffer 函数，不能使用 clEnqueueReadBuffer 和 clEnqueueWriteBuffer 函数。

共享内存的主机端代码如下：

```
cl_mem src_buf = clCreateBuffer(..., CL_MEM_ALLOC_HOST_PTR, size, ...);
int *src_ptr = (int*)clEnqueueMapBuffer(..., src, size, ...);
*src_ptr = input_value;
clSetKernelArg(..., src);
clEnqueueNDRangeKernel(...);
clFinish();
clEnqueueUnmapMemObject(..., src, src_ptr, ...);
clReleaseMemObject(src);
```

除此之外，由于 FPGA 高速缓存总线的大小为 64B，因此建议主机端按照 64B 进行内存对齐，这样可以允许 DMA 直接与 FPGA 进行通信，有助于提高缓冲区的传输效率。主机端的内存对齐代码如下：

```
#define aocl_alignment 64
#include <stdlib.h>

void *ptr = null;
posix_memalign(&ptr, aocl_alignment, size);
...
free(ptr);
```

如果使用的是 Windows 系统，可以参考如下代码：

```
#define AOCL_ALIGNMENT 64
#include <malloc.h>

void *ptr = _aligned_malloc(size, AOCL_ALIGNMENT);
...
```

```
_aligned_free(ptr);
```

除以上优化方法外,前面介绍的主机管道也可用于优化主机和设备之间的内存交互。管道可以使主机和设备之间的数据交互不经过全局内存,从而提升数据传输效率,充分利用主机与设备之间的峰值带宽。而且,它可以直接对 FPGA 的片上内存进行写入,从而大大降低主机和设备之间的内存交互延时。

## 5.7 OpenCL 编程原则

### 5.7.1 避免"昂贵"的函数和方法

所谓"昂贵"的函数和方法,主要是指这些函数和方法会不同程度地降低内核的性能,需要大量的硬件资源去实现,而且会增加每个工作项的迭代间隔。

例如:

- 整数除法、取余运算。
- 加法、减法、乘法、绝对值及比较之外的绝大多数浮点运算。
- 原子操作,如 atomic_add、atomic_sub 等。

以下面的代码为例:

```
__kernel void mykernel(__global const float * restrict a,
    __global float * restrict b,
    const float c, const float d)
{
    size_t gid = get_global_id(0);
    b[gid] = a[gid] * (c/d);
}
```

上述代码中存在两个问题:

(1)每个工作项都需要执行一次除法操作(c/d),这会显著降低内核的性能。

(2)在内核代码中执行了除法操作。在 FPGA 中,除法操作会消耗大量的硬件资源,不利于性能的提升。

针对上述代码,解决方法是将除法操作放到主机端,然后在内核中直接使用除法操作的结果作为参数。需要说明的是,在上述代码中,由于 c/d 的结果是固定的,英特尔 FPGA OpenCL 的 AOC 工具会自动将所有工作项中的 c/d 操作合并为一个,然后将结果共享给所有的工作项。但是,最好还是将 c/d 操作移到主机端进行。毕竟,除法操作占用的 FPGA 硬件资源比较多,即使只计算一次,也是一种资源浪费。

优化之后的代码如下:

```
__kernel void mykernel(__global const float * restrict a,
    __global float * restrict b,
    const float c_divided_by_d)
{
    size_t gid = get_global_id(0);
    b[gid] = a[gid] * c_divided_by_d;
}
```

与"昂贵"的函数和方法相对应的是"廉价"的函数和方法，使用后者可以减少硬件资源的消耗，而且对内核性能的影响小。常用的"廉价"函数和方法如下：

- 二进制位操作，如 AND、NAND、OR、NOR、XOR 等。
- 带有常量的逻辑操作。
- 常量的移位。
- 整数的乘法。
- 位移操作、位移交换等。

### 5.7.2 使用"廉价"的数据类型

数据类型也是影响 OpenCL 应用性能的因素之一。针对性能优化，需要了解每种数据类型在延时及逻辑使用方面的成本。例如，与整数相比，浮点数或者双精度浮点数的操作延时要大得多。对数据类型的使用要注意以下几点。

- 要熟悉不同数据类型的宽度、范围和精度。
- 尽量使用半精度或者单精度浮点数代替双精度浮点数。
- 尽量使用整数或者定点数代替浮点数。
- 如果数据足够小，则不要使用浮点数。
- 要确保表达式两边是相同的数据类型，避免强制类型转换操作。

## 5.8 基于 FPGA 的 OpenCL 实验

### 5.8.1 准备工作

本节中的实验基于英特尔 Arria 10 FPGA PAC，采用 a10_gx_pac_ias_1_2_pv_dev_installer，相关的开发 SDK 安装于/opt/inteldevstack 目录，使用 CentOs 7.4 作为测试平台。

首先需要开启操作系统的内存大页支持。

```
echo 80 > /sys/kernel/mm/hugepages/hugepages-2048kB/nr_hugepages
```

# FPGA进阶开发与实践

其次，在使用 FPGA 资源及运行 OpenCL 程序之前，需要初始化 FPGA，否则有可能出现无法识别 FPGA 设备的问题。初始化操作如下：

```
source /opt/inteldevstack/init_env.sh && source /opt/inteldevstack/intelFPGA_pro/hld/init_opencl.sh && export ALTERAOCLSDKROOT=$INTELFPGAOCLSDKROOT
aocl program acl0 /opt/inteldevstack/a10_gx_pac_ias_1_1_pv/opencl/hello_world.aocx
```

如果显示图 5-61 中的内容，则表明 FPGA 初始化成功。FPGA 状态如图 5-62 所示。

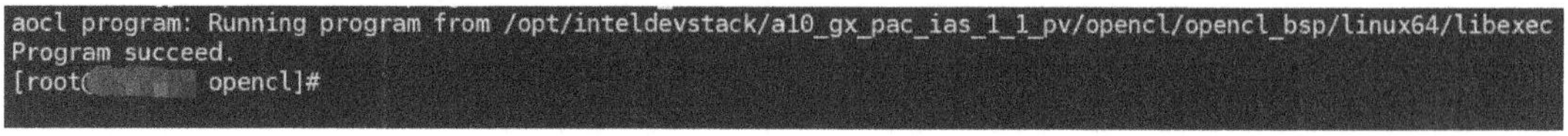

图 5-61 FPGA 初始化成功

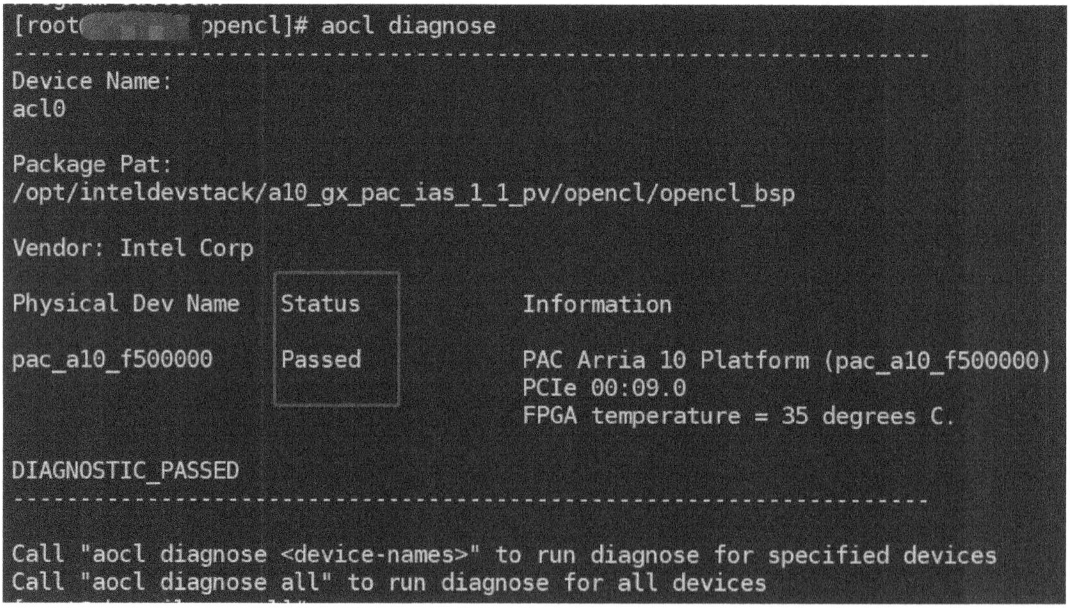

图 5-62 FPGA 状态

本节中的实验使用英特尔 FPGA OpenCL SDK，通过 SDK 进行 OpenCL 相关类库的链接和运行；同时，采用 Makefile 作为项目管理工具，对所有程序代码进行编译。Makefile 示例如图 5-63 所示。

# 第 5 章
基于 FPGA 的 OpenCL 技术与应用

```makefile
# Target
TARGET := hello

# Directories
INC_DIRS := include
LIB_DIRS :=

# Files
INCS := $(wildcard )
SRCS := $(wildcard *.c)
LIBS := rt pthread

# Make it all!
all : $(TARGET)

# Host executable target.
$(TARGET) : Makefile $(SRCS) $(INCS)
        $(ECHO) $(CC) $(CFLAGS) -fPIC $(foreach D,$(INC_DIRS),-I$D) \
                $(AOCL_COMPILE_CONFIG) $(SRCS) $(AOCL_LINK_CONFIG) \
                $(foreach D,$(LIB_DIRS),-L$D) \
                $(foreach L,$(LIBS),-l$L) \
                -o $(TARGET)

# Standard make targets
clean :
        $(ECHO)rm -f $(TARGET)

.PHONY : all clean
```

图 5-63 Makefile 示例

## 5.8.2 实验一：hello

本实验源码文件结构如图 5-64 所示。

图 5-64 源码文件结构

hello.cl 为 OpenCL C 程序源码文件，内容如下：

```c
__kernel void hello(int nouse)
{
    printf("From OpenCL Kernel: hello world\n");
}
```

hello.aocx 为本实验需要使用的 OpenCL 二进制代码文件。hello.c 为本实验的主机端源码文件，内容如下：

```c
#include <stdio.h>
#include <stdlib.h>

#include "CL/cl.h"

int main(int argc, char * argv[])
{
    FILE * binary_file = NULL;
    if (NULL == (binary_file = fopen("device/hello.aocx", "rb")))
    {
        printf("Cannot open fpga binary file\n");
        return -1;
    }
    fseek(binary_file, 0, SEEK_END);
    size_t binary_lenth = ftell(binary_file);
    unsigned char * binary_context = NULL;
    if (NULL == (binary_context = (unsigned char *)malloc(
        sizeof(unsigned char) * binary_lenth + 1)))
    {
        printf("Cannot allocate more memory for binary context\n");
        fclose(binary_file);
        return -1;
    }
    rewind(binary_file);
    fread(binary_context, sizeof(unsigned char),
        binary_lenth, binary_file);
    binary_context[binary_lenth] = '\0';
    fclose(binary_file);

    cl_int err = 0;
    cl_platform_id platform;
    err = clGetPlatformIDs(1, &platform, NULL);

    cl_device_id device;
    err = clGetDeviceIDs(
```

```
            platform, CL_DEVICE_TYPE_ACCELERATOR, 1, &device, NULL);
        cl_context context = clCreateContext(
            NULL, 1, &device, NULL, NULL, &err);

        cl_command_queue queue = clCreateCommandQueue(context, device, 0,
&err);

        cl_program program = clCreateProgramWithBinary(context, 1, &device,
            &binary_lenth, (const unsigned char **)(&binary_context),
            NULL, &err);
        err = clBuildProgram(program, 1, &device, "", NULL, NULL);
        cl_kernel kernel= clCreateKernel(program, "hello", &err);
        int nouse = 0;
        err = clSetKernelArg(kernel, 0, sizeof(int), (void*)&nouse);
        err = clEnqueueTask(queue, kernel, 0, NULL, NULL);
        err = clFinish(queue);

        clReleaseKernel(kernel);
        clReleaseProgram(program);
        clReleaseCommandQueue(queue);
        clReleaseContext(context);

        if(NULL != binary_context)
        {
            free(binary_context);
            binary_context = NULL;
        }
        return 0;
    }
```

### 1. 编译代码

```
cd hello
source /opt/inteldevstack/init_env.sh && source /opt/inteldevstack/intelFPGA_pro/hld/init_opencl.sh && export ALTERAOCLSDKROOT=$INTELFPGAOCLSDKROOT
make
```

### 2. 运行程序

```
aocl program acl0 device/hello.aocx
./hello
```

程序运行结果如图 5-65 所示。

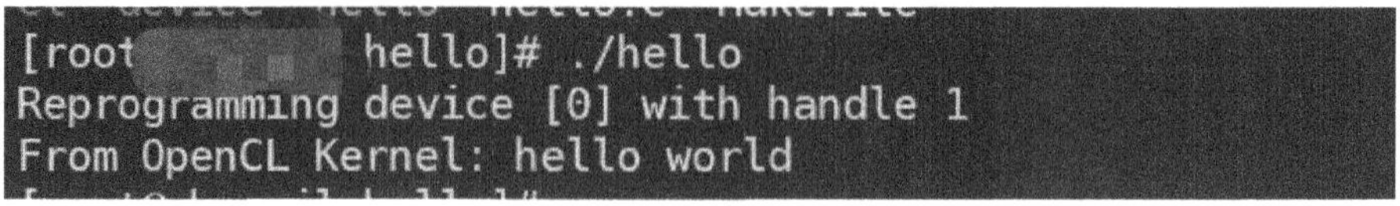

```
[root     hello]# ./hello
Reprogramming device [0] with handle 1
From OpenCL Kernel: hello world
```

图 5-65 程序运行结果

### ⊙ 5.8.3 实验二：platform

本实验通过使用 OpenCL API，完成对 OpenCL 平台的获取，以及对 OpenCL 平台详细信息的查询。其中包含 clGetPlatformIDs 和 clGetPlatformInfo 函数的使用。

本实验源码文件结构如图 5-66 所示。

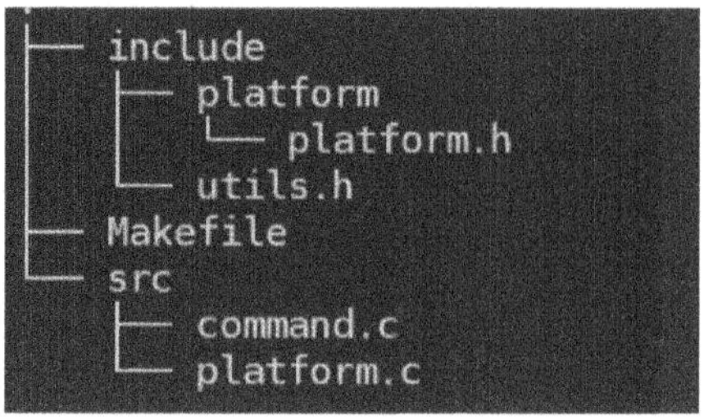

```
├── include
│   ├── platform
│   │   └── platform.h
│   └── utils.h
├── Makefile
└── src
    ├── command.c
    └── platform.c
```

图 5-66 源码文件结构

platform.h 和 utils.h 为本实验的头文件，command.c 和 platform.c 为本实验的主机端源码文件。其中，command.c 为 main 函数入口。相关的源码如下：

```c
// platform.c
#include <stdio.h>
#include <stdlib.h>

#include "CL/cl.h"

#include "utils.h"
#include "platform/platform.h"

void static inline _get_info(const cl_platform_id platformid,
    const char * type_name, const cl_platform_info type_value)
{

    size_t size = 0;
    cl_int err = 0;
    char * platform_info = NULL;
    err = clGetPlatformInfo(platformid, type_value, 0, NULL, &size);
```

```c
    if(CL_SUCCESS != err)
    {
        printf("Cannot get OpenCL %s\n", type_name);
        return;
    }

    if(NULL == (platform_info = (char*)malloc(sizeof(char) * size + 1)))
    {
        printf("There is no more memory\n");
        return;
    }

    err = clGetPlatformInfo(platformid,
        type_value, size, platform_info, NULL);
    if(CL_SUCCESS != err)
    {
        printf("Cannot get OpenCL %s\n", type_name);
        goto final;
    }
    platform_info[size] = '\0';
    printf("%s: %s\n", type_name, platform_info);
final:
    free(platform_info);
    platform_info = NULL;
}

cl_platform_id * get_cl_platforms(cl_uint * num_platform)
{

    cl_int err = clGetPlatformIDs(0, NULL, num_platform);
    if(CL_SUCCESS != err)
    {
        printf("Cannot fount any OpenCL platform\n");
        return NULL;
    }

    cl_platform_id *platformids = NULL;
    if(NULL == (platformids = (cl_platform_id*)malloc(
        sizeof(cl_platform_id) * (*num_platform))))
    {
        printf("Failed to malloc memory for platform\n");
```

```c
        return NULL;
    }

    err = clGetPlatformIDs(*num_platform, platformids, NULL);
    if(CL_SUCCESS != err)
    {
        printf("Cannot fount any OpenCL platform\n");
        free(platformids);
        platformids = NULL;
    }
    return platformids;
}


void get_cl_platform_info(const cl_platform_id *platformids,
    const cl_uint num_platform)
{
    if(NULL == platformids)
    {
        printf("Invalid address: Cannot get info from NULL\n");
        return;
    }

    cl_uint index = 0;

    printf("There were(was) %d OpenCL platform on this OS\n",
        num_platform);
    for(;index < num_platform; index++)
    {
        printf("The follow is the %d platform detail info\n%s\n",
            index, SPLITER);
        _get_info(platformids[index],
            NAME_TO_STRING(CL_PLATFORM_NAME),
            CL_PLATFORM_NAME);
        _get_info(platformids[index],
            NAME_TO_STRING(CL_PLATFORM_VENDOR),
            CL_PLATFORM_VENDOR);
        _get_info(platformids[index],
            NAME_TO_STRING(CL_PLATFORM_VERSION),
            CL_PLATFORM_VERSION);
        _get_info(platformids[index],
```

```c
                    NAME_TO_STRING(CL_PLATFORM_PROFILE),
                    CL_PLATFORM_PROFILE);
            _get_info(platformids[index],
                    NAME_TO_STRING(CL_PLATFORM_EXTENSIONS),
                    CL_PLATFORM_EXTENSIONS);
        }
    }

    void free_cl_platform_res(cl_platform_id *platformids)
    {
        if (NULL == platformids)
        {
            return;
        }
        free(platformids);
        platformids = NULL;
    }

    // command.c
    #include <stdio.h>
    #include <stdlib.h>
    #include <string.h>

    #include "CL/cl.h"

    #include "platform/platform.h"

    int main(int argc, char * argv[])
    {
        cl_platform_id *platformids = NULL;
        cl_uint num_platform = 0;
        platformids = get_cl_platforms(&num_platform);
        get_cl_platform_info(platformids, num_platform);

        free_cl_platform_res(platformids);

        return 0;
    }
```

1. 编译代码

```
cd platform
```

```
       source /opt/inteldevstack/init_env.sh && source
/opt/inteldevstack/intelFPGA_pro/hld/init_opencl.sh && export
ALTERAOCLSDKROOT=$INTELFPGAOCLSDKROOT
       make
```

#### 2. 运行程序

```
    ./platform
```

程序运行结果如图 5-67 所示。

图 5-67　程序运行结果

### ▶ 5.8.4　实验三：device

本实验通过使用 OpenCL API，完成对 OpenCL 设备的获取，以及对 OpenCL 设备详细信息的查询。其中包含 clGetDeviceIDs 和 clGetDeviceInfo 函数的使用。

本实验源码文件结构如图 5-68 所示。

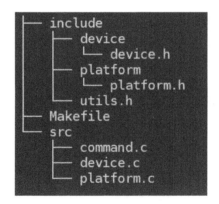

图 5-68　源码文件结构

本实验在实验二的基础上进行了扩充和修改，新增了 device.h 头文件和 device.c 源码文件，command.c 仍然是 main 函数入口。

新增的 device.c 文件内容如下：

```
#include <stdio.h>
#include <stdlib.h>
```

```c
#include "CL/cl.h"
#include "CL/cl_ext_intelfpga.h"

#include "utils.h"
#include "device/device.h"


static inline cl_device_id * get_cl_devices_on_platform(
    const cl_platform_id platformid, cl_uint * num_devices,
    const cl_device_type device_type, const char * device_type_name)
{
    cl_device_id * deviceids = NULL;
    cl_uint err = clGetDeviceIDs(
        platformid, device_type, 0, NULL, num_devices);
    if(CL_SUCCESS != err)
    {
        return NULL;
    }

    if(NULL == (deviceids = (cl_device_id*)malloc(
        sizeof(cl_device_id) * (*num_devices))))
    {
        printf("Failed to malloc memory for devices\n");
        return NULL;
    }

    err = clGetDeviceIDs(platformid, device_type,
        *num_devices, deviceids, NULL);

    if(CL_SUCCESS != err)
    {
        free(deviceids);
        deviceids = NULL;
    }
    return deviceids;
}

cl_device_id * get_cl_cpu_devices_on_platform(
    const cl_platform_id platformid, cl_uint * num_devices)
{
    return get_cl_devices_on_platform(
```

```c
        platformid, num_devices, CL_DEVICE_TYPE_CPU,
        NAME_TO_STRING(CL_DEVICE_TYPE_CPU));
}

cl_device_id * get_cl_gpu_devices_on_platform(
    const cl_platform_id platformid, cl_uint * num_devices)
{
    return get_cl_devices_on_platform(
        platformid, num_devices, CL_DEVICE_TYPE_GPU,
        NAME_TO_STRING(CL_DEVICE_TYPE_GPU));
}

cl_device_id * get_cl_accelerator_devices_on_platform(
    const cl_platform_id platformid, cl_uint * num_devices)
{
    return get_cl_devices_on_platform(
        platformid, num_devices, CL_DEVICE_TYPE_ACCELERATOR,
        NAME_TO_STRING(CL_DEVICE_TYPE_ACCELERATOR));
}

cl_device_id * get_cl_default_devices_on_platform(
    const cl_platform_id platformid, cl_uint * num_devices)
{
    return get_cl_devices_on_platform(
        platformid, num_devices, CL_DEVICE_TYPE_DEFAULT,
        NAME_TO_STRING(CL_DEVICE_TYPE_DEFAULT));
}

cl_device_id * get_cl_all_devices_on_platform(
    const cl_platform_id platformid, cl_uint * num_devices)
{
    return get_cl_devices_on_platform(
        platformid, num_devices, CL_DEVICE_TYPE_ALL,
        NAME_TO_STRING(CL_DEVICE_TYPE_ALL));
}

static inline void __get_device_info_string__(const cl_device_id deviceid,
    const cl_device_type device_info_type, const char * device_info_name)
{
```

```c
    size_t size = 0;
    char * device_info = NULL;
    cl_int err = clGetDeviceInfo(deviceid,
        device_info_type, 0, NULL, &size);
    if(CL_SUCCESS != err)
    {
        return;
    }
    if(NULL == (device_info = (char*)malloc(sizeof(char) * size + 1)))
    {
        printf("Failed to malloc memory for device info\n");
        return;
    }
    err = clGetDeviceInfo(deviceid, device_info_type,
        size, device_info, NULL);
    if(CL_SUCCESS != err)
    {
        goto final;
    }
    device_info[size] = '\0';
    printf("%s: %s\n", device_info_name, device_info);
final:
    free(device_info);
    device_info = NULL;
}

void get_cl_device_info_on_platform(const cl_device_id *deviceids,
    const cl_uint num_devices)
{
    if(NULL == deviceids)
    {
        printf("Invalid address: Cannot get device info from NULL\n");
        return;
    }

    cl_uint index = 0;

    printf("There were(was) %d OpenCL device on this platform\n",
        num_devices);
    for(;index < num_devices; index++)
    {
```

```c
        printf("The follow is the %d device detail info\n%s\n",
            index, SPLITER);
        __get_device_info_string__(deviceids[index],
            CL_DEVICE_BUILT_IN_KERNELS,
            NAME_TO_STRING(CL_DEVICE_BUILT_IN_KERNELS));
        __get_device_info_string__(deviceids[index],
            CL_DEVICE_NAME, NAME_TO_STRING(CL_DEVICE_NAME));
        __get_device_info_string__(deviceids[index],
            CL_DEVICE_VENDOR, NAME_TO_STRING(CL_DEVICE_VENDOR));
        __get_device_info_string__(deviceids[index],
            CL_DEVICE_VERSION, NAME_TO_STRING(CL_DEVICE_VERSION));
        __get_device_info_string__(deviceids[index],
            CL_DEVICE_OPENCL_C_VERSION,
            NAME_TO_STRING(CL_DEVICE_OPENCL_C_VERSION));

    printf("%s: %u\n", NAME_TO_STRING(CL_DEVICE_VENDOR_ID),
            __get_device_info_numtype__(cl_uint, deviceids[index],
            CL_DEVICE_VENDOR_ID,
            NAME_TO_STRING(CL_DEVICE_VENDOR_ID)));
    printf("%s: %u\n", NAME_TO_STRING(
        CL_DEVICE_MAX_COMPUTE_UNITS),
            __get_device_info_numtype__(cl_uint, deviceids[index],
            CL_DEVICE_MAX_COMPUTE_UNITS,
            NAME_TO_STRING(CL_DEVICE_MAX_COMPUTE_UNITS)));
    printf("%s: %u\n", NAME_TO_STRING(
        CL_DEVICE_MAX_WORK_ITEM_DIMENSIONS),
            __get_device_info_numtype__(cl_uint, deviceids[index],
            CL_DEVICE_MAX_COMPUTE_UNITS,
            NAME_TO_STRING(
                CL_DEVICE_MAX_WORK_ITEM_DIMENSIONS)));

    printf("%s: %u\n", NAME_TO_STRING(
        CL_DEVICE_PREFERRED_VECTOR_WIDTH_CHAR),
            __get_device_info_numtype__(cl_uint, deviceids[index],
            CL_DEVICE_PREFERRED_VECTOR_WIDTH_CHAR,
            NAME_TO_STRING(
            CL_DEVICE_PREFERRED_VECTOR_WIDTH_CHAR)));
    printf("%s: %u\n", NAME_TO_STRING(
        CL_DEVICE_PREFERRED_VECTOR_WIDTH_SHORT),
            __get_device_info_numtype__(cl_uint, deviceids[index],
            CL_DEVICE_PREFERRED_VECTOR_WIDTH_SHORT,
```

```
            NAME_TO_STRING(
            CL_DEVICE_PREFERRED_VECTOR_WIDTH_SHORT)));
printf("%s: %u\n", NAME_TO_STRING(
    CL_DEVICE_PREFERRED_VECTOR_WIDTH_INT),
        __get_device_info_numtype__(cl_uint, deviceids[index],
            CL_DEVICE_PREFERRED_VECTOR_WIDTH_INT,
            NAME_TO_STRING(
            CL_DEVICE_PREFERRED_VECTOR_WIDTH_INT)));
printf("%s: %u\n", NAME_TO_STRING(
    CL_DEVICE_PREFERRED_VECTOR_WIDTH_LONG),
        __get_device_info_numtype__(cl_uint, deviceids[index],
            CL_DEVICE_PREFERRED_VECTOR_WIDTH_LONG,
            NAME_TO_STRING(
            CL_DEVICE_PREFERRED_VECTOR_WIDTH_LONG)));
printf("%s: %u\n", NAME_TO_STRING(
    CL_DEVICE_PREFERRED_VECTOR_WIDTH_FLOAT),
        __get_device_info_numtype__(cl_uint, deviceids[index],
            CL_DEVICE_PREFERRED_VECTOR_WIDTH_FLOAT,
            NAME_TO_STRING(
            CL_DEVICE_PREFERRED_VECTOR_WIDTH_FLOAT)));
printf("%s: %u\n", NAME_TO_STRING(
    CL_DEVICE_PREFERRED_VECTOR_WIDTH_DOUBLE),
        __get_device_info_numtype__(cl_uint, deviceids[index],
            CL_DEVICE_PREFERRED_VECTOR_WIDTH_DOUBLE,
            NAME_TO_STRING(
            CL_DEVICE_PREFERRED_VECTOR_WIDTH_DOUBLE)));
printf("%s: %u\n", NAME_TO_STRING(
    CL_DEVICE_PREFERRED_VECTOR_WIDTH_HALF),
        __get_device_info_numtype__(cl_uint, deviceids[index],
            CL_DEVICE_PREFERRED_VECTOR_WIDTH_HALF,
            NAME_TO_STRING(
            CL_DEVICE_PREFERRED_VECTOR_WIDTH_HALF)));

printf("%s: %u\n", NAME_TO_STRING(
    CL_DEVICE_NATIVE_VECTOR_WIDTH_CHAR),
        __get_device_info_numtype__(cl_uint, deviceids[index],
            CL_DEVICE_NATIVE_VECTOR_WIDTH_CHAR,
            NAME_TO_STRING(
            CL_DEVICE_NATIVE_VECTOR_WIDTH_CHAR)));
printf("%s: %u\n", NAME_TO_STRING(
    CL_DEVICE_NATIVE_VECTOR_WIDTH_SHORT),
```

```
        __get_device_info_numtype__(cl_uint, deviceids[index],
            CL_DEVICE_NATIVE_VECTOR_WIDTH_SHORT,
            NAME_TO_STRING(
            CL_DEVICE_NATIVE_VECTOR_WIDTH_SHORT)));
    printf("%s: %u\n", NAME_TO_STRING(
        CL_DEVICE_NATIVE_VECTOR_WIDTH_INT),
        __get_device_info_numtype__(cl_uint, deviceids[index],
            CL_DEVICE_NATIVE_VECTOR_WIDTH_INT,
            NAME_TO_STRING(
            CL_DEVICE_NATIVE_VECTOR_WIDTH_INT)));
    printf("%s: %u\n", NAME_TO_STRING(
        CL_DEVICE_NATIVE_VECTOR_WIDTH_LONG),
        __get_device_info_numtype__(cl_uint, deviceids[index],
            CL_DEVICE_NATIVE_VECTOR_WIDTH_LONG,
            NAME_TO_STRING(
            CL_DEVICE_NATIVE_VECTOR_WIDTH_LONG)));
    printf("%s: %u\n", NAME_TO_STRING(
        CL_DEVICE_NATIVE_VECTOR_WIDTH_DOUBLE),
        __get_device_info_numtype__(cl_uint, deviceids[index],
            CL_DEVICE_NATIVE_VECTOR_WIDTH_DOUBLE,
            NAME_TO_STRING(
            CL_DEVICE_NATIVE_VECTOR_WIDTH_DOUBLE)));
    printf("%s: %u\n", NAME_TO_STRING(
        CL_DEVICE_NATIVE_VECTOR_WIDTH_HALF),
        __get_device_info_numtype__(cl_uint, deviceids[index],
            CL_DEVICE_NATIVE_VECTOR_WIDTH_HALF,
            NAME_TO_STRING(
            CL_DEVICE_NATIVE_VECTOR_WIDTH_HALF)));

    printf("%s: %u\n", NAME_TO_STRING(
        CL_DEVICE_MAX_CLOCK_FREQUENCY),
        __get_device_info_numtype__(cl_uint, deviceids[index],
            CL_DEVICE_MAX_CLOCK_FREQUENCY,
            NAME_TO_STRING(
            CL_DEVICE_MAX_CLOCK_FREQUENCY)));

    printf("%s: %u\n", NAME_TO_STRING(
        CL_DEVICE_ADDRESS_BITS),
        __get_device_info_numtype__(cl_uint, deviceids[index],
            CL_DEVICE_ADDRESS_BITS,
            NAME_TO_STRING(
```

```
            CL_DEVICE_ADDRESS_BITS)));

    printf("%s: %u\n", NAME_TO_STRING(
        CL_DEVICE_MAX_READ_IMAGE_ARGS),
        __get_device_info_numtype__(cl_uint, deviceids[index],
            CL_DEVICE_MAX_READ_IMAGE_ARGS,
            NAME_TO_STRING(
            CL_DEVICE_MAX_READ_IMAGE_ARGS)));
    printf("%s: %u\n", NAME_TO_STRING(
        CL_DEVICE_MAX_WRITE_IMAGE_ARGS),
        __get_device_info_numtype__(cl_uint, deviceids[index],
            CL_DEVICE_MAX_WRITE_IMAGE_ARGS,
            NAME_TO_STRING(
            CL_DEVICE_MAX_WRITE_IMAGE_ARGS)));
    printf("%s: %u\n", NAME_TO_STRING(
        CL_DEVICE_MAX_READ_WRITE_IMAGE_ARGS),
        __get_device_info_numtype__(cl_uint, deviceids[index],
            CL_DEVICE_MAX_READ_WRITE_IMAGE_ARGS,
            NAME_TO_STRING(
            CL_DEVICE_MAX_READ_WRITE_IMAGE_ARGS)));
    printf("%s: %u\n", NAME_TO_STRING(
        CL_DEVICE_MAX_SAMPLERS),
        __get_device_info_numtype__(cl_uint, deviceids[index],
            CL_DEVICE_MAX_SAMPLERS,
            NAME_TO_STRING(
            CL_DEVICE_MAX_SAMPLERS)));
    printf("%s: %u\n", NAME_TO_STRING(
        CL_DEVICE_IMAGE_PITCH_ALIGNMENT),
        __get_device_info_numtype__(cl_uint, deviceids[index],
            CL_DEVICE_IMAGE_PITCH_ALIGNMENT,
            NAME_TO_STRING(
            CL_DEVICE_IMAGE_PITCH_ALIGNMENT)));
    printf("%s: %u\n", NAME_TO_STRING(
        CL_DEVICE_IMAGE_BASE_ADDRESS_ALIGNMENT),
        __get_device_info_numtype__(cl_uint, deviceids[index],
            CL_DEVICE_IMAGE_BASE_ADDRESS_ALIGNMENT,
            NAME_TO_STRING(
            CL_DEVICE_IMAGE_BASE_ADDRESS_ALIGNMENT)));
    printf("%s: %u\n", NAME_TO_STRING(
        CL_DEVICE_MAX_PIPE_ARGS),
        __get_device_info_numtype__(cl_uint, deviceids[index],
```

```
            CL_DEVICE_MAX_PIPE_ARGS,
            NAME_TO_STRING(
            CL_DEVICE_MAX_PIPE_ARGS)));
    printf("%s: %u\n", NAME_TO_STRING(
        CL_DEVICE_PIPE_MAX_ACTIVE_RESERVATIONS),
            __get_device_info_numtype__(cl_uint, deviceids[index],
            CL_DEVICE_PIPE_MAX_ACTIVE_RESERVATIONS,
            NAME_TO_STRING(
            CL_DEVICE_PIPE_MAX_ACTIVE_RESERVATIONS)));
    printf("%s: %u\n", NAME_TO_STRING(
        CL_DEVICE_PIPE_MAX_PACKET_SIZE),
            __get_device_info_numtype__(cl_uint, deviceids[index],
            CL_DEVICE_PIPE_MAX_PACKET_SIZE,
            NAME_TO_STRING(
            CL_DEVICE_PIPE_MAX_PACKET_SIZE)));
    printf("%s: %u\n", NAME_TO_STRING(
        CL_DEVICE_MEM_BASE_ADDR_ALIGN),
            __get_device_info_numtype__(cl_uint, deviceids[index],
            CL_DEVICE_MEM_BASE_ADDR_ALIGN,
            NAME_TO_STRING(
            CL_DEVICE_MEM_BASE_ADDR_ALIGN)));
    printf("%s: %u\n", NAME_TO_STRING(
        CL_DEVICE_GLOBAL_MEM_CACHELINE_SIZE),
            __get_device_info_numtype__(cl_uint, deviceids[index],
            CL_DEVICE_GLOBAL_MEM_CACHELINE_SIZE,
            NAME_TO_STRING(
            CL_DEVICE_GLOBAL_MEM_CACHELINE_SIZE)));

    printf("%s: %zu\n", NAME_TO_STRING(
        CL_DEVICE_MAX_PARAMETER_SIZE),
            __get_device_info_numtype__(size_t, deviceids[index],
            CL_DEVICE_MAX_PARAMETER_SIZE,
            NAME_TO_STRING(
            CL_DEVICE_MAX_PARAMETER_SIZE)));
    printf("%s: %zu\n", NAME_TO_STRING(
        CL_DEVICE_MAX_WORK_GROUP_SIZE),
            __get_device_info_numtype__(size_t, deviceids[index],
            CL_DEVICE_MAX_WORK_GROUP_SIZE,
            NAME_TO_STRING(
            CL_DEVICE_MAX_WORK_GROUP_SIZE)));
    printf("%s: %zu\n", NAME_TO_STRING(
```

```
            CL_DEVICE_IMAGE2D_MAX_WIDTH),
        __get_device_info_numtype__(size_t, deviceids[index],
            CL_DEVICE_IMAGE2D_MAX_WIDTH,
            NAME_TO_STRING(
            CL_DEVICE_IMAGE2D_MAX_WIDTH)));
    printf("%s: %zu\n", NAME_TO_STRING(
        CL_DEVICE_IMAGE2D_MAX_HEIGHT),
        __get_device_info_numtype__(size_t, deviceids[index],
            CL_DEVICE_IMAGE2D_MAX_HEIGHT,
            NAME_TO_STRING(
            CL_DEVICE_IMAGE2D_MAX_HEIGHT)));
    printf("%s: %zu\n", NAME_TO_STRING(
        CL_DEVICE_IMAGE3D_MAX_WIDTH),
        __get_device_info_numtype__(size_t, deviceids[index],
            CL_DEVICE_IMAGE3D_MAX_WIDTH,
            NAME_TO_STRING(
            CL_DEVICE_IMAGE3D_MAX_WIDTH)));
    printf("%s: %zu\n", NAME_TO_STRING(
        CL_DEVICE_IMAGE3D_MAX_HEIGHT),
        __get_device_info_numtype__(size_t, deviceids[index],
            CL_DEVICE_IMAGE3D_MAX_HEIGHT,
            NAME_TO_STRING(
            CL_DEVICE_IMAGE3D_MAX_HEIGHT)));
    printf("%s: %zu\n", NAME_TO_STRING(
        CL_DEVICE_IMAGE3D_MAX_DEPTH),
        __get_device_info_numtype__(size_t, deviceids[index],
            CL_DEVICE_IMAGE3D_MAX_DEPTH,
            NAME_TO_STRING(
            CL_DEVICE_IMAGE3D_MAX_DEPTH)));
    printf("%s: %zu\n", NAME_TO_STRING(
        CL_DEVICE_IMAGE_MAX_BUFFER_SIZE),
        __get_device_info_numtype__(size_t, deviceids[index],
            CL_DEVICE_IMAGE_MAX_BUFFER_SIZE,
            NAME_TO_STRING(
            CL_DEVICE_IMAGE_MAX_BUFFER_SIZE)));
    printf("%s: %zu\n", NAME_TO_STRING(
        CL_DEVICE_IMAGE_MAX_ARRAY_SIZE),
        __get_device_info_numtype__(size_t, deviceids[index],
            CL_DEVICE_IMAGE_MAX_ARRAY_SIZE,
            NAME_TO_STRING(
            CL_DEVICE_IMAGE_MAX_ARRAY_SIZE)));
```

```c
        printf("%s: %zu\n", NAME_TO_STRING(
            CL_DEVICE_PROFILING_TIMER_RESOLUTION),
            __get_device_info_numtype__(size_t, deviceids[index],
                CL_DEVICE_PROFILING_TIMER_RESOLUTION,
                NAME_TO_STRING(
                CL_DEVICE_PROFILING_TIMER_RESOLUTION)));

        printf("%s: %lu\n", NAME_TO_STRING(
            CL_DEVICE_MAX_MEM_ALLOC_SIZE),
            __get_device_info_numtype__(
                cl_ulong, deviceids[index],
                CL_DEVICE_MAX_MEM_ALLOC_SIZE,
                NAME_TO_STRING(
                CL_DEVICE_MAX_MEM_ALLOC_SIZE)));
        printf("%s: %lu\n", NAME_TO_STRING(
            CL_DEVICE_LOCAL_MEM_SIZE),
            __get_device_info_numtype__(
                cl_ulong, deviceids[index],
                CL_DEVICE_LOCAL_MEM_SIZE,
                NAME_TO_STRING(
                CL_DEVICE_LOCAL_MEM_SIZE)));
        printf("%s: %lu\n", NAME_TO_STRING(
            CL_DEVICE_GLOBAL_MEM_CACHE_SIZE),
            __get_device_info_numtype__(
                cl_ulong, deviceids[index],
                CL_DEVICE_GLOBAL_MEM_CACHE_SIZE,
                NAME_TO_STRING(
                CL_DEVICE_GLOBAL_MEM_CACHE_SIZE)));
        printf("%s: %lu\n", NAME_TO_STRING(
            CL_DEVICE_GLOBAL_MEM_SIZE),
            __get_device_info_numtype__(
                cl_ulong, deviceids[index],
                CL_DEVICE_GLOBAL_MEM_SIZE,
                NAME_TO_STRING(
                CL_DEVICE_GLOBAL_MEM_SIZE)));

        printf("%s: %u\n", NAME_TO_STRING(
            CL_DEVICE_IMAGE_SUPPORT),
            __get_device_info_numtype__(
                cl_bool, deviceids[index],
                CL_DEVICE_IMAGE_SUPPORT,
```

```
            NAME_TO_STRING(
            CL_DEVICE_IMAGE_SUPPORT)));
printf("%s: %u\n", NAME_TO_STRING(
    CL_DEVICE_ERROR_CORRECTION_SUPPORT),
        __get_device_info_numtype__(
            cl_bool, deviceids[index],
            CL_DEVICE_ERROR_CORRECTION_SUPPORT,
            NAME_TO_STRING(
            CL_DEVICE_ERROR_CORRECTION_SUPPORT)));
printf("%s: %u\n", NAME_TO_STRING(
    CL_DEVICE_ENDIAN_LITTLE),
        __get_device_info_numtype__(
            cl_bool, deviceids[index],
            CL_DEVICE_ENDIAN_LITTLE,
            NAME_TO_STRING(
            CL_DEVICE_ENDIAN_LITTLE)));
printf("%s: %u\n", NAME_TO_STRING(
    CL_DEVICE_AVAILABLE),
        __get_device_info_numtype__(
            cl_bool, deviceids[index],
            CL_DEVICE_AVAILABLE,
            NAME_TO_STRING(
            CL_DEVICE_AVAILABLE)));
printf("%s: %u\n", NAME_TO_STRING(
    CL_DEVICE_COMPILER_AVAILABLE),
        __get_device_info_numtype__(
            cl_bool, deviceids[index],
            CL_DEVICE_COMPILER_AVAILABLE,
            NAME_TO_STRING(
            CL_DEVICE_COMPILER_AVAILABLE)));
printf("%s: %u\n", NAME_TO_STRING(
    CL_DEVICE_LINKER_AVAILABLE),
        __get_device_info_numtype__(
            cl_bool, deviceids[index],
            CL_DEVICE_LINKER_AVAILABLE,
            NAME_TO_STRING(
            CL_DEVICE_LINKER_AVAILABLE)));
printf("%s: %u\n", NAME_TO_STRING(
    CL_DEVICE_PREFERRED_INTEROP_USER_SYNC),
        __get_device_info_numtype__(
            cl_bool, deviceids[index],
```

```
                    CL_DEVICE_PREFERRED_INTEROP_USER_SYNC,
                    NAME_TO_STRING(
                    CL_DEVICE_PREFERRk=ED_INTEROP_USER_SYNC)));
    }
}

void free_cl_device_res(cl_device_id *deviceids)
{
    if(NULL == deviceids)
    {
        return;
    }

    free(deviceids);
    deviceids = NULL;
}
```

command.c 修改之后的代码如下:

```
#include <stdio.h>

#include "CL/cl.h"

#include "platform/platform.h"
#include "device/device.h"

int main(int argc, char * argv[])
{
    cl_platform_id *platformids = NULL;
    cl_uint num_platform = 0;
    platformids = get_cl_platforms(&num_platform);

    cl_device_id * deviceids = NULL;
    cl_uint num_devices = 0;

    deviceids = get_cl_accelerator_devices_on_platform(*platformids,
        &num_devices);
    get_cl_device_info_on_platform(deviceids, num_devices);

    free_cl_device_res(deviceids);

    free_cl_platform_res(platformids);
```

```
    return 0;
}
```

**1. 编译代码**

可参考实验二的编译过程。

**2. 运行程序**

```
./device
```

程序运行结果如图 5-69 所示。

```
There were(was) 1 OpenCL device on this platform
The follow is the 0 device detail info
==================================================
CL_DEVICE_BUILT_IN_KERNELS:
CL_DEVICE_NAME: pac_a10 : PAC Arria 10 Platform (pac_a10_f500000)
CL_DEVICE_VENDOR: Intel Corp
CL_DEVICE_VERSION: OpenCL 1.0 Intel(R) FPGA SDK for OpenCL(TM), Version 17.1
CL_DEVICE_OPENCL_C_VERSION: OpenCL C 1.0
CL_DEVICE_VENDOR_ID: 4466
CL_DEVICE_MAX_COMPUTE_UNITS: 1
CL_DEVICE_MAX_WORK_ITEM_DIMENSIONS: 1
CL_DEVICE_PREFERRED_VECTOR_WIDTH_CHAR: 4
CL_DEVICE_PREFERRED_VECTOR_WIDTH_SHORT: 2
CL_DEVICE_PREFERRED_VECTOR_WIDTH_INT: 1
CL_DEVICE_PREFERRED_VECTOR_WIDTH_LONG: 1
CL_DEVICE_PREFERRED_VECTOR_WIDTH_FLOAT: 1
CL_DEVICE_PREFERRED_VECTOR_WIDTH_DOUBLE: 0
CL_DEVICE_PREFERRED_VECTOR_WIDTH_HALF: 0
CL_DEVICE_NATIVE_VECTOR_WIDTH_CHAR: 4
CL_DEVICE_NATIVE_VECTOR_WIDTH_SHORT: 2
CL_DEVICE_NATIVE_VECTOR_WIDTH_INT: 1
CL_DEVICE_NATIVE_VECTOR_WIDTH_LONG: 1
CL_DEVICE_NATIVE_VECTOR_WIDTH_DOUBLE: 0
CL_DEVICE_NATIVE_VECTOR_WIDTH_HALF: 0
CL_DEVICE_MAX_CLOCK_FREQUENCY: 1000
CL_DEVICE_ADDRESS_BITS: 64
CL_DEVICE_MAX_READ_IMAGE_ARGS: 128
CL_DEVICE_MAX_WRITE_IMAGE_ARGS: 128
CL_DEVICE_MAX_READ_WRITE_IMAGE_ARGS: 128
CL_DEVICE_MAX_SAMPLERS: 32
CL_DEVICE_IMAGE_PITCH_ALIGNMENT: 2
CL_DEVICE_IMAGE_BASE_ADDRESS_ALIGNMENT: 8192
CL_DEVICE_MAX_PIPE_ARGS: 16
CL_DEVICE_PIPE_MAX_ACTIVE_RESERVATIONS: 1
CL_DEVICE_PIPE_MAX_PACKET_SIZE: 1024
CL_DEVICE_MEM_BASE_ADDR_ALIGN: 8192
CL_DEVICE_GLOBAL_MEM_CACHELINE_SIZE: 0
CL_DEVICE_MAX_PARAMETER_SIZE: 256
```

图 5-69　程序运行结果

## ▶ 5.8.5　实验四：`ctxt_and_queue`

本实验通过使用 OpenCL API，完成 OpenCL 上下文和命令队列的创建，以及相关信息的查询。其中包含 clCreateContext、clCreateContextFromType、clGetContextInfo、 clCreateQueue 和 clGetCommandQueueInfo 函数的使用。

本实验源码文件结构如图 5-70 所示。

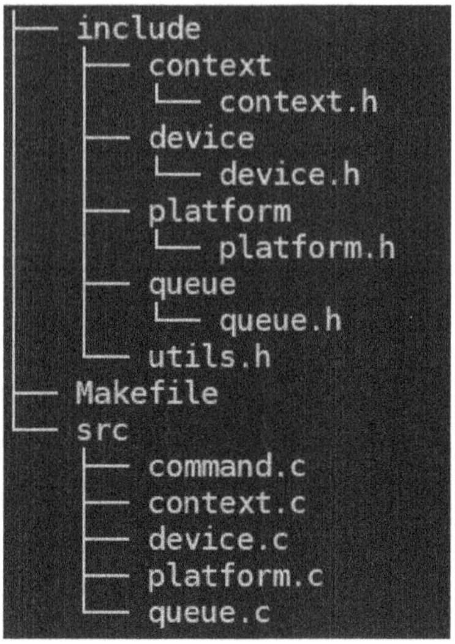

```
├── include
│   ├── context
│   │   └── context.h
│   ├── device
│   │   └── device.h
│   ├── platform
│   │   └── platform.h
│   ├── queue
│   │   └── queue.h
│   └── utils.h
├── Makefile
└── src
    ├── command.c
    ├── context.c
    ├── device.c
    ├── platform.c
    └── queue.c
```

图 5-70　源码文件结构

本实验在实验三的基础上进行了扩充和修改，新增了 context.h 与 queue.h 两个头文件，以及 context.c 和 queue.c 两个源码文件，command.c 仍然是 main 函数入口。

新增的 context.c 文件内容如下：

```
#include <stdio.h>
#include <stdlib.h>
#include "CL/cl.h"
#include "context/context.h"
cl_context get_or_create_context_from_devices(
    const cl_platform_id *platformids,
    const cl_uint num_device, const cl_device_id * devices)
{
    cl_int err = 0;
    cl_context context = NULL;
#if 0
    cl_context_properties properties[] = {CL_CONTEXT_PLATFORM,
 (cl_context_properties)(*platformids), 0};
    context = clCreateContext(properties, num_device,
#else
    context = clCreateContext(NULL, num_device,
#endif
```

```c
            devices, NULL, NULL, &err);
    if(CL_SUCCESS != err)
    {
        printf("Cannot create context for devices\n");
        context = NULL;
    }
    return context;
}

cl_context get_or_create_context_from_device_type(
    const cl_platform_id *platformids,
    const cl_device_type device_type, const char * device_type_name)
{
    cl_int err = 0;
    cl_context context = NULL;
    context = clCreateContextFromType(NULL,
        device_type, NULL, NULL, &err);
    if(CL_SUCCESS != err)
    {
        printf("Cannot create context from device type\n");
        context = NULL;
    }
    return context;
}

cl_uint get_context_info_detail(const cl_context context,
    const cl_context_info info_name, const char * name)
{
    cl_uint result = 0;
    if (NULL == context)
    {
        printf("Cannot get NULL context info \n");
        return 0;
    }

    cl_int err = clGetContextInfo(context, info_name,
        sizeof(cl_uint), &result, NULL);
    if(CL_SUCCESS != err)
    {
        printf("Cannot get context info :%s\n", name);
        result = 0;
```

```
        }
        return result;
}
```

新增的 queue.c 文件内容如下：

```c
#include <stdio.h>
#include <stdlib.h>

#include "CL/cl.h"
#include "CL/cl_ext_intelfpga.h"

#include "utils.h"

#include "queue/queue.h"

cl_command_queue create_command_queue(const cl_context ctxt,
    const cl_device_id deviceid,
    const cl_command_queue_properties prop)
{
    cl_int err = 0;
    cl_command_queue queue = NULL;
    queue = clCreateCommandQueue(
        ctxt, deviceid, prop, &err);
    if (CL_SUCCESS != err)
    {
        printf("Failed to create command queue\n");
        queue = NULL;
    }
    return queue;
}

cl_context get_command_queue_context(const cl_command_queue queue)
{
    cl_int err = 0;
    size_t size = 0;
    err = clGetCommandQueueInfo(
        queue, CL_QUEUE_CONTEXT, 0 , NULL, &size);
    if (CL_SUCCESS != err)
    {
        printf("Cannot get command queue info of CL_QUEUE_CONTEXT\n");
        return NULL;
    }
```

```c
    cl_context ctxt = NULL;
    if (NULL == (ctxt = (cl_context)malloc(
        sizeof(cl_context) * size)))
    {
        printf("Cannot allocate more memory for host program\n");
        return NULL;
    }
    err = clGetCommandQueueInfo(
        queue, CL_QUEUE_CONTEXT, size, ctxt, NULL);
    if (CL_SUCCESS != err)
    {
        printf("Cannot get command queue info of CL_QUEUE_CONTEXT\n");
        ctxt = NULL;
    }
    return ctxt;
}

cl_device_id get_command_queue_device(const cl_command_queue queue)
{
    cl_int err = 0;
    size_t size = 0;
    err = clGetCommandQueueInfo(
        queue, CL_QUEUE_DEVICE, 0 , NULL, &size);
    if (CL_SUCCESS != err)
    {
        printf("Cannot get command queue info of CL_QUEUE_DEVICE\n");
        return NULL;
    }
    cl_device_id deviceid = NULL;
    if (NULL == (deviceid = (cl_device_id)malloc(
        sizeof(cl_device_id) * size)))
    {
        printf("Cannot allocate more memory for host program\n");
        return NULL;
    }
    err = clGetCommandQueueInfo(
        queue, CL_QUEUE_DEVICE, size, deviceid, NULL);
    if (CL_SUCCESS != err)
    {
        printf("Cannot get command queue info of CL_QUEUE_DEVICE\n");
```

```
            return NULL;
    }
    return deviceid;
}

void get_command_queue_num_type(const cl_command_queue queue,
    const cl_command_queue_info info,
    const char * info_name, cl_uint * num_type)
{
    cl_int err = 0;
    err = clGetCommandQueueInfo(
        queue, info, sizeof(cl_uint) , num_type, NULL);
    if (CL_SUCCESS != err)
    {
        printf("Cannot get command queue info of :%s\n", info_name);
    }
}
```

**1. 编译代码**

编译方法与实验二相同。

**2. 运行程序**

```
./ctxt_and_queue
```

程序运行结果如图 5-71 所示。

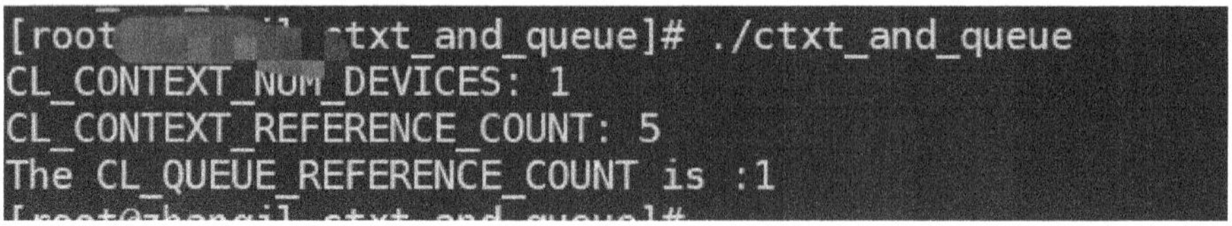

```
[root        ctxt_and_queue]# ./ctxt_and_queue
CL_CONTEXT_NUM_DEVICES: 1
CL_CONTEXT_REFERENCE_COUNT: 5
The CL_QUEUE_REFERENCE_COUNT is :1
```

图 5-71　程序运行结果

## ⊙ 5.8.6　实验五：program_and_kernel

本实验通过使用 OpenCL API，完成 OpenCL 程序对象和内核对象的创建，以及相关信息的查询。其中包含 clCreateProgramWithBinary、clBuildProgram、clGetProgramBuildInfo、clCreateKernel、clGetKernelInfo 和 clGetKernelArgInfo 函数的使用。

本实验源码文件结构如图 5-72 所示。

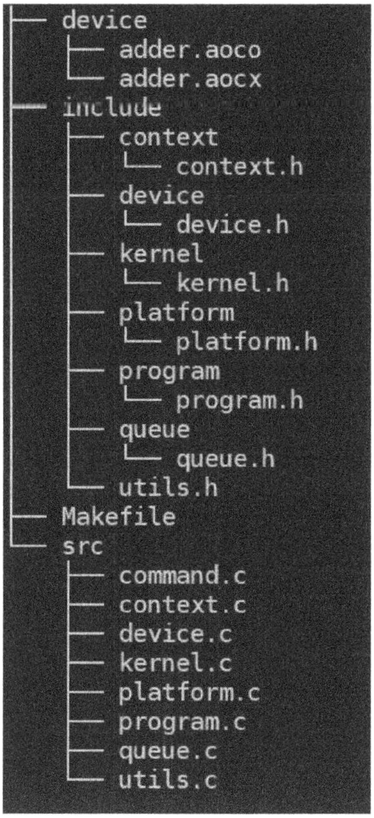

# 第 5 章
基于 FPGA 的 OpenCL 技术与应用

```
├── device
│   ├── adder.aoco
│   └── adder.aocx
├── include
│   ├── context
│   │   └── context.h
│   ├── device
│   │   └── device.h
│   ├── kernel
│   │   └── kernel.h
│   ├── platform
│   │   └── platform.h
│   ├── program
│   │   └── program.h
│   ├── queue
│   │   └── queue.h
│   └── utils.h
├── Makefile
└── src
    ├── command.c
    ├── context.c
    ├── device.c
    ├── kernel.c
    ├── platform.c
    ├── program.c
    ├── queue.c
    └── utils.c
```

图 5-72　源码文件结构

本实验在实验四的基础上进行了扩充和修改，新增了 program.h 与 kernel.h 两个头文件，以及 program.c 和 kernel.c 两个源码文件，command.c 仍然是 main 函数入口。

新增的 program.c 文件内容如下：

```c
#include <stdio.h>
#include <stdlib.h>

#include "CL/cl.h"

#include "utils.h"
#include "program/program.h"

cl_program create_program_from_binary(
    const cl_context ctxt, const char *binary_path,
    const cl_uint num_devices, const cl_device_id *deviceids)
{
```

```c
cl_program programobj = NULL;
size_t * array = NULL;
unsigned char ** binarys = NULL;
if (NULL == (array = (size_t *)malloc(
    sizeof(size_t) * num_devices)))
{
    printf("Cannot allocate more memory\n");;
    return programobj;
}
if (NULL == (binarys = (unsigned char **)malloc(
    sizeof(char*) * num_devices)))
{
    printf("Cannot allocate more memory\n");;
    return programobj;
}
size_t binary_len = 0;
unsigned char * binary = NULL;
binary = read_kernel_binary(binary_path, &binary_len);
size_t index = 0;
for(; index < num_devices; index++)
{
    binarys[index] = binary;
    array[index] = binary_len;
}
cl_int err = 0;
programobj = clCreateProgramWithBinary(
    ctxt, num_devices, deviceids, array,
    (const unsigned char**)binarys, NULL, &err);
if(CL_SUCCESS != err)
{
    printf("Failed to create program with binary\n");
    programobj = NULL;
}

free(array);
free(binary);
free(binarys);
array = NULL;
binary = NULL;
binarys = NULL;
return programobj;
```

```c
}

void build_program(const cl_program program,
    const cl_int num_devices, cl_device_id * deviceid)
{
    cl_int err = 0;
    err = clBuildProgram(program, num_devices,
        deviceid, "", NULL, NULL);
    if(CL_SUCCESS != err)
    {
        printf("Failed to build program\n");
        return;
    }
    size_t size = 0;
    err = clGetProgramBuildInfo(program, *deviceid,
        CL_PROGRAM_BUILD_LOG, 0, NULL, &size);
    if(CL_SUCCESS != err)
    {
        printf("Cannot get build log\n");
        goto final;
    }
    char * buildlog = NULL;
    if(NULL == (buildlog = (char*)malloc(
        sizeof(char) * size + 1)))
    {
        printf("Cannot allocate more memory for program\n");
        goto final;
    }
    err = clGetProgramBuildInfo(program, *deviceid,
        CL_PROGRAM_BUILD_LOG, size, buildlog, NULL);
    if(CL_SUCCESS != err)
    {

        printf("Cannot get build log\n");
        goto freeres;
    }
    printf("Build log :%s\n", buildlog);

freeres:
    free(buildlog);
    buildlog = NULL;
```

```c
final:
    return;
}

void get_program_info_uint(const cl_program program,
    const cl_program_info info_value, const char * info_name,
    cl_uint *return_value)
{
    cl_int err = 0;
    err = clGetProgramInfo(program, info_value, sizeof(cl_uint),
        return_value, NULL);
    if(CL_SUCCESS != err)
    {
        printf("Cannot get program info :%s\n", info_name);
    }
}

char * get_program_info_string(const cl_program program,
    const cl_program_info info_value, const char * info_name)
{
    cl_int err = 0;
    size_t size = 0;
    err = clGetProgramInfo(program, info_value, 0, NULL, &size);
    if(CL_SUCCESS != err)
    {
        printf("Cannot get program info :%s\n", info_name);
        return NULL;
    }
    char * info = NULL;
    if (NULL == (info = (char *)malloc(sizeof(char) * size + 1)))
    {
        printf("Cannot allocate more memory for host program\n");
        return NULL;
    }
    err = clGetProgramInfo(program, info_value, size, info, NULL);
    info[size] = '\0';
    if(CL_SUCCESS != err)
    {
        printf("Cannot get program info :%s\n", info_name);
        free(info);
        info = NULL;
```

```
            return NULL;
        }
        return info;
    }

    void free_program_res(cl_program * program)
    {
        if(NULL == *program)
        {
            return;
        }
        free(*program);
        *program = NULL;
    }
```

新增的 kernel.c 文件内容如下：

```c
#include <stdio.h>
#include <stdlib.h>

#include "CL/cl.h"
#include "CL/cl_ext_intelfpga.h"

#include "utils.h"
#include "kernel/kernel.h"

cl_kernel create_kernel_from_program(const cl_program program,
    const char * kernel_name)
{
    cl_int err = 0;
    cl_kernel kernel = NULL;
    kernel = clCreateKernel(program, kernel_name, &err);
    if(CL_SUCCESS != err)
    {
        printf("Failed to create kernel from program\n");
        kernel = NULL;
    }
    return kernel;
}

char * get_kernel_info_string(const cl_kernel kernel,
    const cl_kernel_info info_value, const char * info_name)
{
```

```c
        cl_int err = 0;
        size_t lenth = 0;
        char * info = NULL;
        err = clGetKernelInfo(kernel, info_value, 0, NULL, &lenth);
        if(CL_SUCCESS != err)
        {
            printf("Cannot get the info the kernel: %s\n", info_name);
            return NULL;
        }
        if(NULL == (info = (char *)malloc(sizeof(char) * lenth + 1)))
        {
            printf("Cannot allocate more memory\n");
            return NULL;
        }
        err = clGetKernelInfo(kernel, info_value, lenth, info, NULL);
        if(CL_SUCCESS != err)
        {
            printf("cannot get the info the kernel: %s\n", info_name);
            free(info);
            info = NULL;
        }
        info[lenth] = '\0';
        return info;
    }

    cl_uint get_kernel_args(const cl_kernel kernel)
    {
        cl_int err = 0;
        cl_uint args_num = 0;
        err = clGetKernelInfo(kernel, CL_KERNEL_NUM_ARGS,
            sizeof(cl_uint), &args_num, NULL);
        if(CL_SUCCESS != err)
        {
            printf("Cannot get the number of the kernel args\n");
        }
        return args_num;
    }

    char * get_kernel_args_info(const cl_kernel kernel,
        const cl_kernel_arg_info info_value,
        const cl_uint arg_index,
```

```c
        const char * info_name)
{
    cl_int err = 0;
    char * info = NULL;
    size_t info_len = 0;
    err = clGetKernelArgInfo(kernel, arg_index, info_value,
        0, NULL, &info_len);
    if(CL_SUCCESS != err)
    {
        printf("Cannot get arg info: %d\n", err);
        goto finnaly;
    }
    if (NULL == (info = (char*)malloc(
        sizeof(char) * info_len + 1)))
    {
        printf("Cannot allocate more memory\n");
        goto finnaly;
    }
    err = clGetKernelArgInfo(kernel, arg_index, info_value,
        info_len, info, NULL);
    if(CL_SUCCESS != err)
    {
        printf("Cannot get arg info\n");
        free(info);
        info = NULL;
        goto finnaly;
    }
    info[info_len] = '\0';
finnaly:
    return info;
}
```

1. 编译代码

可参考实验二的编译过程。

2. 运行程序

```
aoc program acl0 device/adder.aocx
./program_and_kernel
```

程序运行结果如图 5-73 所示。

```
[root@zhangjl program_and_kernel]# ./program_and_kernel
Build log :Trivial build
The CL_PROGRAM_NUM_DEVICES is 1
The number of kernel args is 3
The of CL_KERNEL_FUNCTION_NAME is adder
[root@zhangjl program_and_kernel]#
```

图 5-73　程序运行结果

### 5.8.7　实验六：sample

本实验包含内存对象的处理、内核参数的传递、内核执行结果的取回及 OpenCL 常见错误处理。本实验涉及的函数较多，包括内存对象创建函数 clCreateBuffer、内核参数设定函数 clSetKernelArg、内核执行函数 clEnqueueNDRangeKernel、内核交互函数 clEnqueueReadBuffer 和 OpenCL 对象回收函数。

本实验源码文件结构如图 5-74 所示。

```
├── cl
│   └── adder.cl
├── device
│   ├── adder.aoco
│   └── adder.aocx
├── include
│   ├── buffer
│   │   └── buffer.h
│   ├── context
│   │   └── context.h
│   ├── device
│   │   └── device.h
│   ├── kernel
│   │   └── kernel.h
│   ├── platform
│   │   └── platform.h
│   ├── program
│   │   └── program.h
│   ├── queue
│   │   └── queue.h
│   └── utils.h
├── Makefile
└── src
    ├── buffer.c
    ├── command.c
    ├── context.c
    ├── device.c
    ├── kernel.c
    ├── platform.c
    ├── program.c
    ├── queue.c
    └── utils.c
```

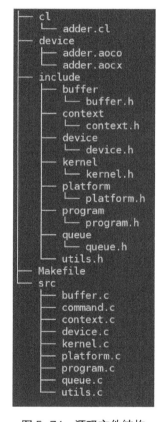

图 5-74　源码文件结构

本实验在实验五的基础上进行了扩充和修改，新增了 buffer.h 头文件和 buffer.c 源码文件，并修改了 kernel.c 源码文件，command.c 仍然是 main 函数入口。

新增的 buffer.c 文件内容如下：

```c
#include <stdio.h>
#include <stdlib.h>

#include "CL/cl.h"

#include "utils.h"
#include "buffer/buffer.h"


cl_mem create_mem_buffer(const cl_context ctxt,
    const size_t size, const cl_mem_flags flags,
    void *hostptr)
{
    cl_mem buffer = NULL;
    cl_int err = 0;
    buffer = clCreateBuffer(ctxt, flags, size, hostptr, &err);
    check_error(err, "Failed to create memory buffer object\n");
    return buffer;
}
```

修改后的 kernel.c 文件内容如下：

```c
int set_kernel_arg(cl_kernel kernel, const cl_uint arg_index,
    const size_t arg_size, const void * arg_value)
{
    cl_int err = 0;
    err = clSetKernelArg(kernel, arg_index, arg_size, arg_value);
    return check_error(err, "Failed to set kernel %d arg \n");
}

int execute_kernel(const cl_command_queue queue, const cl_kernel kernel,
    const cl_uint work_dim, const size_t *global_work_offset,
    const size_t *global_work_size, const size_t *local_work_size,
    cl_uint num_events_waiting, const cl_event *event_wait_list,
    cl_event *event)
{
    cl_int err = 0;
    err = clEnqueueNDRangeKernel(queue, kernel, work_dim,
        global_work_offset, global_work_size, local_work_size,
```

```
            num_events_waiting, event_wait_list, event);
    if(!check_error(err, "Failed to execute the kernel\n"))
    {
        return 0;
    }

    err = clFinish(queue);
    return check_error(err, "Failed to finish the kernel execuation\n");
}
```

**1. 编译代码**

可参考实验二的编译过程。

**2. 运行程序**

```
./sample
```

程序运行结果如图 5-75 所示。

```
CL_DEVICE_LOCAL_MEM_SIZE: 16384
CL_DEVICE_GLOBAL_MEM_CACHE_SIZE: 32768
CL_DEVICE_GLOBAL_MEM_SIZE: 8589934592
CL_DEVICE_IMAGE_SUPPORT: 1
CL_DEVICE_ERROR_CORRECTION_SUPPORT: 0
CL_DEVICE_ENDIAN_LITTLE: 1
CL_DEVICE_AVAILABLE: 1
CL_DEVICE_COMPILER_AVAILABLE: 0
CL_DEVICE_LINKER_AVAILABLE: 0
CL_DEVICE_PREFERRED_INTEROP_USER_SYNC: 1
CL_CONTEXT_NUM_DEVICES: 1
CL_CONTEXT_REFERENCE_COUNT: 5
The CL_QUEUE_REFERENCE_COUNT is :1
####################################
Build log :Trivial build
The CL_PROGRAM_NUM_DEVICES is 1
The number of kernel args is 3
The of CL_KERNEL_FUNCTION_NAME is adder
12.000000
14.000000
16.000000
18.000000
20.000000
22.000000
24.000000
26.000000
28.000000
30.000000
```

图 5-75　程序运行结果

# 第 5 章
基于 FPGA 的 OpenCL 技术与应用

## ▶ 5.8.8 实验七：first

本实验主要聚焦于 OpenCL C 语言和 OpenCL（英特尔 FPGA OpenCL SDK）本身。通过本实验，读者可掌握 OpenCL C 语言的编程方法、OpenCL SDK 的使用方法，以及 OpenCL 内核的编译方法。

本实验源码文件结构如图 5-76 所示。

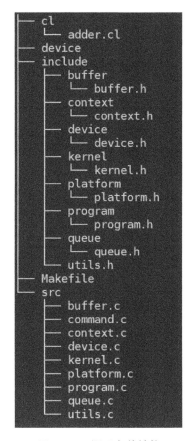

图 5-76 源码文件结构

本实验在实验六的基础上进行了扩充和修改，对主机端程序做了较大的改动，command.c 仍然是 main 函数入口，adder.cl 为本实验的重点文件。

adder.cl 文件的内容如下：

```
__kernel void adder(__global float8 * restrict a,
    __global float8 * restrict b, __global float8 * restrict result)
{
    int gid = get_global_id(0);
```

```
    result[gid] = a[gid] + b[gid];
}
```

### 1. 编译主机端代码

可参考实验二的步骤进行编译。

### 2. 查看 FPGA 板卡支持

代码如下：

```
aocl diagnose
```

结果如图 5-77 所示。

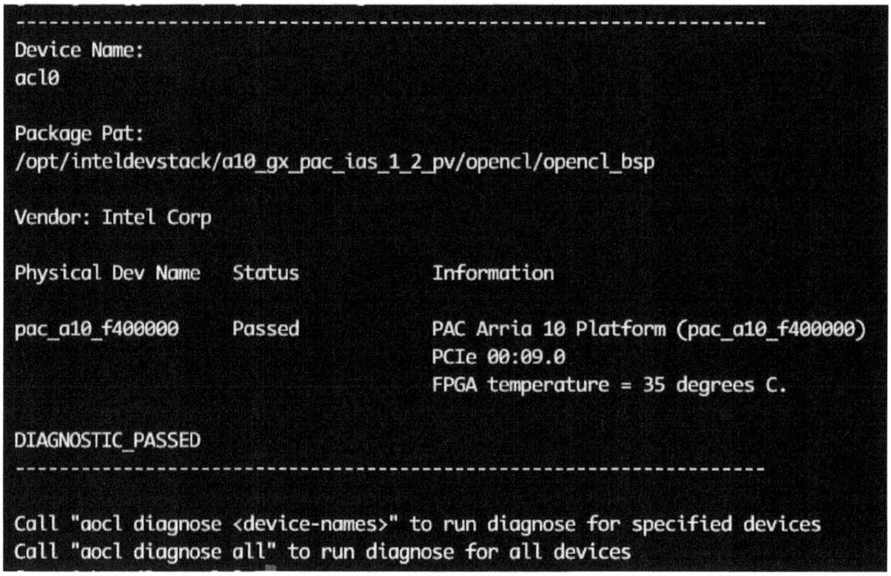

图 5-77  查看 FPGA 板卡支持

### 3. 查看 FPGA BSP 支持

代码如下：

```
aoc -list-boards
```

结果如图 5-78 所示。

图 5-78  查看 FPGA BSP 支持

## 4. 编译 OpenCL 内核

编译 OpenCL 内核通常分为两个阶段：转换为 RTL 语言和编译可执行文件。

转换为 RTL 语言的代码如下：

```
aoc cl/adder.cl -c
```

这一步会生成 adder.aoco 文件。

编译可执行文件的代码如下：

```
aoc adder.aoco -o device/adder.aocx -board pac_a10
```

上面两个步骤可以合并在一起，代码如下：

```
aoc cl/adder.cl -o device/adder.aocx -board pac_a10
```

最后会在 device 路径下生成 adder.aocx 文件，即 FPGA 设备可以识别的二进制代码文件。

## 5. 运行程序

```
aoc program acl0 device/adder.aocx
./first
```

程序运行结果如图 5-79 所示。

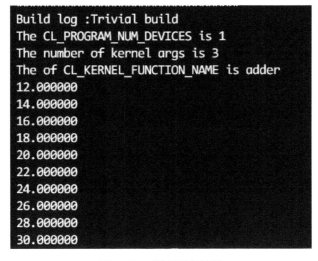

图 5-79　程序运行结果

# 第 6 章

# 基于 FPGA 的 OpenVINO 人工智能应用

## 6.1 OpenVINO 简介

OpenVINO（Open Visual Inference and Neural Network Optimization）是一种可以加快高性能计算机视觉和深度学习应用开发速度的工具套件，支持各种英特尔平台的硬件加速器，包括 CPU、GPU、FPGA 及 Movidius VPU。

OpenVINO 发布于 2018 年 5 月 16 日，主要面对软件开发人员，以及监控、零售、医疗、办公自动化和自动驾驶等领域的数据科学家。OpenVINO 对深度学习和传统的计算机视觉这两类方法都有很好的支持。

OpenVINO 中包含一个深度学习部署工具套件，这个工具套件可以帮助开发者把已经训练好的网络模型部署到目标平台上进行推理操作。

OpenVINO 中还包含一个计算机视觉工具库，这个工具库中包含经过预编译且在英特尔 CPU 上优化过的 OpenCV。

此外，OpenVINO 中还包含 OpenVX、Media SDK、OpenCL 等其他工具组件。

OpenVINO 的组成如图 6-1 所示。

# 第 6 章
## 基于 FPGA 的 OpenVINO 人工智能应用

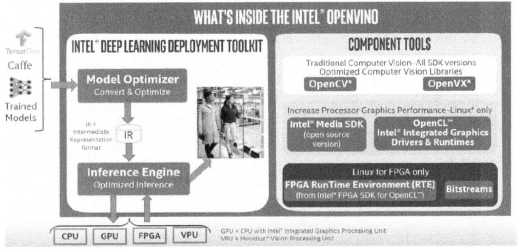

图 6-1　OpenVINO 的组成

### ⊙ 6.1.1　OpenVINO 工具套件堆栈

OpenVINO 工具套件访问实际上是分层的，不同的开发者可以根据自己的需求及开发能力选择不同的 API 调用 OpenVINO。OpenVINO 工具套件堆栈如图 6-2 所示。

OpenVINO 中提供了一些应用实例，即 Open Model Zoo，用户可以在此之上实现自己的应用。

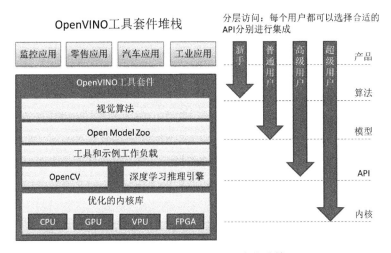

图 6-2　OpenVINO 工具套件堆栈

### 6.1.2　OpenVINO 的优势

通过 OpenVINO，可以使用英特尔的各种硬件加速资源，包括 CPU、GPU、VPU、FPGA，这些资源能够帮助开发者提升深度学习算法的性能，而且支持异构处理和异构执行，能够减少等待系统资源的时间。

OpenVINO 带有模型优化器、推理引擎及超过 20 个预先训练的模型。开发者可以利用这些工具，快速实现自己的应用。

OpenVINO 使用经过优化的 OpenCV 和 OpenVX 功能库，同时提供了很多应用实例，可以缩短开发时间。这些功能库支持异构执行，程序编写完成后可以通过异构接口运行在不同的硬件平台上。

OpenVINO 中有各种基础库，用户可以利用这些基础库开发自己的算法，实现定制和创新。

### 6.1.3　应用前景

OpenVINO 可以广泛应用于各种领域。

（1）交通监控：采用英特尔 FPGA 和 Movidius VPU 的摄像头可以捕捉图像，并自动将其发送至下游十字路口系统，帮助交通管理部门优化交通和做好规划。相关信息还可通过车载系统或应用直接传给司机，帮助他们规划路线。

（2）公共安全：借助使用 OpenVINO 工具包开发的 Myriad VPU 和算法，经过训练的深度神经网络可以实现面部识别功能，这可以用于识别失踪儿童。

（3）工业自动化：英特尔计算机视觉解决方案可帮助智能工厂融合 OT 和 IT，重塑工业业务模式和发展战略。

（4）机器视觉：可借助人工智能增强工业机器视觉，支持更精准的工厂自动化应用。

（5）响应式零售：英特尔计算机视觉解决方案可以帮助零售商快速识别特定客户或客户行为模式，从而提供个性化的精准营销服务。

（6）运营管理：通过使用基于英特尔架构的计算机视觉解决方案，零售商可简化运营、管理库存、优化供应链和增强推销能力。

## 6.2　OpenVINO 的安装与验证

首先下载 OpenVINO 工具包（下载地址为 https://software.intel.com/en-us/openvino-toolkit/choose-download/free-download-linux-fpga），然后进行解压缩。

安装注意事项：

# 第 6 章
## 基于 FPGA 的 OpenVINO 人工智能应用

（1）应选择一个安装选项并运行具有 root 或常规用户权限的相关脚本。默认安装目录取决于用户权限。

（2）可以使用 GUI 安装向导或命令行指令进行安装。

### 6.2.1 安装步骤

（1）使用 GUI 安装向导进行安装，代码如下：

```
./install_GUI.sh
```

（2）安装说明如图 6-3 所示。

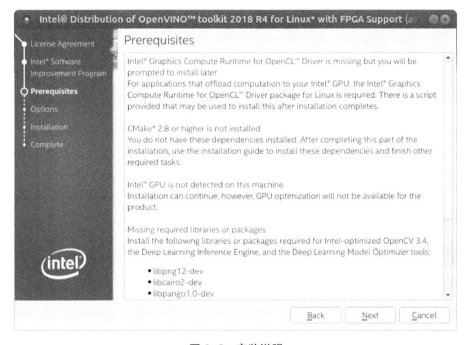

图 6-3　安装说明

（3）安装摘要如图 6-4 所示，这里显示的是默认设置，用户可根据需要选择要安装的组件或安装目录。

（4）可以选择自定义设置，并选择对应加速卡的比特流（bitstream），如图 6-5 所示。

（5）核心组件安装完成，如图 6-6 所示。

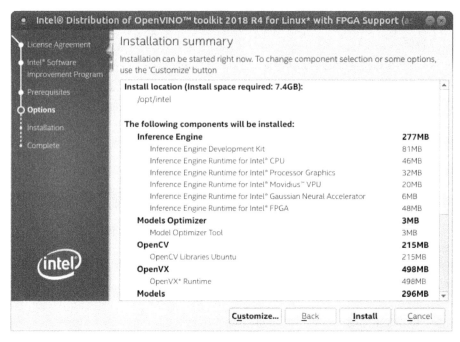

图 6-4 安装摘要

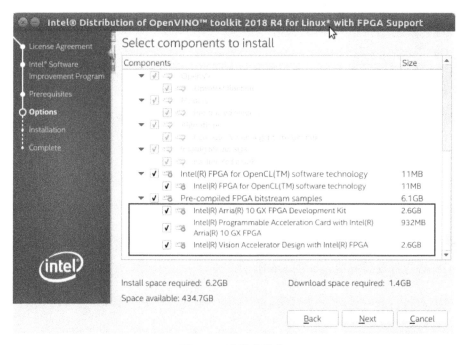

图 6-5 选择比特流

# 第 6 章
基于 FPGA 的 OpenVINO 人工智能应用

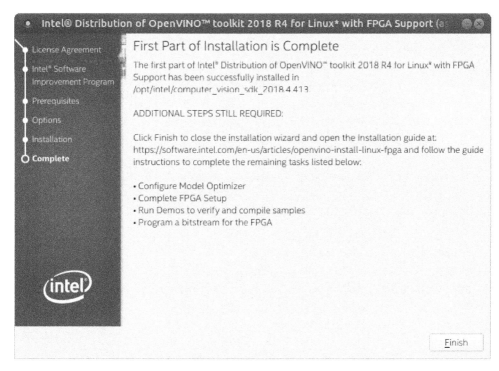

图 6-6　核心组件安装完成

（6）安装依赖库，代码如下：

```
cd /opt/intel/openvino/install_dependencies
bash install_openvino_dependencies.sh
cd \
```

/opt/intel/openvino/deployment_tools/model_optimizer/install_prerequisites

```
./install_prerequisites.sh
```

至此，OpenVINO 安装结束。

## ⊙ 6.2.2　验证安装结果

进入推理引擎演示目录：

```
cd /opt/intel/openvino/deployment_tools/demo
```

运行图像分类演示脚本：

```
./demo_squeezenet_download_convert_run.sh
```

这个演示脚本使用模型优化器将一个 SqueezeNet 模型转换为.bin 和.xml 中间表示（IR）文件。推理引擎可以使用 IR 文件作为输入，在英特尔硬件上实现最佳性能。这个演示脚本使用演示目录中的 car.png 图像文件，演示完成后会输出排名前 10 的类别标签和可信度。

如果上述脚本运行后输出以下内容，则表明安装成功。

```
Top 10 results:

Image /opt/intel/openvino/deployment_tools/demo/../demo/car.png

817  0.8363346  label sports car, sport car
511  0.0946484  label convertible
479  0.0419131  label car wheel
751  0.0091071  label racer, race car, racing car
436  0.0068161  label beach wagon, station wagon, wagon, estate car, beach waggon, station waggon, waggon
656  0.0037564  label minivan
586  0.0025741  label half track
717  0.0016069  label pickup, pickup truck
864  0.0012027  label tow truck, tow car, wrecker
581  0.0005882  label grille, radiator grille


total inference time: 49.2915139
Average running time of one iteration: 49.2915139 ms

Throughput: 20.2874678 FPS

[ INFO ] Execution successful


########################################################

Demo completed successfully.
```

运行推理演示脚本：

```
./demo_security_barrier_camera.sh
```

这个演示脚本也使用演示目录中的 car.png 图像文件。如果脚本运行后显示图 6-7 所示的结果，则表明安装无误。

图 6-7 脚本运行结果

## 6.3 OpenVINO 中的模型优化器

模型优化器（Model Optimizer，MO）是一个跨平台的命令行工具，它可以执行静态模型分析，并调整深度学习模型。

假设有一个使用深度学习框架训练过的网络模型。图 6-8 展示了部署经过训练的深度学习模型的典型工作流程。

模型优化器生成网络的中间表示推理引擎 API 提供了跨平台的统一接口。

中间表示包括以下两个文件。

（1）.xml 文件，用于描述网络拓扑结构。

（2）.bin 文件，包含权重值和偏差值的二进制数据。

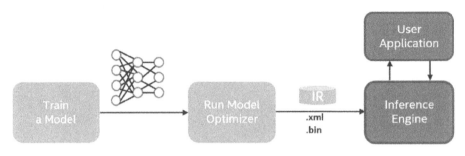

图 6-8 部署深度学习模型的典型工作流程

## ⊙ 6.3.1 模型优化器的作用

为了执行推理，推理引擎不使用原始模型，而是使用它的中间表示。要为训练的模型生成 IR，需要使用模型优化器。模型优化器是一个离线工具，其主要作用如下。

（1）生成有效的中间表示。如果生成的中间表示是无效的，则推理引擎无法运行。

（2）优化中间表示。

要生成有效的中间表示，模型优化器必须能够读取原始模型层，处理它们的属性，并以中间表示格式表示它们，同时保持生成的中间表示的有效性。例如，根据中间表示层的目录，每层都必须有一个输出。层输出在中间表示中用输出 blob 维表示。中间表示层的目录参见 https://docs.openvinotoolkit.org/latest/_docs_MO_DG_prepare_model_convert_model_IRLayersCatalogSpec.html。

许多公共层存在于已知的框架和神经网络拓扑中，如卷积（Convolution）、池化（Pooling）和激活（Activation）等层。要读取原始模型并生成模型的中间表示，模型优化器必须能够处理这些层。层的完整列表取决于框架。如果网络拓扑只包含层列表中的层，就像大多数用户使用的拓扑一样，那么模型优化器很容易创建中间表示，之后就可以使用推理引擎处理工作。但是，如果使用的拓扑中有模型优化器无法识别的层，则需要使用自定义层。

## ⊙ 6.3.2 优化模型

### 1. 将模型转换为中间表示

可以使用<INSTALL_DIR>/deployment_tools/model_optimizer 目录下的 mo.py 脚本运行模型优化器并将模型转换为中间表示。转换模型最简单的方法就是运行 mo.py 脚本，代码如下：

```
python3 mo.py --input_model INPUT_MODEL
```

上述代码中包含输入模型文件的路径。mo.py 脚本是一个通用入口，它可以通过模型文件的标准扩展名推断生成输入模型的框架，以下是它们的对应关系。

（1）.caffemodel——Caffe 框架。

（2）.pb——TensorFlow 框架。

（3）.params——MXNet 框架。

（4）.onnx——ONNX 框架。

（5）.nnet——Kaldi 框架。

如果模型文件没有标准扩展名，可以使用--framework 显式地指定框架类型。例如，以下两个命令是等价的：

```
python3 mo.py --input_model /user/models/model.pb
python3 mo.py --framework tf --input_model /user/models/model.pb
```

要调整转换过程，可以使用通用参数和特定框架参数。其中，特定框架参数分别用于 Caffe 模型转换、TensorFlow 模型转换、MXNet 模型转换、Kaldi 模型转换、ONNX 模型转换等。

使用 help 指令，可以查询通用参数，代码如下：

```
python3 mo.py --help
optional arguments:
  -h, --help            show this help message and exit
  --framework {tf,caffe,mxnet,kaldi,onnx}
                        Name of the framework used to train the input model.

Framework-agnostic parameters:
  --input_model INPUT_MODEL, -w INPUT_MODEL, -m INPUT_MODEL
                        Tensorflow*: a file with a pre-trained model (binary
                        or text .pb file after freezing). Caffe*: a model
                        proto file with model weights
  --model_name MODEL_NAME, -n MODEL_NAME
                        Model_name parameter passed to the final create_ir
                        transform. This parameter is used to name a network in
                        a generated IR and output .xml/.bin files.
  --output_dir OUTPUT_DIR, -o OUTPUT_DIR
                        Directory that stores the generated IR. By default, it
                        is the directory from where the Model Optimizer is
                        launched.
  --input_shape INPUT_SHAPE
                        Input shape(s) that should be fed to an input node(s)
                        of the model. Shape is defined as a comma-separated
                        list of integer numbers enclosed in parentheses, for
                        example [1,3,227,227] or [1,227,227,3], where the
                        order of dimensions depends on the framework input
                        layout of the model. For example, [N,C,H,W] is used
                        for Caffe* models and [N,H,W,C] for TensorFlow*
```

models. Model Optimizer performs necessary transformations to convert the shape to the layout required by Inference Engine (N,C,H,W). Two types of brackets are allowed to enclose the dimensions: [...] or (...). The shape should not contain undefined dimensions (? or -1) and should fit the dimensions defined in the input operation of the graph. If there are multiple inputs in the model, --input_shape should

contain definition of shape for each input separated by a comma, for example: [1,3,227,227],[2,4] for a model with two inputs with 4D and 2D shapes.

--scale SCALE, -s SCALE

All input values coming from original network inputs will be divided by this value. When a list of inputs is overridden by the --input parameter, this scale is not applied for any input that does not match with the original input of the model.

--reverse_input_channels

Switches the input channels order from RGB to BGR (or vice versa). Applied to original inputs of the model when and only when a number of channels equals 3. Applied after application of --mean_values and --scale_values options, so numbers in --mean_values and --scale_values go in the order of channels used in the original model.

--log_level {CRITICAL,ERROR,WARN,WARNING,INFO,DEBUG,NOTSET}

Logger level

--input INPUT       The name of the input operation of the given model. Usually this is a name of the input placeholder of the model.

--output OUTPUT     The name of the output operation of the model. For TensorFlow*, do not add :0 to this name.

--mean_values MEAN_VALUES, -ms MEAN_VALUES

Mean values to be used for the input image per channel. Values to be provided in the (R,G,B) or [R,G,B] format. Can be defined for desired input of the model, e.g.: "--mean_values data[255,255,255],info[255,255,255]" The exact meaning

and order of channels depend on how the original model

```
                        was trained.
  --scale_values SCALE_VALUES
                        Scale values to be used for the input image per
                        channel. Values are provided in the (R,G,B) or [R,G,B]
                        format.Can be defined for desired input of the model,
                        e.g.: "--scale_values
                        data[255,255,255],info[255,255,255]"The exact
meaning
                        and order of channels depend on how the original model
                        was trained.
  --data_type {FP16,FP32,half,float}
                        Data type for all intermediate tensors and weights. If
                        original model is in FP32 and --data_type=FP16 is
                        specified, all model weights and biases are quantized
                        to FP16.
  --disable_fusing      Turns off fusing of linear operations to
Convolution
  --disable_resnet_optimization
                        Turns off resnet optimization
  --finegrain_fusing FINEGRAIN_FUSING
                        Regex for layers/operations that won't be fused.
                        Example: --finegrain_fusing Convolution1,.*Scale.*
  --disable_gfusing     Turns off fusing of grouped convolutions
  --move_to_preprocess  Move mean values to IR preprocess section
  --extensions EXTENSIONS
                        Directory or a comma separated list of directories
                        with extensions. To disable all extensions including
                        those that are placed at the default location, pass an
                        empty string.
  --batch BATCH, -b BATCH
                        Input batch size
  --version             Version of Model Optimizer
  --silent              Prevents any output messages except those that
                        correspond to log level equalsERROR, that can be set
                        with the following option: --log_level. By default,
                        log level is already ERROR.
  --freeze_placeholder_with_value FREEZE_PLACEHOLDER_WITH_VALUE
                        Replace input layer with constant node with provided
                        value, e.g.: node_name->True
```

## 2. Caffe 模型转换

优化和部署使用 Caffe 框架训练的模型的主要步骤如下。

（1）为 Caffe 框架配置模型优化器。

（2）根据训练好的网络拓扑结构、权重值和偏差值生成模型的优化中间表示。

（3）利用推理引擎验证应用程序，在目标环境中使用推理引擎以中间表示的形式测试模型。

（4）将推理引擎集成到应用程序中，以便在目标环境中部署模型。

到目前为止，OpenVINO 支持 Caffe 模型的以下拓扑结构。

（1）分类模型包括：

- AlexNet。
- VGG-16 和 VGG-19。
- SqueezeNet v1.0 和 SqueezeNet v1.1。
- ResNet-50、ResNet-101 和 ResNet-152。
- Inception v1、Inception v2、Inception v3 和 Inception v4。
- CaffeNet。
- MobileNet。
- Squeeze-and-Excitation Networks: SE-BN-Inception、SE-ResNet-101、SE-ResNet-152、SE-ResNet-50、SE-ResNeXt-101 和 SE-ResNeXt-50。
- ShuffleNet v2。

（2）对象检测包括：

- SSD300-VGG16 和 SSD500-VGG16。
- Faster-RCNN。
- RefineDet (Myriad plugin only)。

（3）人脸检测包括 VGG Face。

（4）语义分割包括 FCN8。

Caffe 模型转换代码如下：

```
cd <INSTALL_DIR>/deployment_tools/model_optimizer
python3 mo.py --input_model <INPUT_MODEL>.caffemodel
```

通用参数同样适用于 Caffe 模型转换。另外，模型优化器还提供了针对 Caffe 模型的特定参数，可以使用 help 指令查看。

例如，转换 bvlc_alexnet.caffemodel 的代码如下：

```
python3 mo.py --input_model bvlc_alexnet.caffemodel --input_proto \
bvlc_alexnet.prototxt
```

## 3. TensorFlow 模型转换

优化和部署使用 TensorFlow 框架训练的模型的主要步骤如下。

（1）为 TensorFlow 框架配置模型优化器。

（2）如果模型没有被冻结，则要先冻结 TensorFlow 模型，或者使用指令转换未冻结模型。

（3）转换 TensorFlow 模型，根据训练好的网络拓扑结构、权重值和偏差值生成模型的优化中间表示。

（4）利用推理引擎验证应用程序，在目标环境中使用推理引擎以中间表示的形式测试模型。

（5）将推理引擎集成到应用程序中，以便在目标环境中部署模型。

由于 TensorFlow 在工业界应用非常广泛，因此，OpenVINO 对 TensorFlow 的支持比较好，其支持的拓扑结构见表 6-1～表 6-3。

表 6-1　与相关 Slim 模型分类链接的未冻结拓扑结构

| Model Name | Slim Model Checkpoint File | --mean_values | --scale |
| --- | --- | --- | --- |
| Inception v1 | inception_v1_2016_08_28.tar.gz | [127.5,127.5,127.5] | 127.5 |
| Inception v2 | inception_v2_2016_08_28.tar.gz | [127.5,127.5,127.5] | 127.5 |
| Inception v3 | inception_v3_2016_08_28.tar.gz | [127.5,127.5,127.5] | 127.5 |
| Inception v4 | inception_v4_2016_09_09.tar.gz | [127.5,127.5,127.5] | 127.5 |
| Inception ResNet v2 | inception_resnet_v2_2016_08_30.tar.gz | [127.5,127.5,127.5] | 127.5 |
| MobileNet v1 128 | mobilenet_v1_0.25_128.tgz | [127.5,127.5,127.5] | 127.5 |
| MobileNet v1 160 | mobilenet_v1_0.5_160.tgz | [127.5,127.5,127.5] | 127.5 |
| MobileNet v1 224 | mobilenet_v1_1.0_224.tgz | [127.5,127.5,127.5] | 127.5 |
| NasNet Large | nasnet-a_large_04_10_2017.tar.gz | [127.5,127.5,127.5] | 127.5 |
| NasNet Mobile | nasnet-a_mobile_04_10_2017.tar.gz | [127.5,127.5,127.5] | 127.5 |
| ResidualNet-50 v1 | resnet_v1_50_2016_08_28.tar.gz | [103.94,116.78,123.68] | 1 |
| ResidualNet-50 v2 | resnet_v2_50_2017_04_14.tar.gz | [103.94,116.78,123.68] | 1 |
| ResidualNet-101 v1 | resnet_v1_101_2016_08_28.tar.gz | [103.94,116.78,123.68] | 1 |
| ResidualNet-101 v2 | resnet_v2_101_2017_04_14.tar.gz | [103.94,116.78,123.68] | 1 |
| ResidualNet-152 v1 | resnet_v1_152_2016_08_28.tar.gz | [103.94,116.78,123.68] | 1 |
| ResidualNet-152 v2 | resnet_v2_152_2017_04_14.tar.gz | [103.94,116.78,123.68] | 1 |
| ResidualNet-50 v1 | resnet_v1_50_2016_08_28.tar.gz | [103.94,116.78,123.68] | 1 |
| VGG-16 | vgg_16_2016_08_28.tar.gz | [103.94,116.78,123.68] | 1 |
| VGG-19 | vgg_19_2016_08_28.tar.gz | [103.94,116.78,123.68] | 1 |

表 6-2　来自 TensorFlow Object Detection Models Zoo 的冻结拓扑结构

| Model Name | TensorFlow Object Detection API Models (Frozen) |
| --- | --- |
| SSD MobileNet V1 COCO* | ssd_mobilenet_v1_coco_2018_01_28.tar.gz |
| SSD MobileNet V1 0.75 Depth COCO | ssd_mobilenet_v1_0.75_depth_300x300_coco14_sync_2018_07_03.tar.gz |
| SSD MobileNet V1 PPN COCO | ssd_mobilenet_v1_ppn_shared_box_predictor_300x300_coco14_s_ync_2018_07_03.tar.gz |
| SSD MobileNet V1 FPN COCO | ssd_mobilenet_v1_fpn_shared_box_predictor_640x640_coco14_s_ync_2018_07_03.tar.gz |
| SSD ResNet 50 FPN COCO | ssd_resnet50_v1_fpn_shared_box_predictor_640x640_coco14_sy_nc_2018_07_03.tar.gz |
| SSD MobileNet V2 COCO | ssd_mobilenet_v2_coco_2018_03_29.tar.gz |
| SSD Lite MobileNet V2 COCO | ssdlite_mobilenet_v2_coco_2018_05_09.tar.gz |
| SSD Inception V2 COCO | ssd_inception_v2_coco_2018_01_28.tar.gz |
| RFCN ResNet 101 COCO | rfcn_resnet101_coco_2018_01_28.tar.gz |
| Faster R-CNN Inception V2 COCO | faster_rcnn_inception_v2_coco_2018_01_28.tar.gz |
| Faster R-CNN ResNet 50 COCO | faster_rcnn_resnet50_coco_2018_01_28.tar.gz |
| Faster R-CNN ResNet 50 Low Proposals COCO | faster_rcnn_resnet50_lowproposals_coco_2018_01_28.tar.gz |
| Faster R-CNN ResNet 101 COCO | faster_rcnn_resnet101_coco_2018_01_28.tar.gz |
| Faster R-CNN ResNet 101 Low Proposals COCO | faster_rcnn_resnet101_lowproposals_coco_2018_01_28.tar.gz |
| Faster R-CNN Inception ResNet V2 COCO | faster_rcnn_inception_resnet_v2_atrous_coco_2018_01_28.tar.gz |
| Faster R-CNN Inception ResNet V2 Low Proposals COCO | faster_rcnn_inception_resnet_v2_atrous_lowpro posals_coco_2018_01_28.tar.gz |
| Faster R-CNN NasNet COCO | faster_rcnn_nas_coco_2018_01_28.tar.gz |
| Faster R-CNN NasNet Low Proposals COCO | faster_rcnn_nas_lowproposals_coco_2018_01_28.tar.gz |
| Mask R-CNN Inception ResNet V2 COCO | mask_rcnn_inception_resnet_v2_atrous_coco_2018_01_28.tar.gz |
| Mask R-CNN Inception V2 COCO | mask_rcnn_inception_v2_coco_2018_01_28.tar.gz |
| Mask R-CNN ResNet 101 COCO | mask_rcnn_resnet101_atrous_coco_2018_01_28.tar.gz |
| Mask R-CNN ResNet 50 COCO | mask_rcnn_resnet50_atrous_coco_2018_01_28.tar.gz |
| Faster R-CNN ResNet 101 Kitti* | faster_rcnn_resnet101_kitti_2018_01_28.tar.gz |
| Faster R-CNN Inception ResNet V2 Open Images* | faster_rcnn_inception_resnet_v2_atrous_oid_2018_01_28.tar.gz |
| Faster R-CNN Inception ResNet V2 Low Proposals Open Images* | faster_rcnn_inception_resnet_v2_atrous_lowpro posals_oid_2018_01_28.tar.gz |
| Faster R-CNN ResNet 101 AVA v2.1* | faster_rcnn_resnet101_ava_v2.1_2018_04_30.tar.gz |

## 表 6-3 冻结量化拓扑结构

| Model Name | Frozen Model File |
| --- | --- |
| MobileNet V1 0.25 128 | mobilenet_v1_0.25_128_quant.tgz |
| MobileNet V1 0.25 160 | mobilenet_v1_0.25_160_quant.tgz |
| MobileNet V1 0.25 192 | mobilenet_v1_0.25_192_quant.tgz |
| MobileNet V1 0.25 224 | mobilenet_v1_0.25_224_quant.tgz |
| MobileNet V1 0.50 128 | mobilenet_v1_0.5_128_quant.tgz |
| MobileNet V1 0.50 160 | mobilenet_v1_0.5_160_quant.tgz |
| MobileNet V1 0.50 192 | mobilenet_v1_0.5_192_quant.tgz |
| MobileNet V1 0.50 224 | mobilenet_v1_0.5_224_quant.tgz |
| MobileNet V1 0.75 128 | mobilenet_v1_0.75_128_quant.tgz |
| MobileNet V1 0.75 160 | mobilenet_v1_0.75_160_quant.tgz |
| MobileNet V1 0.75 192 | mobilenet_v1_0.75_192_quant.tgz |
| MobileNet V1 0.75 224 | mobilenet_v1_0.75_224_quant.tgz |
| MobileNet V1 1.0 128 | mobilenet_v1_1.0_128_quant.tgz |
| MobileNet V1 1.0 160 | mobilenet_v1_1.0_160_quant.tgz |
| MobileNet V1 1.0 192 | mobilenet_v1_1.0_192_quant.tgz |
| MobileNet V1 1.0 224 | mobilenet_v1_1.0_224_quant.tgz |
| MobileNet V2 1.0 224 | mobilenet_v2_1.0_224_quant.tgz |
| Inception V1 | inception_v1_224_quant_20181026.tgz |
| Inception V2 | inception_v2_224_quant_20181026.tgz |
| Inception V3 | inception_v3_quant.tgz |
| Inception V4 | inception_v4_299_quant_20181026.tgz |

对于冻结量化拓扑结构，需要加入以下命令行参数，以便模型优化器转换模型：

`--input input --input_shape [1,HEIGHT,WIDTH,3]`。

其中，HEIGHT 和 WIDTH 表示输入图像的高度和宽度。

除上述拓扑结构外，OpenVINO 还支持其他一些拓扑结构，具体见表 6-4。

## 表 6-4 OpenVINO 支持的其他拓扑结构

| Model Name | Repository |
| --- | --- |
| ResNext | https://github.com/taki0112/ResNeXt-Tensorflow |
| DenseNet | https://github.com/taki0112/Densenet-Tensorflow |
| CRNN | https://github.com/MaybeShewill-CV/CRNN_Tensorflow |
| NCF | https://github.com/tensorflow/models/tree/master/official/recommendation |
| 1m_1b | https://github.com/tensorflow/models/tree/master/research/lm_1b |

续表

| Model Name | Repository |
|---|---|
| DeepSpeech | https://github.com/mozilla/DeepSpeech |
| A3C | https://github.com/miyosuda/async_deep_reinforce |
| VDCNN | https://github.com/WenchenLi/VDCNN |
| Unet | https://github.com/kkweon/UNet-in-Tensorflow |

多数情况下，TensorFlow 模型已经被冻结。不过，OpenVINO 也支持未冻结的 TensorFlow 模型，只是需要进行一些额外的操作。

检查点模型通常由两部分组成：inference_graph.pb 或 inference_graph.pbtxt 和 checkpoint_file.ckpt。这类模型需要优先进行冻结。如果输入模型是.pb 格式的，则采取如下操作：

```
python3 mo_tf.py \
    --input_model <INFERENCE_GRAPH>.pb --input_checkpoint \
<INPUT_CHECKPOINT>
```

如果输入模型是.pbtxt 格式的，则采取如下操作：

```
python3 mo_tf.py \
    --input_model <INFERENCE_GRAPH>.pbtxt --input_checkpoint \
<INPUT_CHECKPOINT> \
    --input_model_is_text
```

元图格式的模型通常由存储在同一目录中的三个或四个文件组成：model_name.meta、model_name.index、model_name.data-00000-of-00001 (digit part may vary)和 checkpoint (optional)。这种模型可以采用下面的操作：

```
python3 mo_tf.py --input_meta_graph <INPUT_META_GRAPH>.meta
```

已经保存成功的模型通常由包含一个.pb 文件的指定目录和几个子文件夹组成。这种模型可以采用如下操作：

```
python3 mo_tf.py --saved_model_dir <SAVED_MODEL_DIRECTORY>
```

使用 TensorFlow 生成的模型通常没有完全定义形状（某些维度包含-1），有必要使用命令行参数--input_shape 或-b 为输入传递显式形状，以覆盖批处理维度。如果完全定义了形状，则不需要指定-b 或--input_shape 参数。

### 4．MXNet 模型转换

优化和部署使用 MXNet 框架训练的模型的主要步骤如下。

（1）为 MXNet 框架配置模型优化器。

（2）根据训练好的网络拓扑结构、权重值和偏差值生成模型的优化中间表示。

（3）利用推理引擎验证应用程序，在目标环境中使用推理引擎以中间表示的形式测试模型。

（4）将推理引擎集成到应用程序中，以便在目标环境中部署模型。

OpenVINO 支持的算法拓扑结构如下：

（1）VGG-16。

（2）VGG-19。

（3）ResNet-152 v1。

（4）SqueezeNet v1.1。

（5）Inception BN。

（6）CaffeNet。

（7）DenseNet-121。

（8）DenseNet-161。

（9）DenseNet-169。

（10）DenseNet-201。

（11）MobileNet。

（12）SSD-ResNet-50。

（13）SSD-VGG-16-300。

（14）SSD-Inception v3。

（15）FCN8 (Semantic Segmentation)。

（16）MTCNN part 1 (Face Detection)。

（17）MTCNN part 2 (Face Detection)。

（18）MTCNN part 3 (Face Detection)。

（19）MTCNN part 4 (Face Detection)。

（20）Lightened_moon。

（21）RNN-Transducer。

（22）word_lm。

想要转换包含 model-file-symbol.json 文件和 model-file-0000.params 文件的 MXNet 模型，可以运行模型优化器启动脚本 mo.py，并指定输入模型文件的路径：

```
python3 mo_mxnet.py --input_model model-file-0000.params
```

## 6.3.3 模型优化器高级应用

### 1. 模型优化方法

模型优化器提供了使用卷积神经网络（CNN）加速推理的方法；并且，针对不同的算子，采取了不同的优化方法。

1) 线性运算融合

许多卷积神经网络包括 BatchNormalization 和 ScaleShift 层，它们可以表示为线性操作序列：加法和乘法。这些层可以融合到之前的 Convolution 或 FullyConnected 层中，但不包括在加法运算之后才进行卷积的情况。

在模型优化器中，这种优化方法默认是打开的。要禁用它，可以将 --disable_fusing 参数传递给模型优化器。

这种优化方法包括以下三个阶段。

（1）分解 BatchNormalization 和 ScaleShift。在这个阶段，BatchNormalization 被分解为 Mul→Add→Mul→Add 序列，ScaleShift 被分解为 Mul→Add 序列。

（2）线性运算合并。在这个阶段，将 Mul 和 Add 运算序列合并到单个 Mul→Add 实例中。如果拓扑中有 BatchNormalization→ScaleShift 序列，则将其替换为 Mul→Add 序列。下一阶段，如果没有可用的 Convolution 或者 FullyConnected 层融合，则用 ScaleShift 层替代。

（3）线性运算融合。在这个阶段，将 Mul 和 Add 运算融合到 Convolution 或者 FullyConnected 层中。注意，这种方法在图中向前和向后搜索 Convolution 或者 FullyConnected 层（Add 运算不能正向融合到 Convolution 层中的情况除外）。

图 6-9 显示了优化前后的 Caffe ResNet 269 拓扑结构。其中，BatchNorm alization 和 ScaleShift 层被融合到 Convolution 层中。

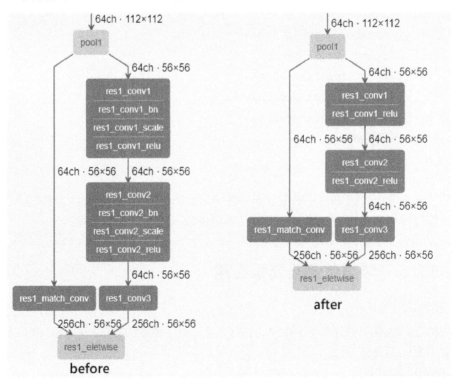

图 6-9　优化前后的 Caffe ResNet 269 拓扑结构

## 第 6 章
### 基于 FPGA 的 OpenVINO 人工智能应用

2) ResNet 优化 (stride 优化)

ResNet 优化是一种特定的优化方法，适用于 Caffe ResNet 拓扑结构和其他基于 ResNet 的拓扑结构。默认情况下，这种优化方法是打开的，可以使用--disable_resnet_optimization 关键字禁用它。

用这种优化方法对 Caffe ResNet 50 拓扑结构进行优化，优化前后的对比如图 6-10 所示。这种优化方法的主要思想是将大于 1 的步长 (stride) 从 kernel size 为 1 的 Convolution 层移动到上面的 Convolution 层。此外，如果在优化过程中更改了 Eltwise 层的输入形状，那么模型优化器将添加 Pooling 层来对齐 Eltwise 层的输入形状。

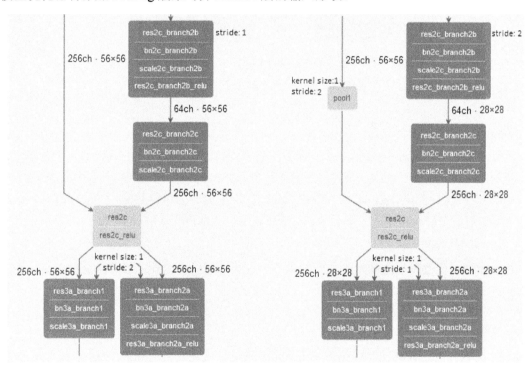

图 6-10 优化前后的 Caffe ResNet 50 拓扑结构

在上例中，将步长从 res3a_branch1 和 res3a_branch2a Convolution 层移动到 res2c_branch2b Convolution 层。为对齐 res2c Eltwise 层，插入了 kernel size 为 1 和 stride 为 2 的 Pooling 层。

3) 分组卷积融合

分组卷积融合是一种特殊的优化方法，适用于 TensorFlow 拓扑结构。这种优化方法的主要思想是使用 Concat 操作，将分组输出的卷积结果按照与分组输出相同的顺序重新组合起来。相关示例如图 6-11 所示。

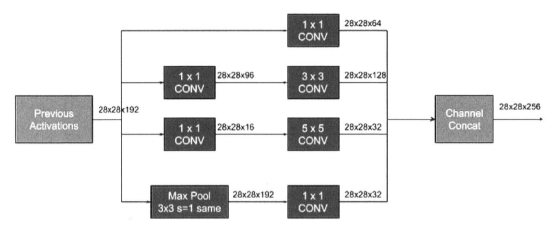

图 6-11 分组卷积融合示例（来源：https://indoml.com/2018/03/07/student-notes-convolutional-neural-networks-cnn-introduction/）

4）禁用融合

模型优化器允许通过--finegrain_fusing <node_name1> <node_name2>…禁用融合。在图 6-12 中可以看到 TensorFlow Inception v4 拓扑结构的两个可视化中间表示。第一个是模型优化器生成的原始 IR。第二个是模型优化器使用关键字 --finegrain_fusing InceptionV4/InceptionV4/Conv2d_1a_3x3/Conv2D 生成的 IR。可以看到，Convolution 层没有与 Mul1_3752 和 Mul1_4061/Fused_Mul_5096/FusedScaleShift_5987 操作融合。

2．模型切割

在模型优化器将模型转换为中间表示的过程中，有时必须删除模型的某些部分，称之为模型切割。模型切割主要应用于 TensorFlow 模型，但也适用于其他模型。这里以 TensorFlow 模型为例进行说明。

模型切割适用于以下情形。

（1）模型具有无法转换到现有推理引擎层的预处理或后处理部分。

（2）模型具有便于保存在模型中而不用于推理的训练部分。

（3）模型过于复杂，无法一次性转换完整的模型。

（4）模型是所支持的 SSD 模型之一。在这种情况下，需要删除后处理部分。

（5）模型优化器中的模型转换或推理引擎中的推理出现问题。

（6）单个定制层或多个定制层的组合是独立的。

模型优化器通过--input 和--output 指定新的进入和退出节点，而忽略模型的其余部分。

（1）--input 接收一个以逗号分隔的输入模型层名列表，这些层名被视为新的进入节点。

（2）--output 接收一个以逗号分隔的输出模型层名列表，这些层名被视为新的退出节点。

# 第 6 章
## 基于 FPGA 的 OpenVINO 人工智能应用

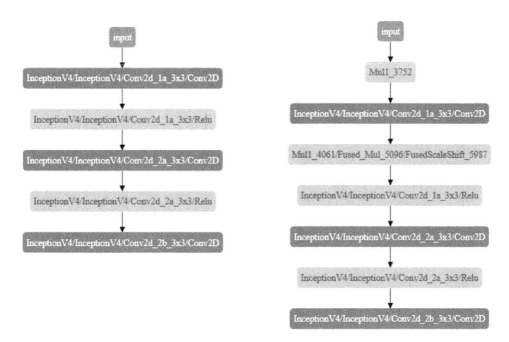

图 6-12 禁用融合示例

对于与模型切割无关的情况，需要使用--input。例如，当模型包含多个输入并使用--input_shape 或--mean_values 时，应使用--input 指定输入节点的顺序，以便在--input_shape 和--mean_values 提供的多个条目与模型的输入之间进行正确映射。这里以 InceptionV1 进行演示，该模型在 models/research/slim 库中。

如图 6-13 所示，InceptionV1 有一个占位符 input。如果在 TensorBoard 中查看模型，则很容易找到输入操作。

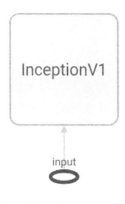

图 6-13 InceptionV1

而神经网络只能有一个输出，它包含在嵌套的命名作用域 InceptionV1/Logits/Predictions 中，如图 6-14 所示。

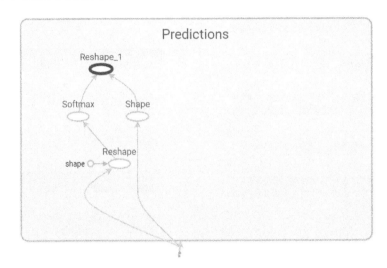

图 6-14　模型输出

模型转换的代码如下：

```
python3 mo.py --input_model=inception_v1.pb -b 1
```

转换完毕后输出的 output.xml 文件中包含模型中处于其他层之间的输入层，代码如下：

```
<layer id="286" name="input" precision="FP32" type="Input">
    <output>
        <port id="0">
            <dim>1</dim>
            <dim>3</dim>
            <dim>224</dim>
            <dim>224</dim>
        </port>
    </output>
</layer>
```

转换过程中，输入层由 TensorFlow 图形占位符操作输入转换而来，两者具有相同的名称。这里使用 -b 进行转换，以覆盖可能的未定义的 batch 大小（在 TensorFlow 模型中编码为-1）。如果冻结模型定义了 batch 大小，则可省略此操作。模型的最后一层是 InceptionV1/Logits/Predictions/Reshape_1，它匹配 TensorFlow 图中的输出操作：

```
<layer id="389" name="InceptionV1/Logits/Predictions/Reshape_1" precision="FP32" type="Reshape">
    <data axis="0" dim="1,1001" num_axes="-1"/>
```

```
            <input>
                <port id="0">
                    <dim>1</dim>
                    <dim>1001</dim>
                </port>
            </input>
            <output>
                <port id="1">
                    <dim>1</dim>
                    <dim>1001</dim>
                </port>
            </output>
        </layer>
```

由于自动识别输入和输出，不需要通过--input 和--output 来转换整个模型，因此，对于 InceptionV1 模型而言，以下命令是等价的：

```
python3 mo.py --input_model=inception_v1.pb -b 1
python3 mo.py --input_model=inception_v1.pb -b 1 \
    --input=input --output=InceptionV1/Logits/Predictions/Reshape_1
```

这两种转换方式的中间表示是相同的。如果模型有多个输入和输出，情况也类似。

接下来考虑模型切割的问题，即如何删除模型的某些部分。这里使用 InceptionV1 模型的第一个卷积块 InceptionV1/InceptionV1/Conv2d_1a_7×7 来演示模型切割，如图 6-15 所示。

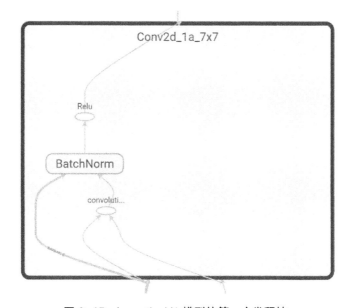

图 6-15　InceptionV1 模型的第一个卷积块

模型切割有多种方式，如末端切割、头部切割等。

末端切割是删除 InceptionV1/InceptionV1/Conv2d_1a_7x7/Relu 之后的部分，使这个节点成为模型中的最后一个节点。代码如下：

```
python3 mo.py --input_model=inception_v1.pb -b 1 \
    --output=InceptionV1/InceptionV1/Conv2d_1a_7x7/Relu
```

得到的中间表示中有三个层：

```xml
<?xml version="1.0" ?>
<net batch="1" name="model" version="2">
    <layers>
        <layer id="3" name="input" precision="FP32" type="Input">
            <output>
                <port id="0">...</port>
            </output>
        </layer>
        <layer id="5" name="InceptionV1/InceptionV1/Conv2d_1a_7x7/convolution" precision="FP32" type="Convolution">
            <data dilation-x="1" dilation-y="1" group="1" kernel-x="7" kernel-y="7" output="64" pad-x="2" pad-y="2" stride="1,1,2,2" stride-x="2" stride-y="2"/>
            <input>
                <port id="0">...</port>
            </input>
            <output>
                <port id="3">...</port>
            </output>
            <blobs>
                <weights offset="0" size="37632"/>
                <biases offset="37632" size="256"/>
            </blobs>
        </layer>
        <layer id="6" name="InceptionV1/InceptionV1/Conv2d_1a_7x7/Relu" precision="FP32" type="ReLU">
            <input>
                <port id="0">...</port>
            </input>
            <output>
                <port id="1">...</port>
            </output>
        </layer>
    </layers>
```

```xml
    <edges>
        <edge from-layer="3" from-port="0" to-layer="5" to-port="0"/>
        <edge from-layer="5" from-port="3" to-layer="6" to-port="0"/>
    </edges>
</net>
```

正如在 TensorBoard 图中所看到的，原始模型比中间表示有更多的节点。模型优化器将 InceptionV1/InceptionV1/Conv2d_1a_7x7/BatchNorm 融合到 InceptionV1/InceptionV1/Conv2d_1a_7x7/convolution 卷积中，它不在最终的中间表示中。这不是--output 的影响，而是模型优化器用于批处理规范化和卷积的常见行为。--output 的影响是 ReLU 层变成了转换模型的最后一层。

随后，删除 InceptionV1/InceptionV1/Conv2d_1a_7x7/Relu 的 0 输出端口的边缘和模型的其他层，使此节点成为模型中的最后一个节点：

```
python3 mo.py --input_model=inception_v1.pb -b 1 \
    --output=0:InceptionV1/InceptionV1/Conv2d_1a_7x7/Relu
```

产生的中间表示中有两个层，它们与前一种情况中的前两个层相同：

```xml
<?xml version="1.0" ?>
<net batch="1" name="inception_v1" version="2">
    <layers>
        <layer id="0" name="input" precision="FP32" type="Input">
            <output>
                <port id="0">...</port>
            </output>
        </layer>
        <layer id="1" name="InceptionV1/InceptionV1/Conv2d_1a_7x7/Conv2D" precision="FP32" type="Convolution">
            <data auto_pad="same_upper" dilation-x="1" dilation-y="1" group="1" kernel-x="7" kernel-y="7" output="64" pad-b="3" pad-r="3" pad-x="2" pad-y="2" stride="1,1,2,2" stride-x="2" stride-y="2"/>
            <input>
                <port id="0">...</port>
            </input>
            <output>
                <port id="3">...</port>
            </output>
            <blobs>
                <weights offset="0" size="37632"/>
                <biases offset="37632" size="256"/>
            </blobs>
        </layer>
```

```xml
        </layers>
        <edges>
            <edge from-layer="0" from-port="0" to-layer="1" to-port="0"/>
        </edges>
    </net>
```

除末端切割之外，还有一种方式是头部切割。头部切割通常是删除模型的开始部分，只留下 ReLU 层，可以采用如下操作：

```
python3 mo.py --input_model=inception_v1.pb -b 1 \
    --output=InceptionV1/InceptionV1/Conv2d_1a_7x7/Relu \
    --input=InceptionV1/InceptionV1/Conv2d_1a_7x7/Relu
```

得到的中间表示如下：

```xml
<xml version="1.0">
<net batch="1" name="model" version="2">
    <layers>
        <layer id="0" name="InceptionV1/InceptionV1/Conv2d_1a_7x7/Relu/placeholder_port_0" precision="FP32" type="Input">
            <output>
                <port id="0">...</port>
            </output>
        </layer>
        <layer id="2" name="InceptionV1/InceptionV1/Conv2d_1a_7x7/Relu" precision="FP32" type="ReLU">
            <input>
                <port id="0">...</port>
            </input>
            <output>
                <port id="1">...</port>
            </output>
        </layer>
    </layers>
    <edges>
        <edge from-layer="0" from-port="0" to-layer="2" to-port="0"/>
    </edges>
</net>
```

模型优化器不会用输入层替换 ReLU 节点，而是使该节点成为最终中间表示中的第一个可执行节点。因此，模型优化器会创建足够的输入来满足传入--input 所指定的节点的所有输入端口。

尽管命令行中没有指定--input_shape，但是层的形状推断是从最初的 TensorFlow 模型开始，到定义新输入的位置，它具有与转换为整体的模型相同的形状。

同样，也可以通过端口号对每一层的边缘进行切割，需要使用--input=port:input_node 指定传入端口。删除 ReLU 层之前的所有数据，需要对 InceptionV1/InceptionV1/Conv2d_1a_7x7/Relu 节点 0 端口处的进线边缘进行切割：

```
python3 mo.py --input_model=inception_v1.pb -b 1 \
    --input=0:InceptionV1/InceptionV1/Conv2d_1a_7x7/Relu \
    --output=InceptionV1/InceptionV1/Conv2d_1a_7x7/Relu
```

得到的中间表示如下：

```xml
<xml version="1.0">
<net batch="1" name="model" version="2">
    <layers>
        <layer id="0" name="InceptionV1/InceptionV1/Conv2d_1a_7x7/Relu/placeholder_port_0" precision="FP32" type="Input">
            <output>
                <port id="0">...</port>
            </output>
        </layer>
        <layer id="2" name="InceptionV1/InceptionV1/Conv2d_1a_7x7/Relu" precision="FP32" type="ReLU">
            <input>
                <port id="0">...</port>
            </input>
            <output>
                <port id="1">...</port>
            </output>
        </layer>
    </layers>
    <edges>
        <edge from-layer="0" from-port="0" to-layer="2" to-port="0"/>
    </edges>
</net>
```

有时，也可以使用形状覆盖新的输入，利用--input_shape 重写输入形状。该形状应用于--input 中引用的节点，而不是模型中的原始占位符：

```
python3 mo.py --input_model=inception_v1.pb --input_shape=[1,5,10,20] \
    --output=InceptionV1/InceptionV1/Conv2d_1a_7x7/Relu \
    --input=InceptionV1/InceptionV1/Conv2d_1a_7x7/Relu
```

转换之后，在输入层和 ReLU 层会生成以下形状：

```xml
<layer id="0" name="InceptionV1/InceptionV1/Conv2d_1a_7x7/Relu/placeholder_port_0" precision="FP32" type="Input">
    <output>
```

```xml
            <port id="0">
                <dim>1</dim>
                <dim>20</dim>
                <dim>5</dim>
                <dim>10</dim>
            </port>
        </output>
    </layer>
    <layer id="3" name="InceptionV1/InceptionV1/Conv2d_1a_7x7/Relu" precision="FP32" type="ReLU">
        <input>
            <port id="0">
                <dim>1</dim>
                <dim>20</dim>
                <dim>5</dim>
                <dim>10</dim>
            </port>
        </input>
        <output>
            <port id="1">
                <dim>1</dim>
                <dim>20</dim>
                <dim>5</dim>
                <dim>10</dim>
            </port>
        </output>
    </layer>
```

最终中间表示中的输入形状[1,20,5,10]与命令行中指定的形状[1,5,10,20]不同，因为原始的 TensorFlow 模型使用 NHWC 布局，而中间表示使用 NCHW 布局。

当--input_shape 被指定时，模型优化器不会对开始时未包含在转换区域中的节点执行形状推断。因此，--input_shape 应该用于模型优化器不支持的具有复杂循环图的模型，以便将它们完全排除在模型优化器的形状推断过程之外。

### 3. 模型子图替换

模型子图替换的步骤如下。

（1）标识要替换的原始子图。
（2）生成一个新的子图。
（3）将新的子图连接到模型图中。
（4）在新的子图中创建输出边。

（5）处理原始子图。

具体方法有以下几种。

（1）用操作子图替换单个操作。

（2）用新的操作子图替换原始操作子图，这包括以下 3 种具体操作方法。

① 利用图同构模式替换操作子图。

Networkx Python 模块提供了通过匹配节点和边缘查找与给定图形同构的方法，如 networkx.algorithms.isomorphism.categorical_node_match 和 networkx.algorithms.isomorphism.categorical_multiedge_match。

模型优化器提供了使用这些方法的简单 API。

例如，Caffe 有一个均值方差规范化（Mean-Variance Normalization，MVN）层，推理引擎也支持这个层。这个层是用 TensorFlow 中的底层操作实现的，包括 Mean、StopGradient、SquaredDifference、Squeeze 和 FusedBatchNorm。模型优化器应该用这些操作替换子图，使用 MVN 类型的单个推理引擎层。文件 <INSTALL_DIR>/deployment_tools/model_optimizer/extensions/front/tf/mvn.py 可用于执行这样的替换。

② 利用节点名称模式替换操作子图。

TensorFlow 使用范围机制对相关操作节点进行分组。将执行特定任务的节点放在作用域中是一种很好的方法。这种方法将图划分为逻辑块，这样更容易在 TensorBoard 中查看。事实上，作用域只是为节点名称定义了一个公共前缀。

例如，Inception 拓扑结构中包含几种 Inception 逻辑块。它们中的一些实际上是完全相同的，只是位于网络的不同位置。tensorflow.contrib.slim 模块中的 InceptionV4 包含 Mixed_5b、Mixed_5c 和 Mixed_5d 等逻辑块，它们具有完全相同的节点和属性。

假设已经利用一个推理引擎定制层非常高效地实现了这些逻辑块，并希望用该层的实例替换这些逻辑块，以减少推理时间。模型优化器提供了一种机制来替换由节点名称前缀的正则表达式定义的操作子图。在本例中，有以下模式：.*InceptionV4/Mixed_5b、.*InceptionV4/Mixed_5c 和 .*InceptionV4/Mixed_5d。每个模式都以.*开头。使用节点名称模式的子图替换方法比前面两种替换方法要复杂一些，它增加了以下步骤：准备配置文件模板，定义节点名称、模式和有关定制层属性的信息。

③ 利用节点集合替换操作子图。

对于匹配算法，用户通过一组开始和结束节点定义子图。对于给定的集合，模型优化器执行以下步骤。

● 按图形边缘的方向从每个开始节点遍历图形。所有访问过的节点都被添加到匹配的子图中。

- 从子图的每个非开始节点遍历另一个图,所有新访问的节点都被添加到匹配的子图中。
- 检查所有结束节点是否都能从输入节点到达。
- 检查添加的节点之间是否有占位符操作。

该方法会查找开始节点和结束节点之间的所有节点。

### 6.3.4 模型优化器定制层

#### 1. Caffe 模型定制层

模型优化器在构建模型的内部表示、优化模型并生成中间表示之前,会根据已知层列表搜索输入模型的每一层。对于每个受支持的框架,已知层列表是不同的。定制层不包含在已知层列表中。如果拓扑结构中包含不在已知层列表中的层,模型优化器会将其分类为 Custom。

Caffe 模型定制层有以下两种处理方法。

(1) 将定制层注册为模型优化器的扩展。在这种情况下,模型优化器将生成有效且经过优化的中间表示。

(2) 将定制层注册为 Custom 层,并计算每个 Custom 层的输出形状。对于这种方法,模型优化器需要使用系统中的 Caffe Python 接口。

#### 2. 定制 TensorFlow 模型层

TensorFlow 模型定制层有以下三种处理方法。

(1) 将这些层注册为模型优化器的扩展参数。在这种情况下,模型优化器将生成有效的且经过优化的中间表示层。

(2) 如果有不应该在中间表示层中,且需要用类似子图表示方式来表示的子图,但是模型中的出现另一个子图,那么模型优化器提供了这样一个选项。这个特性对许多张量流模型都很有用。更多信息,请参见模型优化器中的子图替换。

(3) 将模型的确定子图注册为推理过程中应该加载到 TensorFlow 子图的特性。在这种情况下,模型优化器产生一个中间表示层:只能在 CPU 上推断;将每个子图作为中间表示形式中的一个自定义层反映。

此功能仅用于开发。当模型具有复杂的结构,为内部子图编写扩展不是一件容易的任务时,就应该使用它。在本例中,将这些复杂的子图提供给 TensorFlow,以确保模型优化器和推理引擎能够成功地执行模型,但是,对于每个这样的子图,都会调用 TensorFlow 库,该库没有为推理进行优化。

### 3. 定制 MXNet 模型层

有两个选项可以转换包含定制层的 MXNet 模型。

（1）将定制层注册为模型优化器的扩展。在这种情况下，模型优化器将生成有效且经过优化的中间表示。可以使用 op Custom 的 MXNet 层和非标准 MXNet 层创建模型优化器的扩展。

（2）如果有不应该在中间表示中用类似子图表示的子图，但是模型中应该出现另一个子图，那么模型优化器提供了这样一个选项。在 MXNet 中，该函数被积极地用于 ssd 模型，这为获得必要的子图序列并替换它们提供了机会。

### 4. 使用 extgen 工具生成扩展

OpenVINO 提供了 extgen 工具，利用它可以方便地创建模型优化器和推理引擎的扩展。该工具可为核心函数生成带有存根的扩展源文件。只要将这些函数的实现添加到生成的文件中，便可获得扩展。

可在以下两种模式下运行 extgen 工具。

（1）交互模式，该工具提示输入信息。例如：

```
python extgen.py new mo-op
```

（2）静默模式，该工具从配置文件中读取输入信息。运行静默模式时，应将配置文件作为唯一的参数。例如：

```
python extgen.py config.extgen.json
```

相关示例可参考<INSTALL_DIR>/deployment_tools/extension_generator/config.extgen.json.example。

## 6.4 OpenVINO 深度学习推理引擎

### 6.4.1 推理引擎简介

优化和部署经过训练的深度学习模型的步骤如下。
（1）为框架配置模型优化器。
（2）根据训练后的网络拓扑结构、权重值和偏差值，构建模型的中间表示。
（3）验证应用程序，在目标环境中使用推理引擎以中间表示的形式测试模型。
（4）将推理引擎集成到应用程序中，以便在目标环境中部署模型。

使用模型优化器构建模型的中间表示之后，要使用推理引擎来推断输入数据。推理引擎是一个 C++ 库，通过 C++ 类来推断输入数据并获得结果。C++ 库提供了一个 API 来读取中间表示，设置输入和输出格式，并在设备上运行模型。推理引擎包含对特定英特尔硬件设备（如 CPU、GPU、VPU、FPGA）进行推理的完整实现。

### 6.4.2 推理引擎的组成

OpenVINO 推理引擎主要由推理引擎库、头文件等组成。由于 OpenVINO 是针对多种硬件平台的，因此，针对每种特定的设备，都有对应的插件与之适配，具体见表 6-5。

表 6-5 插件列表

| 插件 | 设备类型 |
| --- | --- |
| CPU | Intel Xeon with Intel AVX2 and AVX512, Intel Core Processors with Intel AVX2, Intel Atom Processors with Intel SSE |
| GPU | Intel Processor Graphics, including Intel HD Graphics and Intel Iris Graphics |
| FPGA | Intel Arria 10 GX FPGA Development Kit, Intel Programmable Acceleration Card with Intel Arria 10 GX FPGA, Intel Vision Accelerator Design with an Intel Arria 10 FPGA |
| MYRIAD | Intel Movidius Neural Compute Stick powered by the Intel Movidius Myriad 2, Intel Neural Compute Stick 2 powered by the Intel Movidius Myriad X |
| GNA | Intel Speech Enabling Developer Kit, Amazon Alexa Premium Far-Field Developer Kit, Intel Pentium Silver processor J5005, Intel Celeron processor J4005, Intel Core i3-8121U processor |
| HETERO | Enables distributing a calculation workload across several devices |

硬件平台与插件的关系见表 6-6。

表 6-6 硬件平台与插件的关系

| 插件 | LINUX 库 | LINUX 库依赖关系 | WINDOWS 库 | WINDOWS 库依赖关系 |
| --- | --- | --- | --- | --- |
| CPU | libMKLDNNPlugin.so | libmklml_tiny.so, libiomp5md.so | MKLDNNPIugin.dll | mklml_tiny.dll, libiomp5md.dll |
| GPU | libclDNNPlugin.so | libclDNN64.so | clDNNPlugin.dll | clDNN64.dll |
| FPGA | libdliaPlugin.so | libdla_compiler_core.so | dliaPlugin.dll | dla_compiler_core.dll |
| MYRIAD | libmyriadPlugin.so | No dependencies | myriadPlugin.dll | No dependencies |
| HDDL | libHDDLPlugin.so | libbsl.so, libhddlapi.so, libmvnc-hddl.so | HDDLPlugin.dll | bsl.dll, hddlapi.dll, json-c.dll, libcrypto-1_1-x64.dll, libssl-1_1-x64.dll, mvnc-hddl.dll |
| GNA | libGNAPlugin.so | libgna_api.so | GNAPlugin.dll | gna.dll |
| HETERO | libHeteroPlugin.so | Same as for selected plugins | HeteroPlugin.dll | Same as for selected plugins |

## 6.4.3 推理引擎的使用方法

OpenVINO 推理引擎的使用方法如下。

（1）读取中间表示。使用 InferenceEngine::CNNNetReader，将一个中间表示文件读入 CNNNetwork 类。该类表示主机内存中的网络。

（2）设置输入和输出格式。加载网络后，指定输入和输出精度，以及网络上的布局。

（3）选择插件。选择要加载网络的插件。使用 InferenceEngine::PluginDispatcher 加载帮助类创建插件。

（4）编译和加载。使用 InferenceEngine::InferencePlugin 调用 LoadNetwork API 来编译和加载设备上的网络。

（5）设置输入数据。加载网络后会出现一个 ExecutableNetwork 对象。使用此对象创建一个 InferRequest，用于向输入缓冲区发出信号。

（6）执行推理。定义好输入和输出内存后，选择执行模式，具体有以下两种。

① 同步模式，使用 Infer 方法。

② 异步模式，使用 StartAsync 方法。

（7）获取输出。推理完成后，获取输出内存或读取前面提供的内存。使用 InferRequest GetBlob API 执行此操作。

## 6.4.4 扩展推理引擎内核

层是在训练框架中实现的 CNN 构建块（Building Block），如 Caffe 框架中的卷积。内核是推理引擎中相应的实现。可以将内核插入推理引擎，并将其映射到原始框架中的各个层。

每个实例都使用推理引擎 API 根据设备类型加载自定义内核。具体来说，对于 CPU，它是一个共享库，用于导出注册内核的特定接口。对于 GPU 或 MYRIAD，它是一个.xml 文件，用于列出内核和内核接收的参数。

### 1. 定制 GPU 层

需要在 OpenCL C 中提供内核代码，并将内核及其参数连接到层的参数配置文件。使用定制层配置文件有两种方法：第一种方法是自动加载 cldnn_global_custom_kernels/cldnn_global_custom_kerners.xml 文件中包含内核的部分；第二种方法是提供一个单独的配置文件，并使用 InferencePlugin::SetConfig 方法加载它，该方法使用 PluginConfigParams::KEY_CONFIG_FILE 关键字和配置文件名作为值，加载具有定制层特征的网络。具体操作如下：

```
// Load clDNN (GPU) plugin
InferenceEngine::InferenceEnginePluginPtr plugin_ptr(selectPlugin({…,
```

```
"GPU"));
    InferencePlugin plugin(plugin_ptr);
    // Load clDNN Extensions
    plugin.SetConfig({{PluginConfigParams::KEY_CONFIG_FILE, "<path to the xml file>"}});
```

### 2. 定制 MYRIAD 层

由于 OpenCL toolchain for MYRIAD 只支持离线编译，所以首先应使用独立的 clc 编译器编译 OpenCL C 代码：

```
./clc --strip-binary-header custom_layer.cl -o custom_layer.bin
```

然后编写带有内核参数描述的配置文件。例如，给定以下 OpenCL 内核签名：

```
__kernel void reorg_nhwc(__global const half *src, __global half *out, int w, int h, int c, int stride);
```

该内核的配置文件如下：

```
<CustomLayer name="ReorgYolo" type="MVCL" version="1">
    <Kernel entry="reorg_nhwc">
        <Source filename="reorg.bin"/>
    </Kernel>
    <Parameters>
        <Tensor arg-name="src"   type="input"  port-index="0" format="BYXF"/>
        <Tensor arg-name="out"   type="output" port-index="0" format="BYXF"/>
        <Scalar arg-name="w"     type="int"    port-index="0" source="I.X"/>
        <Scalar arg-name="h"     type="int"    port-index="0" source="I.Y"/>
        <Scalar arg-name="c"     type="int"    port-index="0" source="I.F"/>
        <Scalar arg-name="stride" type="int"   source="stride"/>
    </Parameters>
    <WorkSizes dim="input,0" global="(Y+7)/8*8,1,1" local="8,1,1"/>
</CustomLayer>
```

每个自定义层都使用 CustomLayer 节点进行描述。强制节点及其属性如下。

（1）根节点 CustomLayer，属性名是要绑定内核的 IE 层的名称。本例中，属性类型和版本分别是 MVCL 和 1。

（2）子节点有 Kernel、Source、Parameters 和 WorkSizes。

每个张量节点必须包含如下属性：arg-name，内核签名中内核参数的名称；type，指明在 IR 中是输入还是输出；port-index，I/O 端口的编号，与 IR 中相同；format，指定张量中的通道顺序。如果自定义层格式与相邻层格式不兼容，将生成选项 repacks。

每个标量节点必须包含以下属性：arg-name，内核签名中内核参数的名称；type，整型或浮点型，用于从 IR 参数中提取正确的参数；source，IR 文件中参数的名称。

可以提供一个单独的配置文件，并使用 InferencePlugin::SetConfig 方法加载它。该方法以 PluginConfigParams::KEY_CONFIG_FILE 关键字和配置文件名作为值，加载具有定制层特征的网络：

```
// Load MYRIAD plugin
InferenceEngine::InferenceEnginePluginPtr plugin_ptr
("libmyriadPlugin.so");
InferencePlugin plugin(plugin_ptr);
// Load custom layers
plugin.SetConfig({{PluginConfigParams::KEY_CONFIG_FILE, "<path to the xml file>"}});
```

还可以选择使用 VPU_CUSTOM_LAYERS 和/path/to/your/customLayers.xml 设置定制层描述的路径，作为网络配置：

```
// Load MYRIAD plugin
InferenceEngine::InferenceEnginePluginPtr
myriad("libmyriadPlugin.so");
std::map<std::string, std::string> networkConfig;
config["VPU_CUSTOM_LAYERS"] = "/path/to/your/customLayers.xml";
// Load custom layers in network config
IECALL(myriad->LoadNetwork(exeNetwork, cnnNetwork, networkConfig, &resp));
```

### 3. 定制 CPU 层

下面通过一个具体的例子来详细讲解定制过程。

（1）创建定制层工厂类 CustomLayerFactory。

```
// custom_layer.h
// A CustomLayerFactory class is an example layer which make exponentiation by 2 for the input and doesn't change dimensions
class CustomLayerFactory {
};
```

（2）继承抽象类 InferenceEngine::IlayerImplFactory。

```
// custom_layer.h
class CustomLayerFactory: public InferenceEngine::ILayerImplFactory {
};
```

（3）创建构造函数和虚拟析构函数。

```cpp
// custom_layer.h
class CustomLayerFactory: public InferenceEngine::ILayerImplFactory {
public:
    explicit CustomLayerFactory(const CNNLayer *layer) : cnnLayer(*layer) {}
private:
    CNNLayer cnnLayer;
};
```

（4）重载并实现 InferenceEngine::ILayerImplFactory 类的抽象方法（getShapes、getImplementations）。

```cpp
// custom_layer.h
class CustomLayerFactory: public InferenceEngine::ILayerImplFactory {
public:
    // ... constructor and destructor
    StatusCode getShapes(const std::vector<TensorDesc>& inShapes, std::vector<TensorDesc>& outShapes, ResponseDesc *resp) noexcept override {
        if (cnnLayer == nullptr) {
            std::string errorMsg = "Cannot get cnn layer!";
            errorMsg.copy(resp->msg, sizeof(resp->msg) - 1);
            return GENERAL_ERROR;
        }
        if (inShapes.size() != 1) {
            std::string errorMsg = "Incorrect input shapes!";
            errorMsg.copy(resp->msg, sizeof(resp->msg) - 1);
            return GENERAL_ERROR;
        }
        outShapes.clear();
        outShapes.emplace_back(inShapes[0]);
        return OK;
    }
    StatusCode getImplementations(std::vector<ILayerImpl::Ptr>& impls, ResponseDesc *resp) noexcept override {
        // Yoy can put cnnLayer to implimation if it is necessary.
        impls.push_back(ILayerImpl::Ptr(new CustomLayerImpl()));
        return OK;
    }
};
```

（5）创建定制实现 CustomLayerImpl 类。

```cpp
// custom_layer.h
// A CustomLayerImpl class is an example implementation
```

```
class CustomLayerImpl {
};
```

（6）因为该层将使用 execute 方法来更改数据，所以从抽象类 InferenceEngine::ILayerExecImpl 和重载中继承它，并实现该类的抽象方法。

```
// custom_layer.h
// A CustomLayerImpl class is an example implementation
class CustomLayerImpl: public ILayerExecImpl {
public:
    explicit CustomLayerImpl(const CNNLayer *layer): cnnLayer(*layer) {}
    StatusCode getSupportedConfigurations(std::vector<LayerConfig>& conf, ResponseDesc *resp) noexcept override;
    StatusCode init(LayerConfig& config, ResponseDesc *resp) noexcept override;
    StatusCode execute(std::vector<Blob::Ptr>& inputs, std::vector<Blob::Ptr>& outputs, ResponseDesc *resp) noexcept override;
private:
    CNNLayer cnnLayer;
};
```

（7）实现 getSupportedConfigurations，可以使用 InferenceEngine::TensorDesc 指定数据格式。

```
// custom_layer.cpp
virtual StatusCode CustomLayerImpl::getSupportedConfigurations
(std::vector<LayerConfig>& conf, ResponseDesc *resp) noexcept {
    try {
        // This layer can be in-place but not constant!!!
        if (cnnLayer == nullptr)
            THROW_IE_EXCEPTION << "Cannot get cnn layer";
        if (cnnLayer->insData.size() != 1 || cnnLayer->outData.empty())
            THROW_IE_EXCEPTION << "Incorrecr number of input/outpput edges!";
        LayerConfig config;
        DataPtr dataPtr = cnnLayer->insData[0].lock();
        if (!dataPtr)
            THROW_IE_EXCEPTION << "Cannot get input data!";
        DataConfig dataConfig;
        dataConfig.inPlace = -1;
        dataConfig.constant = false;
        SizeVector order;
        for (size_t i = 0; i < dataPtr->getTensorDesc().getDims().size(); i++) {
```

```cpp
                order.push_back(i);
            }
            // Planar formats for N dims
            dataConfig.desc = TensorDesc(dataPtr->getTensorDesc().getPrecision(),
                                         dataPtr->getTensorDesc().getDims(),
                                         {dataPtr->getTensorDesc().getDims(), order});
            config.inConfs.push_back(dataConfig);
            DataConfig outConfig;
            outConfig.constant = false;
            outConfig.inPlace = 0;
            order.clear();
            for (size_t i = 0; i < cnnLayer->outData[0]->getTensorDesc().getDims().size(); i++) {
                order.push_back(i);
            }
            outConfig.desc = TensorDesc(cnnLayer->outData[0]->getTensorDesc().getPrecision(),
                                        cnnLayer->outData[0]->getDims(),
                                        {cnnLayer->outData[0]->getDims(), order});
            config.outConfs.push_back(outConfig);
            config.dynBatchSupport = 0;
            conf.push_back(config);
            return OK;
        } catch (InferenceEngine::details::InferenceEngineException& ex) {
            std::string errorMsg = ex.what();
            errorMsg.copy(resp->msg, sizeof(resp->msg) - 1);
            return GENERAL_ERROR;
        }
    }
```

（8）实现 init 和 execute 方法。Init 方法需要获取选定的配置并检查参数。

```cpp
    // custom_layer.cpp
    virtual StatusCode CustomLayerImpl::init(LayerConfig& config, ResponseDesc *resp) noexcept {
        StatusCode rc = OK;
        if (config.dynBatchSupport) {
            config.dynBatchSupport = 0;
            rc = NOT_IMPLEMENTED;
        }
```

```cpp
            for (auto& input : config.inConfs) {
                if (input.inPlace >= 0) {
                    input.inPlace = -1;
                    rc = NOT_IMPLEMENTED;
                }
                for (auto& offset : input.desc.getBlockingDesc().
getOffsetPaddingToData()) {
                    if (offset) {
                        return GENERAL_ERROR;
                    }
                }
                if (input.desc.getBlockingDesc().getOffsetPadding()) {
                    return GENERAL_ERROR;
                }
                for (size_t i = 0; i < input.desc.getBlockingDesc().
getOrder().size(); i++) {
                    if (input.desc.getBlockingDesc().getOrder()[i] != i) {
                        if (i != 4 || input.desc.getBlockingDesc().getOrder()[i] !=
1)
                            return GENERAL_ERROR;
                    }
                }
            }
            for (auto& output : config.outConfs) {
                if (output.inPlace < 0) {
                    // NOT in-place
                }
                for (auto& offset : output.desc.getBlockingDesc().
getOffsetPaddingToData()) {
                    if (offset) {
                        return GENERAL_ERROR;
                    }
                }
                if (output.desc.getBlockingDesc().getOffsetPadding()) {
                    return GENERAL_ERROR;
                }
                for (size_t i = 0; i < output.desc.getBlockingDesc().
getOrder().size(); i++) {
                    if (output.desc.getBlockingDesc().getOrder()[i] != i) {
                        if (i != 4 || output.desc.getBlockingDesc().
getOrder()[i] != 1)
                            return GENERAL_ERROR;
```

```
            }
        }
    }
    return rc;
}
virtual StatusCode CustomLayerImpl::execute(std::vector<Blob::Ptr>&
inputs, std::vector<Blob::Ptr>& outputs, ResponseDesc *resp) noexcept {
    if (inputs.size() != 1 || outputs.empty()) {
        std::string errorMsg = "Incorrect number of input or output edges!";
        errorMsg.copy(resp->msg, sizeof(resp->msg) - 1);
        return GENERAL_ERROR;
    }
    const float* src_data = inputs[0]->buffer();
    float* dst_data = outputs[0]->buffer();
    for (size_t o = 0; o < outputs->size(); o++) {
        if (dst_data == src_data) {
            dst_data[o] *= dst_data[o];
        } else {
            dst_data[o] = src_data[o]*src_data[o];
        }
    }
}
```

（9）为原语创建一个工厂类，这些原语继承自抽象类 InferenceEngine::Iextension。

```
// custom_extension.h
class CustomExtention : public InferenceEngine::IExtension {
};
```

（10）实现工具方法 Unload、Release、SetLogCallback。

```
// custom_extension.h
class CustomExtention : public InferenceEngine::IExtension {
public:
    // could be used to cleanup resources
    void Unload() noexcept override {
    }
    // is used when destruction happens
    void Release() noexcept override {
        delete this;
    }
    // logging is used to track what is going on inside
    void SetLogCallback(InferenceEngine::IErrorListener &listener) noexcept override {}
};
```

（11）实现工具方法 GetVersion。

```cpp
// custom_extension.h
class CustomExtention : public InferenceEngine::IExtension {
private:
    static InferenceEngine::Version ExtensionDescription = {
        {1, 0},                // extension API version
        "1.0",
        "CustomExtention"      // extension description message
    };
public:
    // gets extension version information
    void GetVersion(const InferenceEngine::Version *& versionInfo) const noexcept override {
        versionInfo = &ExtensionDescription;
    }
};
```

（12）实现主要的扩展方法。

```cpp
// custom_extension.h
class CustomExtention : public InferenceEngine::IExtension {
public:
    // ... utility methods
    StatusCode getPrimitiveTypes(char**& types, unsigned int& size, ResponseDesc* resp) noexcept override {
        std::string type_name = "CustomLayer";
        types = new char *[1];
        size = 1;
        types[0] = new char[type_name.size() + 1];
        std::copy(type_name.begin(), type_name.end(), types[0]);
        types[0][type_name.size()] = '\0';
        return OK;
    }
    StatusCode getFactoryFor(ILayerImplFactory *&factory, const CNNLayer *cnnLayer, ResponseDesc *resp) noexcept override {
        if (cnnLayer->type != "CustomLayer") {
            std::string errorMsg = std::string("Factory for ") + cnnLayer->type + " wasn't found!";
            errorMsg.copy(resp->msg, sizeof(resp->msg) - 1);
            return NOT_FOUND;
        }
        factory = new CustomLayerFactory(cnnLayer);
        return OK;
```

```
        }
    };
```

（13）要使用定制层，需要将代码编译为共享库。之后，可以使用通用插件接口的 AddExtension 方法来加载基元。

```
    auto extension_ptr =
make_so_pointer<InferenceEngine::IExtension>("<shared lib path>");
    // Add extension to the plugin's list
    plugin.AddExtension(extension_ptr);
```

### 6.4.5 集成推理引擎

#### 1. 推理引擎 API

核心库 libinference_engine.so 用于加载和解析模型中间表示，并使用指定的插件触发推理。核心库中有以下 API。

（1）InferenceEngine::PluginDispatcher。

（2）InferenceEngine::Blob 和 InferenceEngine::TBlob。

（3）InferenceEngine::BlobMap。

（4）InferenceEngine::InputsDataMap 和 InferenceEngine::InputInfo。

（5）InferenceEngine::OutputsDataMap。

C++推理引擎 API 封装了核心库的功能：

（1）InferenceEngine::CNNNetReader。

（2）InferenceEngine::CNNNetwork。

（3）InferenceEngine::InferencePlugin。

（4）InferenceEngine::ExecutableNetwork。

（5）InferenceEngine::InferRequest。

#### 2. 集成步骤

集成过程如图 6-16 所示。

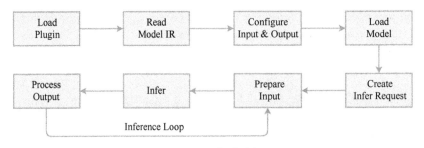

图 6-16　集成过程

（1）通过创建 InferenceEngine::InferenceEnginePluginPtr 实例来加载插件。

```
    InferenceEnginePluginPtr engine_ptr = \
PluginDispatcher(pluginDirs).getSuitablePlugin(TargetDevice::eGPU);
    InferencePlugin plugin(engine_ptr);
```

（2）通过 InferenceEngine::CNNNetReader 创建一个 IR 阅读器，并读取由模型优化器创建的模型 IR。

```
    CNNNetReader network_reader;
    network_reader.ReadNetwork("Model.xml");
    network_reader.ReadWeights("Model.bin");
```

（3）配置输入和输出。

可以采取下列方法进行输入和输出配置：

```
    InferenceEngine::CNNNetReader::getNetwork(),
    InferenceEngine::CNNNetwork::getInputsInfo(),
    InferenceEngine::CNNNetwork::getOutputsInfo()
    auto network = network_reader.getNetwork();
    /** Taking information about all topology inputs **/
    InferenceEngine::InputsDataMap input_info(network.getInputsInfo());
    /** Taking information about all topology outputs **/
    InferenceEngine::OutputsDataMap output_info(network.getOutputsInfo());
```

还可以设置各种算法来调整输入的大小。例如，以下代码中采用了双线性算法（BILINEAR）。

```
    /** Iterating over all input info**/
    for (auto &item : input_info) {
       auto input_data = item.second;
       input_data->setPrecision(Precision::U8);
       input_data->setLayout(Layout::NCHW);
       input_data->getPreProcess().setResizeAlgorithm(RESIZE_BILINEAR);
    }
    /** Iterating over all output info**/
    for (auto &item : output_info) {
       auto output_data = item.second;
       output_data->setPrecision(Precision::FP32);
       output_data->setLayout(Layout::NC);
    }
```

（4）使用 InferenceEngine::InferencePlugin::LoadNetwork 将模型加载到插件中。

```
    auto executable_network = plugin.LoadNetwork(network, {});
```

上述方法从网络对象创建可执行网络。可执行网络与单个硬件设备相关联。用户可以根据需要创建多个网络并同时使用它们。上述方法的第二个参数是插件的配置。它是键值对（参数名和参数值）的映射。可从受支持的设备页面中选择设备，以获得配置参数的详细信息。

```
/** Optional config. E.g. this enables profiling of performance counters. **/
std::map<std::string, std::string> config = \
{{ PluginConfigParams::KEY_PERF_COUNT, PluginConfigParams::YES }};
auto executable_network = plugin.LoadNetwork(network, config);
```

（5）创建推理请求。

```
auto infer_request = executable_network.CreateInferRequest();
```

（6）准备输入，可以使用以下方法之一。

① 单一网络的最佳方式。使用 InferenceEngine::InferRequest::GetBlob 获取由推断请求分配的 blob，并将图像和输入数据提供给这些 blob。在这种情况下，输入数据必须与给定的 blob 大小相同（手动调整大小）。

```
/** Iterating over all input blobs **/
for (auto & item : inputInfo) {
    auto input_name = item->first;
    /** Getting input blob **/
    auto input = infer_request.GetBlob(input_name);
    /** Fill input tensor with planes. First b channel, then g and r channels **/
    ...
}
```

② 网络级联的最佳方式（一个网络的输出是另一个网络的输入）。使用 InferenceEngine::InferRequest::GetBlob 从第一个请求获取输出 blob，然后使用 InferenceEngine::InferRequest::SetBlob 将其设置为第二个请求的输入。

```
auto output = infer_request1->GetBlob(output_name);
infer_request2->SetBlob(input_name, output);
```

③ ROI 处理的最佳方式（位于一个网络输入中的 ROI 对象是另一个网络的输入）。可以重用多个网络共享的输入。如果一个网络处理一个 ROI 对象，而该对象在先前网络已经分配的输入中，则不需要为该网络分配单独的输入 blob。例如，第一个网络检测视频帧中的对象（存储为输入 blob），第二个网络接收检测到的边界（帧内的 ROI）作为输入。在本例中，允许第二个网络重用预先分配的输入 blob（由第一个网络使用），并且只删除 ROI，而不分配新内存，同时传递 InferenceEngine::blob::Ptr 和 InferenceEngine::ROI 作为参数。

```
/** inputBlob points to input of a previous network and
    cropROI contains coordinates of output bounding box **/
InferenceEngine::Blob::Ptr inputBlob;
InferenceEngine::ROI cropRoi;
...
```

```
/** roiBlob uses shared memory of inputBlob and describes cropROI
    according to its coordinates **/
auto roiBlob = InferenceEngine::make_shared_blob(inputBlob, cropRoi);
infer_request2->SetBlob(input_name, roiBlob);
```

然后分配适当类型和大小的输入块，将图像和输入数据提供给这些块，并调用 InferenceEngine::InferRequest::SetBlob 设置这些块。

```
/** Iterating over all input blobs **/
for (auto & item : inputInfo) {
    auto input_data = item->second;
    /** Creating input blob **/
    InferenceEngine::TBlob<unsigned char>::Ptr input;
    // assuming input precision was asked to be U8 in prev step
    input = InferenceEngine::make_shared_blob<unsigned char,
    InferenceEngine::SizeVector>(InferenceEngine::Precision:U8,
    input_data->getDims());
    input->allocate();
    infer_request->SetBlob(item.first, input);
    /** Fill input tensor with planes. First b channel, then g and r channels
**/
    ...
}
```

可以在 SetBlob 之前和之后填充 blob。注意，SetBlob 将输入 blob 的精度和布局与第 3 步中的定义进行比较，如果不匹配，则抛出异常。它还将输入 blob 的大小与读取网络的输入大小进行比较。但是，如果将输入配置为 resizable，则可以设置任意大小的输入 blob。GetBlob 对于可调整大小的输入和不可调整大小的输入是相同的。即使调用时将输入配置为 resizable，也会返回由推断请求分配的 blob。它的大小与读取网络的输入大小一致。如果在 SetBlob 之后调用 GetBlob，就会得到在 SetBlob 中设置的 blob。

（7）进行推理。

通过调用 InferenceEngine::InferRequest::StartAsync 和 InferenceEngine::InferRequest::Wait 方法来进行推理：

```
infer_request->StartAsync();
infer_request.Wait(IInferRequest::WaitMode::RESULT_READY);
```

（8）检查输出块并处理结果。

通过 buffer 和 as 方法访问输出数据，如下所示：

```
for (auto &item : output_info) {
    auto output_name = item.first;
    auto output = infer_request.GetBlob(output_name);
    {
```

```
auto const memLocker = output->cbuffer(); // use const memory locker
// output_buffer is valid as long as the lifetime of memLocker
const float *output_buffer = memLocker.as<const float *>();
/** output_buffer[] - accessing output blob data **/
```

### 6.4.6 神经网络构建器

#### 1. 网络构建器

InferenceEngine::Builder::Network 类可用于创建和修改图形。用于修改图形时，该类不会修改原始图形，而是创建原始图形的副本后进行修改。此外，使用该类可以避免无效的图形，它会自动检查图形的结构、图形中的循环、所有的形状并做出形状推理。

网络构建器中包含以下修改图形的方法。

（1）addLayer：向网络构建器中添加新的层构建器。此方法会创建原始层构建器的副本，将副本放到网络构建器中，并返回添加到网络构建器中的层构建器的 ID。

（2）removeLayer：通过 ID 从网络构建器中删除层构建器。

（3）connect：使用 ID 和端口索引连接两个层构建器。

（4）disconnect：从网络构建器中删除连接。

（5）getLayer：通过 ID 从网络构建器中获取层构建器。

（6）getLayerConnections：通过 ID 获取层构建器的所有连接。

（7）getLayers：获取所有层构建器。

（8）build：生成推理引擎网络。此方法会验证每个层构建器和图形结构并创建 INetwork。利用函数 convertToICNNNetwork 可将 INetwork 转换为 CNNNetwork。

#### 2. 层构建器

InferenceEngine::Builder::Layer 类用于创建和修改层。利用该类可以修改层参数，添加新的常量数据，更改层的类型和名称，并创建一个有效的层对象。各种层构建器如下所示：

```
InferenceEngine::Builder::ArgMax
InferenceEngine::Builder::BatchNormalization
InferenceEngine::Builder::Clamp
InferenceEngine::Builder::Concat
InferenceEngine::Builder::Const
InferenceEngine::Builder::Convolution
InferenceEngine::Builder::Crop
InferenceEngine::Builder::CTCGreedyDecoder
InferenceEngine::Builder::Deconvolution
InferenceEngine::Builder::DetectionOutput
InferenceEngine::Builder::Eltwise
InferenceEngine::Builder::ELU
```

```
InferenceEngine::Builder::FullyConnected
InferenceEngine::Builder::GRN
InferenceEngine::Builder::GRNSequence
InferenceEngine::Builder::Input
InferenceEngine::Builder::LRN
InferenceEngine::Builder::LSTMSequence
InferenceEngine::Builder::Memory
InferenceEngine::Builder::MVN
InferenceEngine::Builder::Norm
InferenceEngine::Builder::Normalize
InferenceEngine::Builder::Output
InferenceEngine::Builder::Permute
InferenceEngine::Builder::Pooling
InferenceEngine::Builder::Power
InferenceEngine::Builder::PReLU
InferenceEngine::Builder::PriorBoxClustered
InferenceEngine::Builder::PriorBox
InferenceEngine::Builder::Proposal
InferenceEngine::Builder::PSROIPooling
InferenceEngine::Builder::RegionYolo
InferenceEngine::Builder::ReLU6
InferenceEngine::Builder::ReLU
InferenceEngine::Builder::ReorgYolo
InferenceEngine::Builder::Resample
InferenceEngine::Builder::Reshape
InferenceEngine::Builder::RNNSequence
InferenceEngine::Builder::ROIPooling
InferenceEngine::Builder::ScaleShift
InferenceEngine::Builder::Sigmoid
InferenceEngine::Builder::SimplerNMS
InferenceEngine::Builder::SoftMax
InferenceEngine::Builder::Split
InferenceEngine::Builder::TanH
InferenceEngine::Builder::Tile
```

### 3. 构建器的使用

使用 NN Builder API，需要包含 ie_builders.hpp 头文件，此文件包括所有推理引擎生成器。NN Builder 可以用不同的方式创建：

```
// Get network from the reader
InferenceEngine::CNNNetwork cnnNetwork = networkReader.getNetwork();
// Create NN builder with a name
```

```cpp
    InferenceEngine::Builder::Network graph1("Example1");
    // Create NN builder from CNNNetwork
    InferenceEngine::Builder::Network graph2(cnnNetwork);
    // Build a network
    InferenceEngine::INetwork::Ptr iNetwork = graph2.build();
    // Create NN builder from INetwork
    InferenceEngine::Builder::Network graph3(*iNetwork);
    // Create an Inference Engine context
    InferenceEngine::Context customContext;
    // Add shape infer extension
    customContext.addExtension(customShapeInferExtension);
    // Create NN builder with custom context (all other examples also allow to create graph with custom context)
    InferenceEngine::Builder::Network graph4(customContext, *iNetwork);
```

也可以用 NN Builder 修改神经网络图:

```cpp
    // Create NN builder with a name
    InferenceEngine::Builder::Network graph("Example1");
    // Add new layers
    // Add an input layer builder in place
    idx_t inputLayerId = graph.addLayer(Builder::InputLayer("in").setPort(Port({1, 3, 22, 22})));
    // Add a ReLU layer builder in place with a negative slope 0.1 and connect it with output port 0 of the Input layer builder
    // In this example, layerId is equal to new Input layer builder ID, port index is not set, because 0 is a default value ({layerId} == {layerId, 0})
    idx_t relu1Id = \
    graph.addLayer({{inputLayerId}}, Builder::ReLULayer("relu1").setNegativeSlope(0.1f));
    // Add a ScaleShift layer builder in place
    InferenceEngine::Blob::Ptr blobWithScaleShiftBiases = \
    make_shared_blob<float>(TensorDesc(Precision::FP32, {3}, Layout::C));
    blobWithScaleShiftBiases->allocate();
    auto *data = blobWithScaleShiftBiases->buffer().as< float *>();
    data[0] = 1;
    data[1] = 2;
    data[2] = 3;
    idx_t biasesId = \
    graph.addLayer(Builder::ConstLayer("biases").setData(blobWithScaleShiftBiases));
    idx_t scaleShiftId = \
    graph.addLayer(Builder::ScaleShiftLayer("scaleShift1").setBiases(blob
```

```
WithScaleShiftBiases));
    // Connect ScaleShift layer in place with relu1
    graph.connect({relu1Id}, {scaleShiftId}); // Also port indexes could be
defined (0 is default value) builder.connect({layerId, outPortIdx},{scaleShiftId,
inPortIdx});
    graph.connect({biasesId}, {scaleShiftId, 2}); // Connect biases as input
    // Create a ReLU layer builder in place with a negative slope 0.2 using
generic layer builder and connect it with scaleShift
    idx_t relu2Id = \
    graph.addLayer({{scaleShiftId}}, Builder::Layer("ReLU",
"relu2").setParameters({{"negative_slope",
0.2f}}).setOutputPorts({Port()}).setInputPorts({Port()}));
    // All branches in the graph should end with the Output layer. The following
line creates the Output layer
    idx_t outId = graph.addLayer({{relu2Id, 0}}, Builder::OutputLayer
("out"));
    // Build a network
    InferenceEngine::INetwork::Ptr finalNetwork = graph.build();
    std::shared_ptr<InferenceEngine::ICNNNetwork> cnnNetwork = \
    InferenceEngine::Builder::convertToICNNNetwork(finalNetwork);
    // Remove the relu2 layer from the topology
    std::vector<InferenceEngine::Connection> connections =
graph.getLayerConnections(relu2Id);
    for (const auto& connection : connections) {
        graph.disconnect(connection);
    }
    graph.removeLayer(relu2Id);
    // Connect scaleShift1 and out
    graph.connect({scaleShiftId}, {outId});
    // Build a network without relu2
    InferenceEngine::INetwork::Ptr changedNetwork = graph.build();
```

### 6.4.7 动态批处理

动态批处理允许在预先设置的批大小范围内动态更改推理调用的批大小。该功能在批大小事先未知，并且由于资源限制不希望或不可能使用超大批大小的情况下很有用。其典型应用场景有人脸检测，人的年龄、性别或情绪识别。

通常可以通过在加载网络时传递给插件的配置映射中将 KEY_DYN_BATCH_ENABLED 设置为 YES 来激活动态批处理功能。此配置会创建一个 ExecutableNetwork 对象，该对象允许使用 SetBatch 方法在其所有推断请求中动态设置批大小。在传递的

CNNNetwork 对象中设置的批大小将被用作最大批大小，例如：

```
    int dynBatchLimit = FLAGS_bl;    //take dynamic batch limit from command line option
    CNNNetReader networkReader;
    // Read network model
    networkReader.ReadNetwork(modelFileName);
    networkReader.ReadWeights(weightFileName);
    CNNNetwork network = networkReader.getNetwork();
    // enable dynamic batching and prepare for setting max batch limit
    const std::map<std::string, std::string> dyn_config =
    { { PluginConfigParams::KEY_DYN_BATCH_ENABLED, PluginConfigParams::YES } };
    network.setBatchSize(dynBatchLimit);
    // create executable network and infer request
    auto executable_network = plugin.LoadNetwork(network, dyn_config);
    auto infer_request = executable_network.CreateInferRequest();
    ...
    // process a set of images
    // dynamically set batch size for subsequent Infer() calls of this request
    size_t batchSize = imagesData.size();
    infer_request.SetBatch(batchSize);
    infer_request.Infer();
    ...
    // process another set of images
    batchSize = imagesData2.size();
    infer_request.SetBatch(batchSize);
    infer_request.Infer();
```

不过，目前动态批处理的使用存在一定限制：首先，只能针对 CPU 和 GPU 插件使用动态批处理；其次，只能针对特定的层使用动态批处理，这些特定的层如下。

（1）Convolution。

（2）Deconvolution。

（3）Activation。

（4）LRN。

（5）Pooling。

（6）FullyConnected。

（7）SoftMax。

（8）Split。

（9）Concatenation。

（10）Power。
（11）Eltwise。
（12）Crop。
（13）BatchNormalization。
（14）Copy。

### 6.4.8 形状推理

形状推理允许在将网络加载到插件中之前调整网络大小。在推理引擎读取模型时，可以指定不同大小的输入，而无须返回模型优化器。该功能还可以替代 InferenceEngine::ICNNNetwork::SetBatchSize，因为设置 batch 是设置整个输入形状的特殊情况。

该功能的主要方法是 InferenceEngine::CNNNetwork::reshape。它用于获取新的输入形状，并将其从输入传播到给定网络的所有中间层的输出。该方法采用 InferenceEngine::ICNNNetwork::InputShapes 输入数据的名称及其维度的映射。调整网络大小的方法如下：首先使用 InferenceEngine::CNNNetwork::getInputShapes 从中间表示中获取输入名称和形状的映射，然后设置新的输入形状，最后调用 reshape 函数。

简单的示例如下：

```
// -------------- 0. Read IR and image --------------------------------
CNNNetReader network_reader;
network_reader.ReadNetwork("path/to/IR/xml");
CNNNetwork network = network_reader.getNetwork();
cv::Mat image = cv::imread("path/to/image");
// --------------------------------------------------------------------
// -------------- 1. Collect the map of input names and shapes from IR----------
auto input_shapes = network.getInputShapes();
// --------------------------------------------------------------------
// -------------- 2. Set new input shapes -----------------------------
std::string input_name;
SizeVector input_shape;
std::tie(input_name, input_shape) = *input_shapes.begin(); // let's consider first input only
input_shape[0] = batch_size; // set batch size to the first input dimension
input_shape[2] = image.rows; // changes input height to the image one
input_shape[3] = image.cols; // changes input width to the image one
input_shapes[input_name] = input_shape;
// --------------------------------------------------------------------
```

```
// -------------- 3. Call reshape ---------------------------------------
network.reshape(input_shapes);
// ---------------------------------------------------------------------
...
// -------------- 4. Loading model to the plugin -----------------------
ExecutableNetwork executable_network = plugin.LoadNetwork(network, {});
// ---------------------------------------------------------------------
```

自定义形状推理函数是通过调用 InferenceEngine::ICNNNetwork::AddExtension 来注册的，并带有已实现的 InferenceEngine::IshapeInferExtension，即自定义实现的拥有者（Holder）。拥有者需要实现以下两个关键方法。

（1）InferenceEngine::IShapeInferExtension::getShapeInferImpl——返回给定类型的自定义形状推断实现。

（2）InferenceEngine::IShapeInferExtension::getShapeInferTypes——提供所有自定义类型，自定义形状推断实现由 InferenceEngine::IShapeInferImpl::inferShapes 表示。

支持形状推理的层如下。

（1）Activation。

（2）ArgMax。

（3）BatchNormalization。

（4）CTCGreedyDecoder。

（5）Clamp。

（6）Concat。

（7）Const。

（8）Convolution。

（9）Copy。

（10）Crop。

（11）Deconvolution。

（12）DetectionOutput。

（13）ELU。

（14）Eltwise。

（15）Flatten。

（16）FullyConnected/InnerProduct。

（17）GRN。

（18）Input。

（19）Interp。

（20）LRN/Norm。

（21）Logistic。
（22）MVN。
（23）Memory。
（24）Normalize。
（25）PReLU。
（26）PSROIPooling。
（27）Permute。
（28）Pooling。
（29）Power。
（30）PowerFile。
（31）PriorBox。
（32）PriorBoxClustered。
（33）Proposal。
（34）ROIPooling。
（35）ReLU。
（36）ReLU6。
（37）RegionYolo。
（38）ReorgYolo。
（39）Resample。
（40）Reshape。
（41）ScaleShift。
（42）Sigmoid。
（43）SimplerNMS。
（44）Slice。
（45）SoftMax。
（46）SpatialTransformer。
（47）Split。
（48）TanH。
（49）Tile。
（50）Upsampling。

## 6.4.9　低精度 8 位整数推理

在深度学习领域，为了获得更高的性能，人们对低精度推理进行了大量的研究。一种流行的方法是降低激活值和权重值的精度。

与高精度推理（如 fp32）相比，低精度推理（如 int8）具有更高的性能，因为后者允许在单个处理器指令中加载更多的数据。

对于 8 位整数推理，原始模型（或其中间表示）必须采用 fp32 格式。为了以 int8 格式计算层，必须对给定层的输入数据（输入 blob）和权重进行量化。量化过程就是将模型输入转换为精度较低的格式。精度和精度因子分别用标度和四舍五入方式确定。

低精度 8 位整数推理工作流程如图 6-17 所示，具体如下。

（1）离线阶段或模型校准阶段。在这一阶段，为每一层定义比例因子和执行概要，使 8 位整数推理的精度下降满足指定的阈值。这个阶段的输出是一个校准后的模型。

（2）运行时阶段。在这一阶段，校准后的模型被加载到插件中。对于每个获得相应执行概要文件的层，插件将确保权重正常化。它还在模型中由内部算法定义的特定位置添加比例因子，以获得最高的性能和最小的额外布局操作次数。

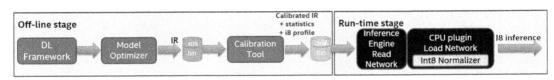

图 6-17　低精度 8 位整数推理工作流程

在离线阶段产生的比例因子是由校准工具在校准数据集中收集的层激活统计数据获得的。校准数据集可以是验证数据集的子集。利用验证数据集中的一小部分图像（1%～5%）就可以创建校准数据集。

要校准一个模型，校准工具需要预先完成以下工作。

（1）收集层激活统计数据（最小激活值和最大激活值）和 fp32 推理的精度指标。精度指标取决于待校准模型的类型。对于分类网络，使用 top-1 度量；对于目标检测网络，使用 mAP 度量。

（2）为 8 位整数推理收集精度指标。在此步骤中，将使用不同的过滤器对收集的层激活统计数据进行处理，以删除异常激活值。如果得到的精度满足相应的需求，校准工具就会停止校准过程。

（3）使用归一化均方根偏差度量在支持 8 位计算的每一层的校准数据集中收集精度下降信息。这一步会将所有层按递减顺序排列，以便了解哪些层有较大的精度下降。

（4）将层切换回 fp32 格式，去除精度下降最大的层。去除一层后，校准工具会计算当前配置的准确性，直到得到的精度满足相应的要求，然后按照上一步确定的顺序切换回 fp32 格式继续计算。

校准完成后，校准工具将生成的统计信息和修改后的中间表示写入 .xml 文件。该工具不改变 IR 结构，因此层结构是相同的。但是，选择以 8 位整数格式执行的层将使用适当的

profile 属性进行标记，并且将它们的统计信息存储在.xml 文件的末尾。将校准后的 IR 传递给 CPU 插件时，CPU 插件会自动识别并执行 8 位整数推理。

在后续的运行时阶段主要进行数据量化。将校准后的模型 IR 加载到 CPU 插件中后，它会对 8 位整数推理进行量化：插入相应的比例因子，将层输入转换为无符号 int8 数据类型，并将层输出规范化为无符号 int8 数据类型、有符号 int8 数据类型或 32 位浮点数据类型；对卷积层的权值进行标准化，以适应有符号 int8 数据类型；对卷积层的偏差进行标准化，以适应有符号 32 位浮点数据类型。而有关层精度的信息存储在性能计数器中，该计数器可从推理引擎 API 获得。

### 6.4.10 模型转换验证

#### 1．验证应用程序

验证应用程序是一个工具，它用标准的输入和输出配置推断深度学习模型，并收集拓扑的简单验证指标。它支持分类网络的 top-1 和 top-5 度量，以及目标检测网络的 11 点映射度量。验证应用程序通常用在如下场合。

（1）检查推理引擎是否能够很好地推断公共拓扑。

（2）验证自定义模型是否与默认输入和输出配置兼容，并将其准确性与公共模型进行比较。

（3）将验证应用程序作为另一个示例，尽管其代码比分类和对象检测示例复杂得多，但其源码是开放的，可以重用。

验证应用程序的工作流程如下。

（1）将模型加载到推理引擎插件中。

（2）读取验证数据集（用-i 选项指定）。

如果指定了目录，则验证应用程序会尝试加载标签。为此，它会先搜索与模型同名但扩展名为.tags 的文件，然后搜索指定的文件夹，如果它的子文件夹名为已知标签，就将这些子文件夹中的所有图像添加到验证数据集中。如果没有这样的子文件夹，则验证数据集为空。

如果指定了.txt 文件，则验证应用程序将读取该文件。

（3）读取用-b 选项指定的批大小值，并将相应数量的图像加载到插件中。注意：图像加载时间不包含在验证应用程序报告的推理时间中。

（4）插件推断模型，验证应用程序收集统计数据。

#### 2．交叉检查工具

交叉校查工具是一个控制台应用程序，它可以比较两个连续的模型推断的准确性和性能指标，这两个模型推断是在两个不同的受支持的英特尔设备上执行的，或者具有不同的精度。交叉检查工具可以比较每一层或整个模型的指标。交叉检查工具在 deployment_tools/inference_engine/bin 中,其使用示例如下:

```
./cross_check_tool -h
InferenceEngine:
  API version ............ 1.0
  Build .................. ###
[ INFO ] Parsing input parameters
./cross_check_tool [OPTION]
Options:
    -h                    Prints a usage message.
    -i "<path>"           Optional. Path to an input image file or
multi-input file to infer. Generates input(s) from normal distribution if empty
    -m "<path>"           Required. Path to an .xml file that represents
the first IR of the trained model to infer.
      -l "<absolute_path>" Required for MKLDNN (CPU)-targeted custom
layers. Absolute path to a shared library with the kernels implementation.
        Or
      -c "<absolute_path>" Required for clDNN (GPU)-targeted custom
kernels. Absolute path to the xml file with the kernels description.
    -conf "<path>"        Optional. Path to config file for -d device
plugin
    -ref_conf "<path>"    Optional. Path to config file for -ref_d device
plugin
    -pp "<path>"          Optional. Path to a plugin folder.
    -d "<device>"         Required. The first target device to infer the
model specified with the -m option. CPU, GPU, HDDL or MYRIAD is acceptable.
    -ref_m "<path>"       Optional. Path to an .xml file that represents
the second IR in different precision to compare the metrics.
    -ref_d "<device>"     Required. The second target device to infer the
model and compare the metrics. CPU, GPU, HDDL or MYRIAD is acceptable.
    -layers "<options>"   Defines layers to check. Options: all, None -
for output layers check, list of comma-separated layer names to check. Default
value is None.
    -eps "<float>"        Optional. Threshold for filtering out those blob
statistics that do not statify the condition: max_abs_diff < eps.
    -dump                 Enables blobs statistics dumping
    -load "<path>"        Path to a file to load blobs from
```